LA

# TERRE SAINTE.

ORLÉANS. — IMPRIMERIE ERNEST COLAS.

# LA
# TERRE SAINTE

## DESCRIPTION TOPOGRAPHIQUE, HISTORIQUE
## ET ARCHÉOLOGIQUE
## DE TOUS LES LIEUX CÉLÈBRES DE LA PALESTINE

AVEC CARTES, PLANS ET GRAVURE

PRÉCÉDÉE

D'UNE LETTRE DE Mgr L'ÉVÊQUE D'ORLÉANS

PAR

M. L'ABBÉ LAURENT DE SAINT-AIGNAN

## PARIS
### C. DILLET, LIBRAIRE-ÉDITEUR
15, RUE DE SÈVRES, 15

### ORLÉANS

BLANCHARD, RUE BANNIER.      ALPH. GATINEAU, RUE JEANNE-D'ARC.
SEJOURNÉ, RUE DES CARMES.      VAUDECRAINE, RUE SAINTE-ANNE.

1864.

# LETTRE

## DE M<sup>gr</sup> L'ÉVÊQUE D'ORLÉANS

### A L'AUTEUR.

Mon Ami,

Vous venez de publier le récit de votre pèlerinage en Terre-Sainte : je suis heureux de vous en féliciter. J'espère que ce livre contribuera selon votre désir, non-seulement à faire connaître les Saints-Lieux, mais encore à propager la dévotion si chrétienne des pèlerinages au tombeau du Sauveur.

Vous l'avez dit à bon droit, la dévotion aux Saints-Lieux est aussi ancienne que le Christianisme; mais gênée d'abord par l'intolérance païenne, elle n'a pu se développer qu'après trois siècles de lutte, à l'avénement du grand Constantin sur le trône des Césars. Alors on vit une magnanime princesse tenir plus à honneur de parcourir, nu-pieds, la Voie-Douloureuse du Calvaire, que de monter triomphalement au Capitole à la suite de son fils victorieux et couronné, et telle fut la force de son exemple, qu'à peine un siècle plus tard, saint Jérôme

pouvait faire dire en toute vérité à la noble héritière des Sci-
pions et des Gracchs, sainte Paule : « *Longum est nunc ab
ascensu Domini usque ad præsentem diem, per singulas
ætates currere, qui Episcoporum, qui Martyrum, qui eloquen-
tium in doctrinâ ecclesiasticâ virorum venerint Hierosolymam,
putantes minùs se religionis, minùs habere scientiæ, nec
summam, ut dicitur, manum accepisse virtutum, nisi in illis
Christum adorâssent locis de quibus primùm Evangelium de
patibulo coruscaverat.* » ( Libr. II, Epist. VIII. )

Ajoutons de suite, avec le saint Docteur, que dès lors notre
patrie brillait par son zèle à envoyer vers les Saints-Lieux ses
plus illustres enfants : « *Quicumque in Galliâ fuerit primus,
hùc properat.* » (Ibid.)

Ces pèlerins des Gaules étaient la tête de cette grande
armée de Croisés que le Moyen-Age devait envoyer, au cri de
*Dieu le veut!* délivrer le saint tombeau.

Mais ce que j'aime à dire parce que nos historiens ne l'ont
pas dit assez : c'est que d'abord le cri partit des entrailles de la
France : c'est que les Croisades furent par-dessus tout une idée,
une œuvre, une gloire française. Elles ont été provoquées par un
Pape français Urbain II, décidées dans un Concile français, celui
de Clermont, prêchées par des religieux & des prêtres français:
Pierre-l'Ermite, saint Bernard & Foulques de Neuilly; elles
ont eu pour chefs des héros & des princes de naissance &
d'origine française, des rois même, tels que Louis-le-Jeune,
Philippe-Auguste & saint Louis. Elles ont vu fonder à Jérusalem une chevalerie française, une royauté, des institutions &
des mœurs, on peut le dire, françaises; elles ont établi &
propagé dans tout l'Orient l'influence française; & aujourd'hui
encore, après tant de siècles, quand il y a en Orient une
tyrannie à combattre, des opprimés à secourir, le cri qui part
de tous les cœurs est un appel à la bravoure & à la générosité française.

Voilà donc sous quels auspices la visite des Saints-Lieux est devenue chez nous une dévotion populaire. A partir de cette époque, les voies de la Terre-Sainte se sont vues couvertes par des multitudes de pèlerins venus surtout des côtes de la France ; & cette dévotion a jeté des racines si profondes que l'insolence musulmane n'a pas réussi à l'étouffer.

Il est vrai que le siècle dernier a essayé de jeter de la défaveur sur ces lointains voyages. Mais l'énergie de la foi française devait bientôt en triompher. A une époque de renaissance chrétienne comme la nôtre, quand le goût antique des pèlerinages, reparaissant avec toute sa force, met en mouvement des foules nombreuses & les dirige vers nos sanctuaires les plus vénérés, comment les fils des Croisés eussent-ils méconnu les traditions de leurs pères ?

Je suis heureux & fier de penser qu'Orléans a pris glorieusement sa part dans cette œuvre si chrétienne des pèlerinages en Terre-Sainte. Plusieurs de nos prêtres ont pu faire le voyage d'outre-mer. L'un, le T.-R. P. BERNARD, a échangé sa patrie contre la patrie de l'Homme-Dieu, & s'est fait le gardien du Saint-Sépulcre sous l'humble habit de saint François ; le second, le si regrettable abbé QUINTON, usant sa vie dans des émotions et des fatigues au-dessus de ses forces, a passé de la Jérusalem d'ici-bas à la Jérusalem céleste, martyr d'une dévotion dont il aurait voulu être l'apôtre.

Vous êtes venu à leur suite, mon cher Ami, & après avoir accompli votre pèlerinage avec la même ardeur de foi, vous avez pu en être l'historien & raconter à vos frères les choses glorieuses que vous avez apprises touchant la Cité de Dieu.

Ce que j'ai lu de votre livre m'autorise à croire qu'il portera des fruits en son temps ; les pèlerins, devenus plus nombreux par l'attrait de vos récits, s'élanceront dans la voie avec une ardeur nouvelle, &, comme leurs devanciers, se proclameront bienheureux d'avoir vu de leurs yeux & touché de leurs mains cette terre glorifiée à jamais par la naissance, la vie et la mort du Sauveur.

Pour moi, qu'un pèlerinage n'a jamais trouvé insensible, &
qui en ai fait plusieurs, avec une abondance de consolations
dont le souvenir est désormais impérissable, je regretterai
toujours de n'avoir pas couronné les autres par celui qui les
résume, les vivifie & les efface tous. Du moins, je ne cesserai
de porter envie à ceux qu'une liberté, & une santé, dont je ne
jouis pas, laissera maîtres d'entreprendre le saint voyage; &, bénissant de loin la nef légère qui les porte au saint rivage,
je m'écrierai avec le prophète : « *Que ma main et ma
langue se dessèchent si je ne me souviens toujours de toi,
ô Jérusalem! O Cité de mon Sauveur et de mon Dieu!* »

Tout à vous en Notre-Seigneur,

† Félix, Evêque d'Orléans.

Orléans, le 30 juin 1864.

Il existe, sur les limites occidentales de l'Asie, un pays vers lequel se portent depuis dix-huit cents ans les regards & même la vénération de l'univers civilisé : c'est la Palestine. Pour le contempler, des milliers d'hommes de tous états n'ont pas craint de s'exposer aux hasards d'un voyage long & dangereux; pour le posséder, des armées innombrables, envoyées par l'Europe, ont sacrifié leur sang avec un dévouement héroïque. Mais quoi donc a valu à ce petit coin de terre sa célébrité que ne peuvent lui disputer d'autres contrées plus remarquables par les merveilles de l'art ou de la nature ? C'est qu'il fut habité par celui qui, après avoir été pendant quarante siècles *l'attente des nations,* préside encore chaque jour aux destinées du monde, & que nous appelons notre *Sauveur,* JÉSUS. La gloire immortelle qui rayonne autour de cet Homme-Dieu a rejailli sur la terre où il a voulu naître et mourir semblable à nous, après avoir annoncé la *bonne nouvelle* du salut, *l'Evangile.* Aussi les chrétiens ont nommé ce pays la *Terre-Sainte* par excellence.

Le prestige, exercé par ce sol sur lequel est marquée l'empreinte des pas divins, a pu diminuer mais non s'anéantir. Car même à notre époque, où tant d'âmes se laissent absorber par l'indifférence religieuse & le soin exclusif des intérêts matériels,

& où l'on organise de tous côtés des *trains de plaisir,* il se trouve encore chaque année un grand nombre d'hommes qui préfèrent à des voyages, plus agréables sous d'autres rapports, un pèlerinage en Terre-Sainte. Et lorsqu'ils ont parcouru ce pays où se sont opérés les faits les plus prodigieux dont le monde ait été témoin, lorsqu'ils ont observé la parfaite conformité des lieux & des monuments avec les récits évangéliques, ils y voient des preuves nouvelles & convaincantes de la vérité de la religion chrétienne. Ils sentent dans leurs cœurs la foi se vivifier, ou se consolider si elle était chancelante. J'en prends à témoin un voyageur protestant : « Je ne répèterai pas, écrit-il, ce que j'ai dit de l'impression religieuse que produit Jérusalem. Elle est très-réelle, & je comprends maintenant ce que c'est qu'un pèlerinage. Sans doute, la vue de la Judée ne donnerait pas de la foi à un incrédule, mais la foi que l'on a, si faible qu'elle puisse être, se trouve, dans ces lieux-là, réveillée & affermie. Comme la création, comme l'histoire sainte, la Terre-Sainte est elle-même une page de la révélation (1). » Je sais qu'il existe sous ce rapport de tristes exceptions; « car si vous avez le cœur rempli de pensées perverses, dit saint Grégoire de Nysse, fussiez-vous sur le Golgotha ou en face du saint tombeau, vous serez toujours aussi loin du Christ que ceux qui n'ont jamais professé la foi évangélique. » Nous en avons un déplorable exemple dans l'auteur du roman intitulé : *Vie de Jésus,* qui a profité de son voyage en Terre-Sainte pour tenter d'arracher à notre Rédempteur l'auréole éternelle de sa divinité. N'en soyons pas surpris. Le vieillard Siméon, en tenant dans ses bras le saint Enfant, avait prédit qu'il serait *en butte à la contradiction* (2). Mais Notre-Seigneur est aussi *la lumière qui éclaire les peuples* (3), & les attaques de ses ennemis ne pourront jamais éteindre le céleste flambeau qu'il nous présente.

(1) F. Bovet, *Voyage en Terre-Sainte,* IX, p. 262.
(2) S. Luc, II, 34.
(3) *Ibid,* II, 32.

Tel nous voyons, près des côtes hospitalières, un phare élevé sur des rochers & projetant au loin ses rayons lumineux; en vain les flots furieux couvrent sa base d'une écume impure, ils ne sauraient obscurcir sa splendeur.

De retour au foyer domestique, les pèlerins sentent le besoin de rassembler les précieux souvenirs dont ils ont fait une abondante moisson, de les coordonner, de les compléter par de nouvelles études, & de les fixer sur le papier pour les graver à jamais dans leurs âmes. Voilà comment des livres se forment, pour ainsi dire à l'insu de leurs auteurs; voilà pourquoi il n'y a point de contrée sur laquelle on ait écrit autant de volumes que sur la Judée : il n'y en a pas, en effet, qui ait été visitée aussi souvent avec un plus religieux intérêt, — *con amore,* disent les Italiens; — le pays de Jésus, du Dieu fait homme, n'est-il pas la patrie commune des hommes?

Parmi les auteurs dont la Terre-Sainte a fixé l'attention, les uns se livrent à de savantes études dans des ouvrages d'un prix élevé & d'une étendue considérable, que beaucoup de personnes ne peuvent se procurer ou qu'elles n'ont pas le temps de lire; les autres cherchent plutôt à amuser qu'à instruire : ils se bornent, en racontant leur pèlerinage, à effleurer une matière si digne d'une pieuse curiosité & d'une application soutenue.

Pour nous, tenant le milieu entre les extrêmes, notre but a été de renfermer dans un cadre accessible à tous une description à la fois exacte & complète des Lieux-Saints, tant d'après nos observations personnelles que d'après les travaux les plus récents & les plus autorisés. Nous serions heureux si ce livre contribuait à étendre la connaissance & l'amour de la Terre-Sainte, & plus encore s'il suggérait à quelques hommes de bonne volonté le désir d'entreprendre un pèlerinage si propre à satisfaire & l'esprit & le cœur.

# LA

# TERRE-SAINTE

## CHAPITRE PREMIER

### D'ORLÉANS A JAFFA

LE DÉPART — MALTE — LA TRAVERSÉE

#### I — LE DÉPART

Depuis la mort de notre Sauveur, la Terre-Sainte a eu constamment le privilége d'attirer vers elle d'innombrables phalanges de pèlerins. Dans les siècles passés, le monde chrétien tout entier tournait ses regards vers Jérusalem, et chacun souhaitait s'agenouiller auprès du tombeau du divin Crucifié.

Ce désir a toujours été le mien. Aussi, dès que j'eus réuni les conditions voulues :

*Age, temps et santé,*
*Argent et liberté,*

je m'empressai de le mettre à exécution.

Je quittai Orléans le 15 août au soir, et je traversai rapidement la France.

A Marseille, je fis connaissance avec mes compagnons de pèlerinage. Voici leurs noms :

MM. l'abbé Crombé, missionnaire apostolique de Cambrai, président ; le R. P. Souaillard, dominicain, aumônier ; Demarest (Ézéchiel), de Saumur, trésorier ; le R. P. Lescœur, de l'Oratoire de l'Immaculée-Conception, secrétaire ; Delaroche (Philippe), de Paris ; le R. P. Dessy, dominicain, de Sicile ; Girodon (Alphonse), artiste peintre, de Paris ; l'abbé Guibout, du diocèse de Séez, missionnaire ; l'abbé Jamet, vicaire à Argentan (Orne) ; l'abbé Vignon, professeur au petit-séminaire de Valognes (Manche) ; l'abbé Simienski, de Pologne ; l'abbé Pinheiro de Queiroz, curé de Oliveira-dos-Campinhos (province de Bahia, Brésil).

La chapelle de Notre-Dame-de-la-Garde, élevée sur une haute montagne, domine la ville et le port de Marseille ; c'est le symbole de la puissante bonté de Marie qui s'étend sur la terre et sur les flots. Elle nous vit bientôt agenouillés dans son modeste et pieux sanctuaire. Nous sentions le besoin de mettre notre pèlerinage sous la protection de l'auguste Vierge que l'Église appelle : l'*Étoile de la mer, Ave, maris Stella.* Chacun de nous reçut, selon l'usage, une petite croix d'argent que nous devions porter sur la poitrine comme notre signe de ralliement et comme une sainte armure sous laquelle, nouveaux croisés, nous marchions à la conquête pacifique de la Terre-Sainte.

Le dimanche, 18 août, après avoir célébré la Sainte Messe à la cathédrale, je m'embarquai à dix heures avec mes compagnons sur le paquebot à vapeur des messageries impériales : l'*Hydaspe.*

Bientôt nous perdons de vue Marseille, notre grand port de commerce dans la Méditerranée ; Notre-Dame-de-la-Garde est la dernière qui captive nos regards et nos cœurs, et peu de temps après nous apercevons une forêt de mâts dans la rade de Toulon, ce grand port de guerre de la France au Midi. Enfin ma chère patrie disparaît complètement à mes yeux, et nous voguons vers la Corse.

Le 19, la mer continua à être calme. A huit heures du matin nous entrions dans les Bouches-de-Bonifacio, et nous apercevions de loin la ville qui leur donne son nom. Ce détroit a 12 kilomètres dans sa plus grande largeur. Deux passages s'offrent aux navigateurs. On nous montra dans le plus vaste un écueil presque à fleur d'eau sur lequel, en 1855, périt corps et biens la frégate française la *Sémillante,* qui portait 800 soldats en Crimée. Notre commandant préféra, comme on le fait ordinairement en plein jour, le passage de l'Ours. C'est un canal étroit et sinueux entre la côte de Sardaigne et un petit archipel dont les îles principales sont la Madeleine et Cabrera. Il doit son nom à un rocher singulier que les matelots nous indiquèrent sur une pointe de la Sardaigne, et qui présente en effet assez de ressemblance avec un ours marin.

Un officier du bord me fit remarquer, sur la côte de l'île de Cabrera, une grande maison dont la blancheur éclatait comme celle de la neige, devant des rochers sombres qui semblent n'avoir d'attraits que pour des chèvres sauvages. C'est la demeure du trop célèbre Garibaldi ; elle est tout-à-fait solitaire, et on n'aperçoit pas un seul arbre à l'entour. Rien de plus triste et de plus agreste que cette partie orientale de la côte de Sardaigne. De grandes montagnes noires, arides et déchiquetées plongent à pic dans la mer; et sur ces roches inhospitalières, il ne s'élève pas un seul village ; à peine de loin en loin découvre-t-on quelques rares maisons ; enfin nous perdons de vue la côte.

Le 20, à neuf heures du matin, nous apercevons la Sicile et la ville de Marsala, l'antique Lilybée, célèbre par ses vins, et par le débarquement de Garibaldi qui partit de là, le 11 mai 1860, pour se mettre à la tête de la révolution victorieuse et se rendre à Palerme. D'autres petites villes sont assises sur la côte ; nous pouvons distinguer les dômes et les clochers de leurs églises (1).

Le 21 août, au milieu d'une belle nuit, les feux éclatants des phares nous annoncent que nous sommes en vue de l'île de Malte. Notre vaisseau, après avoir lancé une fusée dans les airs, entre dans son vaste port par l'étroit passage que laissent les rochers. Nous jetons l'ancre à une heure du matin.

(1) C'est dans ces eaux que surgit, en 1831, l'île *Julia*, cratère volcanique qui disparut quelques mois après, ne laissant plus qu'un écueil dangereux.

## II — MALTE

Cette île, placée en quelque sorte sur les confins de l'Europe et de
l'Afrique, jouit d'une position dominante dans la Méditerranée. Elle
a 14 kilomètres de largeur sur 32 de longueur. On y compte 130,000
habitants, non compris la garnison anglaise qui est d'environ 3,000
hommes. La langue indigène est l'arabe mêlé d'italien.

La température de l'île est celle de l'Afrique, dont le vent appelé
*scirocco* produit, surtout à l'époque où nous nous y trouvions, une
chaleur insupportable. On n'aperçoit dans la campagne ni arbres ni
arbustes, si l'on excepte quelques rares nopals et caroubiers. Malte
n'étant qu'un rocher calcaire et argileux couvert d'une blanche poussière, la terre végétale manque presque partout, et cependant le Maltais, par un prodige de patience et de travail, a su conquérir un sol
fertile qu'il cultive avec le plus grand soin. Il a recueilli précieusement
la terre et a été en chercher à grands frais jusqu'en Sicile, puis il l'a
disposée dans des cadres creusés dans le rocher et entourés de petits
murs de pierres sèches ; c'est ainsi que, favorisé par un riche climat,
le Maltais parvient à récolter du blé, du coton, du trèfle et des fruits
exquis, particulièrement des oranges. Cependant, comme le commerce est très-restreint, et que cette île est le pays d'Europe le plus
peuplé relativement à son étendue, ses habitants sont pauvres et émi-
grent dans tous les ports de la Méditerranée, surtout dans les états
barbaresques.

L'île de Malte, suivant Homère qui la décrit dans l'Odyssée sous
le nom d'Hypérie, fut d'abord peuplée par les Phéniciens. Elle passa
plus tard aux Carthaginois, ensuite aux Romains et aux Grecs; elle
s'appelait alors *Melita* d'où le nom moderne est dérivé. Après être
devenue la conquête des Sarrasins et des Normands, elle échut à la
maison de Souabe, puis à la maison d'Anjou et à celle d'Aragon, jusqu'à ce que Charles-Quint la donnât en 1530, aux chevaliers de Saint-
Jean de Jérusalem qui venaient d'être chassés de Rhodes par Soliman-
le-Magnifique. Ces vaillants défenseurs de la chrétienté faisaient de Malte
le théâtre de leurs exploits, lorsque le général Bonaparte, se rendant
en Egypte, s'empara de l'île par surprise , en 1798, chassa les cheva-

liers et mit ainsi fin à cet ordre célèbre. Mais à peine la flotte française s'était-elle éloignée, que nos bons alliés les Anglais, qu'il serait plus juste d'appeler les éternels ennemis de la France, vinrent bloquer l'île. De concert avec la population maltaise dont les Français, par leur conduite impie, avaient profondément blessé les sentiments religieux, ils chassèrent les soldats de la République en 1800. Par le protocole d'Amiens (1802), les Anglais devaient rendre Malte à la France; mais ils se gardèrent bien d'exécuter cette clause, et les traités de 1815 les confirmèrent dans la possession des îles maltaises qui, avec Gibraltar, leur assurent dans la Méditerranée une prépondérance que notre conquête d'Afrique n'a pas complètement neutralisée. L'Angleterre, en augmentant les fortifications construites par les chevaliers, a fait de Malte la forteresse la plus redoutable du monde après Gibraltar. Du reste, elle a laissé aux nationaux l'administration locale et le libre exercice du culte catholique auquel ils sont profondément attachés, malgré les efforts que fait le protestantisme pour s'insinuer dans leurs cœurs par toutes les voies possibles.

Dès le point du jour la caravane est sur pied. Nous montons sur le pont. A notre droite, tout au bord de l'eau se trouve une caserne; les soldats anglais dans leur plus simple costume de nuit, sur une berge resserrée, s'apprêtent à goûter les douceurs d'un bain matinal; à notre gauche, sur une éminence, s'élève gracieusement la *Cité-Valette*, création du Grand-Maître qui lui donna son nom. Plusieurs canots nous conduisent vers un quai étroit. Ils sont ornés de larges bandes horizontales rouges et vertes, et leurs proues relevées en courbe nous rappellent la forme des galères antiques.

Après avoir franchi le fossé sur un pont-levis, nous gravissons un large escalier en pierre, puis des ruelles presque à pic; nous sommes dans la Cité-Valette.

Cette capitale moderne de Malte est située sur une longue presqu'île qui sépare le Grand-Port militaire du port de la Quarantaine ou Marsa-Muscetto dans lequel notre paquebot relâchait, ainsi que les autres vaisseaux étrangers. Toutes les maisons de la Valette sont très-régulièrement bâties avec de la pierre blanche et tendre qui abonde dans l'île. Le style en est un peu lourd. Elles sont hautes et garnies de balcons en pierre faisant saillie sur la rue et couverts d'une espèce de loge vitrée, où l'on peut prendre le frais en regardant les passants. Les

toits sont en terrasse. La ville jouit d'un pavé irréprochable et d'une
propreté rigide dont les Anglais, il faut l'avouer, ont la spécialité. Le
principal monument est la cathédrale, Saint-Jean-des-Chevaliers. Allons d'abord la visiter.

Elle fut commencée en 1576, et n'offre rien de remarquable à l'extérieur. La façade au fronton triangulaire, flanquée de deux tours terminées par des clochetons, est d'une simplicité un peu trop nue et
d'un style trop massif, mais l'intérieur est plein de magnificence.
Un large rideau de damas rouge flottant sépare la nef du portail, et
laisse passer la brise en interceptant les chauds rayons du soleil. Ce
qui m'a d'abord frappé en entrant, c'est une voûte immense peinte à
fresque dans toute la longueur de la nef. Le Calabrèse a retracé avec
un art admirable dans cette colossale peinture toute la vie de saint
Jean, patron de l'Ordre. Les regards éblouis s'abaissent ensuite sur le
pavé de cette église si remplie des souvenirs de l'héroïsme chrétien,
pour y contempler d'autres merveilles. C'est une mosaïque de marbres aux vives couleurs incrustés avec une habileté prodigieuse,
qui marquent les tombeaux des chevaliers et les représentent en grand
costume avec leurs armoiries.

Le maître-autel, isolé au milieu du chœur, est richement orné de
pierres précieuses, de lapis-lazuli, et surmonté d'un groupe en marbre
représentant saint Jean baptisant Jésus-Christ. Des deux côtés de la
nef, des chapelles décorées de sculptures où l'or est prodigué, appar-
tenaient aux huit *langues* ou nations qui composaient l'Ordre. Dans
la chapelle de la France constellée de fleurs de lis dorées, je remarquai le tombeau d'un Rohan, et celui du comte de Beaujolais, frère du
roi Louis-Philippe. Une chapelle creusée sous le chœur dans le genre
des caveaux royaux de Saint-Denis, contient les sépultures de Villiers
de l'Ile-Adam, de la Valette et autres grands maîtres.

Le palais, résidence autrefois de ces chefs de l'Ordre et aujourd'hui
du gouverneur anglais, se trouve non loin de leur église. C'est un
grand édifice d'un extérieur assez modeste, et accompagné d'une
tour qui sert d'observatoire. L'intérieur contient des appartements
superbes, avec de longues galeries ornées de peintures, et une
collection où l'on admire de curieux trophées et les armes des chevaliers. Dans un bâtiment attenant au palais se trouvent la bibliothèque
publique et le musée; on y voit des antiquités phéniciennes et

grecques. Sur la place du Palais, ce qui attire d'abord les regards de l'étranger, c'est un monument que l'Angleterre a jugé à propos d'élever elle-même à sa propre gloire :

A LA GRANDE ET INVINCIBLE ANGLETERRE !
« *Magnœ et invictœ Britanniœ.* »

Voilà qui nous peint bien l'orgueil britannique ! Si les Anglais se croyaient invincibles, ils n'auraient pas si grande peur des soldats de la France.

Une église anglicane, construite depuis vingt ans sur le modèle de celles de Londres, domine le port de la Quarantaine par sa façade dorique et son clocher aigu (1).

Montons en calèche pour nous rendre à *Citta-Vecchia,* distante de deux lieues. En sortant de la Valette par la Porta-Reale, nous en admirons les gigantesques et sinueuses fortifications, puis nous traversons le faubourg de la Floriana.

Aller de la Valette à Citta-Vecchia, c'est parcourir en largeur la plus grande et la meilleure partie de Malte.

Citta-Vecchia ou Notabile, ancienne capitale de l'île, et aujourd'hui encore son chef-lieu ecclésiastique, est bâtie sur un plateau élevé, et presque déserte. Elle est entourée d'une enceinte bastionnée. Elle renferme de beaux édifices, entre autres le palais des Grands-Maîtres, celui de l'Évêque, le séminaire et la cathédrale.

Cette église, placée sous l'invocation de saint Pierre et de saint Paul, est un édifice moderne assez vaste, de style corinthien, avec deux clochetons au-dessus de la façade et un dôme. A l'intérieur, elle paraît vide, car elle a peu d'ornements, mais elle en possède de très-précieux. On y voit une figure de saint Paul en relief, dont les draperies sont couvertes d'argent plaqué et de pierreries, et parmi ses nombreux tableaux, on remarque un des plus anciens monuments de l'art chrétien : c'est le portrait de la Sainte Vierge par l'évangéliste saint Luc, mais il est difficile d'en saisir les traits. Dans le pavé sont encastrées plusieurs dalles représentant des figures allé-

---

(1) J'ai remarqué des statues de saints placées dans les angles de plusieurs rues, entre autres un saint François d'Assise de grandeur naturelle.

goriques bien exécutées ; elles rappellent les mosaïques de l'église
Saint-Jean : ce sont les épitaphes des chanoines. Cette église renferme
encore un monument comme il y en a peu ; c'est le tombeau, construit avec beaucoup d'art, de l'évêque actuel de Malte qui, suivant
l'exemple de notre illustre Châteaubriand, a voulu présider lui-même
à l'ornementation de sa dernière demeure. C'est le meilleur moyen de
l'avoir à son goût. Les chanoines chantaient leur office dans une chapelle latérale au bas de l'église, et comme nous ne pouvions y dire la
messe, nous nous rendîmes au couvent des Dominicains. La caravane
y fut reçue à bras ouverts, et après avoir entendu la sainte Messe
célébrée par notre vénérable aumônier, le R. P. Souaillard, nous
acceptâmes des bons Pères un déjeuner qui se composait de café et de
fruits savoureux, et qui venait fort à propos; puis nous nous diri-
geâmes vers le faubourg de Rabatto, plus peuplé aujourd'hui que la
ville ancienne, pour visiter la grotte de saint Paul.

Cet apôtre, mis en prison à Jérusalem, en avait appelé à César ; il
fut conduit à Césarée où il s'embarqua pour l'Italie. A la suite d'une
longue navigation, assailli par la tempête, le vaisseau qui le portait
vint échouer contre une langue de terre sur les côtes de Malte. Voici
ce que disent à ce sujet les *Actes des Apôtres* (1) : « Or, nous étant
ainsi sauvés, nous apprîmes que l'île s'appelait Malte. Les Barbares
nous traitèrent avec beaucoup d'humanité; car allumant du feu, ils
nous reçurent chez eux à cause de la pluie et du froid. Paul ayant
ramassé quelques sarments et les ayant mis au feu, une vipère, que la
chaleur fit sortir, se prit à sa main. Quand les Barbares virent cette
bête suspendue à sa main, ils se disaient les uns aux autres : cet
homme est sans doute un homicide, puisque après qu'il a échappé au
naufrage, la vengeance divine ne lui permet pas de vivre. Mais Paul
ayant secoué la vipère dans le feu, n'en souffrit aucun mal (2). »

Le chef de l'île, nommé Publius, qui avait des terres en ce lieu,
accueillit saint Paul avec bonté, et il en fut récompensé par la guérison
de son père. La mémoire du grand Apôtre est encore ici toute vivante ;
son image est partout, et les Maltais ont pour lui une tendre dévotion.


(1) Actes, xxviii.

(2) On dit que depuis cette époque il n'existe dans l'île aucun reptile venimeux.

L'église de Saint-Paul, surmontée d'un dôme, couvre la grotte qui lui a servi d'asile pendant trois mois. On descend par une vingtaine de marches dans ce caveau que des grilles de fer divisent en trois parties, et l'on se trouve en face d'une belle statue du saint. Sur un autel voisin, on en voit une autre. Après avoir prié et lu, à la lueur d'un cierge, la page des *Actes* que je viens de citer, nous recueillîmes des parcelles de la roche blanche et friable qui forme les parois de cette crypte, et à laquelle on attribue des propriétés merveilleuses, entre autres celle de guérir des fièvres et de la morsure des serpents. On dit encore que cette pierre a la vertu de se reproduire spontanément, de sorte que le caveau ne s'agrandit pas bien qu'on en enlève continuellement des morceaux ; et le gardien semblait très-persuadé de la vérité de ce miracle, car il démolissait à grands coups de pioche les flancs du rocher et nous en offrait avec surabondance. En sortant, nous fûmes entourés d'une troupe de mendiants ; ils pullulent dans ce lieu.

Les catacombes, près de l'église Saint-Paul, présentent un curieux modèle des cavernes de refuge des premiers chrétiens.

Je passe sous silence la prétendue grotte de Calypso ; elle n'a rien qui mérite de fixer l'attention.

En revenant, je jetai un coup-d'œil sur le grand port. Il abrite l'escadre anglaise dans ses énormes profondeurs, et pourrait cacher des flottes entières, sans qu'on en vît rien au dehors.

Nous montâmes ensuite en canot pour nous rendre à bord de l'*Hydaspe*, charmés de notre visite à Malte.

En attendant le départ, nous pûmes jouir d'un spectacle qui nous prouva que les Maltais méritent bien leur réputation d'excellents nageurs. Notre vaisseau fut entouré par quatre ou cinq canots dans lesquels se tenaient des garçons d'une douzaine d'années en costume de baigneurs et qui nous tendaient les mains. Nous leur jetâmes dans l'eau une petite pièce de monnaie. Aussitôt tous se précipitèrent hors de leurs barques pour se la disputer ; ils disparurent sous les flots, et bientôt reparurent, l'un d'eux portant triomphalement entre ses dents la pièce qu'il avait repêchée. Ils recommencèrent souvent cet exercice qui nous amusait au moins autant qu'eux, et nous conjuraient de leur lancer encore quelques pièces. Ils n'en laissèrent pas une seule au fond du port ; à les voir aussi à leur aise dans l'eau que sur la terre, on eût dit une race d'amphibies.

### III — LA TRAVERSÉE

Le 22 août, à midi, nous levons l'ancre pour Alexandrie par une belle journée. Bientôt la vapeur nous emportant à toute vitesse, Malte, cette fleur du monde, *Fiore del mondo*, comme l'appellent ses habitants, cette oasis au milieu de la Méditerranée, disparaît à nos regards, qui n'aperçoivent plus de tous côtés que le ciel et l'eau. Un pauvre oiseau, égaré loin des terres, vient reposer sur les vergues ses ailes fatiguées et tombe entre les mains des matelots.

Qu'elles sont magnifiques les nuits d'été quand la mer est tranquille comme un lac immense. Le ciel d'Orient commence à se montrer, et les astres de la nuit, comme celui du jour, brillent d'un éclat plus vif dans cette voûte azurée dont la splendeur n'est jamais voilée par de sombres nuages, du moins pendant l'été. Je me plaisais à passer la moitié de la nuit sur le pont en causeries familières, ou en solitaires méditations. J'admirais cette machine merveilleuse qui s'avançait majestueusement sur le dos de l'abîme, nous transportant avec une si grande rapidité vers des lieux inconnus, ses mâts élevés, et toutes ses vastes proportions; j'admirais le génie de l'homme et Celui qui le lui a donné. J'avais une grande répugnance à m'enfermer dans une cabine qui, malgré sa propreté luxueuse, ne peut jamais être qu'un triste séjour, et où je devais me résigner à bouillir, grâce à la chaleur africaine dont on sentait déjà les atteintes. Plusieurs passagers préféraient rester étendus sur des siéges dans le salon, ou encore, ce qui n'était pas très-prudent, sur le pont du bâtiment.

Le 23, dès le matin, j'aperçois la terre à notre droite : c'est l'Afrique. Nous en sommes assez près pour que nous puissions voir, sur le flanc d'une côte élevée et aride, une petite ville toute blanche; c'est probablement Dernah, dans la régence de Tripoli. A midi, nous perdons la terre de vue. Les vagues enflées par le vent balancent avec force le vaisseau, et un grand nombre de passagers apprennent à leurs dépens les désagréments du mal de mer. C'est pitié de voir ces pauvres voyageurs, les yeux éteints, les joues pâles, s'appuyant sur la rampe du bord ou se couchant sans oser faire le moindre mouvement, et torturés par un affreux soulèvement de cœur. Les garçons de service annoncent que le dîner est prêt, mais la table est à moitié déserte ; je n'y prends place qu'avec une certaine anxiété, car on y a mis le *violon*, et cet instrument qui, sur terre, excite la joie, est, sur mer, un signe de tristesse (1).

Le 24, la mer était encore houleuse sans être mauvaise. Le vent nous était toujours favorable, les voiles aidaient la vapeur pour accélérer notre marche et nous aperçûmes à sept heures du soir les côtes grisâtres de l'Egypte qui s'abaissent jusqu'au niveau de la mer. Bientôt nous fûmes en vue du phare d'Alexandrie. L'entrée du port étant très-dangereuse, on ne peut l'effectuer après le coucher du soleil, et je descendis dans ma cabine pour sommeiller, pendant que l'*Hydaspe* allait et venait en vue des côtes, comme un promeneur impatient en attendant le jour.

Le 25 août, fête de saint Louis, ce grand roi de France et ce héros chrétien, qui fit briller sur cette même plage son courage dans les combats et sa patience dans la captivité, nous entrions dans le port d'Alexandrie. Son aspect oriental fixa nos regards étonnés. Nous étions guidés au milieu de ses perfides écueils par un pilote égyptien que nous avions pris à Malte; et je touchai bientôt l'antique terre des Pharaons, huit jours après avoir quitté le sol de ma patrie. Je célébrai la sainte messe dans l'église des Franciscains dédiée à sainte Catherine. C'était un dimanche, et je fus édifié de voir un grand nombre de personnes européennes et indigènes assister, avec recueillement, à l'office divin. Je visitai ensuite la ville.

Le 26, je parcourus les environs d'Alexandrie et les bords du Nil ; puis, à quatre heures du soir, nous faisions voile pour Jaffa.

Le 27, la mer est très-calme; notre beau vaisseau fend avec rapidité les ondes amères, et, à huit heures du soir, nous entendons résonner autour de nous ce nom si capable de produire une grande impression sur un cœur chrétien: *la Terre-Sainte !* En effet, nous apercevons à l'horizon deux lignes blanchâtres à peu près parallèles, ce sont les côtes de la Palestine, et, au-delà, les montagnes de la

______

(1) On appelle *violon*, à bord, un ustensile composé de plusieurs cordes soutenues de distance en distance par des planchettes ou archets, et fixées aux deux bouts de la table pour empêcher la vaisselle de tomber quand la mer est agitée.

Judée. L'*Hydaspe* est trop lent, suivant nous, à dévorer l'espace, et les derniers rayons du soleil qui se noient dans l'azur de la Méditerranée nous font craindre de ne pouvoir toucher, dès ce soir, ce sol béni. Bientôt enfin Jaffa apparaît; mais les ombres de la nuit l'enveloppent déjà d'un crêpe ténébreux qui s'épaissit promptement, et nous ne pouvons distinguer la ville que par la lumière de ses maisons brillant les unes au-dessus des autres. Le paquebot jette l'ancre à un kilomètre du rivage, et, comme il est trop tard pour débarquer, nous devons nous résigner à passer encore une nuit entre les quatre planches d'une étroite couchette, consolés par l'espoir de contempler le lendemain la Terre-Sainte à notre réveil.

En 1395, le baron d'Anglure, parti des environs de Paris, employa vingt-quatre jours en passant par les Alpes et le Piémont pour se rendre à Venise; il s'embarqua dans ce port et n'arriva à Jaffa qu'après une traversée de trente-deux jours (1). Aujourd'hui, même en prenant la petite vitesse, la durée du voyage est, de Paris à Marseille, deux jours, et de Marseille à Jaffa dix jours. On peut donc dire que, maintenant, il ne faut pas plus de temps pour aller en Terre-Sainte qu'il n'en fallait à Mad. de Sévigné, au xvii° siècle, pour se rendre chez sa fille, en Provence.

(1) *Le saint voyage de Jérusalem*, par d'Anglure.

# CHAPITRE II

## DE JAFFA A JÉRUSALEM

### JAFFA — LA ROUTE DE JÉRUSALEM

### I — JAFFA

J'étais déjà sur le pont de l'*Hydaspe* quand le disque éblouissant
de l'astre du jour se levait derrière les montagnes de Juda pour
inonder de ses feux la terre et la mer, et déchirer le sombre voile
dont la nuit avait couvert Jaffa. Cette petite ville, vue d'un peu loin,
nous offrait un coup d'œil très-pittoresque. Elle est nommée Joppé
dans la Bible, et son origine est si ancienne que Pline la fait remonter
avant le déluge. On dit qu'elle fut fondée par Japhet, fils de Noé, et
que c'est là que l'arche fut construite. C'est sur un rocher voisin de
Joppé que la fable place la délivrance d'Andromède par Persée. Yafo,
donnée par Josué à ceux de la tribu de Dan (1) était le seul port de la
Palestine qui mît les Hébreux en communication avec la Méditerranée,
et c'est là qu'abordèrent les cèdres du Liban pour la construction des
temples de Salomon et de Zorobabel (2). Le prophète Jonas vint s'y
embarquer pour fuir à Tharsis en déclinant les ordres du Seigneur (3).
Judas Machabée la brûla en partie avec les vaisseaux de son port pour
venger le massacre de deux cents juifs victimes d'une trahison (4).
Prise plus tard sur les Syriens par Jonathas et Simon Machabée, elle
tomba ensuite au pouvoir des Romains qui la livrèrent aux flammes.
Elle ne tarda pas être rebâtie par les juifs ; mais Vespasien la renversa

(1) Jos., xix, 46.
(2) II Paral., ii, 16, et I Esdr., iii, 7.
(3) Jon., i.
(4) II Mach., xii, 3.

de nouveau et la remplaça par une citadelle romaine. Sous Constantin, Jaffa devint le siége d'un évêque. Fortifiée par Baudouin I<sup>er</sup>, reprise par Saladin, elle vit encore ses murs relevés par saint Louis et détruits par le sultan d'Egypte Bibars qui la mit en ruines (1268) (1). En 1612, le P. Boucher n'y trouva qu'une forteresse et il dut coucher trois nuits sur les cailloux du bord de la mer. Après avoir été pillée en 1799, par l'armée française, sous la conduite de Bonaparte et occupée par Ibrahim-Pacha en 1832, cette ville languit aujourd'hui comme toutes celles de la Syrie sous le croissant turc, quoique son commerce ait pris depuis quelques années un certain développement.

Jaffa, c'est la ville des pèlerins. Ils s'y arrêtent presque tous. Ses maisons, aux toits aplatis et couverts de petits dômes, s'étageant en demi-cercle sur un rocher élevé au bord de la mer et couronnées par une ceinture de verdure lui donnent un caractère d'originalité indescriptible et forment un tableau dont les regards du voyageur ont peine à se détacher. Nous remarquons surtout avec plaisir, au milieu de la ville, deux pavillons qui parlent à nos cœurs : ce sont le glorieux drapeau français qui rappelle la patrie absente, et l'étendard de la Terre-Sainte avec sa croix rouge sur fond blanc entourée de quatre croisillons qui flotte sur le couvent hospitalier des Franciscains.

Dès qu'on approche de la Palestine, les difficultés commencent. Jaffa est le port de Jérusalem, mais ce port est un écueil dangereux. Les navigateurs ne sont jamais sûrs de pouvoir s'y arrêter, car, à vrai dire, il n'y a point de port ; le petit golfe, hérissé de rochers et à demi ensablé, ne laisse point aborder les navires, et c'est à peine si des barques légères peuvent se hasarder à pénétrer par les deux seules entrées au N. et à l'O. qui n'ont pas plus de dix pieds de largeur.

L'arrivée d'un bâtiment est toujours une bonne fortune pour les habitants de Jaffa. Aussi, le 28 août, de nombreux canots, montés par

_______________

(1) Ce fut à Jaffa que la reine, femme de saint Louis, accoucha d'une fille nommée Blanche, et que ce prince reçut l'avis de la mort de sa mère. Les paroles qu'il prononça à cette triste nouvelle sont si admirables que je ne puis les passer sous silence : « Je vous rends grâce, ô mon Dieu ! s'écria-t-il, de ce que vous m'avez prêté M<sup>me</sup> ma chère mère tant qu'il a plu à votre volonté, et de ce que maintenant selon votre bon plaisir vous l'avez retirée à vous. Il est vrai que je l'aimais sur toutes les créatures du monde, et elle le méritait ; mais puisque vous me l'avez ôtée, votre nom soit béni éternellement. »

des Arabes au teint cuivré, aux membres robustes, s'empressèrent autour de notre vaisseau en se disputant comme une proie les voyageurs. A six heures, nous descendons dans une de ces barques après avoir dit cordialement adieu au digne commandant Millet et aux officiers de l'*Hydaspe;* ils ont été pour nous pleins de politesse et d'égards. Ce n'est pas sans quelque crainte, je l'avoue, que l'on se hasarde ainsi à voguer pendant un quart de lieue, soutenu au-dessus de l'abîme par une frêle nacelle, à la merci d'hommes inconnus et grossiers, et à la vue des flots menaçants qui viennent sans cesse se briser en mugissant sur les rochers à fleur d'eau qu'ils couvrent d'une blanche écume. F. Josèphe nous déclare qu'il n'y a point de lieu où les vaisseaux courent plus de dangers. Ceci est encore vrai aujourd'hui, car ce port est tristement célèbre sur toute la côte de Syrie par le grand nombre de naufrages dont il est le théâtre chaque année. Un faux mouvement de la rame peut vous faire chavirer, un reflux trop brusque peut vous briser contre un récif (1).

Mais, par un bonheur providentiel, la mer est aussi calme qu'on peut le désirer. Nous franchissons sans encombre l'étroit passage qui est si périlleux quand elle est houleuse et qui, en tout temps, nécessite le déploiement de beaucoup de force et d'habileté, et nous sommes bientôt au pied des murs. Ils s'élèvent à une grande hauteur perpendiculairement devant nous. Nous voici donc arrivés au port, mais il faut débarquer, et ce n'est pas le plus commode. Il ne s'agit pas ici de sauter du canot à terre comme cela se fait partout en Europe et même en Afrique. Un plancher soutenu par quatre poteaux s'avance dans la mer, à six ou sept pieds au-dessus de nous, et nous devons y gravir par une mauvaise échelle qui, pour nous Français, caractérise les ports de l'Orient, puisque nous les désignons sous le nom d'*échelles du Levant.* Plusieurs pèlerins sont parvenus ainsi au débarcadère, mais

_____

(1) Au commencement de mars (1863), trois Franciscains ont été engloutis dans les flots en se rendant à un paquebot pour s'y embarquer. Le canot qui les portait fut renversé par une lame au moment où les bateliers essayaient de franchir l'une des passes les plus dangereuses. Ce fut avec beaucoup de peine que l'on parvint à retirer de la mer deux de ces infortunés religieux ; l'un était déjà mort, le second expira dans le trajet de l'échelle au couvent ; quand au troisième, il fut impossible de retrouver son corps que les vagues auront roulé sous les rochers ou entraîné plus loin dans la mer.

comme je mets le pied sur l'échelle, elle commence à fléchir sous le poids d'un confrère de colossale stature, et, au moment même où il vient à la quitter, elle lâche prise aussi, s'affaisse et menace de m'entraîner dans sa chute. Jugez de mon embarras. Heureusement, l'échelle est un peu soutenue par le mur. Je parviens, avec peine, à monter jusqu'au milieu des degrés, je tends les mains à une troupe d'Arabes qui se tiennent sur la plate-forme et, au risque de me casser les bras, ils me hissent jusqu'à eux comme un ballot de marchandises. Je ne sais comment les autres voyageurs s'en sont tirés ; pour moi, satisfait d'avoir mis le pied sur cette Terre-Sainte après laquelle j'avais soupiré longtemps, je m'avance au milieu d'une foule bigarrée qui se presse sur la marge resserrée du quai. Ici, des hommes oisifs comme il y en a partout mais en Orient plus qu'ailleurs, cherchent un aliment à leur curiosité ; là, des agents de l'administration turque revêtus du frac de la réforme, des marchands, surtout des portefaix nombreux qui s'agitent, crient, vont et viennent, se heurtent et heurtent les autres. La douane turque est facile, et nous nous dirigeons sans trop de retard, avec nos bagages, vers le couvent Franciscain.

Il est situé sur le quai et a été réédifié à neuf en 1834, avec des matériaux tirés des ruines de Césarée ; de sorte que, par une coïncidence singulière, selon la remarque du P. de Géramb, les pierres qui avaient servi à Hérode pour fonder une ville en l'honneur d'Auguste, ont été employées à bâtir un temple au divin Enfant dont la naissance avait causé tant d'épouvante à ce cruel roi de Judée. Ce monastère ressemble à un palais si on le compare aux maisons des indigènes, mais, pour nous, il représente une prison avec ses murs élevés, ses fenêtres grillées et étroites, et sa large porte voûtée. Nous entrons en faisant une inclination profonde par une seconde petite porte de quatre pieds de haut percée au milieu de la première. Après avoir franchi une multitude d'escaliers en pierre où rien n'est plus facile que de se rompre les jambes et parcouru plusieurs terrasses, nous arrivons tout essoufflés à l'étage destiné aux pèlerins. A l'intérieur, le couvent très-irrégulièrement bâti n'a d'autre luxe qu'une grande propreté, chose rare en Orient. Les religieux nous font un excellent accueil. Notre premier soin est de nous rendre à la chapelle. C'est aussi l'église paroissiale des Latins. Elle est petite, et d'une simplicité monastique. Les tableaux, dont le principal représente saint Pierre,

patron du lieu, ne sont pas l'œuvre de fameux artistes. Plusieurs
lampes suspendues à la voûte par de longues chaînes, enferment dans
leurs anneaux des globes de verre et des œufs d'autruches, décoration
chère aux Arabes, et brûlent devant l'image de quelque saint vénéré.
A l'imitation des chrétiens du pays dont la piété se traduit par de
nombreuses démonstrations, nous couvrons de nos baisers répétés les
mosaïques qui revêtent le sol de ce premier sanctuaire de la Terre-
Sainte, et nous remercions Dieu de nous y avoir conduits avec tant
de bonté.

Les longues pratiques de piété ne sont pas faites pour les voyageurs ;
mais, dans la Terre-Sainte, tout le voyage des pèlerins ne doit-il pas
être une constante élévation de leurs âmes vers Dieu ? C'est là, surtout, qu'on doit placer en lui sa confiance et l'aimer d'un plus tendre
amour : « *Notus in Judœâ Deus*, dit le psalmiste ; c'est dans la Judée
que Dieu se fait connaître (1). »

De la chapelle nous passons au réfectoire où les Franciscains, par
leurs soins attentifs, nous ont préparé le déjeuner ; puis, malgré une
chaleur étouffante, nous commençons notre visite dans cette ville
toute remplie des souvenirs du Prince des Apôtres.

La cité actuelle n'a guère plus de cent cinquante ans d'existence. Elle
renferme une population de 10,000 âmes dont 800 catholiques. Ses
principaux édifices sont trois mosquées et les couvents latin, grec et
arménien. Les rues sont étroites, sales, tortueuses, escarpées, bordées
de tristes maisons où tout respire la misère et qui étaient, jusqu'à
ces dernières années, le séjour habituel de la peste.

Guidés par un religieux, nous dirigeons nos pas vers l'emplacement de la maison de Simon le Corroyeur, au bord de la mer. C'est là,
d'après la tradition, que saint Pierre habita après avoir ressuscité Tabithe. Voici comment saint Luc rapporte, dans les *Actes des Apôtres,*
cet éclatant prodige :

« Pierre, visitant de ville en ville tous les disciples, vint chez les
saints qui demeuraient à Lydda... Il y avait à Joppé, entre les disciples, une femme nommée Tabithe, en grec Dorcas. Elle était remplie
de bonnes œuvres et faisait beaucoup d'aumônes. Or, il arriva qu'étant
malade elle mourut et, après qu'on l'eut lavée, on la mit dans une

(1) Ps. 75.

2

chambre haute. Comme Lydda est près de Joppé, les disciples, apprenant que Pierre était là, envoyèrent vers lui deux hommes, le priant de se hâter de venir jusque chez eux. Et Pierre se levant, vint avec eux. Quand il fut arrivé (1), on le conduisit dans la chambre haute, et là, toutes les veuves s'assemblèrent autour de lui, pleurant et lui montrant les tuniques et les vêtements que Dorcas leur faisait. Pierre ayant fait sortir tout le monde, se mit à genoux et pria ; et, se tournant vers le corps, il dit : « Tabithe, levez-vous, » et elle ouvrit les yeux et, ayant vu Pierre, elle s'assit. Alors Pierre, lui donnant la main, l'aida à se lever et, ayant appelé les saints et les veuves, il la leur rendit vivante. Ce miracle fut connu dans toute la ville de Joppé, et beaucoup crurent au Seigneur, et Pierre demeura plusieurs jours à Joppé chez un corroyeur nommé Simon (2). »

C'est aussi dans cette maison, située encore aujourd'hui dans le quartier des tanneurs, que saint Pierre eut cette vision où lui fut révélée la vocation des Gentils. Le secrétaire de la caravane lut les belles pages des *Actes des Apôtres* qui rapportent ce fait et suivent celle que je viens de citer.

On nous montra aussi la salle qui servit d'ambulance aux soldats pestiférés que le général Bonaparte toucha de sa main, par un acte d'inutile héroïsme, dont on conteste d'ailleurs l'authenticité (3).

Un soleil de midi dardait sur nous ses rayons brûlants. Il était temps de dîner et de prendre à l'ombre quelque repos ; nous rentrâmes donc, et après avoir satisfait ce double besoin, nous sortîmes de nouveau pour visiter l'extérieur de la ville.

Nous voici sur le quai, c'est avec les bazars et le marché, le seul endroit où il y ait un peu de mouvement. Des chameaux couverts de leurs bâts pointus y sont étendus nonchalamment à côté d'énormes monceaux d'oignons, mets favori des Orientaux. Les acheteurs se

---

(1) Cette maison était située dans les jardins à trois quarts d'heure de marche de la ville.

(2) Act., ix, 32.

(3) Cette salle est dépourvue de tout caractère architectural. Il faut en conclure que les arcades mauresques dont *Gros* a décoré son tableau *des Pestiférés de Jaffa* n'existent que sur cette toile célèbre.

M. Thiers disculpe Bonaparte du reproche d'avoir fait empoisonner les malheureux pestiférés (*Histoire de la Révolution française*, t. X, p. 410).

disputent des tranches de pastèques roses et fondantes, tandis que de vigoureux arabes traînent les lourds ballots de marchandises. Nous traversons le bazar où sont concentrées les boutiques et les échoppes des ouvriers, et nous sortons de la ville par son unique porte située au N.-E., toujours encombrée de chameliers, de petits brocanteurs et de passants. Elle est ornée d'une fontaine en marbre blanc et rouge remarquable par l'élégance de son architecture. C'est sur la vaste place qui s'étend devant cette porte que se tient tout le jour un marché où une foule de vendeurs aux costumes bariolés, étalent à terre pêle-mêle des citrons, des oranges, des dattes, des raisins magnifiques, du pain et des ustensiles d'un ménage primitif.

Nous nous tirons promptement de ces groupes misérables de Bédouins crasseux, de femmes déguenillées, d'enfants à demi nus, entre-mêlés de chameaux, d'ânes, de chevaux et de chiens qui exhalent une odeur nauséabonde, et nous pénétrons entre deux belles haies de nopals dans les jardins de Jaffa. Ils jouissent d'une réputation bien méritée.

Le nopal, si commun en Syrie où il sert de clôture (1), a des feuilles épaisses et larges sur lesquelles poussent des figues plus grosses que des œufs. Ces figues étaient mûres alors. Désireux de connaître le goût de ce fruit qui me semblait appétissant, j'en détachai un en le pressant avec mes doigts; mais les petits aiguillons fins et acérés dont il est tout couvert pénétrèrent dans la peau de mes mains et me piquèrent comme des épingles. Grand fut mon désappointement. Je jetai promptement cette figue traîtresse, mais je ne pus me débarrasser de ses aiguillons. Impossible de me servir de mes mains, ni même de les fermer, sans éprouver une cuisante douleur. On me dit que j'en avais pour une semaine. Je commençais à me désespérer, — car pour voyager à cheval, les deux mains ne sont pas inutiles, —

M. Delaroière, un des compagnons de voyage de M. de Lamartine en Orient (1832), vit à Jaffa le P. Francisco de la Grotte, supérieur général des Pères de Terre-Sainte. Ce religieux, qui résidait dans cette ville à l'époque de son évacuation par les Français, lui affirma qu'on administra une potion aux malades qui n'étaient pas susceptibles d'être transportés, et que, dans la nuit, presque tous moururent (*Voyage en Orient*, XIV, p. 80).

(1) Le nopal s'appelle aussi cactus ou figuier d'Inde. Cette plante forme des buissons d'un beau vert, élevés de douze à quinze pieds et presque impénétrables.

quand un charitable franciscain me prévint qu'un voyageur qui avait
été pris comme moi s'était délivré en peu de temps de ces maudites
épines en se lavant les mains dans l'huile. J'essayai de ce procédé à
mon retour au couvent, et je parvins, non sans peine, à guérir les
piqûres de ces arbustes redoutables que je me promis bien de ne toucher désormais que des yeux.

On ne peut voir rien de plus agréable que ces jardins, les plus
beaux de la Terre-Sainte. Le sol y est d'une fertilité prodigieuse
L'air est embaumé du parfum des fleurs qui embellissent ces lieux
enchantés.

Notre guide frappa à une porte en bois et aussitôt de jeunes arabes
vinrent nous l'ouvrir. Nous étions dans l'enclos que les Franciscains
ont défriché depuis quelques années, et où ils ont tracé comme en
Europe des allées et des plantations régulières, chose inconnue en ce
lieu, où les autres jardins ne sont que des fourrés d'arbres dont la
végétation serait encore plus riche s'ils étaient mieux soignés. Celui
des Pères est rempli de bananiers aux feuilles énormes et satinées, de
pêchers, de pruniers. Les orangers y mêlent leurs pommes d'or aux
pommes ensanglantées des grenadiers ; un parterre est réservé aux
fleurs d'agrément. Ces belles plantes qui s'étiolent chez nous dans des
serres chaudes poussent là en plein air avec la plus grande vigueur.
Une machine appelée *noria*, élève l'eau du puits à l'aide de godets
attachés autour d'une roue mue par un cheval, et distribue abondam-
ment dans ces terres, par divers canaux, les eaux limpides qui entretiennent perpétuellement la fraîcheur. On nous offrit des fruits. Je
cueillis quelques grenades, elles étaient à peine mûres. Je m'en dé-
dommageai en goûtant de suaves raisins. Nous ne quittâmes qu'à
regret ces délicieux jardins pour rentrer au couvent, et nous reposer
dans de bons lits, satisfaction qui ne nous avait été accordée qu'une
seule fois depuis dix jours que nous étions bercés sur les flots de la
Méditerranée.

Le 29 au matin, je me rendis à la chapelle où je vis les garçons de
l'école assister à la messe. Les Franciscains ne sont pas seulement, en
Terre-Sainte, la Providence des pèlerins qu'ils hébergent dans leurs
hospices avec le dévouement qu'inspire la charité chrétienne, mais ils
sont encore les bienfaiteurs des habitants du pays, car partout ils
s'occupent à diriger l'instruction de la jeunesse. Ils travaillent sans

relâche à civiliser et à retirer de l'erreur ces pauvres populations ;
aussi sont-ils chéris des catholiques, bénis des pèlerins et respectés
des musulmans. Les Pères du couvent de Jaffa, au nombre de cinq,
font donner gratuitement aux enfants des deux sexes la première
éducation, tandis que soixante-dix jeunes filles de toutes religions
reçoivent, dans le pensionnat des Sœurs de Saint-Joseph, un enseignement plus relevé.

Je voulus faire le tour de la ville à l'intérieur. Des murs crénelés
dont le pied plonge dans de larges fossés l'enferment sans la défendre complètement, et sur la partie la plus élevée se dresse une
forteresse que trois ou quatre petits canons de bronze ne réussissent
pas à rendre formidable. Grimpé sur le sommet de ces remparts, je me
plus à contempler à l'Orient cette large forêt de jardins d'où s'élance
comme un géant, de distance en distance, le palmier, roi des arbres,
au port majestueux, dont la cime est ceinte de dattes jaunissantes
comme d'un collier d'or et couronnée d'un diadème de verdure. Quelques
maisons carrées, d'une blancheur d'albâtre, sont semées çà et là dans
cette oasis. En descendant, j'aperçus au midi, en dehors de la ville et
au bord de la mer, le cimetière musulman.

Aussitôt après le dîner qui a toujours lieu à midi dans les couvents,
il fallut faire ses préparatifs de départ, car nous devions aller coucher
à Ramleh (1).

Chacun s'arme de pied en cap. Ceux-ci, les plus ardents, fixent
leurs éperons sur de longues guêtres ; quelques-uns, plus délicats,
s'attachent sur les épaules un parasol de coton blanc ; d'autres plus
prudents y mettent un fusil à deux coups, effroi des bédouins. On
voit même apparaître un grand sabre de dragon. Tous nous avons
couvert nos têtes et nos reins de manteaux blancs comme la neige.

(1) C'est la constante habitude des pèlerins. Ils vont s'y reposer pendant
quelques heures, afin de diminuer les fatigues du trajet de Jaffa à Jérusalem
que l'on pourrait, à la rigueur, franchir de suite et en un jour, cette distance
étant à peine de douze lieües.

## II — LA ROUTE DE JÉRUSALEM

Nous sommes prêts à nous mettre en route. Mais que dis-je? On
ne connaît pas en Palestine ce que nous appelons une route, et même
le modeste chemin vicinal y reste à l'état de mythe irréalisé et à peine
réalisable. Aussi ne trouverait-on pas une seule voiture dans toute la
Terre-Sainte, par la bonne raison qu'elle ne pourrait y rouler (1). Le
chameau, le mulet, l'âne ou le cheval peuvent donc seuls nous procurer
des moyens de locomotion. Les *moucres* (2) ne comptent point parmi
leurs trop rares qualités l'exactitude et la promptitude. Nos chevaux
se font attendre, et nous comprenons de suite la nécessité de faire
usage de la patience, dont un voyageur en Orient ne doit pas oublier
d'emporter une bonne dose parmi toutes ses autres provisions. Enfin,
nos coursiers arrivent d'un air assez pacifique avec un piteux harna-
chement. Plus d'une selle arabe a ses larges étriers soutenus par de
faibles cordes, et les brides sont souvent ajustées avec de la ficelle ;
ceci est peu rassurant pour les cavaliers novices qui, ayant entendu
parler des chutes de chevaux si fréquentes en Syrie, craignent à tout
instant d'être renversés. Enfin, vers deux heures la caravane peut
partir. Le Frère Liéven, jeune Franciscain qui est venu nous chercher
à Jaffa et qui doit nous diriger pendant tout notre pèlerinage, ouvre
la marche. Après lui vient Schembri, chargé du matériel de la caravane,
puis notre digne Président à la tête des pèlerins.

Nous traversons le bazar, et dix minutes après avoir franchi la
porte de Jaffa, nous arrivons à une jolie fontaine de style mauresque
appelée *Abou Nabout* (*le père de la massue*), devant laquelle est
une place plantée de cyprès et de grands sycomores. C'est le rendez-
vous des oisifs de la ville. Des femmes, enveloppées d'un voile blanc
qui leur couvre tout le corps, s'y tiennent accroupies en demandant
l'aumône. Notre caravane se déploie dans un chemin poudreux bordé
de haies de nopals, au milieu des jardins, puis nous entrons dans la
plaine de Saron. Elle est légèrement ondulée et s'étend sur le bord de

(1) Ce pays est extrêmement montueux, et les anciennes routes, n'étant plus
entretenues, sont devenues impraticables.

(2) On appelle *moucres* en Orient les conducteurs de bêtes de somme.

la mer jusqu'aux montagnes, sur une largeur de cinq ou six lieues, et, du nord au sud, sur une longueur beaucoup plus grande. Le sol quoique sablonneux est d'une fertilité prodigieuse qui l'a rendu célèbre dans les Saintes Ecritures. « Au désert sera donnée la beauté du Carmel et de Saron (1). » Le voyageur y trouve, au printemps, un charmant coup-d'œil, car des fleurs nombreuses et variées, roses, lis, tulipes, s'épanouissent alors spontanément sous ses pas. Mais le reste de l'année, cette plaine ne présente, comme nous l'avons vue, que l'aspect d'un désert, suivant la prédiction d'Isaïe : « Saron est devenue comme un désert (2). » En effet, grâce au despotisme musulman, cette terre n'offre de toutes parts que des chardons et des herbes brûlées par le soleil, et entremêlées de chétives plantations de doura, d'orge et de froment. Çà et là paraissent quelques bouquets d'oliviers et de sycomores, et quelques bourgades toujours en ruines.

Après une heure de marche, nous arrivons au village nommé *Yazour*, bâti sur un tertre verdoyant, surmonté d'une chapelle sépulcrale aux blanches coupoles. A côté se trouve un réservoir en marbre sur lequel des vases de terre s'offrent aux passants altérés pour puiser de l'eau. Quelque pieux musulman a fait cette fondation.

Nous remarquons ensuite à notre droite un petit bois de vieux oliviers plantés en quinconce. C'est tout ce qui reste d'une exploitation entreprise au xvii<sup>e</sup> siècle par des marchands français, à l'instigation de Colbert, dans le but de fonder au milieu de cette plaine de Saron, la culture de l'olivier d'après la méthode de Provence. Cent ans plus tard, ces arbres prêtèrent leur ombrage au général Bonaparte.

Le pays que nous visitons s'appela d'abord *Terre de Chanaan*, parce qu'il fut peuplé par les descendants de Chanaan, fils de Cham et petit-fils de Noé ; puis *Terre Promise*, à cause de la promesse que Dieu avait faite de la donner à la postérité d'Abraham, d'Isaac et de Jacob (3). La Providence avait choisi ce peuple pour garder le dépôt de la vraie religion et des prophéties annonçant le Messie qui devait plus tard naître dans son sein. Après avoir échappé, sous la conduite de Moïse, à la dure captivité de l'Egypte, les Israélites entrèrent en

______

(1) Isaïe, xxxv, 2.
(2) Isaïe, xxxiii, 9.
(3) Gen., xii.

possession de cette terre, et Josué la partagea aux douze tribus qui
prirent les noms des douze fils de Jacob, dont elles descendaient. Mais
à la mort de Salomon (975 ans avant J.-C.), la terre des Hébreux fut
partagée en deux royaumes. Dix tribus se séparèrent du petit-fils de
David pour obéir à Jéroboam, et formèrent le royaume d'Israël ; les
deux autres, celles de Juda et de Benjamin, restées fidèles à Roboam,
composèrent le royaume de Juda. Le royaume d'Israël subsista 253
ans, et celui de Juda 386 ans. Ils furent gouvernés chacun par vingt
rois, et leur histoire nous présente un triste tableau. Idolâtrie,
guerres intestines, princes assassinés ou détrônés, crimes, famines et
misère, puis la ruine... quel désolant spectacle ! Le Seigneur punit
les prévarications de Juda et d'Israël, en envoyant contre eux leurs
puissants voisins, les rois d'Assyrie. Nabuchodonosor, après avoir
pris Jérusalem, emmena tous les Hébreux à Babylone. Lorsque les
soixante-dix ans de captivité furent révolus, Cyrus permit à ce malheureux peuple de rentrer dans sa patrie qui fut alors appelée *Judée*
ou *Terre de Juda*, parce que cette tribu dans laquelle le Messie devait
naître, était la principale, et le nom de Juifs s'étendit à tous les descendants de Jacob. La Judée fut ensuite conquise par Alexandre-le-
Grand ; puis elle passa aux Ptolémées et aux Séleucides (1).

Les Grecs et les Romains lui donnèrent le nom de *Palestine*, qui ne
s'appliquait auparavant qu'à la terre des Palestins ou Philistins, c'est-à-
dire à la côte qui s'étend au nord de l'Egypte jusqu'à la plaine de Saron.

Au temps de Notre-Seigneur, cette contrée était divisée en quatre
parties : la Galilée au nord, la Judée au midi, la Samarie entre les
deux, et la Pérée à l'orient. Cette dernière comprenait les trois tribus
d'au-delà du Jourdain.

Les chrétiens appellent la Palestine *Terre-Sainte ;* c'est Dieu lui-
même qui nous a appris à la nommer ainsi. Lorsqu'il se montra à
Moïse dans un buisson ardent, en Arabie, pour lui ordonner de faire
sortir les Hébreux de l'Egypte, il lui dit : « Ote tes chaussures de tes
pieds (2), car le lieu où tu es, est une *terre sainte* (3). » La Pales-

_______________

(1) En jetant un coup-d'œil sur l'histoire de Jérusalem, nous esquisserons
celle du pays entier.

(2) C'est encore de cette manière que les Orientaux témoignent leur respect,
au lieu de quitter leurs coiffures comme nous.

(3) Exod., iii, 5.

tine mérite bien ce beau titre, puisque le Seigneur a daigné souvent y apparaître à ses prophètes, et que le Fils de Dieu fait homme l'a habitée pendant trente-trois années.

Les limites de la Terre-Sainte ont varié à différentes époques. On peut les fixer ainsi approximativement : Au couchant, la mer Méditerranée ; au nord, une ligne qui irait de Sidon au Grand-Hermon (Djebel-el-Cheik), en coupant les sources du Jourdain ; à l'orient, le cours du Jourdain et la mer Morte ; au midi, une autre ligne qui partirait du fort El-Arisch, sur la Méditerranée, pour aller rejoindre la pointe méridionale de la mer Morte. C'est la Terre-Sainte proprement dite. Voici ses dimensions : 60 lieues de longueur sur 20 de largeur. Mais pour être exact, il faut y ajouter les tribus de Ruben, de Gad et de Manassé-Oriental qui se trouvaient au-delà du Jourdain, et composaient un territoire assez étendu (1). Il n'en est pas moins vrai que la Terre-Sainte est un des plus petits pays du monde. Cependant cette contrée si exiguë remplit l'univers de son nom depuis dix-huit siècles ; car elle est grande par les faits miraculeux dont elle a été le théâtre, et par les souvenirs illustres qu'elle rappelle.

A l'époque de sa plus grande prospérité, elle renfermait 6,500,000 habitants ; aujourd'hui on n'en compte plus que 300,000.

Ici chaque pas réveille un écho de la Bible. Nous sommes dans le pays des Philistins, et nous apercevons sur la droite un gros village se cachant dans la verdure grise des oliviers et des cactus. C'est *Beith-Dedjan*, dont le nom rappelle *Beit-Dagon (la maison de Dagon)*, cette idole pour laquelle, à Azot aujourd'hui *Asdôd* située à sept lieues au sud-ouest, le voisinage de l'Arche sacrée fut si funeste (2).

C'est dans ces champs maintenant si tranquilles que Samson fit éprouver aux Philistins sa force merveilleuse (3), et qu'il lança pour incendier leurs moissons de nombreux chacals, après avoir attaché à leurs queues des torches ardentes (4).

(1) Cette région transjordanienne n'a jamais été possédée que très-imparfaitement par les Juifs.

(2) I Rois, v.

(3) Le géant Goliath naquit à Geth ou Gath qui devait être dans ces environs.

(4) Juges, xv, 4. Les chacals sont encore très-communs en ce pays ; la vulgate les désigne sous le nom de renards, *vulpes*.

Un léger détour sur la gauche nous conduit, en allongeant un peu
notre course, à *Lydda :* « Saint Pierre, nous disent les *Actes des
Apôtres*, trouva là un homme appelé Énée qui était paralytique et
depuis huit ans gisant dans son lit. Et il lui dit : « Énée, le Seigneur
Jésus-Christ vous guérit, levez-vous et faites vous-même votre lit. »
Et Énée se leva aussitôt. Et tous ceux qui habitaient à Lydda et à
Sarone le virent et se convertirent au Seigneur (1). »

Nous nous arrêtons quelques instants pour considérer les ruines
d'une église construite au xii^e siècle en l'honneur de saint Georges.
Ce tribun militaire, qui souffrit le martyre sous Dioclétien, avait été
choisi par les Croisés pour leur patron, et il est très-vénéré dans tout
l'Orient. La tradition qui assigne son tombeau à Lydda ne manque
pas de preuves. Le misérable village actuel n'est plus lui-même
qu'une ruine. J'aperçus, dans une cour proche de l'église, un grand
nombre de musulmans réunis. Ils faisaient leurs prières. Notre président se rappelant que, lors de son précédent voyage, les pèlerins
qui étaient partis les derniers, avaient reçu des pierres dans le dos
en guise d'adieux de la part de ces pieux sectateurs de Mahomet,
engagea ceux de mes compagnons qui portaient des fusils à former
l'arrière-garde. C'était le moyen de n'avoir rien à craindre. Nous traversâmes, par une étroite allée, une forêt de nopals, et peu après nous
mîmes pied à terre à la porte du couvent de Ramleh. Les Franciscains nous offrirent une rafraîchissante limonade; je crois que je n'ai
jamais bu une liqueur si délicieuse, il est vrai que je mourais de
soif et de chaleur (2).

Après un quart d'heure de repos, nous allâmes visiter la ville.
*Ramleh* ou *Ramlah (le sable)* est, d'après quelques auteurs, la ville
de Rama ou Ramatha citée souvent dans l'Écriture; mais il y avait
en Judée plusieurs villes de ce nom. On la considère généralement
avec saint-Jérôme (3) comme l'ancienne Arimathie, patrie de Joseph
qui donna la sépulture au corps de Notre-Seigneur et de Nicodème,

(1) Actes, ix, 33.

(2) A deux lieues de Ramleh se trouve Ekron, l'ancienne Accaron, où fut
transportée l'Arche sainte après sa sortie du temple de Dagon, et où Beelzébub,
c'est-à-dire le dieu des mouches, avait son temple vers lequel Ochozias, roi
d'Israël, envoya ses gens pour savoir s'il guérirait. IV Rois, i, 2.

(3) Onomasticon, v° Armatha-Sophim.

ce timide prince des Pharisiens qui eut, pendant la nuit, avec le divin Maître une conversation que l'Evangile nous a retracée (1). Après avoir été prise par les Croisés en 1099 et reprise par Saladin, en 1187, Ramleh devint le théâtre des exploits de Richard-Cœur-de-Lion, et retomba en 1266 sous la domination musulmane. Au XVIᵉ siècle, elle avait à peine douze maisons habitées. Aujourd'hui, Ramleh est une petite ville d'un misérable aspect renfermant 2,000 musulmans et 1,000 chrétiens, presque tous du rit grec (2). Il s'y fait un petit commerce de coton filé et de savon. La principale mosquée est une belle église fondée par les Croisés.

Après un quart d'heure de marche en dehors de la ville, entre des haies de nopals et à travers les blanches tombes d'un cimetière musulman, nous pénétrons dans une vaste cour entourée de murs avec de longs cloîtres aux arceaux et aux voûtes ruinés. On y voit des mosquées abandonnées et les fondements d'une église. Mais le plus curieux, c'est un magnifique souterrain dans lequel on descend par une trentaine de marches. Il est divisé, par de légers piliers, en deux nefs, dont les uns font une église et les autres de profonds celliers. Ces ruines passent pour être celles d'un monastère bâti par les Templiers, afin de protéger les pèlerins qui se rendaient à Jérusalem. Dans cette enceinte s'élève une tour carrée, haute d'une centaine de pieds, qui s'aperçoit de très-loin. On l'appelle la *Tour des Quarante-Martyrs*. Elle est assez bien conservée, et d'un style remarquable. M. de Vogué (3) regarde cette tour comme un minaret arabe (4), et les constructions qui sont à côté comme un vaste établissement musulman des XIIIᵉ, XIVᵉ et XVᵉ siècles. Un escalier intérieur conduit à son faîte ; je le gravis, et je fus bien dédommagé de ma peine par le coup-d'œil admirable dont je pus jouir. Auprès de moi, les jardins ornés de la verdure des bananiers, des palmiers et d'autres beaux arbres étrangers pour nous ; un peu plus loin, la longue plaine de Saron dorée par le soleil ; puis les montagnes grises de la Judée. A

---

(1) Saint Jean, III.

(2) Il n'y a que soixante-douze catholiques.

(3) Les églises de la Terre-Sainte, c. XI, 2.

(4) Il est vrai que, d'après une inscription arabe placée dans le mur, elle a été bâtie en 1310 par un sultan égyptien.

dix minutes de ces ruines, nous avons vu, au milieu des champs, le
réservoir souterrain appelé la *Citerne de Sainte-Hélène*. Des arcades
le partagent en six nefs ; les voûtes qui le recouvrent et l'escalier qui
y mène ont quelque chose de monumental. Plusieurs arabes venaient
y puiser de l'eau.

Nous rentrâmes au couvent harassés. Cet hospice a été fondé en
1420 par la pieuse munificence de Philippe-le-Bon, duc de Bour-
gogne, sur l'emplacement, dit-on, de la maison de Joseph d'Arimathie
auquel la chapelle est dédiée. On y montre la chambre où coucha
Bonaparte quand il fit de ce couvent le bivouac de son état-major, et
de l'église l'ambulance de ses blessés avant d'aller assiéger Saint-
Jean-d'Acre. On ne peut s'empêcher de ressentir une impression pénible en pensant qu'une armée française dont les soldats étaient les fils
des Croisés et les héritiers de leur courage, arrivée en Terre-Sainte à
une journée de Jérusalem, n'avait pas même daigné la visiter : « Jérusalem n'entre point dans ma ligne d'opération. » Telle fut la froide
réponse de Bonaparte à la proposition qu'on lui adressa de se rendre
dans la ville où se sont opérés les faits divins qui ont renouvelé la face
de la terre. Mais grâces à Dieu, les sentiments chrétiens ont repris
dans les cœurs de nos braves soldats la place qu'ils n'auraient jamais
dû y perdre, car j'ai vu avec plaisir de nombreuses caravanes de militaires, les officiers en tête, faisant partie de l'expédition française en
Syrie, franchir la distance de soixante lieues qui sépare Beyrouth de
Jérusalem pour visiter cette ville sainte (1).

Le soir, nous fûmes heureux de trouver un lit pour y goûter un
sommeil réparateur ; mais cette espérance fut bien déçue pour moi.
On raconte qu'un certain tyran de l'antiquité faisait subir à ses victimes le cruel supplice de recevoir sur tout le corps des piqûres d'épingles ; cette nuit là, et souventes fois depuis, j'eus un aperçu de ce que
l'on peut souffrir ainsi. Une nombreuse armée de petits guerriers ailés,
qui sont toujours victorieux parce qu'on ne peut les combattre, se

(1) Nous fîmes au couvent la rencontre d'un prêtre maronite qui venait de
Jérusalem pour s'embarquer à Jaffa avec huit petits garçons du Liban, ses pa-
roissiens, que les protestants avaient emmenés après les massacres pour les
élever dans leur secte. Ce prêtre, ayant eu connaissance de cette intrigue, se
fit autoriser à réclamer ces pauvres enfants, et, à force de démarches, il parvint à les arracher au danger de l'apostasie.

précipitait sur moi en bourdonnant, et ils perçaient mes chairs de leurs
dards acérés. Les *moustiques* ou cousins, car c'est d'eux qu'il s'agit,
sont depuis longtemps avec la peste, les fléaux endémiques de la Syrie.
Rendons grâces au Ciel de ce que la terrible peste a disparu à peu
près (1); mais qui nous délivrera des moustiques? Ces millions d'ennemis insaisissables se disputaient mes pauvres membres endoloris, et
bon nombre de puces s'étaient mises de la partie. Essayer de les chasser,
c'est perdre sa peine ; il faut donc se résigner à laisser ces méchants
insectes se désaltérer à vos dépens, mais on doit songer à autre chose
qu'à dormir. C'est ce que je fis bon gré mal gré. Joignez à cela une température de serre-chaude, et la pensée que le lendemain je verrais Jérusalem, c'était beaucoup plus qu'il n'en fallait pour éloigner les pavots
de Morphée. Je crois que mes trois compagnons de chambre ne furent
pas plus heureux que moi. Aussi le lendemain, à deux heures du matin, quand Schembri vint frapper à notre porte avec la prétention de
nous éveiller, nous n'avons pas tardé à laisser le champ ou plutôt la
couche libre à nos malins ennemis, et à trois heures nous montions à
cheval.

Nous cheminions silencieusement à la lueur des étoiles, sous une
douce température, dans la plaine de Saron, et quelque temps après,
quand l'astre du jour nous montrait son disque enflammé, nous aperçumes sur une colline un village assez important mais d'un aspect
rebutant de saleté. Il s'appelle *Kubab (le rôti)*, et voici, d'après les
arabes, l'origine de ce nom. Le grand prophète Salomon (sur qui soit
le salut!), mécontent de ce que les habitants du pays refusaient depuis
plusieurs années de lui payer la dîme aumônière de leurs bœufs, de
leurs moutons et de leurs chèvres, résolut de les punir. Par son ordre, les Djinn (esprits célestes) descendirent en ce lieu sous forme de
grands loups fauves jetant des flammes ardentes par la gueule, et se
mirent à courir en cercle autour de la plaine. Les moissons étaient
mûres, et l'incendie fit des progrès rapides, chassant vers le centre
tous les troupeaux disséminés dans la campagne. Ces pauvres bêtes,
saisies de terreur, se réunirent toutes à l'endroit où est Kubab, et y
furent détruites par le feu. Les débris de leurs corps ont formé cette
colline, et le nom de Kubab reste comme un souvenir éternel de la

(1) La peste n'a pas sévi en Orient depuis 1839.

vengeance du grand Roi. Comment ne pas reconnaître de suite dans cette légende musulmane une réminiscence des trois cents renards que Samson transforma en brûlots pour se venger des Philistins?

On a souvent lieu d'admirer ainsi en Palestine la ténacité des traditions bibliques, dont les légendes arabes sont la continuation, et dont le fil n'a pas été rompu par les périodes grecque et romaine, ni par le règne de l'Islamisme. Nous en avons vu encore hier un exemple frappant dans Lydda qui, après avoir porté pendant des siècles le nom grec de *Diospolis* (*ville de Jupiter*), est redevenue *Loud*, à l'invasion des Arabes. En voici bientôt un autre. Une lieue après Kubab, nous remarquâmes non loin de la route, et sur la droite, les ruines d'un village nommé *Emmoas*. C'est l'Emmaüs (1), rendu célèbre par la victoire de Judas Machabée sur Gorgias, lieutenant du syrien Nicanor (2). Cette ville eut une certaine importance; elle fut plusieurs fois détruite et rebâtie sous le nom de *Nicopolis* (*ville de la victoire*). Ce nouveau nom s'est perdu, tandis que l'ancien survit encore après vingt siècles avec une légère variante, étant devenu Emmoas.

Nous étions en face d'un village abandonné, appelé *Latroun*, de *Vicus Latronum* (*bourg des voleurs*) (3); c'est la demeure présumée du bon larron dont on raconte cette touchante légende. Un jour que la sainte famille passait par là, fuyant en Egypte, elle tomba entre les mains de deux voleurs. L'un étendait déjà le bras pour dépouiller Marie et Joseph; l'autre, c'était Dimas, ému à la vue d'une pauvre mère et d'un faible enfant, et peut-être aussi touché de la dignité surhumaine qui brillait sur leurs traits, sentit sa férocité ordinaire se changer en commisération. Il apaisa l'avidité de son complice en payant la rançon de la Sainte-Famille, et voulut même l'accompagner pour la défendre jusqu'à ce qu'elle fût hors de l'atteinte des brigands. Trente-trois ans plus tard, Jésus et Dimas se rencontrèrent de nouveau, mais ils étaient chacun sur une croix, au sommet du Calvaire. Et la Sainte-Vierge, reconnaissant dans ce voleur son ancien protecteur, pria pour lui son divin Fils et obtint sa conversion que le Sau-

(1) Il ne faut pas confondre cet Emmaüs avec le bourg où Jésus se montra à deux de ses disciples après sa résurrection et qui ne devait être éloigné de Jérusalem que de deux lieues et demie.

(2) I Mach., IV, 3.

(3) Quelques auteurs identifient à tort Latroun avec Modin.

veur couronna par ces paroles : « Tu seras aujourd'hui avec moi dans le paradis (1). »

La réputation de ce lieu est aussi sinistre que son nom, car le bon larron a laissé là des héritiers non pas de son repentir, mais de sa criminelle rapacité. Sous le règne d'Ibrahim qui avait renversé les forteresses de ces bandits, la sécurité avait reparu; les voleurs sont revenus avec les pachas turcs, et souvent des voyageurs ont été pillés en ce lieu.

De gros nuages nous cachaient de temps en temps le soleil, bientôt même, à notre grand étonnement, nous fûmes arrosés pendant un quart d'heure par les gouttes légères d'une pluie tiède; on nous dit que la rosée tombait quelquefois de cette manière.

Nous passons à côté d'une petite source et d'un puits où croupit une eau fangeuse. On l'appelle le *Puits de Job, Bir Ayoub*, et on suppose que c'est la fontaine *Nephtoa (ouverte)*, assignée comme limite par Josué aux tribus de Benjamin et de Judas (2).

Nous sommes arrivés au milieu de la route de Jaffa à Jérusalem, dont voici les distances : de Jaffa à Ramleh, 3 heures et demie de marche ; de Ramleh à Jérusalem, 8 heures (3).

Notre petite caravane a pénétré dans les montagnes de Judée par une vallée étroite et agreste, nommée *Wady-Aly*, d'une pente rapide. Alors le chemin devient escarpé et d'une difficulté inexprimable. Nous voilà ensevelis au fond des gorges profondes qui courent jusqu'à Jérusalem entre deux hautes chaînes de montagnes dont les flancs pierreux et abruptes ne présentent aux regards que de rares touffes de chênes nains, des figuiers rabougris ou de vieux oliviers au sombre feuillage, et dont les sommets arrondis, d'une régularité monotone comme ceux d'un mur gigantesque, sont terminés de distance en distance par des pics dénudés. Tantôt on marche dans le lit desséché du torrent sur des cailloux roulants et aigus, ou bien sur des dalles larges et glissantes ; tantôt il faut se frayer une route dans un passage resserré entre des blocs énormes de roches entassées qui barrent le chemin et que l'on dirait roulés par les *Enakim* et les *Raphaïm*,

(1) Saint Luc, XXIII, 43.
(2) Josué, XV, 18.
(3) En Palestine, une heure de marche équivaut à une lieue de distance.

cette race de géants qui habitèrent ces lieux ; tautôt il faut franchir ces
mêmes blocs transformés en escaliers aux marches de deux pieds de
hauteur. Les chevaux trébuchent souvent, il faut être toujours sur
ses gardes. On nous conseillait, et je crois que c'est avec raison, d'a-
bandonner ces animaux à leur instinct dans les endroits les plus difficiles, afin qu'ils pussent choisir en liberté le lieu où ils devaient placer
leurs pieds plus sûrement ; ceci ne les empêchait pas néanmoins de
s'abattre de temps en temps. Je le sais par expérience. Parfois, certains
points de vue pittoresques viennent dérider le front du pauvre pèlerin ;
mais la route n'est pas agréable, car outre les chutes de cheval qui
peuvent occasionner des accidents terribles sur un sol constamment
rocailleux, on a à craindre les bédouins ; ils sont encore aujourd'hui
les maîtres de cette pénible voie du Calvaire. Ibrahim-Pacha, dans sa
guerre de Syrie qu'il dirigea avec tant d'habileté, a laissé 11,000
hommes de ses meilleures troupes dans ces affreux défilés. Cependant
les voyageurs peuvent maintenant suivre ce chemin avec sécurité,
lorsqu'ils sont armés et en caravane.

Depuis Ramleh nous apercevions de distance en distance sur une
éminence, non loin de la route, de petites tours carrées surmontées
d'une terrasse à créneaux ; ce sont des corps de garde construits depuis peu de temps, où deux ou trois bachi-bouzouks, cavaliers turcs
irréguliers, armés de fusils et de lances, sont censés faire la police du
chemin.

Nous passâmes auprès d'un chétif village entouré d'oliviers ; c'était
*Saris*, situé au sommet d'une montagne.

La vallée que nous traversions était celle d'Aïalon qui vit Josué
prolonger une journée pour achever sa victoire : « Soleil, dit-il,
arrête-toi en face de Gabaon ; lune n'avance pas contre la vallée
d'Aïalon (1). »

Après avoir gravi un sentier difficile sur le dernier anneau de la
chaîne de ces tristes montagnes, nous atteignons, à la naissance d'une

---

(1) Jos., x, 12. — Gabaon s'appelle aujourd'hui El Gib ; il est à deux lieues
au-dessus de nous. Un peu plus loin, au midi, se trouve *Bethsamès (la maison
du soleil)*, où l'Arche d'alliance, renvoyée par les Philistins, s'arrêta ; un grand
nombre d'habitants qui l'avaient regardée, furent frappés par le Seigneur. —
1 Rois, vi, 19.

vallée couverte de vignes et de figuiers, un village de cinquante maisons, étagé sur un coteau. On l'appelle *Abou-Gosch*, du nom d'un fameux brigand, chef d'une puissante tribu de bédouins, devenu la terreur des voyageurs qu'il pillait ou rançonnait tout à son aise, il y a une vingtaine d'années, et dont la famille réside encore en ce lieu. On donne aussi à ce village, appelé par les arabes *Kariath-el-Enab (ville du raisin)*, le nom de Saint-Jérémie, parce qu'une erreur l'a identifié avec Anatoth, patrie du chantre des Lamentations. On s'accorde maintenant à y reconnaître *Cariathiarim (ville des forêts)*, qui s'appelait aussi Cariath-Baal, parce que Baal y avait un temple (1). Les habitants de Cariathiarim emmenèrent l'Arche chez eux d'après la demande des Bethsamites qui la possédaient, et la placèrent dans la maison d'Abinadab, où elle demeura vingt ans (2).

Au pied du village, un sycomore gigantesque couvre de son ombre un enclos de pierres; c'est là que la caravane s'arrêta pour prendre un repos et un déjeuner dont elle avait grand besoin. Les moucres tirèrent de leurs sacs tout un couvert européen, des plats et des assiettes d'étain, des fourchettes, etc., qui excitèrent la curiosité de quelques arabes accroupis auprès de nous. Tout cela fut déposé sur une natte autour de laquelle nous nous assîmes, à la mode orientale, sur nos talons; et chaque pèlerin de mordre à qui mieux mieux, qui dans des tranches de mouton, qui dans des œufs durs, qui dans des membres de poulets encore plus durs; tous avec un appétit de montagnards. Le vin de Chypre, tempéré par l'eau de la fontaine voisine, arrosa ce festin champêtre.

A l'entrée du village, sur la hauteur, on voit l'église de Saint-Jérémie, bâtie au temps des Croisades. Elle sert maintenant d'étable, et est assez bien conservée. Elle se compose de trois nefs égales, terminées par trois absides sans transsept sur les parois desquelles on distingue des vestiges de peintures à fresque, et elle recouvre une chapelle souterraine de même disposition. Cette église fut desservie jusqu'au xvii<sup>e</sup> siècle par des Franciscains. Une nuit, les arabes les massacrèrent, pillèrent la chapelle et mirent le feu au couvent.

Après une halte de deux heures, le président donna le signal du dé-

(1) Jos., xv, 60.

(2) I Rois, vii.

part, et la caravane, plus heureuse que celles de Châteaubriand et du P. de Géramb, qui furent obligées de payer un tribut à Abou-Gosch, descendit, sans bourse délier, de la vallée de Jérémie dans celle de Térébinthe, plus profonde et plus étroite que la première.

A une courte distance, sur une montagne au N.-E., se trouve le village de Saint-Samuel, *Nebi-Samuel*, sur l'emplacement de *Ramatha* ou Ramathaïm-Sophim de la Bible, qui fut la patrie de l'illustre prophète Samuel, le dernier des juges de sa nation. C'est là que les anciens d'Israël vinrent lui demander un roi, et qu'il sacra en cette qualité Saül, qui cherchait alors les ânesses de son père sur les montagnes d'Ephraïm (1). Samuel fut enseveli dans sa maison à Ramatha ; une mosquée renferme son tombeau.

Bientôt nous apercevons, en face de nous, à l'E., sur un pic assez élevé, un misérable hameau appelé *Koustoul*, forme barbare du mot *Castellum*, qui doit son nom à un château-fort bâti par Vespasien, pour loger une garnison romaine (2). C'est, dit-on, l'*Emmaüs* dont parle saint Luc (3), où Jésus, ressuscité, se fit reconnaître à deux de ses disciples dans la fraction du pain. On y voit les restes d'une église construite, au IVe siècle, à la place de la maison du disciple Cléophas.

Également en face de nous, mais au sud, apparaît sur une montagne conique le village de *Sôba*. Il a remplacé *Modin*. C'est là que demeurait Matathias, père des Machabées, quand un officier d'Antiochus vint dans ce bourg pour forcer les habitants à apostasier. C'est là aussi que Simon ensevelit les restes mortels des héros de sa famille, sur lesquels il éleva un mausolée magnifique, orné de sept pyramides, de colonnes, d'armes et de navires sculptés (4).

Nous descendons au fond de la vallée par un chemin escarpé et glissant, et nous voyons, sur le flanc de la montagne à gauche, un village dont le nom actuel *Kolonié* rappelle une colonie romaine fondée par Adrien. Cette vallée de Térébinthe, ainsi nommée d'un bel arbre dont le sombre feuillage ressemble à celui du laurier, est res-

---

(1) I Rois, VIII, IX.

(2) Il est situé à moins de 3 lieues ou 9 milles de Jérusalem.

(3) XXIV, 13.

(4) I Mach., II et XIII, 25. — M. de Saulcy (*Histoire de l'art. jud.*, p. 268) affirme que M. Salzman a fait en ce lieu, en 1854, la découverte indubitable du tombeau des Machabées construit par Simon.

serrée entre deux coteaux que des mûriers, des oliviers et des térébinthes ornent de leur verdure. Nous passons sur un pont de pierre le torrent desséché, dans lequel je recueille cinq cailloux en souvenir des cinq pierres que David ramassa en ce lieu et avec l'une desquelles il abattit à ses pieds l'orgueilleux Goliath (1), et nous voyons arriver à notre rencontre un groupe de cavaliers. C'est une escorte d'honneur qui vient nous introduire dans la Ville-Sainte : M. Dequevauviller, chancelier de Mgr le Patriarche latin, M. Morétain, curé de Beith-Sahour, et le cawas du patriarchat, accompagnés d'un agent et de deux cawas du consulat Français (2). A mesure qu'on approche de Jérusalem, les sites prennent un caractère plus triste et plus sauvage. Peu à peu la terre, qui jusqu'alors a conservé quelque verdure, se montre plus dépouillée ; bientôt toute végétation cesse, et on ne voit partout que des pierres sur ce sol désolé. Les oiseaux mêmes n'osent pas faire entendre leurs chants joyeux.

Nous gravissons toujours. Arrivés sur un plateau inégal, derrière un pli de terrain, nous apercevons au sommet d'une montagne quelques blancs édifices : c'est le mont des Oliviers. Bientôt après se montrent les deux dômes du Saint-Sépulcre, puis des tours avec une ligne de murs crénelés : c'est JÉRUSALEM !

Aussitôt tous prosternés pour la saluer, nous baisons cette terre bénie, et après avoir prié en silence, tous debout, le chapeau à la main, nous chantons le psaume *Lætatus sum* (3) : « Je me suis réjoui lorsqu'on m'a dit : Nous irons dans la maison du Seigneur. » A peine pouvons-nous prononcer les paroles de ce cantique, tant nos cœurs sont oppressés d'une profonde émotion.

« Je te salue, cité sainte, tabernacle que le Très-Haut a sanctifié pour sauver en toi le genre humain. Je te salue, ville du grand roi, où, presque sans interruption depuis l'origine du monde, ont éclaté des miracles nouveaux. Je te salue, maîtresse des nations, reine des

(1) I Rois, xvii, 40.

(2) On appelle *Cawas*, en Orient, des janissaires ou employés du gouvernement qui sont à la solde de certains dignitaires. Ils sont armés d'un cimeterre, tiennent à la main une canne semblable à celle de nos Suisses dont ils font à peu près les fonctions, et ils se distinguent par une double veste à manches flottantes.

(3) Ps. 121.

provinces, possession des patriarches, mère des prophètes, institutrice
de la foi, gloire du peuple chrétien. Je te salue, terre promise, qui ne
faisais couler autrefois des ruisseaux de lait et de miel que pour tes
habitants, et qui donnes maintenant à l'univers entier les remèdes du
salut, la nourriture de la vie ; terre bonne, excellente, qui, recevant
dans ton sein fécond la semence céleste déposée par Dieu, as produit
de si riches moissons de martyrs et les as encore multipliés au centuple
par toute la terre. Aussi tous ceux qui t'ont vue, délicieusement remplis et inondés de tes douceurs, proclament la magnificence de ta
gloire en face de ceux qui n'ont pas eu ce bonheur, et leur racontent
tes merveilles. Des choses glorieuses sont dites de toi, ô cité de
Dieu ! » C'est saint Bernard qui parlait ainsi devant les soldats du
temple (1).

Les historiographes du moyen-age ne savent quels termes employer
pour faire comprendre les sentiments d'admiration et de joie qui animaient les Croisés à l'approche de Sion : « On ne peut dignement raconter, dit un de nos anciens chroniqueurs, quels torrents de
larmes ils répandirent dès qu'ils furent parvenus à l'endroit d'où ils
purent contempler Jérusalem. Qui pourrait exprimer convenablement
les sentiments qui les animaient? On entendait leurs sanglots produits
par une immense allégresse. Tous en voyant Jérusalem s'arrêtèrent et
adorèrent; et fléchissant les genoux, ils couvrirent cette terre sainte de
leurs pieux baisers (2). »

Je pense qu'il n'est pas un seul voyageur croyant qui ne puisse
dire avec l'auteur du *Génie du christianisme* : « Quand je vivrais
mille ans, jamais je n'oublierai ce désert qui semble respirer encore la
grandeur de Jéhovah et les épouvantements de la mort ! »

Notre petite caravane de vingt chevaux s'est rangée en bon ordre ;
les trois cawas ouvrent la marche, puis viennent notre président avec
le chancelier du Patriarche, puis tous les pèlerins deux à deux. Jérusalem n'a pas de faubourgs ; en dehors de la ville, pas une maison de plaisance (3), pas un jardin ; le désert se prolonge jusqu'au pied des murailles, et un quart d'heure après les avoir aperçues, nous y pénétrons

(1) *Sermo ad milites templi*, c. v, 11.
(2) Balderic, *Hist. Hier.*, l. IV.
(3) A l'exception de l'établissement que les Russes construisent maintenant.

par la porte de Jaffa, le vendredi, 30 août 1864, à trois heures du soir,
au jour et à l'heure où le divin Sauveur expira sur la croix. Les
soldats du poste turc se rangent sur notre passage et nous présentent
les armes. Après avoir traversé quelques ruelles, nous arrivons au
couvent des Franciscains dans la cour duquel nous laissons nos
chevaux.

Aussitôt nous dirigeons nos pas avec empressement vers l'église de
la Résurrection, et nous avons le bonheur inestimable de monter au
Calvaire, et de nous prosterner à la place même qui fut rougie par le
sang précieux du Rédempteur. Ce rocher sacré est couvert de nos baisers répétés. Puis nous allons au Saint-Sépulcre. C'est le moment où
les Franciscains y font la station de leur procession quotidienne. La
piété peinte sur leurs visages, leur chant grave et solennel, augmen-
tent encore notre émotion, qui est à son comble, lorsque nous pouvons
coller nos lèvres et nos cœurs sur ce tombeau trois fois saint, au pied
duquel tant de générations chrétiennes sont venues déposer leurs
hommages.

Les premières impressions du pèlerin qui entre dans Jérusalem ne
peuvent être bien comprises que par ceux qui les ont goûtées. Elles
sont différentes de ce qu'on éprouverait si l'on était transporté tout
d'un coup de France en Palestine. Les mille incidents du voyage mo-
difient les idées, et préparent l'âme peu à peu aux vives émotions que
ces lieux doivent produire. Ces impressions, d'ailleurs, varient à l'infini suivant les dispositions morales et même physiques des pèlerins;
mais elles se gravent pour toujours dans le cœur en provoquant de salutaires effets, quoiqu'on ne puisse les bien préciser tant elles se sont
pressées et succédées sans ordre et sans mesure. L'âme humaine se
voit trop faible et comme accablée sous le poids de si grands sentiments, et à force de trop sentir, elle devient comme insensible. J'en
prends à témoin Châteaubriand lui-même : « Les lecteurs chrétiens
demanderont peut-être, dit-il, quels furent les sentiments que j'éprouvai dans ce lieu redoutable. Je ne puis réellement le dire. Tant de
choses se présentaient à la fois à mon esprit que je ne m'arrêtais à aucune idée particulière. Je restai près d'une demi-heure à genoux dans
la petite chambre du Saint-Sépulcre, les regards attachés sur la pierre,
sans pouvoir les en arracher. Tout ce que je puis assurer, c'est qu'à
la vue de ce Sépulcre triomphant, je ne sentis que ma faiblesse; et

quand mon guide s'écria avec saint Paul : « O mort ! où est ta victoire ? O mort ! où est ton aiguillon ? » je prêtai l'oreille comme si la mort allait répondre qu'elle était vaincue et enchaînée dans ce monument. »

« Nous parcourûmes les stations jusqu'au Calvaire. Où trouver dans l'antiquité rien d'aussi touchant, rien d'aussi merveilleux que les dernières scènes de l'Evangile? Ce ne sont point ici les aventures bizarres d'une divinité étrangère à l'humanité ; c'est l'histoire la plus pathétique ; histoire qui non-seulement fait couler des larmes par sa beauté, mais dont les conséquences appliquées à l'univers ont changé la face de la terre. Je venais de visiter les monuments de la Grèce, et j'étais encore tout rempli de leur grandeur, mais qu'ils avaient été loin de m'inspirer ce que j'éprouvais à la vue des lieux-saints (1) ! »

Après cette première et courte visite au Saint-Sépulcre, la caravane se rendit à la suite des religieux dans leur chapelle située près de là, et tous d'une commune voix, devant le corps adorable de Jésus ressuscité et présent mystérieusement sur l'autel dans l'Eucharistie, nous chantâmes un *Te Deum* d'actions de grâces. Que de remerciements en effet ne devions-nous pas adresser au Tout-Puissant qui nous avait conduits sains et saufs au pied du Calvaire, à mille lieues de nos foyers paternels !

Après avoir accompli ce premier devoir et satisfait au plus ardent désir du pèlerin dont l'esprit et le cœur sont toujours fixés vers le dôme du Saint-Sépulcre, ainsi que l'aiguille de la boussole du marin se tourne toujours vers le nord, nous allâmes à l'hôtel de *Casa-Nuova* qui appartient au couvent des Franciscains. Nous y rencontrâmes une nombreuse caravane d'officiers et de matelots français appartenant à l'escadre alors en station sur les côtes de Syrie. Une vingtaine de chambres presque toutes à deux lits reçurent les pèlerins. Chacun s'y installa. Les religieux nous avaient préparé le nécessaire, et après le souper, je m'étendis sur ma couche pour y prendre un repos que les fatigues d'une journée de dix heures à cheval par des chemins affreux réclamaient impérieusement.

(1) *Itin. de Paris à Jér.*, t. **II**.

# CHAPITRE III

## JÉRUSALEM — APERÇU HISTORIQUE

Le lendemain matin, lorsque mes yeux s'ouvrirent à la lumière d'un jour éclatant, ma pensée fut d'abord : « Je suis à Jérusalem ! » Mais dans ces premiers instants qui ne sont déjà plus le sommeil et qui ne sont pas encore la veille, il me sembla que j'étais le jouet de vaines illusions, et que mon esprit, dans des rêves prolongés, prenait pour une agréable réalité ce qui n'était que l'objet de mes espérances. Je pus bientôt me convaincre que mes vœux s'étaient accomplis.

Nous devions commencer par faire nos visites. La caravane se rendit donc au patriarchat latin. Son Exc. Mgr Valerga, en vertu de son nouveau titre de Délégué apostolique dans le Liban, visitait la Syrie et l'île de Chypre. En son absence, nous avons trouvé dans M. Dequevauviller, son chancelier, un prêtre plein de vertus et toujours dévoué aux pèlerins, qui nous reçut avec une exquise urbanité. De là nous descendîmes au Consulat, situé non loin de la porte Judiciaire. La France ne saurait être plus dignement représentée à Jérusalem que par son consul actuel, M. Edmond de Barrère, qui nous honora d'un gracieux accueil. Enfin la caravane termina ses visites d'étiquette, en se présentant chez le Révérendissime Gardien de Terre-Sainte, Supérieur général des Franciscains en Syrie. Il fut aussi plein de bonté pour nous. A chacune de ces réceptions, on nous offrit un verre d'une rafraîchissante limonade qui semblait du nectar à nos langues desséchées, puis une petite tasse d'un café savoureux (1). Nous rentrâmes à Casa-Nova, et le reste de la journée fut consacré au repos. Je l'employai à relire quelques notions historiques sur cette ville,

_______________

(1) Les sorbets, la pipe et le café sont l'accompagnement obligé d'une visite en Syrie.

la plus célèbre du monde, qui a été prise ou saccagée dix-neuf fois (1).

L'origine de Jérusalem a quelque chose de mystérieux comme sa destinée. Elle est mentionnée pour la première fois dans le livre de Josué sous le nom de *Jébus*, capitale des Jébuséens, descendants de Chanaan (2). Dans le partage de la Terre-Promise elle échut à la tribu de Juda. Mais les belliqueux Jébuséens purent se maintenir dans leur forteresse bâtie sur le mont Sion, et continuèrent à habiter cette ville avec les fils de Juda. Ce ne fut que dans la huitième année du règne de David (1046 avant J.-C.), que ce roi, après avoir expulsé complètement les Jébuséens, se rendit maître de toute la ville, l'entoura d'une enceinte fortifiée et habita dans la citadelle du mont Sion qui prit dès lors le nom de Cité de David. C'est à dater de ce moment que, suivant Josèphe et d'autres auteurs, les Hébreux ayant réuni l'antique Jébus à la ville de Salem bâtie par le Roi-Pontife Melchisédech sur le mont Moriah, on réunit aussi les deux noms de Jébus et Salem, d'où, par corruption, est venu le mot Jérusalem. Il signifie demeure ou vision de la paix. Quoi qu'il en soit de cette étymologie dont l'exactitude n'est pas incontestable, il est certain que Jérusalem atteignit l'apogée de sa grandeur sous le règne de Salomon. La construction du temple, magnifique centre de la religion mosaïque, et d'autres édifices splendides, les rapports commerciaux qui s'étendirent sur les côtes de la Méditerranée et jusque dans l'Inde par Aziongaber sur la mer Rouge, firent de cette ville le foyer de la civilisation dans l'Asie occidentale et l'une des plus importantes cités de l'Orient. Cette prospérité dura environ quatre cents ans dans un degré plus ou moins grand. Mais en s'écartant de la loi divine, Jérusalem attira sur elle de terribles châtiments. Il faudrait écrire un livre entier (3), pour raconter tous les malheurs et les vicissitudes qu'elle eut à subir dans le cours des siècles. Souvent elle souffrit les horreurs de siéges longs et cruels, notamment de la part de Sésac, roi d'Egypte, et de Nabuchodonosor, roi d'Assyrie,

(1) La dernière fois, ce fut en 1834, lorsque 40,000 Arabes, mécontents d'Ibrahim-Pacha, prirent Jérusalem et la pillèrent pendant cinq ou six jours.

(2) Jos. xv, 63, et xviii, 28.

(3) C'est ce que M. Poujoulat a fait avec son talent habituel, dans son *Histoire de Jérusalem*, tableau religieux et philosophique.

lequel incendia son temple avec ses maisons, renversa ses murailles et transporta son peuple à Babylone (588 avant J.-C.)

Après soixante-dix ans de captivité, les Juifs furent autorisés par Cyrus à relever le temple et les fortifications de la ville, qui put alors recouvrer sinon son ancienne splendeur, du moins son titre et ses droits de capitale de la Judée (536 avant J.-C.). Zorobabel commença à re-bâtir le temple et les murs. Esdras et Néhémie continuèrent son œuvre. Traitée avec humanité par Alexandre-le-Grand dont elle reçut plusieurs priviléges (332 avant J.-C.), elle eut le malheur, après la mort de ce conquérant, d'être exposée à tous les hasards de la guerre. Elle est en effet sur la frontière de la Syrie et de l'Egypte.

Jérusalem dut ensuite à la protection des Ptolémées et des Séleu-cides une période de tranquillité, et semblait prête à reprendre une vie nouvelle, lorsque l'odieuse tyrannie d'Antiochus-Epiphane la fit retomber dans de nouvelles calamités (175 avant J.-C.). Alors la statue de Jupiter Olympien fut dressée au milieu du temple, les sacrifices furent interrompus, et la ville fut presque entièrement abandonnée par ses habitants. La persécution impie enfanta des martyrs, tels que le vieil Eléazar, les sept frères Machabées et leur mère héroïque (1). En-fin, la résistance s'organisa contre cette oppression cruelle, et la glo-rieuse famille des Machabées parvint à rendre à sa patrie son indépen-dance (165 avant J.-C.) (2). Jérusalem fut gouvernée par les princes Asmonéens jusqu'au moment où les Romains, appelés par la guerre civile, firent la conquête de la Judée. Pompée, en s'emparant de la ville (63 avant J.-C.), respecta la vie et les biens des citoyens. Vingt ans après, les Parthes saccagèrent Jérusalem; puis la Judée tomba entre les mains d'Hérode. Ce prince, ayant obtenu du Sénat romain le titre de Roi, envoya au supplice le dernier des Machabées, dota sa capitale de somptueux édifices, et rebâtit le temple avec une nouvelle magnifi-cence. Mais les temps sont accomplis, le sceptre est sorti des mains de

(1) II Mach., vi, 18, et vii.

(2) « Oh! que de souvenirs éclatants s'attachent à ce seul nom de Machabée ! « dit M. Poujoulat. C'est le patriotisme dans son énergie la plus sainte, la « bravoure dans son enthousiasme le plus ardent, la gloire dans sa plus céleste « pureté. Les témoignages de vaillance ne manquent pas aux annales Israélites; « mais les fils de Matathias, sauveurs de leur pays, forment une épopée à part « dans l'histoire du peuple hébreu. » (Hist. de Jér.).

Juda, les soixante-dix semaines d'années prédites par Daniel sont écoulées; le Messie va enfin paraître : **JÉSUS**, le Sauveur du monde, naît de la vierge Marie!

La descendance d'Hérode s'arrête à Agrippa, à la mort duquel la Judée fut réduite en province romaine (l'an 14 de J.-C.). Les Juifs s'étant révoltés, Titus, ministre de la vengeance divine, s'approcha de Jérusalem à la tête de cent mille hommes et commença l'attaque par le côté nord-ouest, le seul endroit faible de la place. Il s'empara, au bout de quinze jours et non sans éprouver de grandes pertes, des quartiers de Bezetha et d'Acra; puis il éleva une enceinte qui entourait la ville de tous côtés afin de la réduire par la famine. Ce fléau joignit ses horreurs à celles de la guerre pour punir par un terrible châtiment les habitants de la ville déicide. Ils furent réduits à manger le cuir de leurs chaussures et de leurs boucliers, et à rechercher dans les égouts une nourriture infecte. On ne peut lire sans frissonner le récit de ces scènes affreuses dans l'historien Josèphe, témoin oculaire, qui en fait un long détail. Exaspérée par les souffrances de la faim et imposant silence à ses sentiments naturels, une mère égorgea son enfant, le fit rôtir et en mangea la moitié. Des soldats affamés, attirés par l'odeur, menacèrent cette femme de la mort si elle ne découvrait ses provisions : « Je vous en ai gardé une part, dit-elle, en leur présentant ce qui restait de son effroyable repas. C'est mon fils, continua-t-elle d'une voix altérée, c'est moi qui l'ai tué, vous pouvez bien en manger après moi. Etes-vous plus délicats qu'une femme, ou plus tendres qu'une mère? » Les soldats sortirent épouvantés et allèrent répandre cette triste nouvelle dans la ville qui en fut glacée d'effroi. Les Romains eux-mêmes en furent consternés. Enfin après six mois d'une résistance désespérée pendant lesquels ce peuple infortuné, divisé par de nombreuses factions, se défendit avec un courage héroïque, la ville fut emportée d'assaut. Les Romains, malgré les ordres formels de Titus, mirent le feu au temple et se livrèrent au plus horrible carnage (8 septembre 70). Selon Josèphe 1,100,000 Juifs, qui étaient réunis dans la Ville-Sainte pour les fêtes de Pâques, y furent massacrés dans cette catastrophe, et 238,000 périrent dans le reste de la Judée. Il y eut 99,200 prisonniers de guerre dont les uns furent condamnés aux travaux publics, et les autres, réservés au triomphe du vainqueur, parurent dans les amphithéâtres de l'Asie et de l'Europe où ils durent s'entre-tuer pour amuser le monde

romain : « Ceux qui n'avaient pas atteint l'âge de dix-sept ans furent
mis à l'encan avec les femmes, dit Châteaubriand, et on en donnait
trente pour un denier. Le sang du juste avait été vendu trente deniers
à Jérusalem et le peuple avait crié : « Que son sang retombe sur nous
et sur nos enfants ! » Dieu entendit ce vœu des Juifs, et, pour la dernière fois, il exauça leur prière ; après quoi il détourna ses regards de
la Terre-Promise, et choisit un nouveau peuple. »

Le temple fut brûlé trente-huit ans après la mort de **J.-C.**, de
sorte qu'un grand nombre de ceux qui avaient entendu la prédiction du
Sauveur, pleurant sur l'ingrate Jérusalem (1), purent en voir l'accomplissement (2). De tant de beaux monuments qui faisaient l'orgueil de
cette cité, on ne vit plus que des ruines.

Le reste de la nation juive s'étant soulevé de nouveau, Adrien
acheva l'œuvre de Titus et ensevelit dans le sang et les décombres la
capitale et la nationalité des Juifs (3). Toutefois, il est bon de remarquer que Jérusalem ne fut pas détruite de fond en comble par Titus
et par Adrien, comme quelques auteurs voudraient le faire croire (4).
Plusieurs débris de la ville antique ont surnagé dans ces naufrages,
et malgré de nouvelles tempêtes sont parvenus jusqu'à nous. J'ai pu
les contempler de mes yeux. Tels sont : la vieille tour de David dont il
serait difficile d'entamer la masse inébranlable comme celle des Pyramides d'Egypte ; l'enceinte du temple sur une assez grande étendue ; une
des tours de la forteresse Antonia ; les piscines antiques et l'arcade
de l'*Ecce homo*

Adrien rebâtit Jérusalem sur ses ruines, mais il changea son nom
en l'appelant *Ælia Capitolina*, en l'honneur de Jupiter Capitolin,
dont le temple s'éleva sur l'emplacement de celui de Jéhovah. Il en
défendit l'entrée aux Juifs sous peine de mort et fit sculpter un
pourceau sur la porte qui conduit à Bethléhem (5).

(1) S. Luc, xix, 41.

(2) On cite entre autres saint Siméon, alors évêque de Jérusalem.

(3) Dans cette guerre d'Adrien, 585,000 Juifs, au rapport de Dion, moururent
de la main du soldat.

(4) « Il ne reste pas pierre sur pierre de la Jérusalem des Juifs , » dit M. d'Estourmel, *Journal d'un Voyage en Orient*, t. II, lxxxix. Je prouverai plus loin
que cette assertion est inexacte.

(5) Cependant saint Grégoire de Nazianze assure que les Juifs obtinrent,

La ville de David n'eut plus désormais qu'une existence vulgaire. Son nom de Jérusalem fut même oublié jusqu'à la fin du vii<sup>e</sup> siècle (1). Devenue païenne à la suite de tant de maux, elle reconnut enfin le Dieu qu'elle avait rejeté. Constantin et sa pieuse mère Hélène renversèrent les idoles qui souillaient les lieux saints et consacrèrent par de nombreuses constructions les plus chers souvenirs du Christianisme.

Julien, après avoir fait remonter le paganisme sur le trône impérial dont Constantin l'avait banni, essaya vainement de rebâtir le temple (363). Un éclatant miracle apprit à cet apostat couronné que les impies, avec toute leur puissance, ne peuvent jamais donner un démenti à la parole du Fils de Dieu ; et la prédiction du Sauveur, qui avait déclaré qu'il ne resterait pas pierre sur pierre des bâtiments du temple (2), reçut un solennel accomplissement (3).

Pillée par Chosroës II, roi des Perses (614), Jérusalem dut encore ouvrir ses portes, après une résistance de quatre mois, devant le calife Omar, troisième successeur de Mahomet (640). Pendant quatre siècles environ, elle obéit aux califes de Damas, de Bagdad et d'Egypte qui n'inquiétèrent pas trop ses habitants non plus que ses nombreux pèlerins. Mais elle eut à souffrir de la tyrannie des Fatimites et en particulier du calife Hakem, qui incendia l'église du Saint-Sépulcre. Les Seldjoucides leur succédèrent au xi<sup>e</sup> siècle et ne furent pas plus tolérants. Ils cédèrent la place aux Fatimites. Bientôt la voix éloquente de Pierre l'Ermite appela les peuples à la conquête de la Terre-Sainte. Les douleurs et les humiliations des enfants de l'Eglise, l'orgueil et la cruauté des infidèles, la profanation des lieux les plus saints de l'univers, eurent encore plus de force que la voix des ministres de la religion pour armer les bras des chrétiens de l'Occident.

Le 7 juin 1099, les soldats de la croix arrivèrent devant Jérusalem sous la conduite de Godefroy de Bouillon, qui dressa ses tentes sur les

---

à prix d'argent, la permission d'entrer à Ælia une fois par an, pour y pleurer sur les cendres de leur patrie.

(1) On retrouve encore aujourd'hui le nom d'Ælia parmi quelques tribus arabes.

(2) S. Marc, xiii, 2.

(3) Sous Justinien, l'église de Jérusalem fut élevée à la dignité patriarcale.

hauteurs de Bezetha, au nord et en face la porte de Damas. Tancrède et Raymond de Toulouse investirent la ville à l'ouest et au midi ; mais il fallut faire un siége en règle. On ne peut raconter toutes les souffrances qu'eurent à endurer les Croisés, obligés de lutter non-seulement contre des soldats aguerris et bien armés, retranchés derrière de solides remparts, mais encore contre les chaleurs dévorantes de l'été, sur un sol sans ombrage et sans eau. La soif, à elle seule, leur fit éprouver un affreux supplice (1). Mais les Croisés, fortifiés par leur foi, élevèrent leur courage à la hauteur de ces obstacles, et, après un siége de plus d'un mois soutenu par des efforts héroïques et suivi d'un assaut furieux, ils entrèrent en vainqueurs dans Jérusalem, le vendredi 15 juillet, à trois heures après midi.

Godefroy fut élu roi de la Ville-Sainte. Mais il refusa de porter une couronne d'or dans un lieu où Jésus-Christ avait porté une couronne d'épines. A Godefroy succédèrent Baudouin Ier, Baudouin II, Foulques d'Anjou et Baudouin III, sous le règne duquel eut lieu la seconde Croisade prêchée par saint Bernard et conduite par Louis VII et par l'empereur Conrad (1148). Cette expédition n'eut aucun succès. Le trône de Jérusalem fut ensuite occupé par Amaury, Baudouin IV et Baudoin V. Par suite de sa déplorable incapacité, Guy de Lusignan, leur successeur, tomba entre les mains de Saladin à la bataille d'Hattin ou de Tibériade et perdit en même temps, avec la vraie croix, son royaume et sa liberté (1187). Saladin vint ensuite mettre le siége devant Jérusalem. L'attaque fut vive et la résistance opiniâtre. Dans des sorties fréquentes, les assiégés firent des prodiges de valeur, mais la trahison paralysait leurs efforts et ils durent demander une capitulation qui fut acceptée par le vainqueur. Saladin accorda la vie aux chrétiens moyennant une rançon ; quatorze mille habitants, incapables de la payer, demeurèrent esclaves. Les gens de guerre purent sortir en armes.

Les Musulmans, entrant dans Jérusalem en triomphe, substituèrent à la religion du Fils de Dieu le culte inventé par le faux prophète de la Mecque et changèrent toutes les églises en mosquées, à l'exception de celle du Saint-Sépulcre que les Syriens rachetèrent pour une grosse

______

(1) On devait aller jusqu'à trois lieues pour se procurer de l'eau ; et quelle eau !

somme d'argent. La croix en cuivre doré qui surmontait la coupole de
l'ancienne mosquée d'Omar, convertie en église par les chrétiens, fut
renversée et brisée, et à sa place on dressa le croissant. Il domine
maintenant encore dans cette cité, berceau du christianisme. Depuis
cette époque néfaste jusqu'à nos jours, les cloches sont muettes dans
la Ville-Sainte, aucune cérémonie religieuse ne peut se faire en public,
et la croix, autrefois triomphante, aujourd'hui proscrite et exécrée, ne
peut plus paraître sur les coupoles du Saint-Sépulcre dont elle faisait
le glorieux couronnement (1).

Dès ce moment aussi, Jérusalem, dont le royaume était à demi
perdu, n'eut plus que des souverains titulaires. Philippe-Auguste et
Richard Cœur-de-Lion arrivèrent trop tard pour la sauver, et cette
troisième Croisade, pendant laquelle Richard s'immortalisa par ses
prouesses, n'eut d'autre résultat que la prise de Ptolémaïs (1191) (2).
Tandis que les deux héros de cette guerre infructueuse revenaient en Europe, Guy de Lusignan, perdant l'espoir de recouvrer son royaume,
allait cacher sa honte dans l'île de Chypre que Richard lui avait
cédée.

L'empereur d'Allemagne, Frédéric II, par suite d'un traité avec le
soudan d'Egypte, mit sur sa tête, dans l'église du Saint-Sépulcre, la
couronne de Godefroy (1229). Mais il repassa bientôt en Europe avec
le vain titre de sa royauté éphémère. Jérusalem fut prise et saccagée
peu de temps après par les Karismiens, et reprise aussitôt par le sultan
d'Egypte.

En 1248, saint Louis entreprit une cinquième Croisade. Il aborda
en Egypte et prit Damiette. Ses valeureux exploits ne furent pas cou-

----

(1) J'ai eu cependant la consolation de voir ce signe sacré de notre salut surmonter l'église du Saint-Sépulcre, dont il avait été banni depuis sept siècles et
demi ; mais ce n'est que par ruse qu'il a pu y être élevé, et voici à quelle occasion. Lorsqu'on donna des fêtes dans tout l'empire ottoman à l'avénement du
nouveau sultan Abdul-Aziz (juin 1861), les Grecs de Jérusalem firent une illumination brillante sur la petite coupole de l'église de la Résurrection, et y placèrent une croix couverte de verres de couleurs. L'illumination terminée, ils
laissèrent la croix, et elle s'y trouvait encore à mon départ, sans que les Musulmans aient fait jusqu'alors aucune réclamation à ce sujet.

(2) Le nom du monarque anglais fut, pendant un siècle, la terreur de l'Orient,
tellement que lorsque le cheval d'un sarrasin s'effrayait, à la vue de quelque
objet, son maître lui demandait s'il avait aperçu l'ombre de Richard.

ronnés de succès; la famine et la peste décimèrent ses troupes. Il fut
vaincu à la Massoure. Captif, il se fit admirer par sa patience et sa
grandeur d'âme, jusque-là que les Sarrasins l'invitèrent, dit-on, à
régner sur eux. Ayant obtenu sa liberté à prix d'or, cet illustre roi de
France descendit à Ptolémaïs (1251). Il visita la Terre-Sainte en pieux
pèlerin, sans toutefois entrer à Jérusalem; puis, après avoir consacré
des sommes énormes à fortifier Ptolémaïs, Jaffa, Césarée et Sidon, et
s'être fait bénir en brisant les fers de douze mille chrétiens, il dut se
rembarquer pour l'Europe, accablé du regret de quitter la Palestine
sans avoir pu, faute de soldats, reconquérir le tombeau du Sauveur.
La malheureuse cité eut à subir des désastres multipliés sous les derniers califes Eyoubites et durant le règne anarchique des Mameloucks.
Khalil, l'un d'eux, en s'emparant de Ptolémaïs (1291), mit fin à la
domination des chrétiens en Terre-Sainte qui s'étaient maintenus
cent quatre-vingt-douze ans dans leurs conquêtes, et avaient régné
quatre-vingt-huit ans à Jérusalem.

Si les Croisades n'obtinrent pas les résultats que l'Europe chrétienne s'était proposés, elles ne furent pas cependant sans utilité. Ces
expéditions lointaines, en affaiblissant les hordes mahométanes au
sein même de l'Asie, nous ont empêché de devenir la proie des
Arabes et des Turcs; elles favorisèrent les progrès des lettres, des
sciences et des arts, et firent rejaillir particulièrement sur les armes
françaises une gloire immortelle, qui depuis ce temps n'a cessé de
rayonner avec un nouvel éclat.

Les soudans d'Egypte conservèrent la possession de la Palestine
jusqu'à ce que le sultan ottoman Sélim II mît fin à tant de révolutions, mais non à tant de malheurs, en s'emparant de l'Egypte et
de la Syrie ainsi que de la Terre-Sainte (1517). Ce pays ne fut conquis, en 1831, par Ibrahim-Pacha, fils de Méhémet-Ali, vice-roi
d'Egypte, que pour retomber quelques années après entre les mains
du sultan de Constantinople.

# CHAPITRE IV

## JÉRUSALEM — APERÇU TOPOGRAPHIQUE

Le voyageur désireux de connaître exactement une ville, doit
d'abord en étudier la topographie. C'est ce que je fis des terrasses du
couvent latin, qui occupe un des points les plus élevés de Jérusalem,
et d'où l'on jouit d'un beau coup-d'œil. Parmi les coupoles et les minarets, je distinguais deux énormes dômes : celui du Saint-Sépulcre,
tout près de moi, et celui de la mosquée d'Omar, à l'extrémité opposée
de la ville, et je pensais à la destinée illustre que Dieu a faite à cette
cité. Dans les temps anciens, on croyait naïvement que Jérusalem
était placée au milieu de la terre; mais elle est bien réellement le
centre du monde au point de vue moral, puisqu'elle est le centre des
trois religions dont l'empire s'étend sur le monde. En effet, Jérusalem partage avec Rome la gloire d'être la Ville-Sainte du Christianisme, qui vénère dans l'église de la Résurrection le tombeau de
son divin Fondateur; elle est sainte pour le Mosaïsme, qui vient
pleurer sur les murailles de l'ancien temple, emblème de cette religion en ruines; elle est sainte pour l'Islamisme, qui revendique dans
la mosquée d'Omar son sanctuaire le plus célèbre après celui de la
Mecque, à cause de la visite de Mahomet. Il est donc vrai de dire
qu'au nom de Jérusalem tous les cœurs chrétiens, juifs et musulmans,
sont agités d'une douce émotion, comme au nom d'une mère bien-
aimée, et ressentent le désir d'en faire le but de leur pèlerinage.

De toutes les capitales du monde antique, Jérusalem est la seule
qu'on trouve située sur le point culminant des montagnes. Elle a son
assiette sur un terrain très-inégal qui forme comme une presqu'île,
ne tenant aux terres environnantes que par le nord-ouest. Elle est
entourée par de profonds ravins; à l'est par la vallée de Josaphat;
au sud par celle de Géhenna, et à l'ouest par celle de Gihon. Au-delà se
trouvent des montagnes plus élevées qui l'empêchent d'être vue de loin.

Cet emplacement se divise en collines que la main des hommes a considérablement aplanies, mais qui sont encore très-reconnaissables. Au sud, est le mont Sion ; à l'est, le mont Moriah ; au nord de celui-ci est Bezetha, et Acra au nord de Sion.

La Jérusalem primitive, c'est-à-dire celle du temps de David, était très-restreinte. Elle ne contenait que le mont Sion, la ville haute, et une portion d'Acra, la ville basse. Elle eut ensuite cinq enceintes différentes.

La première, ouvrage de Salomon, renfermait les monts Sion, Acra et Moriah, avec la colline d'Ophel, au sud du Moriah. Elle fut détruite par Nabuchodonosor (600 ans avant J.-C.).

La deuxième enceinte, construite par Joathan, Ezéchias et Manassès, ajouta à la première une partie d'Acra et de Bezetha.

La troisième, bâtie par Agrippa Ier, douze ans après la mort de Jésus-Christ, est la plus grande qui ait jamais existé. Elle a ajouté à la seconde tout le plateau élevé de Bezetha avec le Golgotha, qui est une dépendance d'Acra. Cette muraille ne résista que quinze jours aux attaques des Romains. Elle s'étendait, d'après Josèphe, jusqu'aux *Grottes-Royales* que l'on identifie généralement avec les tombeaux des rois. Cette hypothèse est celle de Schultz. Mais voici une autre opinion plus nouvelle et en même temps plus probable. Notre consul à Jérusalem, M. de Barrère, a constaté, l'histoire de Josèphe et le mètre à la main, que les Grottes-Royales dont parle l'historien juif, sont les carrières d'où les rois ont extrait les pierres qui ont servi à bâtir les édifices de la ville. Or, comme ces carrières, qui s'ouvrent auprès de la porte de Damas, sont situées sous l'enceinte actuelle, il en faudrait conclure que l'enceinte d'Agrippa ne différait point de la nôtre (1).

La quatrième enceinte, construite par Adrien l'an 136 de notre ère, était semblable à la précédente, suivant la dernière opinion.

L'enceinte actuelle a été élevée par le sultan Soliman Ier, en 1534, comme le prouvent les inscriptions turques placées dans ce mur. Elle est la même que la précédente à l'exception qu'elle n'admet pas la colline d'Ophel, ni l'extrémité du mont Sion.

En comparant l'enceinte de Jérusalem au temps du Christ avec

_______________

(1) Pour cette question et d'autres semblables, je me contente d'exposer les diverses opinions, laissant aux savants le soin de les décider : *Non nostri tantas componere lites.*

l'enceinte actuelle, nous y trouvons deux différences seulement : la
première, c'est que le Golgotha n'était pas alors renfermé dans les
murs de la ville, tandis qu'il s'y trouve aujourd'hui ; et la seconde,
c'est que la portion extrême du mont Sion et la colline d'Ophel faisaient alors partie de la ville, et qu'elles en sont exclues actuellement (1).

Je fis plus tard le tour des murailles. Elles se développent majestueusement sur une étendue d'une lieue, sont construites en belles
pierres de taille, et dans un bon état de conservation. Leur épaisseur
est de 3 ou 4 pieds, leur hauteur de 40 ; elles sont crénelées et
flanquées à des intervalles assez rapprochés de tours carrées qui
donnent à Jérusalem l'apparence d'une ville forte du moyen-âge. Mais
ces remparts, malgré leur aspect imposant, ne pourraient résister
aux coups de l'artillerie.

Jérusalem avait autrefois douze ou quatorze portes ; elle n'en possède plus que cinq aujourd'hui. Je sortis par la porte de Jaffa, au couchant, appelée par les Arabes *Bab-el-Khâlil* (porte de l'ami de Dieu
ou d'Abraham) parce qu'elle mène à Hébron, El-Khâlil. On la nomme
aussi porte de David, porte de Bethléhem ou porte des Pèlerins ;
c'était celle par laquelle nous étions entrés. Je pensais à la facilité avec
laquelle nous avions pénétré dans la Ville-Sainte en recevant les honneurs militaires du poste turc, et je faisais des réflexions sur la manière si différente dont les pèlerins étaient admis précédemment. Non-
seulement ils devaient payer un tribut à cette porte, mais ils étaient
encore sujets à mille avanies en attendant l'arrivée des Turcs que le
pacha envoyait pour inscrire leurs noms et nationalité, examiner leurs
effets et visiter même leur personne afin de voir s'ils ne portaient
pas d'armes, « car, dit le P. Boucher (2), aucun chrétien n'y oserait entrer sans la permission du gouverneur, sous peine de mort. » Voici

(1) — La Jérusalem moderne est bâtie sur le même emplacement que
celle de David et de Salomon, et que l'Ælia d'Adrien, car cette ville a seulement varié dans ses dimensions. Danville reconnaît avec Brocard que la disposition même du terrain s'oppose à une transmigration que quelques-uns
veulent admettre : « *Quùm ob locorum munitionem transferri non possit à
pristino situ.* » (Broc.)

(2) Il voyageait en 1610.

comment le P. Castillo, Franciscain espagnol, raconte l'aimable réception qu'on lui fit à Jérusalem. « Lorsque nous attendions à la porte, vint à moi un vigoureux gaillard turc, aux manières brusques, qui, me prenant les deux joues de la main droite et plaçant le doigt du milieu au haut de mon nez, le releva de la main gauche et me détacha, en le laissant retomber, un coup si violent qu'il me semblait qu'il avait dû me démolir tout le nez. Il m'avait fait tant de mal que des larmes me jaillirent des yeux, et pourtant j'étais fort aise de commencer à souffrir quelque chose pour mon Dieu avant d'entrer dans la Ville-Sainte. Tout en pleurant, je riais donc ; ce que voyant le Turc, il me dit : « *eneimaginon* ? (c'est-à-dire, es-tu fou ?) » Je lui répondis : *anamaginon* (ce qui équivalait à reconnaître que j'étais fou). Alors lui, tout confus, me pria de lui pardonner, car les Turcs disent que les fous sont les amis de Dieu et que c'est un très-grand péché de leur faire du mal. Ce fut pour moi une leçon dont je profitai maintes fois dans la suite, et je m'en trouvai fort bien ; car quand ils me maltraitaient, je tâchais de rire, et là-dessus ils me laissaient tranquille. Ils donnent la raison de tout cela en disant que lorsqu'un homme à qui on fait du mal ne se fâche ni se trouble, c'est un signe manifeste qu'il est un grand fou et par conséquent un très-grand saint (1). » Ceci se passait en 1627. Il n'y a pas longtemps que les chrétiens sont à l'abri de ces vexations. Châteaubriand lui-même, en 1806, dut payer le tribut en entrant par cette porte de Jaffa, après avoir caché son habit sous une robe de Bédouin. Il y rencontra le pacha qui sortait de Jérusalem, et fut obligé, par crainte de s'attirer une disgrâce, d'ôter promptement le mouchoir qu'il avait jeté sur son chapeau pour se défendre du soleil. En 1848, Mgr Mislin pénétra dans la ville en s'esquivant, laissant son drogman disputer avec les soldats turcs qui voulaient le soumettre à je ne sais quelle formalité.

Je descendis dans la vallée de Gihon, au bas de la citadelle, puis je gravis le mont Sion, sur le sommet duquel je trouvai la porte de Sion, *Bab-el-Nebi Daoud* (porte du prophète David) ; elle est au sud-ouest de la ville, presque en face du saint cénacle.

Après être descendu du mont Sion, je rencontrai sur le mont

_________

(1) *Le dévôt pèlerin.*

Moriah, à l'angle sud-ouest de l'enceinte de la mosquée d'Omar et à la naissance de la colline d'Ophel, la petite porte des Maugrabins *(Bab-el-Mogaribeh)* ; c'est l'ancienne porte Sterquiline ou des Ordures.

A l'angle nord-est de l'enceinte de la mosquée d'Omar, on voit la porte de Saint-Etienne ou *Bab-Sitti-Mariam* (porte de Notre-Dame Marie), ainsi appelée parce qu'elle conduit au lieu du martyre de Saint-Etienne et au tombeau de la sainte Vierge, dans la vallée de Josaphat.

En exceptant une petite porte murée, nommée par les Arabes *Bab-el-Zahari* (1), qui est l'ancienne porte d'Hérode ou d'Ephraïm, le mur septentrional ne possède que la porte de Damas *(Bab-el-Cham)* ou *Bab-el-Hamoud* (porte de la Colonne), l'ancienne porte de Benjamin (2). Passant ensuite à l'angle nord-ouest, je rentrai par la porte de Jaffa après avoir fait le tour de la ville qui, d'après des données exactes, mesure quatre mille six cent trente pas (3).

Toutes ces portes ont un aspect monumental; celle de Damas surtout est magnifique (4). Sur celle de Saint-Etienne on voit deux lions sculptés. A l'intérieur, elles offrent un coup-d'œil assez gracieux : sur un fond blanc encadré de plusieurs raies aux couleurs éclatantes, se détachent de jolis bouquets de fleurs multicolores. Oui, elles sont encore belles ces portes de Sion dont la gloire a été chantée par le psalmiste, parce qu'elles ont eu l'honneur d'être chéries de Dieu plus que toutes les autres demeures de Jacob : « *Diligit Dominus portas Sion super omnia tabernacula Jacob* (5). »

(1) *Porte de la Pèlerine*, parce que sainte Hélène voulut, par humilité, pénétrer dans Jérusalem par cette porte.

(2) Dans les temps anciens et au moyen-âge, on la nommait Porte-de-Saint-Étienne. On l'a appelée longtemps Porte-des-Pèlerins, car c'était la seule par laquelle ils pouvaient entrer.

(3) Voici les dimensions des quatre faces de Jérusalem : celle du nord a 1,435 pas; celle de l'est 1,005 ; celle du sud 1,290, et celle de l'ouest 900. Il faut une heure pour en faire le tour.

(4) Elle date de la meilleure époque de l'architecture arabe.

(5) Ps. 86. — Il n'y a de fossés pour protéger les murailles que du côté du nord; sur tous les autres points les vallées profondes qui environnent la ville en tiennent lieu.

La population de Jérusalem n'atteint pas dix-sept mille âmes d'après les calculs les plus vraisemblables (1).

La ville est coupée par trois artères principales. La première, appelée *Souk-el-Kebir* (le grand bazar), commence à la porte de Jaffa, à l'ouest, et aboutit à l'enceinte de la mosquée d'Omar, à l'est. La seconde, nommée *Harat Bab-el-Hamoud* (rue de la Porte de la Colonne) part de cette porte de Damas, croise dans les bazars la rue précédente et se termine à la porte de Sion, après avoir traversé toute la ville du nord au sud en ligne droite. La troisième, appelée *Harat-el-Alam* (la Voie-Douloureuse), commence à la porte Saint-Etienne, longe le Calvaire, et va finir à l'extrémité nord-ouest de la ville auprès du couvent Latin.

Les rues de Jérusalem sont étroites, tortueuses, quelquefois voûtées et obscures, toujours sales et le plus souvent désertes. Il faut y marcher avec une grande précaution pour ne pas tomber, car plusieurs sont pavées de larges dalles glissantes qui, par leur interruption, forment des trous dangereux.

Les maisons sont généralement basses et carrées. Elles ont l'air de massifs tombeaux. S'il y a des fenêtres sur la rue, ce qui est rare,

______

(1) On ne tient pas de registre d'état-civil en Orient. La population se divise ainsi :

| | | | |
|---|---|---:|---:|
| JUIFS. | | | 7,120 |
| MAHOMÉTANS. | | | 5,000 |
| CHRÉTIENS | Grecs schismatiques.. | 2,000 | |
| | Latins catholiques... | 1,000 | |
| | Arméniens | 350 | |
| | Copthes | 100 | 3,630 |
| | Syriens | 60 | |
| | Abyssins | 60 | |
| | Protestants. | 60 | |
| TOTAL. | | | 15,750 |
| Ajoutons-y la garnison turque | | | 1,000 |
| TOTAL DE LA POPULATION | | | 16,750 |

Le nombre des pèlerins de toutes les religions qui visitent annuellement Jérusalem varie entre 3,000 et 12,000.

elles sont constamment fermées au  moyen de treillis en  bois, comme
dans les temps anciens. On entre ordinairement par un étroit couloir
dans une cour carrée sur laquelle sont les ouvertures des divers appartements. Les chambres ont pour plancher  un  dallage en pierre, pour
plafond une voûte en pierre, pour toit une terrasse en pierre (1). Tout
y est pierre, à la différence des maisons de Damas qui sont construites
en terre et en bois, et de celles de Constantinople où tout est en bois,
même les murs. Les terrasses des toits ne sont pas entièrement plates
comme dans les autres villes de l'Orient ; mais chaque maison est surmontée d'un petit dôme élevé de cinq ou six pieds. C'est sur  ces terrasses bordées d'un mur à hauteur d'appui qu'on va prendre le frais, le
soir et le matin, et que l'on couche durant la *belle* saison. Là  seulement, on respire librement et on se soustrait aux  malignes influences
de l'air nauséabond qui remplit les  rues. C'est sur ces terrasses que
les Juifs montent pour faire leurs prières et qu'ils dressent des tentes
à la fête des tabernacles, à l'imitation de leurs ancêtres (2).  Les Musulmans y accomplissent aussi leurs devoirs religieux.

Il n'y a point de place publique à Jérusalem.

De nombreux chiens vagabonds sont couchés dans des coins, parmi
des décombres ou  même au milieu de la rue. Ils errent dans la ville
pendant la nuit, en débarassant la voie publique des débris et des cadavres d'animaux  abandonnés sans sépulture par l'apathie orientale.
Ce que les hommes n'ont pas le courage de faire pour leur  propre
bien-être, les chiens arabes le font, et ils diminuent ainsi les miasmes
putrides qui s'exhalent de tant de foyers pestilentiels.

Jérusalem ne ressemble en rien à aucune autre ville ; tout y est
calme, recueilli, sérieux ; nulle joie, nul mouvement, nul bruit. On
dirait une vaste prison où les jours sont aussi silencieux que les nuits,
ou plutôt un immense couvent qui est en oraison continuelle. Tous ces
hommes si différents de race, de langue et de religion, qui composent
la population de Jérusalem, vivent séparés les uns des autres, hostiles,

----

(1) Cet usage, qui prévaut en Syrie, a pour cause l'abondance de la pierre
et la rareté du bois ; il a l'avantage de diminuer la chaleur et de rendre les in-
cendies à peu près impossibles.

(2) Nous voyons dans les *Actes des Apôtres* (X , 9) saint Pierre monter vers
la sixième heure au haut de la maison pour prier.

défiants, jaloux. Il y a des sectes et des divisions parmi les juifs, comme parmi les chrétiens et les musulmans ; partout les intérêts sont divers, et aucun autre lien que celui d'une crainte commune ne peut unir une population nomade sans cesse renouvelée par les pèlerinages, par la peste et par la tyrannie. Car la ville de David n'a plus de peuple; Jérusalem n'est qu'un lieu où chacun va camper. On y rencontre des hommes venus de tous les coins du monde, attirés par des motifs de religion, de politique ou de simple curiosité. Au bout de quelques années l'Européen meurt, ou veut rapprocher sa tombe de son berceau, et retourne dans sa patrie pour y goûter un peu de repos ; le Turc, après le temps de son service, se retire à Damas ou à Constantinople, et l'Arabe indomptable aspire à revoir son désert, tandis que les Juifs vont entasser rapidement leurs dépouilles mortelles dans la vallée de Josaphat. Ainsi, au premier signal, chacun se disperse, et cède la place à de nouveaux venus, lesquels, un jour, imiteront cet exemple.

Sur ses collines élevées, Jérusalem manque d'eau vive (1). Deux sources seulement coulent en dehors de la ville, dans la vallée de Josaphat; c'est la fontaine de Siloé, et le puits de Job. On supplée à cette disette par de nombreuses citernes publiques et particulières qui recueillent les eaux pluviales de l'hiver et les conservent fraîches et limpides. Salomon et ses successeurs ont entrepris des travaux gigantesques pour amener les eaux dans les bassins du temple ainsi que dans les piscines publiques de la ville, et ils avaient construit de beaux aqueducs dont les restes subsistent encore (2).

Le climat de Jérusalem est bien différent de celui de la France. Depuis le mois d'avril jusqu'à la fin d'octobre, le ciel est constamment pur, et il ne tombe pas une goutte d'eau ; aussi pendant le jour, la chaleur est intense ; les nuits sont toujours fraîches. Cependant, même pendant la période des plus grandes chaleurs, le climat ne serait pas

(1) Moïse en avait averti d'avance les Israélites par ces paroles: « La terre , dans la possession de laquelle vous allez entrer, n'est pas comme celle d'Egypte d'où vous êtes sortis , où les eaux sont conduites comme pour arroser les jardins; mais c'est un pays de montagnes et de plaines et qui attend les pluies du ciel. » (*Deut.* XI, 10.)

(2) Tout récemment on a découvert deux sources donnant une eau excellente ; mais elles sont placées au fond de souterrains, dont l'un s'ouvre près la porte de Damas.

malsain, si la propreté régnait dans les rues et les bazars; mais la négligence des Orientaux sur ce point est incroyable (1). Dès le mois de septembre la température se rafraîchit, et en novembre commencent les pluies qui durent jusqu'au mois d'avril. Elles tombent avec une abondance dont les Européens n'ont pas d'idée, et avec une telle impétuosité que souvent elles font écrouler des maisons (2). Par suite de la position élevée de la ville, l'hiver y est quelquefois rigoureux, et il n'est pas rare d'y voir du givre, de la neige et même de la glace (3). Le Psalmiste nous le fait entendre par ces paroles : « Il (Dieu) fait tomber la neige comme une laine, et il répand les frimas comme de la cendre; il amasse la glace comme des morceaux de cristal; qui peut alors soutenir la rigueur de son froid (4)? » Comme il n'y a dans les maisons ni cheminées, ni poêles, on a des réchauds, *braseros*, pour se chauffer (5).

Jérusalem se divise en quatre quartiers : 1° Le quartier Chrétien, au N. O.; 2° le quartier Musulman, au N. E.; 3° le quartier Juif, au S. E.; et 4° le quartier Arménien, au S. O. Afin de mettre plus d'ordre dans notre exploration de la Ville-Sainte, nous visiterons successivement chacun de ces quartiers, en considérant tout ce qu'il renferme d'intéressant.

(1) Le Gouverneur ne fait balayer les rues de la ville que lorsque le sultan doit venir la visiter. Or, ceci ne se renouvelle pas souvent. Voilà *deux fois* que Jérusalem est balayée depuis le commencement de ce siècle. Cet acte de propreté a eu lieu d'abord, il y a quelques années, lorsque l'on crut à la visite d'Abdul-Medjid, et la seconde fois, en l'année 1863, quand le bruit s'est répandu qu'Abdul-Aziz viendrait à Jérusalem à son retour d'Egypte.

(2) M. de Saulcy rapporte que, pendant son séjour à Jérusalem, au commencement de février 1851, des pluies affreuses démolirent une quarantaine de maisons dans différents quartiers. (*Voy. aut. de la Mer-Morte*, t. II, p. 189.)

(3) Le 9 janvier 1833, M. d'Estourmel a ressenti un froid vif et piquant et a vu les rues pleines de glaçons. Le 25 du même mois, la grêle et la neige tombaient comme en France sur les terrasses du couvent de Ramleh. (*Journal d'un voyage en Orient*, t. II, xciii.)

(4) Ps. 147.

(5) Jérémie nous représente le roi Joakim établi dans un appartement d'hiver, au neuvième mois ( qui correspond à celui de novembre ) et jetant le livre des prophéties dans un réchaud ( *arálá* ) plein de charbons ardents qu'il avait devant lui. (Jérém. XXXV, 22.)

# CHAPITRE V

## LE QUARTIER CHRÉTIEN — NOTIONS ARCHÉOLOGIQUES
## SUR L'ÉGLISE DU SAINT-SÉPULCRE

Le quartier Chrétien est limité au N. et à l'O. par les murs de la ville ; à l'E. par la rue de la porte de Damas et au S. par celle du grand bazar. Il renferme le monument le plus saint de Jérusalem, celui qui est surtout l'objet de notre pieuse curiosité, et qui doit l'être d'abord de notre attention. Mais avant de commencer cette description des Lieux-Saints, il ne sera pas inutile de répondre, ne fût-ce que par un mot, aux objections qu'on pourrait nous opposer sur l'authenticité des premiers monuments de notre foi. Car, depuis le dix-huitième siècle jusqu'à ce jour, certains voyageurs, nourris à l'école de Voltaire et de Volney, se sont efforcés, dans plusieurs ouvrages, de détruire la vénération aux Lieux-Saints en rejetant l'authenticité des traditions chrétiennes qui s'y rattachent. Peu leur importe, du reste, que le tombeau du Christ soit ici ou ailleurs ; ce qui leur pèse, c'est qu'il soit constaté qu'il est quelque part. Comme eux, les Protestants, ennemis de la tradition, déclarent que les lieux où se sont opérés les mystères de notre Rédemption ne sont pas situés là où tous les chrétiens les vénèrent ; mais ils ne prouvent pas en quels endroits ils sont placés.

Ceux qui désireraient étudier plus à fond les preuves de l'authenticité des traditions chrétiennes en Terre-Sainte, pourront lire le *Mémoire* que Châteaubriand a écrit à ce sujet dans son *Introduction à l'Itinéraire de Paris à Jérusalem;* je me contenterai de l'analyser brièvement.

« Les premiers voyageurs étaient bien heureux, dit ce célèbre auteur ; ils n'étaient point obligés d'entrer dans toutes ces critiques, premièrement, parce qu'ils trouvaient dans leurs lecteurs la religion

qui ne dispute jamais avec la vérité ; secondement, parce que tout le
monde était persuadé que le seul moyen de voir un pays tel qu'il est,
c'est de le voir avec ses traditions et ses souvenirs. C'est en effet la
Bible et l'Evangile à la main que l'on doit parcourir la Terre-Sainte.
Si l'on veut y porter un esprit de contention et de chicane, la Judée ne
vaut pas la peine qu'on l'aille chercher si loin. Que dirait-on d'un
homme qui, parcourant la Grèce et l'Italie, ne s'occuperait qu'à con-
tredire Homère et Virgile ? Voilà pourtant comme on voyage aujour-
d'hui : effet sensible de notre amour-propre qui veut nous faire passer
pour habiles en nous rendant dédaigneux.

« Les traditions de la Terre-Sainte tirent leur certitude de trois
sources : de l'histoire, de la Religion, et des localités.

« I. — Les quatre Evangiles sont les premiers documents qui nous
retracent les actions du Fils de l'Homme.....

« Quel étonnant corps de preuves ! Les apôtres ont vu J.-C. ; ils
connaissent les lieux honorés par les pas du Fils de l'homme ; ils trans-
mettent la tradition à la première église chretienne de Judée ; la suc-
cession des évêques s'établit et garde soigneusement cette tradition
sacrée. Eusèbe paraît, et l'histoire des Saints-Lieux commence. Socrate,
Sozomène, Théodoret, Evagre, saint Jérôme, la continuent. Les pèlerins accourent de toutes parts. Saint Jérôme disait déjà en 385 : « Il
serait trop long de parcourir tous les âges depuis l'ascension du Seigneur jusqu'au temps où nous vivons, pour raconter combien d'évêques, combien de martyrs, combien de savants sont venus à Jérusalem ;
car ils auraient cru avoir moins de piété et de science, s'ils n'eussent
adoré J -C. dans les lieux mêmes où l'Evangile commença à briller du
haut de la croix (1). » Depuis cette époque jusqu'à nos jours, une
suite de voyages non interrompue nous donne, pendant quatorze siècles, et les mêmes faits et les mêmes descriptions (2). Quelle tradition
fut jamais appuyée d'un aussi grand nombre de témoignages ? Si l'on
doute ici, il faut renoncer à croire quelque chose ; encore ai-je négligé
tout ce que j'aurais pu tirer des Croisades.

(1) *Epist. ad Marcel.*
(2) C'est à un écrivain de notre pays que l'on doit la plus ancienne relation
du pèlerinage de Terre-Sainte ; il nous l'a laissée dans l'*Itinéraire de Bordeaux à Jérusalem*, composé en 333 pour l'usage des pèlerins des Gaules.

« II. — Il est certain que les souvenirs religieux ne se perdent pas aussi facilement que les souvenirs purement historiques : ceux-ci ne sont confiés en général qu'à la mémoire d'un petit nombre d'hommes instruits qui peuvent oublier la vérité ou la déguiser selon leurs passions ; ceux-là sont livrés à tout un peuple qui les transmet machinalement à ses fils. Je sais qu'à la longue un zèle mal entendu, une ignorance attachée au temps et aux classes inférieures de la société peuvent surcharger un culte de traditions qui ne tiennent pas contre la critique ; mais le fond des choses reste toujours. Dix-huit siècles qui tous indiquent aux mêmes lieux les mêmes faits et les mêmes monuments ne peuvent tromper. Gibbon lui-même n'a pu s'empêcher de reconnaître l'authenticité des traditions religieuses en Palestine : « Ils fixèrent (les Chrétiens) par une tradition non douteuse la scène de chaque événement mémorable (1). » Aveu d'un poids considérable dans la bouche d'un écrivain aussi instruit que l'historien anglais, et d'un homme en même temps si peu favorable à la Religion.

« III. — Enfin les traditions des lieux ne s'altèrent pas comme celles des faits, parce que la face de la terre ne change pas aussi facilement que celle de la société. »... En effet, la montagne des Oliviers, le Golgotha, le mont Sion, etc., n'ont pu changer de place et sont parfaitement reconnaissables.

Ces preuves de l'authenticité des traditions chrétiennes en général sont assez fortes pour convaincre un esprit droit et sincère ; je démontrerai en particulier la valeur de celles qui s'attachent aux endroits les plus remarquables.

Avant de visiter l'église du Saint-Sépulcre, il est bon d'en connaître l'histoire. Dans la description archéologique de ce monument, qui a subi les nombreuses vicissitudes de l'infortunée Jérusalem, je ne puis mieux faire, en avouant mon incompétence, que de résumer les travaux si consciencieux que M. de Vogüé a mis au jour dans son ouvrage sur les *Eglises de la Terre-Sainte*.

D'après ce savant, l'histoire architecturale de l'église de la Résurrection présente quatre périodes bien distinctes.

_______________

(1) « *They fixed (Christians) by unquestionable tradition, the scene of each memorable event* » (Gibbon , t. IV, p. 101.)

I<sup>re</sup> PÉRIODE (326-614). — Basilique de Constantin.

Après la mort de Jésus-Christ, saint Jacques le Mineur fut institué
évêque de Jérusalem. Quand vint le temps de fuir annoncé par le Sauveur (1), les chrétiens, sous la conduite de leur évêque Siméon, se re-
tirèrent au-delà du Jourdain, à Pella, pour laisser passer la justice de
Dieu et revinrent, après le départ de Titus, prendre possession des ruines
de Jérusalem et du tombeau de notre Sauveur. Ils gardèrent les saints
lieux pendant les temps de persécution, et ce qui prouve que ce poste
était dangereux, mais aussi qu'il ne fut pas abandonné, c'est que pendant un espace de trente années, c'est-à-dire depuis la mort de saint Siméon jusqu'au règne d'Adrien, il y eut treize évêques sur le siége de
Jérusalem ; tous étaient des juifs convertis. Admettre que tous ces
évêques qui, sans interruption, ont habité la sainte cité, ainsi que les
fidèles confiés à leurs soins, eussent perdu le souvenir du Calvaire,
c'est non-seulement faire voir que l'on ne comprend pas le sentiment
religieux, mais c'est rejeter l'évidence : « D'ailleurs, dit un savant protestant, M. Schubert, l'empereur Adrien, voulant mettre un terme aux
pèlerinages que les Nazaréens faisaient au Golgotha, fit bâtir, soixante
ans après la destruction de Jérusalem, un temple de Vénus, à l'endroit
où Jésus avait été crucifié ; au-dessus du rocher dans lequel avait été
taillé le Saint-Sépulcre, s'éleva une statue de Jupiter. Deux siècles
s'étaient à peine écoulés lorsque l'illustre impératrice Hélène, faisant son pèlerinage à Jérusalem (à l'âge de quatre-vingts ans), chercha
ces saints lieux. Alors ce furent précisément les restes de ces temples
païens qui donnèrent les indices certains pour la direction des fouilles.
Lorsqu'après avoir enlevé les décombres, on trouva au pied du rocher
de Golgotha la grotte du Saint-Sépulcre, exactement comme l'avaient
dépeint les récits des anciens âges ; lorsqu'elle fut purifiée au milieu
des chants de triomphe des chrétiens et consacrée de nouveau comme
lieu de dévotion, alors l'architecture chrétienne se montra, pour sa
première œuvre, pleine d'une juvénile beauté (2). »

(1) Saint Mathieu, xxiv, 16.

(2) 2<sup>e</sup> vol. — Un autre auteur protestant, M. Schultz, consul de Prusse à Jérusalem, après avoir fait les études les plus approfondies sur la topographie et l'histoire de cette ville, est amené à cette conclusion dont la force n'échappera à per-

L'empereur Constantin donna aussitôt des ordres pour bâtir une magnifique église autour du Saint-Sépulcre, et il écrivit à Macaire, évêque de Jérusalem, pour lui confier la direction de l'ouvrage.

« Les premiers travaux, dit M. de Vogué, furent consacrés à orner le Saint-Sépulcre. Pour cela, on découpa le flanc de la colline de manière à séparer complètement le rocher qui renfermait la chambre sépulcrale, et à en faire une masse isolée au milieu d'une surface aplanie. La paroi extérieure du bloc ainsi obtenu, fut décorée de colonnes et de marbres précieux; ce qui lui donna l'apparence d'un petit édifice distinct. Saint Cyrille nous apprend que l'entrée du Saint-Sépulcre était taillée dans le rocher comme celle des tombeaux du pays, mais qu'elle n'est plus visible depuis que la première grotte, qui servait de vestibule, a été détruite pour les besoins de l'ornementation actuelle. »

Ces royales dégradations sont à jamais regrettables. Elles ont altéré la physionomie du monument et donnent lieu, pour les esprits superficiels, à une foule d'objections contre son authenticité. Quoi qu'il en soit, il est incontestable que le monument actuellement considéré comme étant le Saint-Sépulcre est celui-là même qui fut reconnu par sainte Hélène et qui a été de la part des fidèles, depuis ce temps-là jusqu'à nos jours, l'objet d'une vénération non interrompue. Il contient, sous les placages de marbre, un noyau de roc naturel caché à tous les yeux, mais dont l'existence est constatée par des témoignages irrécusables.

Il est probable qu'après avoir ainsi transformé le terrain pour le plier au plan des architectes, on façonna de même le rocher du Calvaire. En effet le Golgotha, dans sa forme actuelle, se compose d'une masse régulière de rocher dont les trois faces nord, sud, ouest, sont aplanies et qui ne tient plus à la colline que par sa face orientale. La surface supérieure, également privée de toutes ses aspérités naturelles, a été convertie en une petite plate-forme située à 4 mètres 60 au-dessus du niveau de l'église. Or, comme il paraît certain que le Golgotha fut compris dans la basilique de Constantin, il faut conclure que ce travail a eu pour but de faire entrer le saint rocher dans les combinaisons de la construction et qu'il a été inspiré par les mêmes pensées que l'isole-

sonne : « Je dois dire que la tradition sur l'emplacement du Saint-Sépulcre me paraît digne de foi, et que l'église du Saint-Sépulcre marque la place qui s'appelait le Golgotha, » (*Jérusalem*, p. 100.)

ment et la décoration du Saint-Sépulcre. Ces préparatifs achevés, on construisit la basilique.

L'historien de Constantin, Eusèbe de Césarée, nous a laissé la description de cet édifice, mais elle est assez obscure. La seule conclusion certaine que l'on puisse en tirer, c'est que la basilique comprenait une large nef centrale et quatre nefs collatérales. Le portique de l'hémicycle devait occuper exactement l'emplacement des piliers de la rotonde moderne ; le Saint-Sépulcre, réduit à la seule chambre du fond dont la surface était ornée de plaques de marbre et de colonnes aux angles, se trouvait au centre de cet hémicycle qui était séparé des nefs par un transsept au milieu duquel était l'autel. La pierre qui avait servi à fermer la porte du tombeau était placée devant son entrée. Cette vaste basilique était probablement construite sur le modèle antique de celle que nous voyons actuellement à Bethléhem et qui est aussi l'œuvre de Constantin. Elle ouvrait du côté de l'Orient par trois portes qui conduisaient à un atrium orné d'une colonnade et aussi grand que la basilique elle-même. Quoique Eusèbe ne parle pas du Calvaire, on ne peut douter qu'il ne se soit trouvé compris dans le dernier des bas côtés de la basilique. La grotte de l'Invention de la Croix, dépourvue de la chapelle qui la précède actuellement, débouchait par un escalier dans le portique méridional de l'atrium (1).

Ce magnifique monument, commencé en 326, fut enrichi de présents d'or, d'argent et de pierres précieuses. Eusèbe, qui assista à sa dédicace en 335, nous fait connaître qu'elle fut célébrée avec une pompe extraordinaire, au milieu d'un immense concours de fidèles, par un grand nombre d'évêques alors réunis en concile à Jérusalem. Tous étaient remplis d'allégresse en voyant après de si longues et si pénibles humiliations, se réaliser la prédiction d'Isaïe annonçant que le Sépulcre du Sauveur serait environné de gloire : « *Erit sepulcrum ejus gloriosum* (2). » La dédicace de ce temple dura huit jours, mais les cantiques sacrés qu'on fait retentir sous ses voûtes

_______

(1) On a découvert dernièrement dans un terrain acheté par les Russes, à cinquante pas et à l'orient de l'église du Saint-Sépulcre, plusieurs restes des portiques et des propylées qui fermaient la principale entrée du porche de la basilique constantinienne.

(2) Is. XI 10.

n'auront plus de fin. On le salua du titre de *Martyrium* (*témoignage*), parce que ce lieu rend véritablement témoignage à la divinité de J.-C. et de la religion qu'il est venu établir sur la terre.

Sainte Hélène, après avoir interrogé les souvenirs des habitants, et de plus inspirée par le Ciel même, fit faire des recherches dans la partie orientale du Calvaire. Les ouvriers trouvèrent au fond d'une grotte profonde trois croix, le titre, la lance et les clous. Les Juifs avaient coutume de mettre en terre les instruments employés au supplice des criminels. Mais le titre était détaché, et on ne pouvait reconnaître la croix du Sauveur. L'évêque Macaire, consulté par sainte Hélène, ordonna des prières publiques et fit toucher successivement les trois croix à une femme connue de la ville entière, et réduite à l'extrémité par une cruelle maladie. Au contact de la dernière croix la moribonde fut guérie sur le champ, et se trouva assez forte pour se joindre au pieux cortége, louant et glorifiant le Seigneur qui avait daigné manifester en sa personne la vertu salutaire de la vraie croix (1). L'impératrice envoya une partie de cette croix à son fils qui la reçut à Constantinople avec beaucoup de respect; une autre fut destinée à Rome, et placée dans l'église que cette noble princesse fonda dans cette ville, sous le nom de Sainte-Croix-en-Jérusalem (2).

La portion la plus considérable de la vraie croix demeura à Jérusalem, dans la basilique du Saint-Sépulcre. Elle fut, en 614, emportée par Chosroës qui s'empara de la Ville-Sainte. Mais après dix ans de revers, l'empereur Héraclius, vainqueur, contraignit le successeur de ce roi de Perse à rendre ce trésor inestimable qu'il reporta lui-même en triomphe sur le Calvaire (3). Les Croisés firent porter la vraie croix

(1) Ce miracle est attesté par Rufin et par plusieurs autres auteurs contemporains de l'événement, tels que saint Cyrille de Jérusalem et Eusèbe de Césarée. A partir de cette époque, Constantin défendit que la croix servît d'instrument de supplice : la croix devait rester à jamais l'emblème respecté du salut des hommes.

(2) Ce morceau a une longueur de 40 centimètres sur une largeur de 5 ; il existe encore aujourd'hui dans cette église avec le titre qui avait été attaché au sommet de la croix. L'inscription est en lettres rouges sur du bois blanchi, mais elle n'est plus entière.

(3) C'est pour perpétuer le souvenir de cet heureux événement que l'Église célèbre la fête de l'Exaltation de la Sainte-Croix le 14 septembre de chaque année.

devant eux par un évêque dans un grand nombre de batailles. Mais à la
fatale journée d'Hittin (1187), ce précieux bois fit partie du butin
des musulmans victorieux, et les chrétiens ne purent le recouvrer que
trente-deux ans après, à la prise de Damiette. Déjà on en avait détaché
plusieurs fragments, et depuis ce moment il a été divisé à l'infini
et dispersé dans le monde chrétien, de sorte qu'aujourd'hui un très-
grand nombre d'églises et même de particuliers ont le bonheur d'en
posséder des parcelles plus ou moins considérables.

Quant aux clous qui ont été trouvés avec la croix, il y en a un à
Monza (Lombardie), et un autre à Rome. Le trésor de Notre-Dame de
Paris en renferme deux (1). On conserve aussi à Rome avec la sainte
lance, l'éponge que les soldats imbibèrent de vinaigre et présentèrent
à J.-C. pour étancher sa soif.

II<sup>e</sup> PÉRIODE (614-1010). — ÉGLISES DE MODESTE.

L'an 614, l'église du Saint-Sépulcre fut détruite presqu'entièrement par Chosroës; puis elle fut rétablie par Modeste, abbé du couvent de Théodose, qui gouverna l'église de Jérusalem pendant la captivité de l'évêque Zacharie. Mais à la basilique romaine succéda
l'église byzantine. Les nouveaux constructeurs, impuissants à renou-
veler dans son entier le monument de Constantin, fractionnèrent leur
œuvre et se bornèrent à couvrir d'un édifice séparé chacun des sanctuaires principaux. Quatre églises distinctes remplacèrent donc l'ensemble unique du IV<sup>e</sup> siècle (2).

1° L'église de la Résurrection ou *Anastasis* : elle renfermait le
Saint-Sépulcre;

2° L'église du Golgotha, bâtie sur le rocher du crucifiement;

3° L'église de l'Invention de la Sainte-Croix, bâtie au lieu où fut
trouvée la vraie croix, et appelée en souvenir de l'édifice primitif *Martyrium* ou basilique de Constantin;

4° L'église dédiée à la Sainte-Vierge, dont la destination n'est pas

_______

(1) La basilique de Sainte-Croix d'Orléans possède, outre un morceau de la
vraie croix, une épine détachée de la couronne même du Sauveur.

(2) Saint Arculphe, qui les visita en 680, nous les a décrites dans la relation
de son pèlerinage.

nettement déterminée, mais qui recouvrait probablement la pierre de l'onction.

Ces quatre églises étaient contiguës, unies par des murs, et attenantes à une cour pavée de marbre.

Dans cette nouvelle combinaison, le Saint-Sépulcre se trouvait occuper le centre d'une rotonde. Sa forme était à peu près la même que du temps de Constantin, une chapelle ronde taillée dans un massif unique de rocher, et renfermant à l'intérieur le tombeau de J.-C. Aucun ornement ne recouvrait la paroi du roc. Arculphe put donc le voir, et ses paroles prouvent jusqu'à l'évidence que le monument admiré par lui était un tombeau antique, semblable à tous les sépulcres creusés dans les flancs des montagnes de la Palestine : « C'était, dit-il, une petite salle capable de contenir neuf hommes debout priant côte à côte. Le plafond se trouvait à un pied et demi environ au-dessus de la tête d'un homme de haute taille; une petite porte s'ouvrait à l'est. Le sépulcre proprement dit était creusé dans la paroi septentrionale de la chambre. Il se composait d'un lit de sept pieds de long, capable de recevoir un homme couché sur le dos, et situé sous une niche basse taillée dans la pierre; on eût dit un sarcophage ouvert sur le côté, ou une petite grotte dont la bouche regardait le sud. Le bord inférieur du lit était à trois palmes du sol. La pierre était rouge, veinée de blanc, et portait encore les traces des outils qui l'avaient creusée. » Douze lampes brûlaient nuit et jour dans ce sanctuaire.

Extérieurement le saint monument avait une belle décoration de placages de marbre; des colonnettes engagées cachaient la surface du rocher; il était recouvert par un toit doré surmonté d'une grande croix d'or.

Au commencement du ixe siècle, Haron-al-Raschid, envoya solennellement à Charlemagne les clefs de l'église du Saint-Sépulcre.

Deux fois pendant le xe siècle, les musulmans y mirent le feu; la dernière fois le patriarche Jean périt dans l'incendie.

## IIIe PÉRIODE (1010-1130). — ÉGLISES DE CONSTANTIN-MONOMAQUE.

En 1010, le calife Hakem fit démolir l'église de la Résurrection. Raoul Glaber (1) nous apprend que ce Néron de l'Egypte accomplit

(1) Liv. III, c. vii.

cette œuvre barbare à la sollicitation des Juifs d'Orléans, qui lui envoyèrent un exprès jusqu'en Perse où il se trouvait, avec le faux avis que s'il ne détruisait ce temple, bientôt les chrétiens rentreraient en possession de la Palestine. Les trois autres églises de Modeste tombèrent également sous les coups de marteaux (1). Quelques années après, elles furent reconstruites par des architectes grecs, d'après l'ordre de Constantin-Monomaque, et achevées en 1048. Cette fois on suivit encore le plan de Modeste, en ne le changeant que pour rétrécir davantage les églises bâties séparément sur chacun des sanctuaires. C'est ce qui ressort évidemment de ce passage de Guillaume de Tyr : « Avant l'entrée des Latins, le lieu de la Passion de N. S., nommé Calvaire, celui où fut retrouvé le bois de la Croix de Vie, et celui où le corps du Sauveur fut embaumé, étaient situés en dehors de l'enceinte de l'église de la Résurrection et recouverts d'oratoires très-petits. »

### IVᵉ PÉRIODE (1130-1808). — Constructions des Croisés.

Ce fut dans ce nouvel état que les Croisés trouvèrent les lieux saints à leur entrée dans la ville (1099). Guillaume de Tyr nous fait connaître encore que « les édifices susdits leur parurent trop étroits. Ils ajoutèrent à l'église primitive une construction solide et très-élevée qui, continuant et enserrant les parties anciennes, comprit tous les lieux susdits dans un même édifice (1130). » Le seul oratoire qu'ils supprimèrent est celui qui recouvrait la pierre de l'Onction.

Le Saint-Sépulcre, ainsi que plusieurs autres parties de ces édifices, reçut d'importantes modifications. Le revêtement extérieur du rocher fut orné d'une élégante arcature ogivale en harmonie avec le nouveau chœur. La forme ronde, ou plutôt polygonale de la chambre sépulcrale fut conservée, ainsi que la porte située à l'orient; mais devant cette porte, on construisit un portique carré avec deux entrées latérales; une troisième porte s'ouvrait en face du chœur. On voyait incrustée dans le dallage la pierre dite de l'Ange. De plus contre la paroi occidentale du monument, on appliqua extérieurement un autel surmonté d'un baldaquin carré dont trois côtés étaient fermés par de belles grilles en fer. Un autre baldaquin en forme de coupole surmontait le tombeau ; il était argenté, élevé et supporté par douze

_______________

(1) Le Saint-Sépulcre échappa seul à l'action du fer et du feu.

colonnes. L'intérieur de la chambre était, comme la coupole, revêtu de mosaïques.

D'après ces données extraites d'auteurs presque contemporains, il est facile de se faire une idée de la forme du saint tombeau au temps des Croisades. Elle différait peu de ce que nous voyons aujourd'hui. La chambre dite de l'Ange a remplacé l'ancien portique ; le clocheton à jour occupait la place de la petite coupole moderne ; l'autel des Cophtes a succédé à l'autel dit du Saint-Sépulcre adossé au chevet du monument.

En 1243, les Karesmiens profanèrent d'une manière horrible le temple de la Résurrection ; cependant l'église elle-même dans son ensemble échappa aux coups de ces barbares ; mais quelques parties furent grandement endommagées.

Malgré plusieurs restaurations successives, malgré les lourdes et inintelligentes réparations des Grecs qui ont achevé sur plusieurs points l'œuvre destructive du terrible incendie de 1808, l'église des Croisés n'a pas reçu de modification sensible jusqu'à nos jours, puisqu'une description d'un pèlerin anonyme faite en 1187, s'applique très-bien aujourd'hui au monument existant et pourrait encore servir de guide. D'ailleurs, il est une chose dont on doit être sûr, c'est que, depuis la chute du royaume franc de Jérusalem, jamais les communautés chrétiennes n'ont été en état de bâtir une semblable église. C'est ainsi que M. de Vogué, juge compétent en cette matière, a fait l'histoire architecturale de l'église du Saint-Sépulcre ; il constate l'œuvre des Croisés dans le transsept et le chœur, c'est-à-dire dans toute la partie orientale de ce monument qui porte, selon lui, à l'intérieur comme à l'extérieur, le cachet évident du xiie siècle. Il aime à restituer à ce vénérable édifice son caractère véritable, c'est-à-dire « *son caractère français.* » En effet, quoique le plus grand nombre des nations de l'Europe ait pris part aux croisades, la place prépondérante a toujours appartenu à la France. Au nom Français sont attachés en Palestine les plus brillants souvenirs (1), et l'honneur même de la conquête.

(1) Le nom de *Francs* ou *Frandji*, qui, dans les langues de l'Orient, désigne les Européens, montre combien fut grande l'influence de notre patrie dans ces contrées même avant, mais surtout depuis les Croisades, puisque pour les Asiatiques l'Occident c'était la France.

# CHAPITRE VI



Commençons maintenant la visite de l'église de la Résurrection. Pour y arriver, il faut traverser une ruelle sombre puis une petite porte, et l'on descend au parvis par un long escalier en pierre, car l'église est beaucoup plus basse que les terrains qui l'avoisinent. Ce parvis a environ 20 mètres carrés de superficie et devait être fort beau lorsqu'il était décoré d'un portique dont on voit encore les marches et le soubassement des colonnes. Il est regrettable que des masses de constructions grossières à l'usage des moines grecs étreignent la façade de ce monument, encombré d'ailleurs sur ses trois autres faces par des maisons particulières.

La disposition de la façade est irrégulière. On y voit deux portes dont un gros pilier orné de cinq colonnes de marbre établit la séparation (1). Une de ces portes « 1 » (2) est murée ; l'autre « 2 » est percée de trois petites ouvertures qui servent, lorsqu'elle est close, à communiquer avec ceux du dedans. Chaque côté des portes est flanqué de trois élégantes colonnettes avec des chapiteaux byzantins. Sur les linteaux, des bas-reliefs représentent une suite de scènes empruntées à l'Evangile : la résurrection de Lazare, l'entrée du Sauveur à Jérusalem au jour des Rameaux, et la sainte Cène. On y voit aussi des enroulements compliqués de feuilles et de fleurs bizarres, au milieu desquelles se tordent une foule d'hommes et d'animaux fan-

(1) Au bas de ce pilier est un divan en pierre sur lequel les gardiens turcs viennent s'asseoir quelquefois. — Pour bien comprendre la disposition assez complexe de cette église, le lecteur doit en suivre sur le plan la description.

(2) Les chiffres entre guillemets « », se rapportent au plan.

tastiques. Ces figures sont très-soignées ; j'ai remarqué que plusieurs sont brisées. Au-dessus des arcades ogivales de ces portes, un cordon ciselé sépare leurs sommets de deux fenêtres grillées construites dans le même système. Une corniche bien travaillée forme le couronnement de la façade.

A gauche du monument, dans l'angle N. O. apparaît un beau clocher carré ; malheureusement il est tronqué à la hauteur des fenêtres supérieures. Les musulmans lui ont fait subir cette mutilation, parcequ'ils souffraient de le voir plus élevé que le minaret de la petite mosquée qui est en face, auprès de l'entrée du parvis. A propos de cette mosquée, on raconte qu'après la prise de Jérusalem, Omar, étant au milieu de l'église de la Résurrection, dit au patriarche : « Je veux prier. » Sophronius répondit : « Prie où tu es. » — « Non, » répliqua le calife. Et étant sorti, il fit sa prière dehors à une légère distance. Puis s'asseyant, il dit au patriarche : « Si j'eusse prié dans le temple, les musulmans après moi s'en seraient emparés en disant : Omar a prié là. » En effet on construisit depuis en ce lieu et en souvenir de ce fait la mosquée que nous y voyons encore.

A droite et faisant saillie sur la place, est un petit édifice carré à ouvertures ogivales, surmonté d'un dôme. C'est la *chapelle de Notre-Dame-des-Sept-Douleurs*, appartenant aux Latins. On y monte par un perron. Elle forme un étage intermédiaire entre le sol de la place et le sommet du Calvaire auquel elle est adossée, et dont elle était autrefois le vestibule (1).

La nécessité de réunir dans une seule enceinte l'église du Saint-Sépulcre, celle du Calvaire et celle de l'Invention de la Croix, a fait sacrifier la régularité de l'édifice.

Entrons y avec un pieux recueillement. A notre gauche, sur un divan large et élevé, recouvert de tapis, sont assis trois ou quatre gardiens turcs « 3 ». Devant nous, à trente pas de distance est la pierre de l'Onction, derrière laquelle le mur de clôture du chœur intercepte la vue ; à notre droite est le *Calvaire* ; on y arrive par deux escaliers latéraux « 4 ». Montons par celui qui est le plus près de la porte d'entrée. Nous nous trouvons alors sur une plate-forme carrée de quinze mètres, divisée par deux lourds piliers en deux parties. Celle de

(1) M. de Vogüé fixe la construction de cette façade entre 1140 et 1180.

droite qui est le lieu où le Rédempteur a été cloué sur la croix s'appelle chapelle du Crucifiement « 5 ». Elle appartient aux Latins, et renferme un autel magnifique et un autre plus petit dédié à Marie au pied de la croix, *Mater Dolorosa* « 6 et 7 ». « Jésus voyant donc sa Mère, et près d'elle le disciple qu'il aimait, dit à sa Mère : « Femme, voilà votre fils. » Ensuite il dit au disciple : « Voilà votre mère. *Ecce mater tua* (1). »

L'autre partie appartient aux Grecs; c'est le lieu où la croix fut plantée « 8 ». A cet endroit s'élève un beau crucifix auprès duquel sont debout la sainte Vierge et saint Jean; ces figures sont de grandeur naturelle et peintes sur bois. Les Grecs ont construit un autel de marbre blanc, élégant du reste, au-dessus de la place même où la croix fut dressée « 9 ». Mais la cavité où l'on plonge la main et qui est entourée de marbre n'est plus celle du rocher qui reçut le pied de la croix. Les Grecs, par un larcin que l'on ne peut assez déplorer, ont coupé cette pierre plus précieuse que tous les diamants, et l'ont envoyée par mer à leur patriarche de Constantinople, en 1842. Le vaisseau chargé de ce trésor fit naufrage, et fut englouti au fond de la Méditerranée avec les deux popes qui l'accompagnaient.

A 1 mètre 40 centimètres au midi de la cavité de la croix, est la fente du rocher qui se fit à la mort du Sauveur « 10 », lors du tremblement de terre dont parle l'Evangile : « *Petræ scissæ sunt* », les pierres se fendirent (2). Cette déchirure de la roche du Calvaire forme une ligne ondulée dans la direction de l'est à l'ouest. Ce qu'on peut en apercevoir en longueur, a 1 mètre 60 centimètres, sur une largeur de 15 centimètres. Les angles saillants correspondent aux angles rentrants, de sorte que s'il était possible de rapprocher les deux parties séparées, elles se rejoindraient parfaitement. En soulevant une petite grille mobile en bronze doré, je pus toucher la roche sainte; c'est un calcaire compact, d'une teinte grisâtre, tacheté de plaques légèrement rosées. Cette fente n'a pas été faite de main d'homme, c'est évident; et à ce propos, Addison cite le fait suivant. « Un gentilhomme anglais

_______

(1) Saint-Jean, xix, 26. — A droite, une petite fenêtre grillée ouvre sur la chapelle extérieure de N.-D.-des-Sept-Douleurs.

(2) S. Math. xxvii, 51. — Ce tremblement de terre fut, selon Pline, le plus violent dont la mémoire des hommes eût gardé le souvenir.

très-estimable, qui a voyagé dans la Palestine, m'a assuré que son compagnon de voyage, déiste plein d'esprit, cherchait, chemin faisant, à tourner en ridicule les récits que les prêtres catholiques leur faisaient sur les lieux sacrés. Ce fut dans ces dispositions (1), qu'il alla visiter la fente du rocher que l'on montre sur le Calvaire comme l'effet du tremblement de terre arrivé à la mort de J.-C. Mais lorsqu'il vint à examiner cette ouverture avec l'exactitude et l'attention d'un naturaliste, il dit à son ami : « Je commence à être chrétien. J'ai fait une longue étude de la physique et des mathématiques, et je suis assuré que les ruptures du rocher n'ont jamais été produites par un tremblement de terre ordinaire et naturel. Un ébranlement pareil eût, à la vérité, séparé les divers lits dont la masse est composée; mais c'eût été en suivant les veines qui les distinguent et en rompant leur liaison par les endroits les plus faibles. J'ai observé qu'il en est ainsi dans les rochers que les tremblements de terre ont soulevés, et la raison ne nous apprend rien qui n'y soit conforme. Ici, c'est toute autre chose, le roc est partagé transversalement, la rupture croise les veines d'une façon étrange et surnaturelle. Je vois donc clairement et démonstrativement que c'est le pur effet d'un miracle que ni l'art ni la nature ne pouvaient produire. C'est pourquoi ajouta-t-il, je rends grâces à Dieu de m'avoir conduit ici pour contempler ce monument de son merveilleux pouvoir, monument qui met dans un si grand jour la divinité de J.-C. (2). »

Les voûtes du Calvaire sont ornées de nombreuses lampes et de peintures. Malheureusement tout ce sommet du Golgotha que le chrétien désirerait voir à nu pour coller ses lèvres sur la pierre à jamais consacrée qui fut teinte du sang de l'Homme-Dieu, est recouvert de fort belles dalles de marbre qui le cachent complètement (3). Remarquons ici que le Calvaire n'a jamais été une montagne, mais simplement une colline. Il se trouve aujourd'hui à environ 4 mètres 60 centimètres au-dessus du sol de l'église à laquelle on descend par un second escalier en pierre, de dix-huit marches assez élevées.

(1) Ces dispositions sont très-communes aujourd'hui à beaucoup de chrétiens qui étudient tout, excepté la religion et les preuves de sa divinité.

(2) *De la Religion chrétienne*, t. II.

(3) Le petit couvent intérieur des Grecs est situé derrière le Calvaire.

Visitons maintenant la partie inférieure du Calvaire. Elle a été creusée en sous-œuvre. Le rez-de-chaussée se divise en deux parties : la première s'appelle la *Chapelle-d'Adam* « 11 ». D'après une ancienne tradition, la tête d'Adam (1) a été conservée sous le Calvaire, et le sang du Christ, en coulant sur elle, a donné au premier homme et à sa race le gage de la rédemption. Cette légende, que plusieurs Pères de l'Eglise n'ont pas méprisée, paraît étrange, il est vrai, mais qu'elle est grande et belle cette idée qui nous montre le sang du divin Sauveur, le nouvel Adam, se répandant pour le purifier sur cet antique crâne du premier coupable (2)! Derrière l'autel on se trouve, en effet, au-dessous de la cavité où la croix fut plantée, et l'on aperçoit une petite portion du rocher avec la fente qui, partant de la partie supérieure, ainsi que nous l'avons vu, le traverse perpendiculairement dans toute sa profondeur.

Les Croisés avaient placé les tombeaux des deux premiers rois de Jérusalem, Godefroid de Bouillon et Baudouin I$^{er}$, à droite et à gauche de l'entrée de cette chapelle d'Adam. Les cendres des deux frères semblaient encore veiller sur le saint rocher qu'ils avaient conquis au prix de leur sang. Les voyageurs français s'arrêtaient avec une légitime fierté devant ces nobles sépulcres, témoins muets de la valeur de leurs ancêtres. Châteaubriand est un des derniers qui aient pu ressentir cette émotion. Pendant les travaux qui ont suivi l'incendie de 1808, les Grecs ont brisé ces pierres que le feu avait épargnées, et ont jeté au vent ces cendres françaises, comme si leur marteau sacrilége eût pu effacer le souvenir des Croisades que cette misérable nation a voulu vainement empêcher. De toutes les profanations commises par les Grecs, celle-là est une des plus odieuses, car elle témoigne d'une jalousie qui a la bassesse de s'attaquer à des tombeaux (3). La forme de ces monuments nous a été conservée. Ils se composaient d'un sarcophage quadrangulaire recouvert d'un petit dais de marbre à toit aigu, à double versant, et porté par quatre colonnettes trapues et

(1) On dit que son corps a été enterré à Hébron.

(2) C'est à cause de cette tradition qu'on a coutume de peindre ou de sculpter une tête de mort au pied du crucifix.

(3) La Belgique a réclamé en vain l'autorisation de restaurer ces deux sépulcres.

torses. Sur l'une de ces faces étaient gravées les épitaphes. Je les reproduis d'après Quaresmius :

HIC JACET : INCLITVS DVX : GODEFRIDVS
DE- BVLLON : QVI TOTAM ISTAM : TERRAM
ACQVISIVIT : CVLTVI CHRISTIANO : CVJVS
ANIMA : REGNET CVM CHRISTO : AMEN.

« *Ci-gît le célèbre duc Godefroid de Bouillon, qui conquit tout ce pays à la religion chrétienne. Que son âme règne avec le Christ. Amen.* »

REX BALDEWINVS : JUDAS ALTER MACHABEVS
SPES PATRIÆ : VIGOR ECCLESIÆ : VIRTVS VTRIVSQVE
QUEM FORMIDABANT : CVI DONA TRIBVTA FEREBANT
CEDAR ET EGYPTVS : DAN : AC HOMICIDA DAMASCVS
PROH DOLOR : IN MODICO : CLAVDITVR HOC TVMVLO.

« *Le roi Baudouin, second Judas Machabée, espoir de la patrie, force de l'Église, vertu de l'une et de l'autre, auquel Cédar et l'Egypte, Dan et Damas l'homicide, apportaient en tremblant leurs dons et leurs tributs, ô douleur ! est enfermé dans cet étroit tombeau.* »

Les deux successeurs immédiats de Baudouin furent aussi ensevelis dans la chapelle d'Adam. Les quatre derniers rois latins qui ont résidé à Jérusalem furent inhumés le long de la clôture du chœur, vis-à-vis la pierre de l'Onction. Les Grecs ont démoli leurs tombeaux comme les autres.

La seconde partie inférieure du Calvaire appartient, ainsi que la première, aux Grecs ; elle comprend deux salles, dont l'une leur sert de réfectoire.

Nous voici auprès de la *pierre de l'Onction,* « 12 » elle est commune à tous les rites. Nous lisons dans l'Evangile de saint Jean (1), que Joseph d'Arimathie, ayant obtenu la permission de Pilate, vint enlever le corps de Jésus ; Nicodème y vint aussi avec cent livres d'une composition de myrrhe et d'aloès, et ayant pris le corps de Jésus, ils l'enveloppèrent dans des linges avec des aromates, comme les juifs avaient coutume d'ensevelir. La tradition des chrétiens de Jérusalem rapporte que la pierre sur laquelle on oignit le corps du Sauveur n'est pas distincte du rocher lui-même. Elle fut recouverte au xviᵉ siècle d'une table de marbre rouge, longue de huit pieds et large de trois, encadrée d'un cordon de marbre jaune. Six énormes

_____

(1) XIX, 38.

candélabres garnis de cierges gigantesques se voient aux deux extrémités de cette table dont un pommeau de cuivre doré orne chaque coin. Douze lanternes brûlent continuellement au-dessus.

En avançant dans l'angle de l'édifice opposé au Calvaire, nous voyons, à seize pas de la pierre de l'Onction, une cage ronde en fer « 13 », contenant une lampe. Elle marque, d'après la tradition, la place où se tenaient les saintes femmes pendant le crucifiement.

Montons maintenant cet escalier dont nous apercevons l'entrée dans le coin à gauche « 14 », il nous introduit dans les chapelles et le couvent des Arméniens qui occupent cette partie méridionale de la galerie « 15 ». Il n'y a là rien de remarquable ; on y voit suspendues deux longues planches de chêne sur lesquelles on frappe avec un marteau en fer. Cet instrument appelé *Simandra*, produit un son désagréable et remplace les cloches (1).

Après être descendus par le même escalier, nous entrons dans une magnifique rotonde, de 20 mètres de diamètre, entourée de dix-huit gros pilastres carrés, qui forment deux rangées d'arcades superposées, éclairant deux vastes galeries circulaires dont celle que nous venons de visiter est la plus élevée (2). Une coupole de gigantesque dimension s'élance avec grâce vers le ciel, et par une large ouverture circulaire, elle laisse pénétrer dans l'édifice un peu d'air et de lumière. Il est fâcheux que cette coupole soit fortement endommagée. En plusieurs endroits, sa toiture est à jour, de sorte que pendant l'hiver les pluies inondent le Saint-Sépulcre qui se trouve au-dessous. Ces dégâts ne proviennent pas seulement de la vétusté, les Grecs les ont augmentés eux-mêmes afin de faire la restauration à leurs frais, et d'empiéter de nouveau sur les possessions des Latins. Mgr Mislin atteste les avoir vus enlever quelques-unes des feuilles en plomb qui couvrent cette coupole (3).

Dans la description archéologique de l'Eglise, j'ai raconté les diverses vicissitudes qu'a subies le précieux monument. L'œuvre des

(1) Les Grecs ont deux cloches placées dans l'intérieur de l'église et avec lesquelles ils se plaisent quelquefois à faire un carillon affreux pendant les offices des Latins.

(2) Une portion de ces galeries appartient aux Latins, « 22. »

(3) Le Saint-Sépulcre se trouve à 70 pas environ du Calvaire. — Voir à l'appendice, note A.

Croisés, plusieurs fois endommagée par les Barbares, fut refaite au
xiii<sup>e</sup> ou au xiv<sup>e</sup> siècle. La forme du Saint-Sépulcre, après cette restauration, ne différait pas beaucoup de celle que lui donna, en 1555,
le P. Boniface de Raguse, en le reconstruisant totalement aux frais
du couvent des Franciscains, et dont voici le système. Au lieu d'un
porche à jour, on trouvait devant la porte du Saint-Sépulcre une
petite chambre carrée à une seule entrée, simulant le vestibule qui
précédait dans l'origine la chambre sépulcrale, comme nous l'avons
déjà vu. Extérieurement le rocher était couvert d'un revêtement de
marbre orné d'une arcature ogivale, et surmonté par un élégant clocher que supportaient des arcades à jour également ogivales. Le
P. Boniface déclare qu'après avoir enlevé le revêtement de marbre, il
mit à nu le saint rocher, et le toucha de ses mains.

Depuis longtemps, les Grecs et les Arméniens faisaient les plus
grands efforts pour usurper les droits des Latins dans les divers sanctuaires de l'Église du Saint-Sépulcre. Mais leurs tentatives avaient
peu de succès ; car non-seulement les anciens firmans et traités étaient
en notre faveur, mais encore chaque pierre de ces antiques sanctuaires,
chaque inscription attestait la priorité de possession des catholiques
et condamnait les schismatiques. Alors pour arracher aux Latins leur
propriété, les Grecs et les Arméniens ont eu recours, assure-t-on, à
un crime odieux. Ce qu'il y a de certain, c'est qu'ils ne reculent
devant aucun forfait pour s'arroger des droits qu'ils n'ont pas.

Le 12 octobre 1808, nuit de lamentable mémoire, vers deux heures
du matin, le feu éclata avec fureur dans la chapelle des Arméniens,
sur une des galeries de l'église. Quand on s'aperçut de ce malheur,
l'incendie avait pris des proportions immenses. Déjà les poutres en
cèdre de la grande coupole couverte de plomb s'enflammaient.
L'église ressemblait à une fournaise ardente. Vers cinq heures, le
grand dôme tombait, entraînant les galeries, une partie des murs, et
écrasant les colonnes de la rotonde ; le saint tombeau était enseveli
sous une montagne de feu qui devait l'anéantir à jamais. Béni soit
Dieu qui a bien voulu conserver à notre piété l'un de ses plus puissants aliments, et au monde la preuve toujours éloquente du triomphe
glorieux du vainqueur de la mort ! L'élément indomptable a respecté
le sépulcre du maître de la nature ; on y a retrouvé jusqu'à un tableau
peint sur toile.

Quoi qu'il en soit, les catholiques ont énormément perdu à ce funeste incendie. Les Pères Franciscains, oubliés de l'Europe, ne purent réparer ce désastre, et les Grecs ainsi que les Arméniens gagnèrent par la ruse et par leurs richesses ce qu'ils ne pouvaient obtenir par la justice (1). Ces schismatiques mirent les ruines fumantes de l'édifice le plus auguste de la chrétienté entre les mains d'un maçon grec de Constantinople, qui les profana par des réparations d'un goût détestable, et détruisit même ce que les flammes avaient épargné, par exemple, les tombeaux des rois latins et le petit édifice recouvrant le Saint-Sépulcre, qui avait très peu souffert de l'incendie. Les Grecs l'ont refait en entier, afin de se donner le plaisir d'effacer les inscriptions latines qui s'y trouvaient et de les remplacer par des inscriptions grecques qu'ils regardent comme le cachet de leur prétendu droit de propriété. Ils se sont emparés de la plus grande partie des sanctuaires, et aujourd'hui encore, ils y dominent en maîtres orgueilleux, mesurant avec une indigne parcimonie les quelques heures qu'ils accordent à regret aux anciens et légitimes possesseurs. C'est donc leur œuvre bâtarde que nous voyons maintenant.

Ce monument du Saint-Sépulcre est complètement isolé du reste de l'Église. Il s'élève d'abord de 39 centimètres au-dessus du sol de la grande rotonde, et forme une chapelle allongée, carrée sur le devant à l'orient, et pentagone à l'occident. Il n'y a plus de distinction extérieure entre la chambre de l'Ange et le Saint-Sépulcre proprement dit. La façade, d'un angle à l'autre, a 5 mètres; la longueur totale de l'édicule est de 8 mètres, et sa hauteur de 5 mètres environ. Toute l'ornementation extérieure est en marbre jaunâtre, et se réduit à peu près à 16 pilastres, avec une galerie massive qui couronne le sommet. Un dôme gréco-russe, lourd et écrasé (2), surmonte la chambre du Sépulcre. Un grand voile de toile peinte, représentant en blanc sur un fond bleu les instruments de la passion est tendu au-dessus de la porte. Cette entrée est ornée de huit gros chandeliers en cuivre avec des cierges d'une dimension colossale. Le mausolée est divisé à l'intérieur en deux parties.

_______

(1) D. Sobrino et le P. de Géramb assurent qu'ils dépensèrent pour cela 5 millions de francs.

(2) Ce dôme est, je crois, en bois peint.

Une petite porte conduit dans la première, appelée *chapelle de l'Ange* « 16 », qui est complètement moderne, et forme un carré de 2 mètres de côté. Toutes les parois de cette chambre sont recouvertes de marbre blanc sculpté (1). Au milieu de ce vestibule, sur une colonne à un mètre de hauteur, s'élève une pierre indiquant la place où était roulée celle qui fermait l'entrée du Sépulcre, et sur laquelle l'Ange était assis quand les saintes femmes arrivèrent dès le matin du jour de Pâques, portant des parfums et se disant : « Qui nous ôtera la pierre qui ferme l'ouverture du monument ? » Voici le récit de l'Evangile : « Un ange du Seigneur descendit du ciel et, s'approchant, il renversa la pierre et s'assit dessus. Les gardes furent remplis d'effroi. Et l'Ange, parlant aux femmes, dit : « Ne craignez pas ; je sais que vous cher-chez Jésus qui a été crucifié. Il n'est point ici, car il est ressuscité comme il a dit ; venez, voyez le lieu où le Seigneur était placé (2). »

Devant nous se présente une porte basse et cintrée par laquelle s'échappent des rayons de lumière (3). Avançons, courbons la tête et tombons à genoux, nous sommes dans le *Saint des Saints*. Cette chambre sépulcrale est carrée, et a 2 mètres de dimension. Sa déco-ration est d'une extrême simplicité. Elle est ornée aux quatre angles de pilastres peu saillants. Les côtés nord et sud sont unis ; mais les côtés est et ouest sont partagés par un pilastre. Dans le haut se voit une inscription grecque. Le tombeau du Sauveur occupe tout le côté droit de la chambre « 17 », et s'élève de 60 centimètres au-dessus du pavé. Il forme un coffre en carré long de 2 mètres sur 90 centimètres de largeur, reposant immédiatement sur le sol et adhérent aux murs (4). Ce coffre en marbre blanc, comme tout le reste de la chapelle, recouvre le sarco-phage en pierre où reposa le corps sacré de l'Homme-Dieu (5). Le pèlerin a donc le regret de ne pas voir de ses yeux, de ne pas toucher

(1) On remarque de chaque côté deux petites ouvertures rondes qui tra-versent la muraille ; elles servent chaque année à l'évêque grec, le Samedi-Saint, pour transmettre à la foule le *feu sacré*.

(2) Saint-Math., XXVIII.

(3) Cette porte est haute de 1 m. 35 et large de 77 c.

(4) La tablette de dessus a reçu, dans sa largeur, une fente artificielle des-tinée à lui ôter sa valeur aux yeux des musulmans qui avaient formé le dessein de s'en emparer.

(5) On n'y voit aucune inscription, ni aucun ornement.

de ses mains ce précieux rocher. Il a fallu le protéger ainsi ; car sans
cette précaution, il aurait été infailliblement mis en pièces par la dévotion indiscrète des chrétiens (1). Cinq ou six personnes peuvent se tenir
à genoux à côté du tombeau. Une corniche en marbre rose, comme les
pilastres, large de 32 centimètres et élevée d'un mètre au-dessus du
sol, entoure la tablette de marbre qui recouvre le Sépulcre. Elle
supporte, au milieu, un bas-relief assez médiocre sculpté dans la paroi
du nord, représentant le Christ ressuscité, et de chaque côté deux petits
tableaux mobiles sur lesquels est peint le même sujet. L'un de ces
cadres appartient aux Latins, et l'autre aux Arméniens. Ces religieux
placent devant eux des vases de fleurs et des chandeliers avec des cierges
allumés (2). Quarante-deux lampes en argent brûlent perpétuellement
aux frais des différentes communions chrétiennes, en formant à ce
sanctuaire vénéré une riche voûte d'une éblouissante splendeur.

Quelques personnes demanderont peut-être ce qu'il reste aujourd'hui
du tombeau même du Sauveur, après dix-huit siècles écoulés, après
tant de dévastations barbares, et tant de restaurations peut-être plus
barbares encore? Sans aucun doute, le Saint-Sépulcre doit être fortement endommagé. La voûte n'existe plus depuis longtemps, mais le
rocher n'a pas totalement disparu quoi qu'en disent quelques auteurs,
et on peut le toucher à la partie supérieure de la petite porte qui
donne accès au divin tombeau. Beaucoup de voyageurs l'ont vérifié
comme moi. Au surplus, voici à ce sujet un document qui corrobore
mon assertion. M. l'abbé Michon (3) a entendu des habitants de Jérusalem, témoins des travaux de restauration exécutés par les Grecs
en 1808, lui affirmer avoir vu alors de notables parties du rocher du
Saint-Sépulcre (4). Il est donc à peu près certain que les Grecs n'ont
fait que sceller les marbres au rocher primitif. Quoi qu'il en soit, je
dirai avec Fabris, qu'il importe peu au pèlerin que ce tombeau soit

(1) La même réflexion s'applique au Calvaire, à la Crèche et à d'autres
sanctuaires où nous ne pouvons voir, que dans une très-petite partie, les objets
de notre culte respectueux.

(2) Ces objets ont une certaine importance, car ils servent à constater les
droits qu'ont ces deux nations aussi bien que les Grecs à la jouissance du Saint-
Sépulcre.

(3) Il a visité la Palestine en 1851.

(4) *Voy. Rel. en Orient*, t. II, p, 166.

encore entier ou qu'il n'y en ait plus qu'une partie; l'essentiel est que ce soit là le lieu de la sépulture et de la résurrection de J.-C. Or, le fait est indubitable, et ce lieu ne peut être enlevé ni démoli (1).

Si nous faisons le tour du Saint-Sépulcre à l'extérieur, nous apercevons une misérable baraque en bois adossée à son chevet, c'est la *chapelle des Cophtes* « 18 », aussi pauvre que ses propriétaires dont l'habitation se trouve dans les galeries qui sont en face « 19 »; une salle obscure, sous ces galeries, est la chapelle des Syriens, auxquels leurs voisins ne peuvent porter envie « 20 ». Nous y entrons et, en avançant un peu, nous voyons à côté le *tombeau dit de Joseph d'Arimathie* « 21 ». C'est une chambre carrée, taillée dans le roc vif, n'ayant pour tout ornement qu'une lampe entretenue par les Syriens : « Pour construire les fondations de la grande rotonde, dit M. Michon, on a emporté la moitié de cette chambre sépulcrale. Il reste toutefois deux côtés, celui du midi et celui du couchant; chacun d'eux présente trois niches à cercueils, exactement les mêmes que celles des tombeaux des rois; c'est uniquement un trou carré long, creusé au niveau du sol pour recevoir, soit le corps embaumé lui-même, soit un sarcophage dans lequel il était déposé. » Le sol même de la chambre a été creusé de manière à y placer deux corps. Ces tombes sont faites dans le genre des niches supérieures, c'est-à-dire qu'elles n'ont qu'une ouverture latérale, ce qui détruit toute ressemblance avec des sépultures chrétiennes. Le rocher est de la même nature que celui du Calvaire : un calcaire compact et blanchâtre. Quoiqu'il ne soit pas certain que ces sépulcres soient ceux de Joseph d'Arimathie et de Nicodème, auxquels on les attribue, tous les savants conviennent qu'ils sont parfaitement semblables aux monuments du même genre qui se voient en si grand nombre dans les nécropoles dont Jérusalem est entourée. Je ne citerai que le docteur Schultz : « Il me paraît hors de doute, dit-il, qu'il y avait ici un rocher sépulcral longtemps avant qu'on bâtit l'église du Saint-Sépulcre, et un rocher sépulcral des anciens juifs, qui remonte, par conséquent, à l'époque qui précède la destruction de Jérusalem par les Romains (2). » Donc, à l'époque du

(1) La grosse pierre qui fermait le Saint-Sépulcre, selon l'antique usage des Juifs, forme actuellement la table d'un autel dans le couvent des Arméniens, au mont Sion.

(2) *Jér.*, p. 97.

Christ, ce tombeau était hors de l'enceinte de Jérusalem, puisque, d'après la loi hébraïque, aucune sépulture ne pouvait se faire dans l'intérieur des villes. Donc c'est une preuve sans réplique de la certitude de la tradition chrétienne sur le tombeau de J.-C. et sur le Calvaire.

Outre la rotonde dont j'ai parlé, l'édifice du Saint-Sépulcre renferme une vaste et jolie église construite par les Croisés. Elle se compose d'une nef surmontée d'une coupole, d'une seconde travée à voûte ogivée, d'une abside et d'un collatéral qui fait le tour de cette abside et renferme trois chapelles à absides. La nef de cette église forme ce qu'on appelle *le grand chœur des Grecs*, elle est en face du saint tombeau dont elle n'est séparée que par un mur de 3 mètres de haut supportant des tribunes. La porte en est ouverte, nous pouvons la visiter.

Ce chœur est vraiment magnifique. Il est fermé de chaque côté, comme celui de Notre-Dame de Paris, jusqu'à une grande hauteur. Le sanctuaire est caché selon l'usage grec par une cloison élevée, nommée *Iconostase*, ornée comme celles des côtés, de sculptures en bois doré et de tableaux nombreux. Deux trônes épiscopaux sont placés à l'entrée. Au fond, est le grand autel sous un baldaquin à colonnes « 25 ». Toute cette ornementation byzantine est éblouissante de richesse, mais elle est de mauvais goût. Des chaînes chargées de boules variées descendent de la voûte en supportant d'énormes lustres et une infinité de lampes. C'est dans ce chœur, à peu près au milieu de l'église du Saint-Sépulcre, que les Grecs ont placé un petit globe dans un vase en marbre blanc ; ils l'appellent d'un nom étrange : *le nombril de la terre* « 24 ». Les popes grecs, d'une ignorance grossière, suivant ici l'opinion erronée des anciens chrétiens d'Orient qui interprétaient matériellement divers passages de l'Écriture, entre autres ce verset 12 du psaume 73 : « Il a opéré le salut au milieu de la terre, » ont encore la bonhomie de montrer aux pèlerins cette place comme étant exactement le centre du monde ; et ce, moyennant finance, bien entendu.

S'ils voulaient parler du monde intellectuel des âmes, ils auraient deviné juste, car, depuis de longues années il émane du Saint-Sépulcre une vertu attractive, par laquelle les pèlerins de toutes les nations civilisées accourent ici comme vers un centre mystérieux, et la prophétie d'Isaïe s'accomplit sans cesse : « En ce jour-là les nations adresseront leurs prières au rejeton de Jessé qui se tient comme un signe devant les peuples, et son Sépulcre sera glorieux (1). » Tous les cœurs chrétiens sont tournés vers ce rocher sacré, toutes les lèvres voudraient y déposer les pieux baisers d'un affectueux respect. Lacordaire l'a dit : « Les lieux Saints sont au monde ce que les astres sont au firmament : une source de lumière, de chaleur et de vie (2). » Ah ! heureux celui qui entraîné vers ce centre plein d'invisibles attraits, peut y poser ses mains, sa tête et son cœur !

En sortant du grand chœur par la même porte qui nous y a introduit (3), et en marchant à droite, nous voyons sur le pavé de l'église une mosaïque de marbre au-dessus de laquelle brille une lampe « 27 »; vis-à-vis est un bel autel dédié à *sainte Marie-Madeleine* « 26 ». C'est le lieu où cette illustre pénitente se tenait lorsque le Sauveur lui apparut après sa résurrection, comme le marque saint Jean (4). « Marie était debout près du Sépulcre, pleurant... Les anges lui dirent: « Femme, pourquoi pleurez-vous? » Elle leur répondit : « Parce qu'ils ont enlevé mon Seigneur et je ne sais où ils l'ont mis. » En disant cela, elle se retourna et vit Jésus debout, et elle ne savait pas que c'était lui. Jésus lui dit : « Femme, pourquoi pleurez-vous? qui cherchez-vous? » Elle, croyant que c'était le jardinier, lui dit : « Seigneur, si c'est vous qui l'avez enlevé, dites-moi où vous l'avez mis, et je l'emporterai. » Jésus lui dit : « Marie ! » Et se retournant, elle s'écria : « Rabboni, c'est-à-dire mon maître ! » Jésus lui dit : « Ne me touchez pas, car je ne suis pas encore monté vers mon Père. » Cet autel de Marie-Madeleine appartient aux Latins (5) ainsi que le grand orgue qui est en face « 28 ». C'est dans ce coin de l'église que les schismatiques ont relégué les catholiques.

Avançons. Au fond de cet angle obscur, nous voyons à droite une porte, c'est celle de la sacristie des Latins « 29 ». Cette pièce est sombre et très-étroite, mais elle renferme deux objets précieux, l'épée

(1) Is., xi, 10.
(2) *Hist. de sainte Madeleine.*
(3) Il y a deux autres portes latérales auprès du sanctuaire.
(4) Ev., xx, 11.
(5) C'est le morceau d'art le plus remarquable de l'église de la Résurrection. Il est en bronze florentin et décoré de six bas-reliefs. Ferdinand de Médicis, grand-duc de Toscane, l'a envoyé aux Franciscains en 1588.

de Godefroid de Bouillon et ses éperons. L'arme jadis si redoutable
aux ennemis du nom chrétien est à deux tranchants, elle a un mètre
de long ; sa garde fut dorée et présente la forme d'une croix. Chaque
pèlerin aime à toucher cette noble épée qui ne sert plus aujourd'hui
que pour la réception des pacifiques chevaliers du Saint-Sépulcre, et,
en la sortant du fourreau, on regrette amèrement de ne pas la voir
dans une vaillante main pour refouler encore une fois au fond de
leurs déserts ces turcs abâtardis qui oppriment la Terre-Sainte.

Les princes chrétiens ont contribué dans tous les temps, par des
présents splendides, à la pompe des cérémonies dans cette église. Au
siècle dernier surtout, les ornements d'autel y étaient magnifiques (1).
Dernièrement l'Empereur Napoléon III a envoyé aux religieux de
riches vêtements sacerdotaux. Malgré des pertes trop nombreuses,
cette sacristie est encore richement pourvue.

Ensuite, montons à notre droite un petit perron en pierre, nous
entrons dans *la chapelle de l'Apparition*. C'est le chœur particulier
des Latins ; il est petit, peu éclairé et très-simple, cependant le maître-
autel « 30 » est d'une grande beauté ; on y conserve le Saint-Sacrement.
On croit que c'est en ce lieu que le Sauveur apparut à la Sainte-
Vierge après sa résurrection. L'Evangile n'en parle pas, il est vrai ;
mais nous savons à n'en point douter, que N. S. a dit et fait beaucoup
de choses qui ne sont pas marquées dans le Nouveau-Testament, et
qui ne nous sont connues que par la tradition. Sainte Thérèse mentionne une vision dans laquelle le divin Maître lui révéla « que dès
le premier instant de sa résurrection il s'était montré à sa sainte Mère
qui, sans cette visite, n'aurait pas tardé à succomber à son martyre,
et qu'il était resté longtemps auprès d'elle (2). »

A droite, auprès de la porte d'entrée, est un autel de peu d'apparence « 34 ». Il est surmonté d'une niche fermée par un grillage en
fer derrière lequel on voit une des plus saintes reliques du monde.
C'est un fragment assez petit de la colonne en porphyre rougeâtre à

----

(1) M. Turpetin, officier au grenier à sel de Beaugency, et depuis prêtre dans
le diocèse d'Orléans, qui a visité Jérusalem en 1715, signale, dans sa relation,
comme un des plus précieux, l'ornement donné par les rois de France. — Ce
voyage de M. Turpetin est inédit. Il se trouve à Paris, à la bibliothèque de
l'Arsenal, manuscrits français, histoire n° 23, in-fol.

(2) *Vie de sainte Thérèse, écrite par elle-même*, chapitre additionnel.

laquelle J.-C. a été attaché pendant le supplice ignominieux de la flagellation (1). L'autre autel collatéral « 32 » s'appelle autel de la Sainte-Croix, parce qu'on y conserve une partie considérable de la vraie croix. La chapelle est garnie de deux rangs de stalles, au milieu se trouve un énorme lutrin; les murs sont couverts de boiseries. Tout ceci est en chêne habilement sculpté. Le pavé est une mosaïque très-bien conservée.

Une porte s'ouvre dans le mur de cette chapelle, en face la porte d'entrée; elle nous conduit au couvent des Franciscains « 33 ». C'est là qu'ils résident pour chanter, la nuit comme le jour, les louanges de l'Homme-Dieu, mort, enseveli et ressuscité par amour pour nous : ils remplacent les vingt chanoines qui avaient été établis par Godefroid de Bouillon. Douze religieux, sentinelles vigilantes, montent la garde perpétuellement auprès du Saint-Sépulcre et du Calvaire. Quelle noble et sainte fonction! Ils passent trois mois consécutifs enfermés dans cette église sous la clé des Turcs, sans voir le soleil, sans respirer l'air pur du ciel, ne recevant leur maigre nourriture que par un des guichets pratiqués dans la porte de l'église. Tout chrétien animé d'une foi vive, ambitionne le sort de ces pieux prisonniers de J.-C. qui s'enterrent en quelque sorte tout vivants pour acquitter, au nom de l'univers catholique, la dette d'hommages que nous avons tous contractée envers les lieux saints. Visitons leur demeure; si, à la vue de leur triste réduit nous ne nous sentons pas le courage de les imiter, nous apprendrons du moins à les bénir et à admirer leur ferveur.

Le petit couvent Franciscain du Saint-Sépulcre (2) est un local resserré, sombre, humide à faire frissonner dès qu'on y entre. Les cachots réservés aux grands criminels que la société retranche de son sein, ne sont ni plus noirs, ni plus malsains que ces retraites où se cachent et où grandissent les vertus les plus sublimes, sous les yeux de Dieu seul et avec les dehors de la plus modeste simplicité. Les dignes enfants de N. S. P. saint François d'Assise sont entassés dans ce trou à trois étages, et n'en sortent qu'après un long séjour,

_______________

(1) Cette pierre a été longtemps gardée au mont Sion, dans la maison de Caïphe.

(2) Il n'est qu'une dépendance du grand couvent de Saint-Sauveur.

exténués de fatigues, souvent vieillis avant l'âge, martyrs de l'amour
divin, toujours souffrants et néanmoins toujours désireux de venir
bientôt reprendre le poste que la faiblesse humaine les force de quitter
momentanément. Châteaubriand a trouvé dans ce couvent un saint
ermite qui y est demeuré vingt ans sans en sortir; j'y ai vu le P. Jacques,
sacristain en chef, renfermé en ce lieu depuis dix-sept ans. Le président
de cette communauté offre gratuitement aux pèlerins, pour quelques
jours, le logement et la nourriture.

Continuons l'exploration de ce temple vénérable. Nous nous enfon-
çons à gauche sous une colonnade de 20 mètres de long, appelée *les
Sept Arceaux de la Vierge*, et nous arrivons à un endroit plus
obscur encore et plus triste; c'est une petite chapelle qui ressemble
à une cave taillée dans le rocher « 34 ». Elle est bâtie sur le lieu où,
d'après une tradition locale, le Sauveur fut enfermé pendant que l'on
terminait sur le Calvaire les apprêts de son supplice : elle appartient
aux Grecs. Au sortir de la *prison*, nous trouvons du même côté, à
15 mètres de distance, la chapelle de *Saint-Longin* « 35 »; elle a
3 mètres 50 sur chaque côté; deux colonnes forment à l'entrée trois
arceaux devant l'autel. On croit que Longin était le soldat qui, d'un
coup de lance, perçant le corps de J.-C., lui ouvrit le cœur quelques
instants après sa mort, et qui se convertit à la vue des prodiges inouïs
dont le Calvaire fut alors témoin. A 4 mètres au-delà, est la chapelle
de *la Division des vêtements* « 36 »; elle est de la même forme et
de la même dimension que la précédente, et, comme elle aussi,
appartient aux Grecs. Il n'y a de remarquable que les souvenirs qui
s'y rattachent. « Les soldats après avoir crucifié Jésus, prirent ses
vêtements et en firent quatre parts, une pour chaque soldat; ils prirent
aussi sa tunique. Or la tunique était sans couture et d'un seul tissu
depuis le haut jusqu'en bas. Ils se dirent donc les uns aux autres :
ne la coupons pas, mais tirons au sort à qui elle appartiendra. De
sorte que cette parole de l'Ecriture fut accomplie : « Ils ont partagé
entre eux mes vêtements, et ils ont tiré ma robe au sort. » Et les
soldats firent ainsi (1). »

A côté de cette chapelle qui est au centre de l'abside de l'église, un
large escalier en pierre de 28 marches nous introduit dans *la chapelle*

_______

(1) S. Jean, Év., xix, 23.

*de Sainte-Hélène* « 38 ». C'est l'endroit où la pieuse impératrice était
en prières pendant les fouilles qui s'exécutaient par ses ordres pour
découvrir la vraie croix. Cette chapelle appartient aux Grecs et aux
Arméniens, elle porte le caractère évident de l'antiquité, et particulièrement du style byzantin ; elle forme un carré à peu près régulier,
dont un des côtés peut avoir 15 mètres. On y voit deux autels assez
pauvres. Le jour n'y pénètre que par les fenêtres d'une coupole appuyée
sur quatre colonnes massives. Dans l'angle sud-est de cette chapelle,
descendons un second escalier de 13 marches. Nous sommes ici sur
le sol qui a recélé pendant trois cents ans la croix de J.-C. et les
instruments de la passion ; on nomme ce lieu la chapelle de *l'Invention
de la Sainte-Croix* « 41 ». C'est un caveau profond, situé à 21 pieds
plus bas que le pavé de l'église du Saint-Sépulcre, il est creusé dans
le roc du Calvaire et forme un carré irrégulier dont les côtés ont 12
ou 15 pieds. L'autel appartient aux Latins. Les Grecs ont placé dans
l'angle sud-est une mosaïque en marbre où figure une croix, et ils
prétendent que c'est en cet endroit même que la croix fut trouvée « 42 ».

Au sortir de ces deux chapelles souterraines, on voit immédiatement
sur la gauche celle de la *Colonne d'Impropère* ou des *Injures* « 44. »
Elle est semblable en tout à celle de Saint-Longin et appartient aussi
aux Grecs. Sous la table de l'autel est une large ouverture fermée par
une grille en fer, au centre de laquelle un trou permet de passer la
main. Derrière cette grille on aperçoit un tronçon de la colonne de
marbre gris qui se trouvait au prétoire et sur laquelle le Sauveur était
assis quand il fut abreuvé d'injures par ses bourreaux (1). Nous nous
engageons ensuite dans un couloir obscur qui longe le chœur des
Grecs, et nous nous trouvons auprès de l'escalier conduisant au Calvaire d'où nous sommes partis pour faire cette visite minutieuse de
l'église du Saint-Sépulcre (2).

En sortant, nous passons de nouveau devant l'estrade placée auprès
de la porte, à l'intérieur de l'église, et sur laquelle se tiennent trois ou
quatre Turcs, gardiens des clés. Tous les Européens éprouvent, en

---

(1) S. Math., xxvii, 27.
(2) M. d'Estourmel a voulu compter les lampes qui sont constamment de service dans cette église. Il en a trouvé 254. — *Journal d'un voy. en Orient,*
t. II, xcii.'

entrant dans ce temple, le plus auguste de l'univers, une impression
pénible mêlée d'indignation à la vue de ces Musulmans qui font,
comme dit Châteaubriand, payer à Mahomet le droit d'adorer Jésus-
Christ. Nonchalamment étendus sur leur divan, ces infidèles causent
d'un air indifférent ou dorment en face du Calvaire, au bas duquel on
voit quelquefois un réchaud supportant une cafetière dans laquelle fré-
mit leur délicieux moka. M. de Lamartine a éprouvé, à l'égard de ces
gardiens, des sentiments contraires. Il a été touché de « ces cinq ou
six figures vénérables de Turcs à longues barbes blanches, accroupis sur
un divan de riches tapis. » Aussi, il proclame « que le peuple turc est
le *seul* peuple tolérant, (1) » et il le donne aux peuples chrétiens
comme un modèle en ce point. Cet illustre voyageur aurait dû savoir
que ce n'est point par esprit de tolérance que les Turcs n'ont pas
détruit l'église du Saint-Sépulcre, ou qu'ils ne l'ont pas changée en
mosquée comme ils ont fait de toutes les autres églises en Terre-
Sainte et en Syrie, car ils assommeraient sans sourciller tout chrétien
qui oserait franchir le seuil de la mosquée d'Omar, et les récents massacres de Damas (2) montrent qu'en fait de tolérance ils sont aussi
arriérés que sous tous les autres rapports. Si les Turcs conservent
l'église du Saint-Sépulcre, que par leur mépris haineux des chrétiens
ils appellent dans leurs firmans *El-Kommanu* ( *le cloaque ou lieu
d'ordures*), c'est parce que leur amour de l'or est encore plus grand
que leur fanatisme ; c'est parce que cette église est pour eux une
grasse ferme et la source de riches revenus (3). Aussi, s'ils laissent aux
chrétiens la jouissance de ce temple, c'est à la condition qu'ils paie-
ront largement cette faveur.

Les portes de l'église du Saint-Sépulcre ne s'ouvrent donc pas à la
requête du premier venu, à quelque nation ou communion qu'il
appartienne. Le droit de cette demande d'entrer, qui doit toujours
se faire au *Muttewelli* musulman, appartient exclusivement aux trois

(1) *Voyage en Orient.*
(2) Juillet, 1860.
(3) Décidément les Turcs sont en progrès. Dans le protocole qui a été signé,
en 1862, entre la Porte, la France et la Russie pour la reconstruction de la
grande coupole, la chancellerie ottomane a daigné substituer à la dénomination injurieuse *El-Kommanu* celle d'*El-Kyamet* (*la Résurrection*) qui
désigne en Orient ce monument sacré.

communautés latine, grecque et arménienne ; encore cette ouverture
ne s'accorde-t-elle pas aux individus, mais seulement aux délégués offi-
ciels des chefs religieux des trois communions susnommées. Quant aux
chrétiens étrangers à ces trois communions, tels que les Protestants,
ce n'est que par leur intermédiaire qu'ils sont introduits dans le Saint-
Sépulcre, à moins que l'église ne soit déjà ouverte, car dans ce cas
tout le monde, sans exception, peut en profiter. On distingue trois
sortes d'entrée pour chacune desquelles les diverses communautés
paient un droit différent (1). La *petite* a lieu lorsque les portiers
ouvrent et ferment immédiatement pour introduire ou laisser sortir
quelqu'un ; la *moyenne* entrée se pratique quand la porte de la basilique demeure ouverte pendant deux ou trois heures ; la *grande* ouverture se fait lorsque l'une des communions chrétiennes célèbre une
grande solennité, et alors la porte est ouverte à deux battants pendant
toute la journée, comme je l'ai vu le jour de l'Exaltation de la Sainte-
Croix. Dans cette circonstance, tous les gardiens de la porte sont
présents, et la communauté qui jouit de cette entrée doit garnir
l'estrade de tapis et apporter le réchaud couvert d'une cafetière, ainsi
que le plateau couronné d'élégantes petites tasses pour boire le café.
Au bon vieux temps des Turcs, à Jérusalem, ces jours-là étaient des
jours de gala pour ces heureux *Muttewelli, Anaktar-Emini, Boubab*
et compagnie. Les regrets ont remplacé le fortifiant pilau, l'appétissant rôti, les sorbets savoureux, les pyramidaux pains de sucre, les
lumineuses torches de belle cire blanche et mille accessoires délec-
tables. L'âge d'or a disparu pour ces dignes portiers, et, nous l'espérons bien, il ne reviendra plus.

Les sultans avaient établi sur chaque pèlerin un droit d'entrée qui a
varié avec le temps. Au commencement de ce siècle, il était généralement de 25 piastres (un peu plus de 25 fr.). En 1832, le P. de Géramb
vit à la porte du Saint-Sépulcre les Turcs armés de fouets et frappant
jusqu'au sang ceux qui voulaient y pénétrer sans payer le tribut. On
doit l'abolition de ce droit humiliant à Ibrahim-Pacha qui, aux
tyrannies et aux exactions du passé, a fait succéder un ordre de
choses plus tolérable et que la Porte a dû respecter en reprenant

(1) Les Turcs ferment la porte de l'église avec deux gros cadenas dont l'un
est fixé si haut qu'il faut une petite échelle pour le placer.

possession de la Palestine. Je suis entré très-souvent dans l'église du
Saint-Sépulcre et à toute heure, mais je n'ai pas donné un seul para
aux portiers turcs, et jamais je ne les ai vu faire payer quelqu'un, car
aujourd'hui le tribut n'est acquitté que par la communauté qui
demande l'ouverture (1). Pour la petite et moyenne entrée au Saint-
Sépulcre, le couvent latin paie 2 piastres et 25 pour les entrées solennelles, indépendamment des pour-boire donnés à Pâques aux mêmes
portiers, aux chefs de troupes et aux autorités de Jérusalem. On a
calculé que la somme totale et annuelle s'élève, pour les Latins, en
moyenne à 6,000 fr., et pour les autres communautés à 12,000 fr.
Ces droits étaient encore beaucoup plus élevés dans les siècles précé-
dents (2). Dernièrement, Sourraya-Pacha, gouverneur de Jérusalem, a
pris une mesure qui lui fait honneur en défendant aux portiers de
fumer à l'avenir dans l'église du Saint-Sépulcre et même sur leur
estrade, et d'y boire le café comme ils l'ont pratiqué jusqu'à présent.
Du reste, je dois à la vérité de déclarer que je n'ai pas vu ces Musulmans se tenir d'une manière inconvenante, excepté dans une ou deux
occasions. C'est lorsqu'après avoir fait du bruit avec leurs clés pour
avertir qu'ils allaient fermer la porte, ils s'avançaient dans l'église et
faisaient retentir les voûtes du saint édifice de leurs cris de colère et
peut-être de blasphèmes, en chassant devant eux les retardataires. Je
vis aussi avec étonnement l'un d'eux, sur son estrade, faire sa prière
habituelle selon les prescriptions du Coran, le visage incliné du côté de
la Mecque et tournant le dos au Saint-Sépulcre. Tout en admirant son
zèle à accomplir les devoirs de sa religion qu'il croit bonne, il me
semblait que, par respect pour celle des chrétiens, il aurait dû prier
dehors.

Sans doute ce triste état de choses est blessant pour le sentiment
chrétien, et même très-gênant : « Je confesse, dit M. Michon, tout le
mauvais sang qu'ils m'ont fait faire, lorsque arrivé sur la place du
Saint-Sépulcre pour aller célébrer la sainte messe au Calvaire, je
trouvais la porte fermée. Il fallait ou retourner à l'église du couvent

(1) Cependant, en 1852, chaque pèlerin payait encore un léger impôt en
entrant.

(2) Cet impôt n'entre point dans le trésor du sultan. Six familles musulmanes
de Jérusalem ont, par indivis, le privilége de le prélever. Le pacha en reçoit
sa part.

ou attendre une heure ces misérables gardiens. On dirait que l'église du Saint-Sépulcre est un lieu prohibé et qu'il y a des portiers pour qu'on n'y entre pas. » Je m'associe pleinement à ces plaintes du docte abbé, et pour cause; mais je ne m'étonne pas, comme lui, que les Latins préfèrent les Turcs aux Grecs. Lorsque l'on connaît le passé de Jérusalem, et que l'on se rend compte de la faible protection accordée par la diplomatie européenne aux intérêts catholiques en Terre-Sainte, on reconnaît bientôt que l'état actuel est un moindre mal. On le comprendra si l'on veut ne pas oublier que les catholiques seraient probablement bannis à l'heure qu'il est de l'église du Saint-Sépulcre, comme ils l'ont été de la basilique de Bethléhem et du tombeau de la Sainte-Vierge, si les différentes communions chrétiennes qui ont la participation à cette église en avaient possédé les clés. Les Grecs, si envahisseurs, si puissants par leurs immenses ressources pécuniaires, n'auraient pas manqué de faire naître l'occasion de nous expulser de l'édifice sacré; au besoin, comme cela s'est vu en maintes occasions, les Arméniens se seraient unis à ces sectaires contre nous. Les Musulmans, gardiens des clés du Saint-Sépulcre, ont toujours été au contraire, disposés à ménager les différentes communautés pour en tirer de plus gros bénéfices. C'est, en effet, ce qui est arrivé lorsque des difficultés se sont élevées entre les chrétiens des divers rites; ils ont favorisé les prétentions de chacun pour avoir de l'argent de tous. Nous disons ceci, bien entendu, sans prétendre que le passé a encore sa raison d'être ou que le présent n'est pas susceptible d'utiles modifications.

# CHAPITRE VII

## CÉRÉMONIES LATINES ET GRECQUES DANS L'ÉGLISE
## DU SAINT-SÉPULCRE

On peut affirmer, sans exagération, que l'église du Saint-Sépulcre
n'a point sa pareille dans le monde. Elle est unique dans son genre,
ainsi qu'on peut s'en convaincre par l'inspection du plan ; c'est le
temple le plus saint du Christianisme, et c'est le seul où les chrétiens
ne peuvent entrer sans la permission des Mahométans ; enfin, c'est la
seule église qui soit habitée constamment par des communautés de
différents rites. Car, ainsi que nous l'avons remarqué dans la description
de l'église, toutes les diverses communions chrétiennes sont repré-
sentées auprès du tombeau de l'Homme-Dieu. Elles ont chacune
quelque chapelle particulière où elles célèbrent les offices selon leur
liturgie, et ont à côté un lieu de retraite pour leurs religieux qui
demeurent enfermés dans cette église.

Les Latins ou Catholiques sont représentés par les Pères franciscains.

Tous les autres, à savoir : les Grecs, les Arméniens, les Cophtes, les
Syriens et les Abyssins sont schismatiques. Les Protestants sont les
seuls parmi les chrétiens qui n'aient pas leur place auprès du tombeau
du Sauveur du monde, et en cela ils sont conséquents avec leurs principes, ce qui leur arrive rarement. Car, en effet, que feraient-ils dans
ces lieux saints? Si l'on excepte quelques hommes savants tels que
ceux que je me suis plu à citer et qui font passer la vérité avant leurs
préjugés de sectaires, pour les protestants, le Calvaire, le Saint-
Sépulcre et autres sanctuaires sont aujourd'hui, comme dès le temps de
la réforme, des pierres apocryphes, et c'est assez que les catholiques
les déclarent authentiques pour que ces messieurs, dont le jugement
particulier doit prévaloir contre le témoignage de dix-huit siècles,

élèvent à l'encontre leurs protestations. Voici comment une voyageuse piétiste parle du Saint-Sépulcre : « Nous nous arrêtons devant un bloc de marbre. Deux capucins mettaient là leurs ustensiles ; on a jeté sur le bloc un paquet de bougies, des linges à essuyer, que sais-je ?... C'est le tombeau du Christ (1). » Quelle dérision ! *Ab unâ disce omnes.*

En 1847, un sieur Fergusson, qui n'avait jamais visité la Terre-Sainte, a fait paraître un livre où il rejette toutes les traditions chrétiennes à Jérusalem. Dans cet ouvrage où l'excentricité anglaise va jusqu'à l'absurdité, cet ingénieux protestant a dépensé une grande érudition pour établir que « le sépulcre du Christ est cette grotte placée sous une énorme roche qui s'élève au milieu de la mosquée d'Omar (2). Les chrétiens ne possédant plus le véritable sépulcre en composèrent un, au milieu des ténèbres du moyen-âge, pour satisfaire la piété des nombreux pèlerins (3). » M. Fergusson nous montre par son exemple que, même au XIX$^e$ siècle, on peut être au milieu de ténèbres au moins aussi épaisses que celles du moyen-âge, quand on se laisse aveugler par de faux principes, et que l'on transforme une question de fait en affaire de lutte religieuse. Du reste, il n'est pas l'inventeur de cette théorie destinée à froisser les plus doux sentiments des âmes chrétiennes, mais il développe un système qui est soutenu par toute une école d'écrivains anglais (4).

### I — LA SEMAINE-SAINTE A JÉRUSALEM.

Si les cérémonies de la liturgie romaine ont quelque chose de plus majestueux et de plus pieux, lorsqu'elles sont célébrées sur le Calvaire ou auprès du tombeau du Sauveur, elles sont encore plus touchantes, lorsqu'elles ont lieu pendant ces jours qui sont consacrés particulièrement à honorer les mystères de la Passion, de la mort et de la ré-

(1) Madame de Gasparin, *Journal d'un voyage au Levant*, t. III, p. 248.

(2) J'ai vu cette grotte : il n'y a pas apparence de tombeau ; mais M. Fergusson en invente un pour échafauder son système qui croule avec sa base.

(3) *An Essay on the ancient topography of Jerusalem, by James Fergusson, London.* Ce livre a été détruit par l'auteur sur les instances du clergé anglican qui s'y voyait attaqué.

(4) Dernièrement, M. Victor Langlois a adopté les erreurs de M. Fergusson, et a jugé à propos de les publier dans une brochure intitulée : « *Un chapitre inédit de la question des Lieux-Saints.* » Ce petit ouvrage repose comme le précédent sur des hypothèses insoutenables.

surrection de notre divin Rédempteur. J'emprunte à un pèlerin de la
caravane de Pâques, 1858, M. le docteur Juglar, le récit des cérémonies de la Semaine-Sainte à Jérusalem. Ces détails acquièrent un nouvel intérêt de cette circonstance que, cette année-là, par un hasard
de calendrier, la Pâques des Grecs coïncidait avec celle des Latins.

« La veille du dimanche des Rameaux, une cérémonie imposante
prélude aux pompes liturgiques de la quinzaine de Pâques. C'est la
prise de possession des Saints-Lieux, ou l'entrée solennelle dans
l'église du Saint-Sépulcre, du patriarche de chaque communion suivi
de son clergé et des pèlerins.

« A une heure, nous nous rendons au patriarcat, où se trouvent déjà
réunis M. le Consul de France et son chancelier en grand costume, le
Révérendissime Supérieur des Franciscains avec les Pères. Trois cawas
nous précèdent dans les rues remplies de pèlerins schismatiques. On
revêt les surplis à l'entrée de l'église, on se prosterne et l'on baise la
pierre de l'Onction, on l'encense ; puis au bruit de l'orgue qui résonne
au loin sous les voûtes, le Patriarche se rend au Saint-Sépulcre au
milieu d'une haie de soldats turcs. Il y entre seul ; après une courte
oraison, il se rend à la chapelle des Franciscains où on baise son
anneau que l'on touche ensuite du front. Nous montons dans la galerie
supérieure pour assister à la procession des Grecs et des Arméniens.

### Dimanche des Rameaux.

« L'office des Latins commence dès cinq heures du matin pour
laisser la place aux Grecs. Un autel a été dressé devant la porte d'entrée du chœur des Grecs, en face du Saint-Sépulcre. Les gros cierges
de trois à quatre mètres de long et de dix centimètres de diamètre ont
été allumés, ainsi que toutes les lampes d'argent suspendues à la
façade qui disparaît sous leur éclat. L'autel provisoire est orné des
plus beaux vases et de riches écrans. Un trône avec dais se trouve à
gauche de la porte d'entrée du Saint-Sépulcre. Mgr le Patriarche, après
une courte prière, y entre et bénit les rameaux, composés de feuilles de
palmiers, déposés sur le Saint-Sépulcre. Le consul intérimaire,
M. Saintine, et le chancelier, M. Dequié, assistent à la cérémonie. Ce
sont les seuls fonctionnaires européens. Ils représentent la protection
séculaire de la France. Les R. P. Franciscains, le clergé étranger, les

pèlerins se pressent dans la rotonde. Tous viennent successivement recevoir les palmes des mains de Mgr Valerga. On s'incline à ses pieds, on prend la palme qu'il vous présente et on baise son anneau pastoral. La distribution finie, on enlève le trône; la procession commence autour du Saint-Sépulcre jusqu'à la pierre de l'Onction, puis l'on revient sous le dôme. Mgr le Patriarche frappe à la porte du Saint-Sépulcre où sont enfermés les Frères Franciscains. La porte s'ouvre, on se retire en procession à la chapelle de Sainte-Marie-Madeleine, où l'on célèbre la grand'messe. A peine avons-nous fini, les Grecs s'emparent du Saint-Sépulcre pour répéter la même cérémonie. La foule déjà grande, qui avait assisté à notre office sans y prendre part et au milieu de laquelle nous avions circulé péniblement, augmente encore; bientôt le temple est plein. Nous sommes envahis jusque dans la chapelle latérale, notre seul refuge. La procession des Grecs ornée de nombreuses bannières fait le tour de l'église, et rentre au chœur pressée par les flots de la foule. L'encens s'élève vers le ciel. Le choc des marteaux résonnant sur les barres de bois, le bruit des cloches, celui de l'orgue, le plain-chant grave des Latins, et les accents nasillards et aigus des Grecs produisent un tintamarre au milieu duquel le recueillement est assez difficile. La sainte Messe se continue au milieu de ce bruit discordant qui toutefois ne présente rien de scandaleux, car chaque rite officie avec la plus grande pompe.

### Jeudi-Saint.

« Du dimanche des Rameaux au Jeudi-Saint, il n'y a aucune cérémonie digne d'être notée. Les offices ont lieu aux heures accoutumées; la nuit pour les Grecs, de grand matin pour les Latins. Cependant, aujourd'hui Jeudi-Saint, par un privilége tout particulier, dernière marque de leur caractère de légitimes possesseurs, les Latins ont la jouissance exclusive de l'église entière, depuis le jeudi matin jusqu'au vendredi, à midi. Les Grecs, les Arméniens, les Cophtes, n'ont pas le droit d'officier ce jour dans les sanctuaires dont ils sont en possession depuis longtemps; ils ne peuvent même y pénétrer. Nous arrivons dès sept heures et demie sur la place du Saint-Sépulcre, déjà encombrée de Grecs. Un autel a été dressé sur une plate-forme; c'est là qu'ils doivent officier aujourd'hui. La foule silencieuse nous laisse passer. Depuis le

matin, les portes ne sont ouvertes par les gardiens turcs qu'aux Latins;
ils les referment sur nous.

« Nous prenons place devant le Saint-Sépulcre où un autel a été
dressé avec un luxe inaccoutumé. Le pupitre des P. Franciscains est
adossé à la porte de fer du chœur des Grecs qui est fermée. Un trône
est disposé pour Mgr Valerga; en face, un fauteuil pour le représentant de la France. En demi-cercle se tiennent les prêtres étrangers et les
Pères. Nous nous rangeons derrière; la caravane française d'un côté,
la caravane allemande de l'autre, les sœurs de Saint-Joseph, quelques
pèlerins latins, et un petit nombre d'hommes et de femmes arabes catholiques. On peut maintenant prier dans la paix et le recueillement.
Mgr Valerga commence la messe solennelle. On officie avec toute la
pompe et la dignité de nos cathédrales. Le Patriarche, ses assistants,
revêtus d'ornements de drap d'or, sont entourés sur plusieurs rangs
par les Franciscains, et les prêtres pèlerins, tous avec la chasuble,
ce qui donne beaucoup de majesté à l'assemblée. L'orgue accompagne
le chant. A la communion générale, le maître des cérémonies fait
d'abord avancer les diacres, puis les prêtres assistants, le consul de
France, enfin le public. Mgr Valerga, assisté des prêtres pèlerins, procède enfin à la bénédiction des saintes huiles.

« L'office terminé, la procession commence. Mgr Valerga porte le
T. Saint-Sacrement sous un ombrellino richement orné. Avant de le déposer sur le marbre du Saint-Sépulcre, on fait trois fois le tour du
dôme jusqu'à la pierre de l'Onction, et l'on revient à l'entrée du petit
monument. Nous suivons, ayant à notre tête le consul de France; tous
un cierge à la main. Monseigneur se retourne, donne une dernière
bénédiction, et tout le monde se retire pour faire la collation. »

A deux heures, douze pèlerins de toutes les nations de l'Europe
entouraient le patriarche, ceint d'une serviette de lin comme son divin
modèle. Un prêtre le suivait portant un bassin rempli d'eau. Les pèlerins se sentaient vivement émus lorsqu'ils voyaient le vénéré Pontife
laver et baiser leurs pieds avec une humilité touchante. Ils croyaient
contempler le Sauveur lui-même. Après l'office de ténèbres, chacun
put retourner à Casa-Nova, ou passer la nuit auprès du Calvaire (1).

_______

(1) Le soir, le nouvel évêque russe, M. Cyrille, a violé le privilége des
Latins. Les portiers turcs qu'il avait gagnés lui livrèrent passage; il entra,

### Vendredi-Saint.

« Le grand jour est arrivé. Le rendez-vous est au Calvaire. Après la lecture des prophéties, la Passion est chantée sur le théâtre même de ces immenses douleurs. Au dernier cri : « *Tout est consommé !* » tous les fronts s'inclinèrent dans la poussière de la sainte colline. Après les prières de l'Eglise pour ses enfants comme pour ses ennemis, l'adoration de la Croix commença. Les religieux, les prêtres et les pèlerins s'avancèrent pieds nus ; tous les catholiques venaient baiser la Croix et le rocher sur lequel coula le sang qui sauva le monde. Cette croix s'éleva dans le même lieu qu'autrefois, et nous regardions en nous éloignant cet arbre sacré qui semblait attendre l'heure de l'immolation de la céleste victime.....

« Le reste de la journée fut consacré au pieux exercice du Chemin de la Croix dans la voie douloureuse.

« A six heures du soir, commença dans l'église du Saint Sépulcre une procession qui se prolongea jusqu'à une heure dans la nuit. Les sermons dans toutes les langues de l'Europe et de l'Orient se succédèrent à chaque autel qui rappelait un souvenir douloureux. Les religieux portaient un grand crucifix ; les chants du *Miserere* se reprenaient après chaque station, et les pèlerins suivaient deux à deux portant un cierge. La chapelle de la Division des Vêtements, celle de l'Impropère reçurent nos premiers hommages, mais il fallait monter au Calvaire. Tous nous tombâmes à genoux, à la vue du crucifix s'élevant sur le rocher...... Un religieux a détaché de la tête du Christ son diadème d'épines, il a décloué ses mains et ses pieds ; les bras retombent comme ceux d'un mort, et la tête sanglante s'incline sur l'épaule de celui qui descend de la croix cette frappante effigie du divin Crucifié. Le nouveau Joseph d'Arimathie déposa sur un blanc linceul son précieux fardeau, et les clous retentirent dans un bassin d'argent. Chacun se sentait frémir ; nous assistions au plus grand spectacle qui fût jamais ; nous n'entendions sur le Golgotha que des sanglots étouffés, et dans les profondeurs du temple il nous semblait

suivi de 400 pèlerins russes et grecs, et alla officier au Calvaire. Le consul de France, averti aussitôt, prit des mesures énergiques pour sauvegarder nos droits à l'avenir.

voir des fantômes échappés au tombeau. Quatre prêtres portaient le
linceul ; nous descendîmes du Calvaire. Le Christ fut placé sur la
pierre de l'Onction ; le célébrant se pencha sur cette sainte effigie,
l'arrosa de parfums et d'aromates et, après un dernier discours, la
vénérable image fut déposée sur le marbre du Sépulcre (1). »

Un des traits les plus curieux et en même temps les plus choquants
pour nous dans le pèlerinage des Schismatiques, c'est la transformation de l'église du Saint Sépulcre en caravansérail.

« Le Vendredi-Saint au matin, aussitôt l'office des Latins terminé,
on ouvre les portes de l'église jusque-là fermées, à la foule des Grecs,
des Russes, des Arméniens qui attendaient avec impatience sur la
place. Chaque famille, — car aujourd'hui on est ainsi réuni, —
apporte son petit mobilier : il s'agit en effet de passer vingt-quatre
heures dans le Saint-Sépulcre pour assister à la cérémonie du feu
sacré. Les hommes sont chargés de nattes, de matelas, de couvertures
roulées dans des tapis ; les femmes, leurs enfants dans les bras, portent
des vases de terre avec de l'eau, quelques olives, des galettes, du lait
caillé dans un sac de sparterie. Tout ce monde se précipite, et envahit
le temple en un clin d'œil.

« Les plus heureux, les premiers, ont déjà étendu leurs lits autour
du petit monument du Saint Sépulcre d'où le feu sacré doit sortir ;
d'autres se placent au pied des colonnes, laissant un étroit espace
pour la circulation. La rotonde remplie, on se réfugie dans le chœur
des Grecs et autour des bas côtés. Sur la paroi extérieure de ce chœur,
se trouvent, dans l'épaisseur du mur, de grandes armoires élevées de
trois mètres au-dessus du sol ; les volets en sont ouverts, et sur les
rayons, comme les livres d'une bibliothèque, se rangent, se tiennent
accroupies et immobiles un grand nombre de femmes ; elles nous
rappellent les idoles dans les temples de l'Inde. On mange, on fume,
on prend le café sans grand tumulte. Une seule mesure préventive est
prise en entrant ; on fouille les hommes et on dépose sur le divan des
gardiens les armes apparentes ou cachées.

### Samedi-Saint.

« C'est le jour saint par excellence pour les pèlerins grecs et

(1) M. de Belizal, *Bul. des Pèl. en Terre-Sainte.*

arméniens, le jour du *feu sacré*. Aussi dès le matin, l'affluence est-elle extrême autour du Saint-Sépulcre. Les portes sont fermées par prudence, et notre caravane ne peut entrer dans l'église. Elle assiste à l'office au couvent de Saint-Sauveur, puis chacun fait ses efforts pour assister à la triste mais curieuse cérémonie des Grecs.

« A dix heures et demie, nous nous empressons de nous rendre au Saint-Sépulcre; mais il faut bientôt nous arrêter avant de pénétrer sur le parvis. Tous les abords, à trois cents pas à la ronde, sont déjà envahis par une foule immense. Nous arrivons auprès de l'église. Une haie de soldats, continuellement rompue, s'efforce en vain de maintenir un passage devant la porte. Cependant on n'épargne pas les coups; on frappe légèrement sur la tête, lourdement sur le dos, avec des bâtons, des cravaches, même avec les baïonnettes-sabres des fusils; quoique l'on nous respecte, il faut nous garer pour ne pas être confondus dans la mêlée. Après une heure d'attente sous un soleil brûlant, la porte s'ouvre; nous nous précipitons et pénétrons enfin, non sans contusions, avec une poignée d'Anglais. Nous montons rapidement dans la partie de la galerie supérieure qui appartient aux Latins. Là nous dominons dans le dôme qui nous offre le plus singulier spectacle.

« Le sol, débarrassé de tout l'appareil de campement, est couvert de Grecs, d'Arméniens, de Cophtes, d'Abyssins, d'Indiens, de nègres, d'hommes de tous les pays, aux costumes les plus divers et les plus bizarres. Le costume grec domine, mais nous voyons un grand nombre d'Arabes, de musulmans de toutes les contrées de l'Asie. Quelques-uns même, tant la foule est grande, n'ont que leur chemise et leur caleçon, nu-jambes, nu-pieds, nu-bras; ils se cramponnent aux murailles ou à leurs voisins pour ne pas perdre leur place. Tout ce peuple, à l'œil hagard, attend depuis vingt-quatre heures avec une impatience fébrile la descente et la distribution du feu sacré. Ce matin, les femmes ont été séparées des hommes et entassées dans le chœur des Grecs et les galeries supérieures; non moins que les hommes, elles manifestent tout leur fanatisme par l'ardeur de leurs regards et les cris perçants qu'elles poussent dans cette longue attente.

« Enfin, à deux heures, le pacha arrive pour la cérémonie; on entend les premiers chants nasillards des Grecs et des Arméniens; les soldats frappent pour faire place à la procession; un vide se forme à grand'peine au milieu de la foule compacte dans laquelle le clergé grec et arménien, bannières déployées, se glisse. On fait deux fois le tour du Saint-Sépulcre, et l'évêque grec qui officie, nommé par suite l'*évêque du feu*, s'y enferme seul avec deux torches, après avoir été dépouillé de tous ses ornements.

« Quelques instants s'écoulent, et le feu sacré paraît aux deux ouvertures ovales percées dans les parois latérales de la chapelle de l'Ange, à gauche pour les Arméniens, à droite pour les Grecs. Un homme courbé jusqu'à terre, portant une torche qu'il vient d'enflammer à laquelle il fait un rempart de son corps, se précipite en rampant pour déposer le feu sacré sur l'autel des Arméniens et le communiquer à la foule; un autre s'engouffre dans un des petits réduits des Cophtes et des Syriens. En un instant le feu se propage aux galeries supérieures au milieu des cris et d'un vacarme infernal. Les Arméniens ont ainsi obtenu la première étincelle; les Grecs la reçoivent au même moment, mais dans leur empressement à se la communiquer, ils l'ont constamment éteinte, quoique l'ayant reprise plusieurs fois à la source. Enfin, tout un côté de l'église, celui des Arméniens, étant en feu, le côté grec, jusque-là dans l'ombre, a commencé à s'illuminer au milieu des cris d'allégresse et d'un nuage de fumée.

« Quant à l'évêque, il est sorti du saint tombeau, l'air effaré, couvert d'une simple chemise, armé de ses deux torches enflammées, sur lesquelles on se précipita avec tant de fureur qu'abandonnant le tout, et incliné vers le sol pour échapper à la violence de la multitude, il se sauva dans le chœur, à l'abri de toute atteinte. Ce pauvre évêque paraissait tellement effrayé, soit qu'il jouât son rôle ou qu'il le fût en réalité, qu'on ne pourra jamais voir panique pareille et fuite plus comique devant des adorateurs fanatiques.

« Une fois en possession du feu sacré, les Grecs, les Arméniens, se sont empressés de le faire passer sur toutes les parties du corps pour se purifier. Les hommes promènent rapidement la flamme des faisceaux de petits cierges qui ont reçu le feu sacré, sur la barbe, le col, la poitrine; ils prétendent qu'il ne brûle pas. Les femmes les imitent avec plus d'entraînement encore et de passion: on dirait des bacchantes sous l'influence du Dieu; nous assistons à une fête du paganisme, à une saturnale antique renouvelée dans un temple chrétien (1). Ces pratiques superstitieuses terminées, la foule s'écoule rapidement ; nous l'imitons, fatigués et étourdis par le tumulte et les clameurs de ces masses dévergondées. »

Il serait bien à souhaiter que les puissances européennes s'entendissent pour faire cesser cette supercherie des Grecs, qui expose la religion chrétienne aux insultes des musulmans et des impies, et qui est souvent cause de graves accidents (2). Mais ce n'est que par une insigne mauvaise foi que l'on fait rejaillir sur le catholicisme l'odieux de ces désordres, et M. D'Estourmel a dit avec raison : « Quant aux prêtres qui font descendre le feu du ciel, Volney serait à même de reconnaître que pas un catholique ne trempe dans cette fourberie; que les prêtres grecs en sont seuls responsables devant Dieu (3). » Une partie du clergé grec déplore cette profanation établie par l'usage depuis une longue antiquité, mais ces schismatiques ne pourraient la supprimer sans compromettre leur influence et sans se priver d'abondants revenus. Les Turcs eux-mêmes ont intérêt à cette cérémonie si bizarre, dont la cessation diminuerait beaucoup le nombre des pèlerins qui vont à Jérusalem de toutes les parties de l'Asie, de l'Archipel, de la Grèce, et même du fond de la Russie, surtout pour prendre le feu sacré et le rapporter dans leurs familles. C'est ce qui explique la durée jusqu'à nos jours de ce prétendu miracle.

Du reste, on a cru longtemps à Jérusalem et même en Europe que, chaque année aux fêtes de Pâques, un feu mystérieux descendait du ciel pour allumer les lampes du Saint-Sépulcre, et un grand nombre de pèlerins y ajoutaient foi avec une sincérité parfaite. Il est donc très-probable que ce miracle a réellement eu lieu pendant une ou plusieurs années, et qu'ensuite, par un sentiment de zèle plus fervent qu'éclairé, on aura substitué, dans une époque inconnue, au feu miraculeux un

(1) Les plus dévots pèlerins conservent précieusement cette flamme, et selon M. d'Estourmel, « il y en a qui l'ont transportée de chandelle en chandelle jusqu'à Constantinople, sans la laisser éteindre, ce que l'on considère comme un succès très-flatteur. » (*Journal d'un Voyage en Orient*, t. II, LXXXIX.)

(2) Il n'y a presque pas d'années où d'infortunés pèlerins ne soient étouffés ou assommés dans l'église du Saint-Sépulcre, à cette occasion. En 1834, près de 300 personnes y ont perdu la vie, suivant le récit de Rob. Curzon, témoin oculaire.

(3) *Journal d'un Voyage en Orient*, II.

feu qui ne l'était point, et plusieurs chrétiens peu instruits auront accordé au faux miracle la croyance qu'ils avaient pour le véritable.

Le chroniqueur Glaber et Symphorien Guyon rapportent à propos de ce feu sacré, des souvenirs orléanais que je me plais à consigner ici : « Il arriva donc, dit ce dernier historien, que l'évêque Odolric (1) étant allé à Jérusalem, s'y trouva le samedi-saint, et assista au service divin qui se faisait dans l'église du Saint-Sépulcre. Lorsque tous les chrétiens étaient en prières... selon la coutume, par une vertu divine, on vit une des sept lampes qui étaient devant le Saint-Sépulcre s'allumer, et le feu sortant de cette première lampe, et comme en courant, alluma toutes les autres, et par ce moyen l'office divin fut parachevé avec beaucoup de joie.

« Notre évêque d'Orléans, Odolric, qui avait été présent à toutes ces merveilles, eut grand désir d'avoir cette première lampe miraculeusement allumée et l'obtint du patriarche de Jérusalem nommé Jourdain, auquel il donna une livre d'or pour être employée aux ornements de cette église.

« Ainsi Odolric, chargé des présents de l'empereur Constantin, VIII$^e$ du nom (2), et de cette lampe miraculeuse garnie de son huile, s'en revint à Orléans, et mit cette lampe en son église cathédrale de Sainte-Croix, où plusieurs malades furent guéris étant frottés de cette huile qui avait premièrement servi à ce miracle du feu pascal (3). »

### Dimanche de Pâques.

« A huit heures du matin, nous sommes rangés autour du Saint-Sépulcre. Le temple nous est abandonné comme le Jeudi-Saint. La Pâques des Grecs et des Arméniens est terminée ; ils ont commencé leurs offices hier à neuf heures du soir et ont fini à quatre heures du matin. Les sanctuaires sont donc rendus à leur solitude. Les prêtres de la caravane, revêtus du costume de chœur, se joignent aux

(1) Il commença en 1021 à gouverner l'Eglise d'Orléans.

(2) Ces dons consistaient en un morceau du bois de la vraie croix avec plusieurs manteaux de soie.

(3) *Histoire de l'église et du diocèse, ville et université d'Orléans,* par S. Guyon, siècle XI, LXXIV.

R. P. Franciscains qui forment le cortége de Mgr le Patriarche. Aussitôt l'office commence, grand'messe, procession, vêpres; tout est fini à midi, au milieu du plus profond silence. Une seule chose nous attriste toujours, c'est notre infériorité numérique. Ce matin encore, pendant l'office des Grecs, le temple était trop petit pour contenir la foule, tandis que le Patriarche latin célèbre les saints mystères, entouré de quelques pèlerins, pour ainsi dire dans la solitude. Nous sommes confus de notre petit nombre : à peine une poignée d'hommes pour représenter au pied du tombeau de Jésus-Christ les races les plus civilisées du monde chrétien !

« Puisse ce simple récit réveiller dans le cœur des catholiques la sainte ardeur de nos pères pour le pèlerinage de Jérusalem ! C'est une œuvre civilisatrice et pieuse, c'est la seule croisade que l'on puisse entreprendre aujourd'hui : nouvelle armée pacifique, nous apporterons, par notre présence, une preuve de l'esprit religieux qui règne en France, et une marque de l'intérêt que nous prenons aux populations qui vivent sous notre protection. C'est une visite de frères chrétiens qui, en resserrant les liens que l'abandon relâcherait, augmentera le prestige du nom français. Aujourd'hui, avec la facilité des communications comparée aux difficultés qu'il fallait surmonter autrefois, le pèlerinage de Terre-Sainte devient une des plus touchantes consolations, je dirai presque un devoir (1). »

La majestueuse simplicité des cérémonies catholiques, la beauté dans le chant, la dignité modeste des religieux, la piété des fidèles, sont bien propres à émouvoir les âmes et produisent souvent d'heureux effets de conversion. Il y a quelque temps, MM. Patterson et Wyne, entre autres, tous deux disciples estimés de l'Université d'Oxford, rentrèrent dans le sein de la vraie Eglise, après avoir assisté à ces solennités.

II — LA PROCESSION QUOTIDIENNE DES FRANCISCAINS.

Il me fut donné de prendre part à deux cérémonies publiques dans l'église du Saint-Sépulcre. La première, c'est la procession que les Pères de Terre-Sainte font chaque jour aux divers sanctuaires de cet auguste temple.

_______

(1) Docteur Juglar, *Bul. des Pèl. en Terre-Sainte.*

A quatre heures du soir nous nous rendîmes dans la chapelle de l'Apparition de la Sainte-Vierge, où chacun de nous reçut un cierge allumé et un livret pour suivre les prières. Après avoir chanté Complies, les **R. P.** Franciscains commencent la procession. Ils sont précédés d'une douzaine d'enfants de chœur, au teint blême, aux jambes nues jusqu'aux genoux, vêtus suivant la mode orientale d'une large culotte et d'une petite veste. Les pèlerins ferment la marche.

La *I<sup>re</sup> Station* a lieu à côté de l'autel principal, devant la *Colonne de la Flagellation*. Tous à genoux psalmodient d'un ton grave des hymnes et des antiennes dont les paroles touchantes sont bien propres à exciter dans les cœurs les sentiments de dévotion qui doivent les animer dans ces précieux moments. Ne pouvant rapporter ici ces hymnes tout entières à cause de leur longueur, je me contenterai d'en citer les principaux passages.

« *Celui qui, par pure bonté, lave dans son sang la dette d'Adam coupable, supportant nos douleurs, est frappé sur cette colonne. Il se livre à ses bourreaux pour être cruellement flagellé, et c'est ainsi que désarmant la colère de son père, il ouvre aux siens la porte de la vie* (1). »

L'officiant, revêtu du surplis et de l'étole, fait les encensements et récite une prière; on fait de même à chaque station.

On passe ensuite par les arceaux de la Vierge pour se rendre à la *Prison du Sauveur* où est la *II<sup>e</sup> Station*. Ce lieu est glacial.

« *Le Maître du ciel et de la terre, entouré de liens et de nœuds, est renfermé dans cet antre où on le pousse haletant et épuisé. Celui qui allait délivrer les âmes des Limbes et leur rendre la lumière au prix de son sang, est jeté dans ce noir cachot.* »

L'antienne renferme aussi une belle pensée : « *C'est moi qui vous ai tiré de la captivité de l'Egypte, après avoir englouti Pharaon dans la mer Rouge ; et vous m'avez livré aux horreurs d'une obscure prison !* »

On fait la *III<sup>e</sup> Station* à la chapelle de la *Division des Vêtements*.

« *Mystérieux Joseph ! il est tiré de sa fosse, dépouillé de sa tunique et vendu comme un esclave. C'est l'agneau promis autrefois à nos pères et privé de sa toison pour couvrir la nudité de*

(1) Traduit du *Processionnal* franciscain.

*l'homme coupable. Va! peuple ingrat, semblable à Cham, tu insultes à la dignité et à l'honneur de ton père! Quelle ironique et sacrilège inconstance! Lorsqu'il entrait à Jérusalem tu jetais sous ses pas tes vêtements; mais aujourd'hui tu le fais sortir pour lacérer son manteau et tirer sa robe au sort. Sur le Thabor son vêtement était splendide et blanc comme la neige; ici, sur ce calvaire, il est teint de sang. »*

La procession descend ensuite l'escalier en pierre qui conduit à la chapelle Sainte-Hélène, et se rend directement dans celle de l'*Invention de la Sainte-Croix.* C'est la *IV<sup>e</sup> Station.*

*« O croix, qui avez été trouvée ici par Hélène, nous vous saluons, vous êtes notre unique espérance! O Dieu! par les mérites de cette croix, sauvez et dirigez vos brebis errantes; augmentez dans les cœurs des justes l'espérance et la foi, et accordez le pardon aux coupables. »*

On remonte ensuite pour la *V<sup>e</sup> Station* à la *Chapelle de Sainte-Hélène.*

*« Louons tous Hélène, cette femme forte au cœur viril, qui est célèbre dans tout le monde par la gloire de sa sainteté. Blessée par l'amour de Jésus, tandis qu'elle cherche la croix avec ferveur, elle marche dans le chemin du ciel. »*

La *VI<sup>e</sup> Station* a lieu devant la colonne d'*Impropère et du Couronnement d'épines.*

*« Que l'assemblée des pieux fidèles accoure pour voir le Fils de David, non pas dans un splendide appareil, mais, hélas! accablé d'opprobres. O mon âme! regarde maintenant la face de ton Christ, depuis les pieds jusqu'à la tête, il est tout couvert de plaies. O Moïse, vous avez vu le Seigneur resplendir dans un buisson ardent; mais nous, nous le voyons languissant, couvert d'épines et d'horribles outrages! »*

Voici l'antienne : *« Je vous ai donné un sceptre royal, et vous avez posé sur ma tête une couronne d'épines! »*

Au sortir de cette chapelle, la procession se dirige vers le *Calvaire.* La psalmodie fait place aux chants liturgiques, et c'est en entonnant la belle hymne *Vexilla Regis prodeunt,* que nous gravissons les marches du Golgotha.

*« Voici l'étendard du Roi du Ciel; il brille aux yeux de tous,*

*le mystère de la croix. C'est sur ce bois que le Créateur de
l'homme a été suspendu par son ingrate créature ; c'est sur ce
bois qu'il a été percé par une lance cruelle, et que, pour laver
nos péchés, son cœur a répandu du sang et de l'eau.* »

La vue de cette place où a ruisselé le sang de l'Homme-Dieu, remplit
l'âme d'émotions ineffables qu'excitent encore les accents plaintifs
des hymnes de l'Église. Ici, le pèlerin ne peut plus accompagner le
chant des religieux ; les sanglots étouffent sa voix, et il ne peut que
se prosterner, tout en larmes, devant l'autel du *Crucifiement* où le
célébrant prononce ces paroles : « *C'est ici qu'ils ont percé mes
pieds et mes mains et qu'ils ont compté tous mes os.* »

Le pieux cortège fait quelques pas et tous se prosternent dans
l'autre partie du Calvaire, devant la place où la croix fut plantée.

« *Hélas ! le Sauveur du monde est attaché sur le gibet de la
croix ; la Vierge, sa mère, contemple ses membres cruellement
percés ; nous vous en supplions, ô Dieu notre père, par ses terribles souffrances, accordez-nous une mort heureuse.* »

L'officiant récite en forme d'antienne, ces paroles de l'Evangile :
« *C'était à peu près la sixième heure, et les ténèbres se répandirent sur toute la terre jusqu'à la neuvième heure, et le soleil
fut obscurci, et le voile du temple fut déchiré par le milieu, et
Jésus jetant un grand cri, dit : « Mon Père, je remets mon âme
entre vos mains. Et, disant ces paroles, il expira ici* (1). »

On profère ces derniers mots plus lentement et plus bas que les
autres, et tous couvrent le sol de leurs ardents baisers en répétant :
« *Nous vous adorons, ô Christ ! et nous vous bénissons, parce que
c'est ici que, par votre croix, vous avez racheté le monde.* »

« C'est donc ici, dit Mgr Mislin, que s'est consommée l'œuvre de la
Rédemption. La mort de Jésus-Christ, c'est le crime de l'humanité.
Nous sommes trop habitués à en faire retomber exclusivement la
honte sur le peuple déicide qui a mérité par ses mépris de servir
d'instrument aux passions de tous les hommes. Nous qui nous disons
chrétiens, combien de fois n'avons-nous pas, comme les juifs, fait
entendre ce cri : « Nous ne voulons pas que celui-là règne sur nous ! »
Combien de fois n'avons-nous pas grossi la troupe de ces hommes en

(1) S. Luc, XXIII, 44.

fureur qui outragent le Christ, qui le raillent, qui le flagellent et le couvrent de crachats, qui demandent sa mort et qui le crucifient?...

« Si les juifs ont vu les œuvres de Jésus sans en être touchés, nous en voyons de plus grandes auxquelles nous demeurons insensibles. Dans quel état se trouvait le monde à la mort de J.-C.? Il était plongé dans l'idolâtrie et l'esclavage. A peine le sang du juste a-t-il coulé sur le Golgotha que tout change dans l'univers. Le polythéisme s'est écroulé avec l'empire des Césars ; des peuples nouveaux, rachetés par le sang de J.-C., ont partout remplacé la société corrompue de l'ancien monde. Le christianisme a changé les institutions, les mœurs et les hommes, nous voyons tout à coup un monde régénéré à la place d'un monde déchu, rien ne les sépare que la croix plantée sur le Calvaire, et nous ne nous jetons pas au pied de cette croix pour adorer le Dieu que nous avons méconnu (1)! »

La procession descend les marches du Calvaire, et tous s'agenouillent autour de la *Pierre de l'Onction*, où a lieu la IX<sup>e</sup> *Station*.

*« Il est accompli cet oracle du prophète Daniel qui annonçait que le Christ effacerait l'iniquité par sa mort ignominieuse, et que le Saint des Saints recevrait ici des onctions. Maintenant tous, pleins de ferveur, faisons des onctions à Jésus-Christ, avec les larmes de notre cœur et l'huile de la piété, car son nom est plus doux que le miel pour notre bouche, et plus agréable que l'huile la plus pure. »*

On se rend ensuite au *Saint-Sépulcre* devant lequel on entonne le chant du triomphe, et l'orgue vient mêler ses mélodieux accords aux voix mâles des religieux.

*« L'aurore commence à briller, le ciel retentit de louanges, le monde fait entendre des cris de joie, l'enfer gémit et pousse des hurlements. Alors ce roi tout-puissant, brisant les chaînes de la mort, délivre les pauvres captifs. Celui qui était enfermé sous une énorme pierre et gardé par des soldats, sort victorieux du tombeau, au milieu d'un triomphe sans égal (2). »*

_______

(1) *Les Saints-Lieux*, t. II.

(2) A certains jours plus solennels, on fait trois fois le tour du glorieux tombeau.

L'on récite comme antienne ce passage de l'Evangile : « *L'Ange dit ici aux femmes : Ne craignez point, vous cherchez Jésus de Nazareth qui a été crucifié : il est ressuscité, il n'est point ici, voici le lieu où on l'avait placé* (1). »

Puis le joyeux *alleluia* retentit avec ces paroles de l'officiant : « *Il est ressuscité de ce sépulcre, le Seigneur qui a été suspendu pour nous sur le bois. Alleluia !* »

M. de Lamartine nous a initiés aux tendres émotions qu'il éprouva en face du divin Sépulcre.

« Pour le chrétien ou pour le philosophe, dit l'auteur des *Méditations* et des *Harmonies*, pour le moraliste ou pour l'historien, ce tombeau est la borne qui sépare deux mondes, le monde ancien et le monde nouveau ; c'est le point de départ d'une idée qui a renouvelé l'univers, d'une civilisation qui a tout transformé, d'une parole qui a retenti sur tout le globe. Ce tombeau est le sépulcre du vieux monde et le berceau du monde nouveau ; aucune pierre ici-bas n'a été le fondement d'un si vaste édifice, aucune tombe n'a été si féconde, aucune doctrine, ensevelie trois jours ou trois siècles, n'a brisé d'une manière aussi victorieuse le rocher que l'homme avait scellé sur elle, et n'a donné un démenti à la mort par une si éclatante et perpétuelle résurrection.

« J'entrai à mon tour et le dernier dans le Saint-Sépulcre, l'esprit assiégé de ces idées immenses, le cœur ému d'impressions plus intimes qui restent mystère entre l'homme et son âme, entre l'insecte pensant et le Créateur. Ces impressions ne s'écrivent point, elles s'exhalent, avec la fumée des lampes pieuses, avec les parfums des encensoirs, avec le murmure vague et confus des soupirs ; elles tombent avec les larmes qui viennent aux yeux au souvenir des premiers noms que nous avons balbutiés dans notre enfance, du père et de la mère qui nous les ont enseignés, des frères, des sœurs, des amis avec lesquels nous les avons murmurés ; toutes les impressions pieuses qui ont remué notre âme à toutes les époques de la vie, toutes les prières qui sont sorties de notre cœur et de nos lèvres au nom de celui qui nous apprit à prier son père et le nôtre, se réveillent au fond de l'âme et produisent par leur retentissement, par leur confusion cet

_______

(1) S. Marc, XVI, 6.

éblouissement de l'intelligence, cet attendrissement du cœur, qui ne cherchent point de paroles, mais qui se résolvent dans des yeux mouillés, dans une poitrine oppressée, dans un front qui s'incline et dans une bouche qui se colle silencieusement sur la pierre du sépulcre. Je restai longtemps ainsi, priant le Père céleste, là, dans le lieu même où la plus belle des prières monta pour la première fois vers le Ciel. Ma prière fut ardente et forte, je demandai de la vérité et du courage devant le tombeau de Celui qui jeta le plus de vérité dans le monde (1)... »

La procession se dirige ensuite à la place où N. S. apparut à *Marie-Madeleine*, et où se fait la *XI*[e] *Station*.

« *Madeleine, pleine d'inquiétude, reste auprès du tombeau; elle n'est pas effrayée par les farouches soldats, la charité chasse la crainte. Elle cherche, après sa mort, le Christ qu'elle a tant aimé pendant sa vie. Aussi elle mérite de recevoir les douces paroles de son divin Maître, lorsqu'ayant l'apparence d'un jardinier, il lui dit : Ne me touchez pas.* »

Enfin la XIIe et dernière *Station* a lieu dans la chapelle des Franciscains, devant le grand autel où l'on croit que le Sauveur ressuscité se montra à sa très-sainte Mère.

« *O glorieuse Reine, vous avez vu ici Jésus-Christ crucifié pour les crimes des pécheurs, et vous avez versé des larmes. Réjouissez-vous, dès le point du jour, il vient plein de vie et de gloire, il a vaincu la mort.....* »

Les pèlerins se tiennent debout au milieu du chœur, et le célébrant les encense trois fois. Les enfants de chœur, aux voix sonores, entonnent les litanies de la Sainte-Vierge qui sont répétées avec entrain par les religieux, l'orgue fait retentir les voûtes sacrées, et cette touchante cérémonie se termine par de longues oraisons que les Pères de Terre-Sainte prononcent à genoux au bas du sanctuaire, et les bras étendus en forme de croix. Tous les pèlerins se retirent en silence, le cœur rempli d'impressions ineffaçables.

De nombreuses indulgences plénières sont attachées à la visite de ces sanctuaires. Sainte Brigitte nous fait connaître une singulière faveur que Dieu accorde aux pèlerins, selon une révélation dans

_____________

(1) *Voyage en Orient.*

laquelle il lui parla en ces termes : « Lorsque vous êtes entrée dans mon temple que j'ai consacré de mon sang, tous vos péchés ont été effacés, et votre âme est restée aussi pure qu'au sortir des fonts baptismaux. En outre, vos peines et votre dévotion ont racheté du purgatoire les âmes de quelques-uns de vos parents. De même aussi pour toutes personnes que leur dévotion amènera à visiter ces lieux, et qui auront la ferme volonté de se corriger et de ne plus retomber dans leurs fautes passées, tous leurs péchés antérieurs leur seront pardonnés, et elles recevront un surcroît de grâces pour s'élever à la perfection. »

Le 14 septembre, les catholiques de Jérusalem ont célébré, suivant l'usage, la fête de l'Exaltation de la Sainte-Croix (1). Les P. Franciscains ont chanté une grand'messe sur le Calvaire, à l'autel de la Crucifixion, avec toute la solennité possible (2). Des hommes et des femmes arabes, accroupis sur les dalles, assistaient aux divins mystères avec une touchante dévotion. Toute la caravane française et quelques autres Européens étaient groupés autour de l'autel. A la fin de la messe, les Pères ont donné des surplis aux prêtres-pèlerins, et nous avons pris place dans les rangs de la procession, au milieu de laquelle le Révérendissime Gardien de Terre-Sainte portait en triomphe le bois sacré de la vraie Croix, pour le déposer dans la chapelle latine.

(1) J'ai eu la consolation de dire la sainte Messe sur le Calvaire, à quelques pas du lieu où la croix fut plantée.

(2) On avait monté au sommet du Golgotha un orgue-harmonium qui relevait le plain-chant par ses doux accords.

# CHAPITRE VIII

## LE PATRIARCHE LATIN ET LES PÈRES DE TERRE-SAINTE.

### I — LE PATRIARCHE LATIN

Parlons maintenant des Chrétiens de Jérusalem. Nous avons énu-
méré leurs différentes communions en faisant la description de l'église
du Saint-Sépulcre où elles ont des représentants.

Le petit troupeau des catholiques latins dans Jérusalem ne compte
pas plus de mille âmes dont le soin est confié au Patriarche et aux
Pères Franciscains. Après une interruption de cinq siècles et demi,
l'antique église de Jérusalem a enfin obtenu, en 1848, un successeur
au patriarche Nicolas (1) dans la personne de Mgr Valerga, Génois,
qui a conquis tous les respects et entraîné toutes les sympathies. « Il
faut un peu de mise en scène dans la vie orientale ; le patriarche le
sait, et il condescend avec une grâce parfaite à ces faiblesses char-
mantes d'un peuple toujours poétique parce qu'il est toujours enfant.
Il faut voir avec quelle élégance patricienne il tend sa main fine et
blanche à la foule qui vient baiser son anneau pastoral. Les cérémonies
du culte s'entourent dans l'église d'Orient d'une pompe et d'une
majesté dont les traditions se sont vite effacées dans nos climats rai-
sonneurs et froids. On dirait que le patriarche a été élevé dans les
sanctuaires éclatants des anciennes églises d'Ephèse ou d'Antioche, au

(1) Lorsque les Sarrasins assiégeaient Saint-Jean-d'Acre, en 1291, Nicolas
Anapiis s'était retiré dans cette ville devenue le dernier boulevard des chrétiens. Il excitait les assiégés à se défendre courageusement. Quand la ville fut
prise, on le transporta malgré lui sur un navire ; il y reçut un si grand nombre
de fugitifs que le vaisseau sombra, et le dernier patriarche de Jérusalem fut
englouti dans les eaux avec tous ceux qu'il avait voulu sauver.

milieu des nuages mystiques de l'encens. La beauté chez lui est un
don de famille, j'ajouterais volontiers que c'est aussi une grâce d'état.
Il faut être beau chez ce peuple enthousiaste pour qui tout est spectacle, et que l'on prend d'abord par les yeux. J'ai vu, aux jours des
grandes solennités, des Arabes et des Éthiopiens éblouis devant cet
éclat des ornements sacerdotaux et ce rayonnement étincelant de la
mitre pyramidale constellée de topazes, de saphirs et d'émeraudes. Ils
admirent cette barbe que le fer ne touche jamais, et qui descend en
longs flots sur la poitrine comme la barbe d'Aaron. « Allons entendre
le Père de la barbe, » disent-ils dans leur langage figuré, quand ils
savent que le patriarche doit prêcher. Rien ne flatte plus un Arabe
que d'entendre un Européen parler sa langue... Un jour le prélat
s'était avancé seul et un peu témérairement peut-être, dans des défilés
suspects; il montait ce jour-là une jument de Bagdad, d'une race
fameuse entre toutes; elle descendait, dit-on, de la célèbre *El-Borack*,
monture préférée du prophète. Les Bédouins avaient établi une garde
autour du patriarcat. Ils épiaient l'occasion. Cette fois l'occasion était
bonne. Le défilé fut clos et gardé à ses deux extrémités; cinq ou six
Arabes, bien armés, descendirent des montagnes ; le patriarche fut entouré, le cheval saisi. Le secours était loin, et le cheval si beau que toute
capitulation devenait impossible. Le patriarche le comprit, mit pied à
terre, jeta un regard d'adieu et de regret sur la belle Fathma, et reprit
à pied le chemin de Jérusalem. Un jeune Bédouin s'approchant de
lui : « Seigneur, lui dit-il, nous ne souffrirons pas qu'un homme de ta
dignité s'expose aux fatigues d'un rude voyage. Nous avons pris ton
cheval, excuse-nous, nous en avions besoin, mais prends du moins
celui-ci en échange; il ne vaut pas le tien, mais il est bon. Maintenant
va-t-en ; Dieu est grand ! qu'il te garde. » Deux hommes se détachè-
rent de la petite troupe et servirent d'escorte au prélat jusqu'à l'entrée
de la plaine, où cesse tout danger (1). »

Mgr Valerga était absent lorsque nous étions à Jérusalem, mais son
chancelier, M. Dequevauviller, nous fit les honneurs de sa maison
avec une parfaite amabilité, et nous offrit un dîner splendide au milieu
duquel on pouvait se croire en France. Le palais patriarcal, bâti
récemment près de la porte de Jaffa est convenable, mais d'une extrême

(1) L. Enault, *La Terre-Sainte*.

simplicité. Il forme un carré autour d'une cour, selon l'usage à peu près général du pays. Du haut des terrasses on a une vue magnifique sur la ville (1). Plus tard, en revenant de Beyrouth en Egypte, j'eus l'avantage de rencontrer sur le paquebot Mgr Valerga, et je pus lui présenter mes hommages. Ce vénérable prélat est âgé de cinquante et quelques années, il a la taille élevée et de grandes manières. Outre l'italien, qui est sa langue maternelle, il parle très-bien le français, l'espagnol, le latin et l'arabe.

Depuis les Croisades, la juridiction ecclésiastique était restée tout entière aux mains du Révérendissime Gardien de Terre-Sainte qui jouissait de plusieurs priviléges, tels que celui d'officier pontificalement avec la crosse et la mitre, de recevoir les Chevaliers du Saint-Sépulcre, etc. Mais à l'arrivée du patriarche, l'autorité suprême a dû passer au représentant direct du Saint-Siége ; et dans cette délicate circonstance, les Franciscains ont montré que leur humilité et leur abnégation égalent leur patience invincible dans la garde des Lieux-Saints. Ils ont compris qu'il y a encore en Palestine une belle place pour exercer leur zèle.

## II — LES PÈRES DE TERRE-SAINTE.

Au moment où les armées chrétiennes refoulées par le Croissant victorieux, allaient quitter la Terre-Sainte qu'elles avaient conquise au prix de si grands sacrifices, la divine Providence suscita d'autres pacifiques croisés. N. S. P. saint François d'Assise partit pour la Palestine, à la tête d'une légion de douze pauvres moines munis d'une croix seulement et de leur bréviaire, et débarqua à Ptolémaïs, en 1219. Il y laissa dix religieux afin qu'ils se répandissent dans le pays, et mit à la voile pour l'Egypte. Après avoir vu, au Vieux-Caire et à Matariéh, les endroits habités par la Sainte-Famille, il alla au mont

______

(1) Le patriarcat latin du temps des Croisades existe encore. Il est adossé à la partie N.-O. de la rotonde du Saint-Sépulcre. Saladin le convertit en hospice pour les pèlerins musulmans. On l'appelle *Khan-Khay*. Le gouvernement français a demandé récemment à celui de Constantinople la cession de cet édifice moyennant une énorme indemnité ; mais les intrigues gréco-russes ont fait échouer cette négociation qui nous eût été si avantageuse.

Sinaï et revint par Ascalon en Judée. Il visita presque tous les lieux illustrés par de grands souvenirs religieux. Ce fut là comme la prise de possession du Séraphique Patriarche des Franciscains, car, lorsqu'en 1220, il s'embarqua à Ptolémaïs pour retourner en Italie, il laissa fort accru le nombre de ses Frères, et l'on pense même qu'il avait déjà fondé un petit couvent sur l'emplacement du Cénacle, au mont Sion.

Les Franciscains commencèrent leur mission par le martyre. Ceux de Jérusalem furent tous massacrés au pied du Saint-Sépulcre par les Karesmiens. Ceux de Ptolémaïs eurent le même sort en 1291. Quand les chrétiens eurent perdu, cette même année, ce dernier refuge, les massacres des religieux devinrent plus fréquents et il n'y a point d'attentat qu'on ne vît ériger en système. Néanmoins les mahométans ne songèrent pas à immoler tous les chrétiens d'un seul coup; leur cruauté fanatique comptait avec leur cupidité, et toutes deux se faisaient contre-poids pour qu'ils eussent toujours quelqu'un à tourmenter et à rançonner. D'autres disciples de saint François quittaient l'Europe de temps en temps, pour remplir les vides que la mort avait faits dans les rangs de ces courageux gardiens de la Terre-Sainte.

Robert, roi de Sicile, et Sanche, sa femme, afin de protéger les Lieux-Saints, les achetèrent à grand prix du Soudan d'Egypte, et les cédèrent au Saint-Siége qui en confirma la garde aux Franciscains par une bulle de Clément V, en 1342. La reine Sanche fit aussi construire sur le mont Sion un beau couvent qui renfermait le cénacle, et pourvut à l'entretien de douze religieux. Une dame de Florence, nommée Sophie, fonda un hôpital au même endroit.

Malgré la légitimité de leur possession, les Franciscains furent chassés du mont Sion par les Turcs, en 1549. Des santons ou moines musulmans occupèrent le couvent, et le saint cénacle fut changé en mosquée.

Les religieux se virent alors réduits à vivre dans quelques misérables cabanes situées hors de Jérusalem, jusqu'à ce qu'ils eussent obtenu des Géorgiens, à haut prix, une maison située dans l'angle N.-O. de la ville. Ils y établirent, en 1559, le monastère qu'ils possèdent encore aujourd'hui et auquel ils donnèrent le nom de *Saint-Sauveur*, par reconnaissance de ce que Dieu les avait sauvés des périls si grands qu'ils avaient courus. Les disciples de N. S. P. saint François, abandonnés de l'Europe chrétienne, n'abandonnèrent pas le divin tombeau qui leur était confié. La défaite qu'essuyèrent les Turcs, au célèbre combat naval de Lépante, en 1571, augmenta leur animosité contre les chrétiens, et pour se venger ils mirent en prison tous les moines et leur firent subir des traitements barbares. Lorsqu'enfin la liberté fut rendue aux Pères de Terre-Sainte, ils trouvèrent les couvents et les chapelles dévastés.

Il serait trop long d'énumérer toutes les souffrances qu'ils ont endurées, soit de la part des Turcs qui les torturaient, soit de celle des Grecs qui, par d'odieuses vexations, leur enlevaient les sanctuaires vénérables pour la conservation desquels ils auraient versé jusqu'à la dernière goutte de leur sang. Depuis le Chapitre général célébré à Valencé, en 1768, jusqu'à celui qui se tint à Rome, en 1856, c'est-à-dire dans l'espace de quatre-vingt huit années, l'Ordre des Frères Mineurs a envoyé 1,799 religieux pour le service de la Terre-Sainte. De ce nombre, 1,082 sont retournés dans leur patrie après avoir achevé leur temps de mission, et 500 y ont laissé leur vie. Parmi ces derniers, 117 ont succombé à la peste, 4 ont été tués par les Turcs, 6 par les Grecs, 5 ont péri naufragés, 3 sur mer pendant la navigation, 3 sont morts de la lèpre et 24 d'apoplexie (1). D'après un calcul approximatif et sérieux, il est constaté que dans l'espace de six siècles, 6,640 Franciscains sont morts de la peste ; et si l'on ajoute à ce chiffre ceux qui ont succombé aux coups des musulmans, le nombre de ces victimes dévouées s'élève à plus de 8,000 (2). En juillet 1860, huit Franciscains ont été martyrisés par les musulmans à Damas.

L'intolérance des Turcs s'est un peu calmée aujourd'hui, et les Franciscains ne sont plus exposés aux avanies qu'on leur faisait endurer journellement autrefois, et dont le F. Roger nous donne un échantillon dans son ouvrage sur la Terre-Sainte (3). Voici comment il raconte ce fait que trouveront à peine croyable ceux qui ne savent pas quelle est l'adresse des Turcs pour battre monnaie quand ils sont les plus forts. « Lorsque j'étais à Jérusalem (4), il arriva qu'un de nos chats étant

(1) *Prospetto generale dello stato attuale della custodia di Terra-Santa, formato dal. R. P. Bernardino da Montefranco, Napoli*, 1856.

(2) *Les Lieux-Saints*, par le P. Areso, p. 223.

(3) Liv, II, ch. XVII.

(4) En 1632.

tombé dans la citerne du couvent, en présence de quelques Turcs, le
cadi en fut averti. Celui-ci fit prendre les deux premiers religieux qui
se rencontrèrent en la ville, leur fit mettre les fers aux pieds et aux
mains dans une étroite prison ; leur disant qu'ils étaient méchants de
n'avoir pas conscience de donner à boire de l'eau de leur citerne aux
Turcs qui avaient fait collation chez nous, quoiqu'un chat y eût été
noyé, d'où s'était suivi un grand inconvénient, savoir : qu'ils avaient
été rendus immondes et avaient, par ce moyen, souillé la mosquée ;
ce qui avait même empêché qu'ils n'eussent été exaucés, ni ceux qui
étaient en leur compagnie, parce qu'ils avaient de l'eau de chat dans
le ventre. « C'est pourquoi, dit-il, vous méritez la mort ; mais je sais
que vous ne l'avez pas fait par malice, je ne veux pas vous faire
mourir, seulement mandez à votre Gardien qu'il m'envoie 500 sequins,
et je vous délivrerai. » La conclusion fut qu'il fallut lui payer 300 écus,
et une robe de Damas pour une de ses femmes. Par ce moyen la
citerne et ceux qui avaient bu de l'eau demeurèrent purifiés, de sorte
que les Turcs pouvaient en boire en bonne conscience. »

Le bon Frère Récollet dit ailleurs : « Je ne veux pas mettre en
ligne de compte les coups de bâtons et de pierres, les gourmades et
injures que nous recevons à toute heure, quand nous allons dans les
villes ou aux champs, par la racaille du peuple ; car cela nous est ordinaire comme ici d'être salués (1). » En 1806, les religieux obtinrent
un firman qui prescrivait au pacha de se contenter de la somme
ordinaire, mais ce qu'il fit de son côté fut de demander l'année suivante plus encore qu'il n'avait exigé l'année précédente, et quand les
Franciscains exhibèrent leur *firman*, il répondit avec un malin sourire :
« J'ai un *contre-firman* qui m'autorise à exiger de vous autant qu'il
est possible. De l'argent ! C'est le sang que nous pouvons tirer des
veines des *chiens* (2). »

Grâce au Ciel les [choses ont bien changé depuis lors. A dater de
cette époque et particulièrement de la guerre de Crimée, le pouvoir
Ottoman a décliné grandement, et au contraire les gouvernements
chrétiens ont vu leur force s'augmenter ; aussi les Turcs ont appris à
ne plus considérer les chrétiens comme des *chiens*, et à ne plus les
traiter comme tels, ainsi qu'ils le faisaient jusqu'à nos jours.

(1) Liv. II, ch. ix.
(2) *Hist. de la T. S.*, par Sobrino, t. II.

« Les derniers pachas ont diminué les taxes exorbitantes qu'on imposait précédemment à ces pauvres religieux ; par exemple, le seul couvent de Jérusalem payait une imposition annuelle de 30,750 francs. Mais si les pachas sont moins menaçants, les Grecs le deviennent de jour en jour davantage ; et comme la justice se vend en Turquie, l'impôt a pris une autre forme ; il faut payer pour rentrer dans ses droits, et payer une somme d'autant plus forte que la partie adverse est plus riche (1). »

La plus grande autorité de l'Ordre Franciscain en Orient, est celle du Révérendissime P. Gardien du mont Sion, du Saint-Sépulcre et de la Terre-Sainte. Il est Préfet des missions de Syrie, de Chypre et d'Egypte, et dépend du Général qui est à Rome, et de la Propagande. Cette dignité est toujours attribuée à un Italien ; aujourd'hui c'est le R. P. Séraphin Milani de Ferrare qui la possède (2).

La seconde dignité est celle du Père Vicaire du Révérendissime. D'après le règlement elle doit être donnée à un Français. Jusqu'à nos jours cette charge était remplie par un Italien, puisque depuis la grande révolution il n'y avait plus de Franciscains en France. Actuellement le P. Vicaire Carlotti de Calvi est Français. Il se fait distinguer par son affabilité. Désormais nous aurons toujours la consolation de voir un de nos compatriotes occuper cette place importante à Jérusalem, car les disciples de N. S. Patriarche d'Assise ont reparu en France (3). On trouve maintenant au couvent de Jérusalem six ou huit religieux parlant notre idiome. A l'avenir nos pèlerins ne seront plus étonnés, et affligés tout à la fois comme le furent MM. Michaud et Poujoulat, en 1831, de n'entendre ici que l'italien et l'espagnol,

(1) Mgr Mislin, *Les Saints-Lieux*, II.

(2) Il a été nommé au commencement de l'année 1863. Sa juridiction s'étend sur 250 religieux, divisés en 30 communautés, qui desservent en Turquie 25 églises paroissiales et 21 chapelles.

(3) En 1852, le R. P. Areso, Provincial des Franciscains et alors commissaire de Terre-Sainte à Paris, a fondé dans la ville d'Amiens, qui fut le berceau de Pierre l'Ermite, un noviciat destiné à fournir au Saint-Sépulcre des gardiens français et à tout l'Orient de zélés missionnaires. Cet établissement a prospéré, et aujourd'hui la France possède 5 couvents de Frères Mineurs de l'Observance : à Amiens, à Limoges, à Saint-Palais, à Branday (D. de Bordeaux) et à Bourges.

tandis que cette langue française, qu'au rapport d'un vieil historien on parlait jadis à Jérusalem comme à Paris, y était presque inconnue.

La troisième dignité est celle du Procureur général. Il s'occupe de l'administration temporelle et doit toujours être Espagnol (1).

On a le catalogue presque complet des R. Gardiens de Terre-Sainte ; il y en a 172, depuis l'année 1226. C'est une digne suite au catalogue des Evêques de Jérusalem, et une preuve irréfragable en faveur de l'authenticité des Lieux-Saints. Car par eux, en remontant jusqu'au XIII<sup>e</sup> siècle, nous sommes certains d'avoir eu constamment des sentinelles vigilantes auprès du Saint-Sépulcre et des témoins des traditions locales.

Le couvent de Saint-Sauveur est grand, parfaitement entretenu, mais d'une simplicité vraiment monastique. Il possède une belle bibliothèque et une pharmacie dont l'antique réputation commence à s'éclipser devant celle de la pharmacie que l'or anglais vient d'établir.

La chapelle, située au premier étage, n'a guère plus de 50 pas de longueur sur 35 de largeur ; elle n'est remarquable que par les ornements dont on use aux grandes fêtes. Dans cet asile du dévouement, une soixantaine de religieux, tant prêtres que laïques, se livrent aux œuvres de piété et de charité (2).

Tout auprès du monastère, dont il n'est séparé que par la rue, se trouve l'établissement de *Casa-Nuova* (*Maison-Neuve*) où les Franciscains procurent aux pèlerins de toute nation et de tout culte une hospitalité aussi généreuse que bienveillante. Chaque voyageur peut y jouir pendant un mois d'une chambre garnie, et recevoir au réfectoire une nourriture saine et abondante. La plupart des pèlerins offrent une aumône en sortant, mais le couvent n'exige rien (3). Cette

---

(1) Ces dignitaires sont nommés pour six ans.

(2) Le F. Joseph, médecin habile, d'une université d'Italie, qui a renoncé à une belle position dans le monde pour servir Dieu et les pauvres sous le froc du *pauvre d'Assise*, donne chaque matin des consultations au couvent, et passe ses journées à soigner les malades de toutes les religions. Il va sans dire que consultations et remèdes se distribuent gratuitement.

(3) Depuis 1856 jusqu'en 1861, 39,341 pèlerins ont reçu, dans les couvents des Franciscains de Terre-Sainte, une hospitalité dont la dépense s'est élevée à plus de 300,000 fr. *Rapport officiel adressé à M. l'abbé Soubiranne, directeur général de l'Œuvre des Ecoles d'Orient.*

hospitalité chrétienne est d'autant plus utile qu'il n'y a dans la ville que deux ou trois petits hôtels, plus renommés pour rançonner les voyageurs que pour leur donner le confortable.

Les Pères de Terre-Sainte ont donc acquis des droits incontestables à la reconnaissance des catholiques, car, depuis six siècles et demi, cette infatigable milice, sans se laisser vaincre par les maux et les persécutions, oubliée des Européens, calomniée et insultée par des voyageurs ingrats, conserve à l'Église de J.-C. la jouissance des Saints-Lieux, que des armées de croisés n'ont pu retenir un siècle entier (1).

Depuis la bulle de Grégoire IX (1230) qui leur confie la garde et le soin des Saints-Lieux, les Frères Mineurs ont été fidèles à leur poste, leur histoire est la même que celle des vénérables Sanctuaires qu'ils ont arrosés de leurs larmes, de leurs sueurs et de leur sang; leurs jours de triomphe ou de revers sont communs. Les uns en même temps que les autres souffrirent les outrages et les violences des barbares auxquels la Providence, dans ses décrets impénétrables, a livré la possession de cette contrée.

(1) Plusieurs prêtres de notre caravane, admirant les vertus de ces religieux, ont désiré recevoir le petit habit et le cordon du Tiers-Ordre de Saint-François. En entrant ainsi dans l'immense famille spirituelle de notre séraphique patriarche, ils se mettaient en union de prières et de bonnes œuvres avec ces pieux Franciscains qui chantent nuit et jour auprès du Calvaire et du Saint-Sépulcre les louanges de l'Homme-Dieu.

# CHAPITRE IX

## LES LATINS — LES ŒUVRES CATHOLIQUES — LES SCHISMATIQUES

### I — LES LATINS

Ce sont encore les Franciscains qui, par leurs soins vigilants, ont empêché le flambeau de la vraie foi de s'éteindre dans le cœur du petit nombre de catholiques latins qui habitent la Terre-Sainte, et que l'on évalue, d'après un recensement publié par Mgr le Patriarche, à 4,484 âmes (1). Il est probable que sans les Pères, il n'y en aurait plus aucun. Ces catholiques, indigents pour la plupart, sont une charge pour les religieux qui pourvoient à leurs besoins corporels et spirituels. Le seul couvent de Saint-Sauveur entretient environ 80 pauvres, vieillards, veuves ou orphelins, et les loge en ville.

Un des Pères Franciscains est curé de Jérusalem. J'ai assisté à la messe de paroisse le dimanche. L'église, c'est la chapelle du couvent de Saint-Sauveur, peut à peine contenir la moitié de la population catholique. Derrière l'autel est le chœur où les Pères chantent l'office (2); ils y ont un petit orgue. Les cérémonies sont faites selon le rit Romain et avec beaucoup de dignité. Au bas du sanctuaire se tiennent les hommes et les garçons. Le Consul de France s'y place aussi sur un siége d'honneur. La nef est occupée par les femmes enveloppées de leurs longs voiles blancs (3). Les uns et les autres sont assis sur leurs talons, suivant la mode universelle de l'Asie ; leur tenue est pleine de modestie et de piété. Ils ont une foi vive, et, comme tous

(1) Dans la Palestine seulement.

(2) Ils sont cachés par l'autel et par des rideaux, suivant l'usage des églises franciscaines.

(3) Elles entrent à l'église par un escalier particulier.

les autres chrétiens orientaux, ils l'expriment par de nombreuses marques extérieures. Ils font des signes de croix immenses et répétés, ils baisent plusieurs fois le pavé du sanctuaire, ils étendent les bras en forme de croix en priant ; à l'élévation de la Sainte-Hostie, ils se prosternent contre terre en se frappant rudement la poitrine et prononçant à mi-voix quelques prières, et lorsqu'ils s'approchent de l'image d'un saint vénéré, ils la touchent avec leur main qu'ils baisent ensuite (1). Toutes ces démonstrations du culte extérieur dont le but est d'augmenter l'énergie du culte intérieur, paraîtraient peut-être déplacées dans notre froide Europe ; mais, s'il y a excès en cela, il vaut mieux que l'excès contraire, par lequel plusieurs chrétiens autour de nous, ne veulent pas même plier les genoux devant leur Dieu, et se contentent de se pencher sur une chaise pendant les moments les plus saints des divins offices.

## II — LES ŒUVRES CATHOLIQUES

L'Orient se réveille ! C'est ce que répètent depuis quelques années tous les échos de l'Occident. D'une part le mahométisme s'affaisse de plus en plus sous le poids d'un pressentiment d'impuissance ; d'autre part, l'élément chrétien se transmet de proche en proche par les rapides véhicules de notre époque qui mettent l'Orient en communication incessante avec l'Occident, d'où résulte un phénomène dont on ne peut prévoir les conséquences.

On sait les changements profonds que les croisades opérèrent dans l'ordre social en Europe. Il est vrai que le premier contact des Occidentaux avec l'opulente Asie, eut pour effet immédiat d'énerver nos guerriers, et les enchantements du luxe oriental auxquels ils ne surent pas résister, purent retarder, compromettre même, beaucoup des fruits providentiels de ces lointaines expéditions. Cependant l'œuvre de Dieu se développa au sein même de cette corruption, et à la première végétation de l'ivraie, succéda sur le sol de l'Europe engraissé par la féconde semence du Christianisme, une abondante

_______________

(1) Ils baisent aussi la main droite d'un prêtre et la portent à leur front en s'inclinant pour le saluer.

moisson riche de nombreux progrès qui constituèreut la civilisation chrétienne. Espérons qu'il en sera de même pour les événements de nos jours.

Aujourd'hui, sous d'autres formes et par d'autres voies, il se passe des choses semblables, mais dans un sens contraire et dans une sphère plus vaste ; c'est l'Orient qui se retrempe aux eaux vives de l'Occident. Ce n'est pas, assurément, la civilisation bâtarde et anti-chrétienne du monde moderne qui régénèrera l'Orient, mais elle achèvera de ruiner le vieil édifice musulman qui croule, elle fera table rase, et en cela elle contribuera à préparer un état de choses nouveau. Dans la nature ne voyons-nous pas que les arbres, après avoir été dépouillés par les tempêtes de l'automne, reprennent une nouvelle parure à la floraison du printemps?

Jérusalem se ranime! et s'il fallait une preuve matérielle de cette vérité, je me bornerais à ce seul fait; c'est que les terrains jadis abandonnés ou offerts à vil prix, sont aujourd'hui très-recherchés et chèrement payés par les Russes, les Grecs, les Anglais, surtout par les Juifs qui font des acquisitions considérables. De nouvelles constructions s'élèvent dans divers quartiers, les anciennes se restaurent, des ruines enfouies reparaissent au jour.

La France n'est encore entrée dans ce mouvement que pour une part trop légère, par la prise de possession de l'antique église de Sainte-Anne, et des ruines du prétoire de Pilate, acquises dernièrement par la Congrégation de Notre-Dame de Sion, et l'Autriche par la construction d'un hospice grandiose. Ce sont les Russes et les Juifs qui font le plus. Ce renouvellement général correspond d'ailleurs avec la reprise des pèlerinages qui se multiplient de jour en jour, et font de Jérusalem un rendez-vous général des nations.

Rome, avec sa profonde intelligence des besoins de chaque époque, a compris cette tendance, et elle y a pourvu par le souffle de vie qu'elle a projeté sur l'antique patriarcat de Jérusalem qui n'était naguères qu'un titre purement nominal. On ne saurait maintenant méconnaître les fruits précieux qu'a produits la réorganisation de cette haute autorité.

Le vénérable Pontife et les R. Pères Franciscains travaillent avec un zèle inépuisable à doter la Ville-Sainte d'institutions destinées à étendre l'influence salutaire du catholicisme. Je parlerai plus tard du séminaire de Beit-Djala. On a établi il y a une quinzaine d'années, dans le couvent de Saint-Sauveur, une imprimerie qui est fort utile pour propager de bons livres. Les Franciscains instruisent plus de cent petits garçons à Jérusalem, et ils ont fait venir de France des Frères pour tenir une classe spéciale de français. Ils ont fondé aussi une école de musique. Les élèves font de rapides progrès dans le chant sous la direction d'un maître de chapelle Franciscain. Non-seulement les religieux offrent à tous gratuitement le pain intellectuel de l'âme, mais ils fournissent encore à la plupart le pain matériel du corps (1). De plus, les Frères travaillent dans le couvent aux divers métiers qui sont nécessaires à la communauté, tels que menuiscrie, serrurerie, etc., et ils les apprennent aux jeunes arabes qui peuvent ensuite les exercer eux-mêmes.

Appelées par Mgr Valerga, les sœurs de Saint-Joseph de l'Apparition (2) si pleines du dévouement évangélique, procurent aux filles une éducation également gratuite, et prodiguent leurs soins aux malades, sans distinction de culte ni de nationalité, dans l'hôpital de Saint-Louis, fondé récemment avec le concours d'un homme de bien, M. Lequeux (de Lille), ancien chancelier du consulat français. Une pharmacie est annexée à l'établissement et, chaque matin, un médecin donne des consultations. A cette heure là, il est difficile de pénétrer dans l'hôpital, tant la petite cour qui sert de salle d'attente est remplie d'hommes et surtout de femmes et d'enfants dont l'aspect maladif excite la pitié.

Les missions ne peuvent avoir de plus puissantes auxiliaires que ces saintes femmes; car ce n'est que par les femmes qu'on peut atteindre la famille en ces contrées, puisque le mur de jalousie élevé par les Orientaux sur le seuil domestique, ne saurait être franchi par les hommes. Depuis qu'une femme a été choisie pour être mère de Dieu, la femme, dans tous les pays chrétiens, a été tirée de son état d'abjection, et il est pénible de voir sur les lieux où s'est opéré le grand mystère de la maternité divine, les femmes considérées encore comme des êtres impurs et dont on ne parle que d'une manière

_____

(1) Pour leurs 2,200 élèves des deux sexes dans toute la mission de Terre-Sainte, ils dépensent de 25,000 à 30,000 francs par an.

(2) Leur maison-mère est à Toulouse.

offensante pour la dignité humaine. On dit souvent dans le Levant:
« C'est une femme, sauf votre respect (1). » Un proverbe arabe dit
encore qu'il y a trois sortes d'êtres au milieu desquels il ne faut
jamais se trouver en public : les chameaux, les ânes et les femmes.
La plupart des peuples de l'Orient poursuivent même de leur mépris
la compagne de l'homme jusque dans leurs lois, en lui refusant la
qualité et les droits d'une personne. La loi turque en est là. Aussi qui
nous dira tout ce qu'il a fallu aux bonnes Sœurs de Saint-Joseph,
d'ingénieuse persévérance pour vaincre les préjugés locaux à l'endroit
de l'éducation des femmes, préjugés qu'augmente encore l'ignorance
grossière des Grecs, hélas! beaucoup trop nombreux à Jérusalem.
L'Orient d'où nous est venue d'abord la lumière, est retombé dans les
ténèbres, en retombant sous le cimeterre des Turcs ; il est encore assis
dans les ombres de la mort, comme avant la venue de Jésus-Christ ;
il s'éteint d'inanition intellectuelle. Ce sont les écoles et les Sœurs
qui travaillent à répandre dans les veines de ce grand malade une
sève régénératrice (2). Une foule de nationalités rivales s'agitent dans
son sein et le déchirent ; les sœurs, en groupant autour d'elles des
enfants de la nation latine, des grecques schismatiques et ces pauvres
filles musulmanes à qui le Coran a fait une si mauvaise part, con-
tribuent à cette immense et fraternelle fusion que le catholicisme
appelle de tous ses vœux, et que lui seul peut produire d'une manière parfaite. La malpropreté, la paresse et d'autres vices plus
détestables encore avec leur lugubre et dégoûtant cortége de maladies,
énervent les populations et les tuent prématurément ; j'ai remarqué
en effet, qu'il y a très-peu de vieillards dans ces contrées. Le premier
soin des Sœurs est de remédier, autant qu'elles peuvent, à ce qu'il
est si difficile de corriger chez les peuples orientaux. Elles enseignent
l'arabe, le français, l'italien, l'écriture et les travaux d'aiguilles; de
plus, elles nourrissent leurs écolières. Quels avantages immenses
pour ces jeunes arabes! Car, en Orient, les petits garçons ont des
écoles primaires où ils apprennent tant bien que mal à lire et à écrire;
mais les filles n'ont pas la moindre instruction. Et ce sont des Fran-

_______________

(1) On parle de même des Chrétiens.

(2) L'*Œuvre des Écoles d'Orient*, qui s'est propagée si rapidement dans notre
pays, a pour but de civiliser les Orientaux par l'instruction chrétienne.

çaises, des religieuses que des gouvernements civilisés d'Europe, tels que celui de Portugal, chassent de leurs cités, qui quittent leurs familles et leur patrie, et traversent les mers pour aller porter à ces infortunées petites créatures des biens inappréciables dont leurs mères les laissent privées. Vénérées des chrétiens, presque adorées des musulmans, les Sœurs recueillent partout pour prix de leur charité, respect et amour sur la terre, en attendant la couronne que les Anges leur tressent dans le Ciel.

D'après cet aperçu sur les œuvres catholiques de Jérusalem, il est évident que le Patriarche et les Franciscains font un bien immense en Terre-Sainte, sans bruit et presque oubliés des chrétiens d'Europe. Mais toutes ces œuvres entraînent de grandes dépenses. Il faut pourvoir aux besoins du culte, dans plus de vingt-cinq églises ou chapelles, entretenir trente couvents ou hôtels avec de nombreuses écoles, fournir les choses nécessaires à la vie, du reste si austère, des religieux, recevoir les pèlerins, faire l'aumône à un grand nombre de chrétiens indigents, sustenter un séminaire, un hôpital et d'autres bonnes œuvres; il faudrait pouvoir même en créer de nouvelles pour assurer le progrès de la civilisation par la foi chrétienne.

On se demande comment les Franciscains ainsi que l'éminent Patriarche peuvent faire face à des frais si énormes? Depuis le commencement de ce siècle, les aumônes de l'Europe pour la Terre-Sainte ont beaucoup diminué, et plus d'une fois les infatigables gardiens des Saints-Lieux se sont serré les mains avec détresse, en voyant que le manque de ressources pécuniaires ne leur permettait pas de subvenir à des besoins pressants. Espérons que ces tristes jours ne reviendront plus. Les pèlerins latins, dont le nombre est encore trop restreint, sont plutôt une charge qu'un bénéfice pour le couvent, car tout est cher dans ce pays sans industrie et sans commerce. Aussi, tandis que les établissements grecs, arméniens et russes sont fort riches, grâce aux aumônes qu'ils reçoivent de leurs pays et aux tributs qu'ils lèvent, à tort ou à raison, sur leurs nombreux pèlerins, tandis que les juifs reçoivent d'abondants secours de leurs coréligionnaires d'Europe, les catholiques latins sont pauvres, ce qui est un titre d'infériorité partout en ce bas monde, mais surtout dans ces contrées barbares, et ils peuvent à peine suffire à entretenir les bonnes œuvres auxquelles ils consacrent leurs travaux et leur vie.

Quel est le cœur catholique qui ne s'associerait aux sentiments pénibles que Mgr Mislin exprime par ces paroles? « Je ne puis rendre tout ce que cette réflexion met d'amertume dans mon âme, surtout quand je songe à tous les palais que j'ai vus en Europe élevés aux princes, à l'industrie et aux arts. Nous nous cotisons pour élever des monuments aux grands hommes; nous employons des sommes énormes pour construire de beaux théâtres et de superbes prisons, pour orner nos cités, nos promenades et nos places publiques ; nous éprouvons un légitime sentiment d'orgueil, quand nous voyons s'embellir notre patrie ; et nous n'avons plus une obole, non pas seulement pour embellir les Saints-Lieux, mais même pour empêcher qu'ils ne tombent entre les mains des hérétiques et des infidèles !....

« C'est pourtant là que nous en sommes venus, et c'est à nos écrivains de renom que nous devons ce résultat. Si cet état de choses continue, nous perdrons infailliblement les Saints-Lieux, et nous laisserons leurs derniers défenseurs mourir de faim et de douleur auprès du Sépulcre de Jésus-Christ (1) !... »

Et qui ne souffre à la simple pensée que la véritable religion serait exclue, seule, du droit de célébrer les augustes mystères dans les lieux même où ils se sont opérés? Il est déjà trop triste de voir le catholicisme qui doit l'emporter sur les autres communions chrétiennes, au moins par le droit d'aînesse, de l'aveu de tous, ne paraître dans l'église du Saint-Sépulcre et dans celle de Bethléhem que comme un intrus auquel le schisme grec veut bien laisser par grâce une petite place.

Espérons donc que la France, dont les aumônes inépuisables entretiennent un si grand nombre de bonnes œuvres, n'oubliera plus la Terre-Sainte, et qu'il se trouvera encore beaucoup d'âmes charitables qui réserveront une part de leurs aumônes pour les œuvres fondées par le Patriarche et par les pieux gardiens du Saint-Sépulcre, de sorte que leurs délégués pourront dire avec l'apôtre Saint-Paul : « Maintenant je m'en vais à Jérusalem porter des secours aux fidèles, car les églises de Macédoine et d'Achaïe ont résolu de faire part de leurs biens à ceux d'entre les saints de Jérusalem qui sont pauvres (2). »

(1) *Les Saints-Lieux*, II, ch. xxv.
(2) Épître aux Romains, xv, 25.

Parmi les œuvres de charité, il n'en est pas de plus ancienne, il n'en est pas de plus méritoire (1).

Je ne puis terminer ces considérations sans parler d'une excellente institution qui, née à Paris, s'est propagée dans le reste du monde pour y produire des fruits salutaires et qui a germé même sur le sol ingrat de Sion. Une conférence de Saint-Vincent-de-Paul à Jérusalem ! Une conférence composée d'Arabes, de Grecs, d'Européens ! N'est-ce pas une nouveauté sous le soleil, et cette nouveauté n'est-elle pas un des plus éloquents indices de l'expansion de la charité chrétienne, de la vitalité énergique du catholicisme, et en particulier de la merveilleuse efficacité d'une institution qui ne sait que faire partout du bien malgré les obstacles qu'on lui oppose, et les calomnies de ses détracteurs.

La Conférence, fondée en 1852, par M. Lequeux, se compose d'une quinzaine de membres actifs et de plusieurs membres honoraires, parmi lesquels figurent les Consuls des puissances catholiques (2).

La Conférence de Jérusalem est déjà très-honorablement connue au-delà des murs de la ville. Une sainte émulation s'est emparée de Bethléhem, et la cité de la Crèche a voulu avoir sa Conférence comme la cité du Calvaire. Tous les membres sont indigènes.

Ces efforts sont d'autant plus dignes d'éloges que nulle part il n'est plus difficile d'établir des Conférences de Saint-Vincent-de-Paul qu'en Palestine. D'abord la Terre-Sainte n'est pas un pays de cocagne, il s'en faut de beaucoup; on y trouve un grand nombre de pauvres, pas une fortune considérable parmi les catholiques, personne qui puisse exclusivement, comme chez nous, se consacrer au soulagement de la misère. Ceux qui sont animés de bonnes dispositions ont besoin de travailler, ils ne peuvent donc qu'avec peine se réunir. Ensuite, les mœurs de l'Orient ne ressemblent pas à celles de l'Occident; là, on n'admet dans l'intérieur des familles que les proches et les intimes;

(1) Les offrandes sont reçues au commissariat général de Terre-Sainte, rue de Vaugirard, 150, et au secrétariat de l'Œuvre des Pèlerinages en Terre-Sainte, rue de Furstemberg, 6, à Paris.

(2) Il faut noter que les Catholiques grecs et maronites demandent à s'inscrire parmi les membres titulaires; ils ont une grande estime pour une œuvre si utile et à ceux qui reçoivent et à ceux qui donnent. Nous aimons à voir partout saint Vincent de Paul, même à côté de Mahomet, qui fait triste mine dans un pareil voisinage.

les membres des conférences peuvent donc difficilement pénétrer dans les ménages. Il faut qu'ils soient deux, et ils ne sont pas toujours admis. Cette conférence donne des secours à une quarantaine de familles indigentes (1).

Mais continuons notre revue des chrétiens de Jérusalem.

Les Grecs-Unis, qui sont demeurés attachés au Saint-Siége, ont dans cette ville un patriarche et un évêque, titulaire du siége de Lydda. Ils sont honnêtes et bons, mais pauvres, peu nombreux et peu influents.


### III — LES SCHISMATIQUES

Les Grecs-Schismatiques, au nombre de 2,000, ont un patriarche avec six évêques, et un grand nombre de popes. Nous n'avons point à faire la triste histoire du schisme de l'orgueilleux Photius. Plusieurs fois les Grecs se sont réconciliés avec le Saint-Siége, et toujours ils sont retournés à leurs anciennes erreurs, rejetant la suprême juridiction du pape, et l'article du symbole où il est défini que le Saint-Esprit procède du Père et du Fils. Ils font le signe de la croix d'une manière différente de la nôtre; c'est-à-dire qu'ils s'inclinent profondément en portant la main droite au front, puis après l'avoir baissée presque jusqu'à terre, ils touchent l'épaule droite et ensuite la gauche. Voici le costume des popes grecs : ils ont la barbe et les cheveux longs, sont coiffés d'une toque noire semblable à celle de nos avocats, et revêtus d'une robe et d'un manteau de couleur bleue.

J'ai pu assister à une grande solennité des Grecs. C'était le 26 septembre, ils se trouvaient alors au 14, parceque l'église photienne, ainsi que la Russie, compte 12 jours de plus que nous, n'ayant pas voulu, en haine du catholicisme, adopter la réforme de Grégoire XIII; tant il est vrai que l'esprit de secte est toujours opposé au progrès des lumières. Après la messe, commença la procession. Sept ou huit grandes bannières de soie rouge, représentant des saints ou certaines scènes de la Passion ouvraient la marche, précédées par deux cawas. Puis venaient les simples moines qui chantaient à tue-tête sur un ton aigu et peu varié; puis un grand nombre de popes

______

(1) On a recueilli dans une année, pour la Propagation de la Foi, une somme de 200 à 300 francs. C'est le denier de la veuve. — *Bulletin des Pèlerinages en Terre-Sainte.*

ou prêtres revêtus de belles chapes rouges, et tenant à la main un bouquet d'herbes vertes, espèce de thym, avec une petite croix d'argent
ciselé garnie de reliques qu'ils faisaient baiser aux assistants. On
voyait ensuite les encenseurs, les porte-torches et un maître de cérémonies portant en guise de goupillon une bouteille de cuivre doré
remplie d'eau de rose dont il nous aspergeait ; enfin le patriarche
suivait, précédé de ses insignes (1) et assisté des évêques. Ce haut
dignitaire de l'église photienne portait la vraie croix d'une manière
assez singulière. Le pied de la croix qui renfermait cette sainte
relique formait comme une magnifique calotte ornée de pierres précieuses ; le patriarche en avait coiffé sa tête, et il la soutenait de ses
deux mains. Une troupe de fidèles fermait la marche. Après avoir
fait trois fois le tour du divin tombeau dont la façade avait reçu à
cette occasion une décoration splendide, la procession rentra dans le
chœur qui était envahi par la foule. Cette fête est la cause d'un
nombreux rassemblement de pèlerins grecs. Je restai une partie de
la soirée sur le Calvaire ; le soleil était couché depuis un peu de
temps et, comme en Orient il n'y a presque pas de crépuscule, la
nuit s'approchait rapidement. Jusqu'alors j'avais pensé que l'église
n'était pas fermée, car je voyais la plate-forme du Golgotha remplie
d'une foule de femmes accroupies ; je me décidai enfin à regarder la
porte du haut de la galerie et je la trouvai close. Je descendis en toute
hâte craignant d'être obligé de passer la nuit dans l'église, mais
heureusement le portier turc n'avait pas encore attaché les cadenas, et
je pus sortir au moment où l'on introduisait un grec en retard. J'appris ensuite qu'aux époques de grandes solennités, les chrétiens
étrangers à la ville, ont l'habitude de coucher, la nuit, dans le temple
qui devient alors, comme le Vendredi-Saint, une espèce de caravansérail.

Les Grecs ont à Jérusalem le caractère qu'on leur connaît partout
ailleurs. Ils sont industrieux, rusés, entreprenants, audacieux. Ils
possèdent 10 couvents d'hommes et 3 de femmes, dans lesquels ils
reçoivent chaque année, au temps de Pâques, cinq à six mille pèlerins.
Les popes prélèvent sur leurs fidèles une sorte de tribut par leurs
fourberies détestables ; ils leur vendent même des places en Paradis,

_______________

(1) J'ai remarqué que sa crosse diffère de celle de nos évêques, elle ressemble
à un long caducée.

car ils sont peu scrupuleux dans le choix des moyens propres à satisfaire leur cupidité et à accroître leur influence. On reconnaît en eux
les descendants dégénérés de ces Grecs du Bas-Empire, dont la mauvaise foi est restée proverbiale. Ils se montrent toujours et partout
ennemis des Latins. Ils usent de tous les moyens pour usurper pouce
à pouce les sanctuaires qui nous appartiennent par des titres incontestables. Aussi leurs empiètements sur les Latins sont une cause
permanente de démêlés dont ils sortent ordinairement avec profit, à
l'aide d'intrigues et de l'or de leurs coreligionnaires, et avec l'appui
de la politique russe. Quand ils ont besoin d'un titre pour soutenir
leurs prétentions, ils le fabriquent ; dix fois déboutés de leurs réclamations, ils reviennent dix fois à la charge, et si l'on ne prend des
mesures énergiques, ils finissent par réussir. Quelques-uns de leurs
évêques ne manquent pas d'instruction, mais le clergé de second
ordre et le peuple croupissent dans la plus déplorable ignorance. Ici
on voit clairement que l'esprit de vie a quitté ceux qui ont rompu les
liens de l'unité catholique. La profession religieuse des schismatiques
est stérile. Les faits sont là pour le prouver. Ni le saint célèbre par
sa piété, ni l'apôtre au généreux dévouement, ni le savant, ni l'artiste,
ne sortent plus de ces cloîtres où l'homme s'endort dans une perpétuelle enfance. Il en est de même des couvents de femmes. Les
religieuses ne sont pas astreintes à la clôture, et elles ne se livrent
pas à l'exercice des œuvres de charité comme nos sœurs de tant
d'ordres différents qui font admirer les plus belles vertus d'un bout
du monde à l'autre (1).

Les Cophtes, au nombre de cent, ont un évêque à Jérusalem. C'est
une humble et pauvre église qui se soumet à un patriarche toujours
choisi parmi les moines du couvent de Saint-Macaire. Elle est composée de chrétiens d'Egypte qui sont tombés dans l'erreur d'Eutichès.
Leur liturgie a été traduite du cophte, dont on ne fait plus usage, en
arabe vulgaire. Dans les messes solennelles, ils accompagnent leur
chant monotone avec des cymbales, et le bruit aussi peu harmonieux
d'une tige frappant sur un triangle de fer. Rien de plus misérable
que leur couvent situé auprès du Saint-Sépulcre, rien de plus dénué
que leur chapelle. Ils n'ont pas de cloches, ils annoncent l'office divin
en frappant sur une planche avec un bâton ; ils font, même en parti-

_______________

(1) Je parlerai des Arméniens et des Protestants en décrivant leur quartier.

culier, de très-longues prières. J'ai souvent été édifié de les voir au
Saint-Sépulcre réciter leurs oraisons dans le plus profond recueillement. D'autres fois, quand je me rendais à cette église, et que la porte
était fermée, je rencontrais souvent des Cophtes, des Abyssins ou des
Syriens ; ils se tenaient debout, la poitrine appuyée sur une longue
béquille, ou bien ils étaient collés contre les piliers dans une immobilité parfaite, un livre ou un chapelet à la main. Enveloppés dans
une large pièce de coton jaune ou bleu, avec leur taille longue et
mince, ils me faisaient l'effet de ces raides statues dont nos artistes
du moyen-âge ornaient l'entrée des cathédrales gothiques.

Les Abyssins ont une origine à peu près commune avec les Cophtes
dont ils partagent aussi les erreurs. Ils vivent auprès d'eux, dans un
couvent situé au-dessus de la chapelle souterraine de Sainte-Hélène,
sur l'emplacement du cloître des chanoines du Saint-Sépulcre. Ils
supportent la pauvreté avec une douce résignation.

Voici les remarques que j'ai faites au sujet de la célébration de la
messe dans les liturgies orientales. Les prières sont extrêmement
longues, et entremêlées de signes de croix et d'encensements nombreux. Toutes les paroles, même celles du *Canon,* sont prononcées
à haute voix avec une espèce de chant monotone; on ne fait usage
d'aucun instrument de musique, excepté chez les Cophtes. Le pain
qui doit être consacré, est mêlé de levain, et le prêtre est revêtu d'une
chape au lieu d'une chasuble (1).

Pour terminer l'énumération des chrétiens de Jérusalem, je dirai
que les Syriens y forment une secte peu nombreuse et sans importance, qui est restée attachée à l'antique hérésie de Nestorius.

Malgré le zèle apostolique du clergé, les conversions sont peu
nombreuses en ce pays. Il faut avouer qu'elles sont empêchées par
de très-graves obstacles, et que la persécution attend presque toujours
le nouveau converti ; cependant, on voit de temps en temps quelques
âmes abandonner l'erreur. Ainsi, en 1862, 8 Arméniens, 3 Grecs,
3 Cophtes et 5 Mahométans sont entrés dans le sein de l'Église
romaine.

(1) J'excepte en ceci les Maronites, qui se conforment, pour ces deux derniers
points, à la liturgie romaine. Au commencement du xviiᵉ siècle, ces catholiques du Liban avaient encore des représentants auprès du Saint-Sépulcre ; ils
n'en ont plus aujourd'hui.

# CHAPITRE X

## DEUX CÉRÉMONIES PRIVÉES DANS L'ÉGLISE DU SAINT-SÉPULCRE — LES BAZARS.

### I — UNE NUIT AUPRÈS DU SAINT-SÉPULCRE.

Si le pèlerin de Terre-Sainte est exposé souvent à de dures fatigues, il est certain qu'il en est dédommagé amplement par d'ineffables consolations. Car, dans cette vallée de larmes, peut-on imaginer un plus grand bonheur pour une âme chrétienne, après la sainte communion, que celui de contempler de ses yeux, de toucher de ses mains, de vénérer affectueusement, les lieux que le Seigneur Jésus a daigné choisir sur la terre pour y habiter pendant sa vie mortelle, et pour y opérer l'œuvre miséricordieuse de la rédemption du genre humain? Quoi de plus désirable que d'y adresser à Dieu de ferventes prières? Mais combien plus ineffable encore est le bonheur du prêtre pèlerin qui peut célébrer les divins Mystères à la place même où ils se sont accomplis: à Nazareth, à Bethléhem, sur le Calvaire et au Saint-Sépulcre! C'est dans ce dernier sanctuaire qu'il est le moins facile de dire la Sainte Messe; car d'abord, la porte de l'église n'est pas toujours ouverte, et ensuite, depuis les usurpations des schismatiques, il n'est permis aux prêtres catholiques d'y célébrer que trois fois avant l'office solennel, et encore de très-grand matin. C'est pour cela qu'il faut passer la nuit dans l'église du Saint-Sépulcre.

Le mercredi 4 septembre, à six heures du soir, j'y entrai avec M. l'abbé Jamet, et peu de temps après les Turcs fermèrent sur nous les portes du lieu saint. Nous voilà donc, pour une nuit, les heureux prisonniers de Jésus-Christ, et jusqu'à ce que le soleil vienne nous rendre sa lumière, le tombeau de notre Sauveur va nous appartenir presque exclusivement. Après une courte prière, le bon Frère Liéven nous introduit dans le petit couvent des Franciscains qui nous mènent au réfectoire, et nous invitent à partager leur frugal souper. Il est bientôt terminé, et un religieux nous fait monter par une suite d'escaliers en pierre jusqu'au troisième étage, où nous sommes introduits dans une pièce au fond de laquelle trois ou quatre lits, séparés par des rideaux blancs, nous offrent un lieu de repos pour cette nuit. Mais est-il possible de se livrer au sommeil, si près du tombeau de Jésus-Christ? Muni d'une bougie, je m'empresse de descendre, me promettant bien de n'accorder à la nature, dans une nuit si précieuse, que le strict nécessaire. Le silence le plus solennel règne au couvent latin, tous les Pères prennent leur repos.

Après avoir adoré le Très-Saint-Sacrement dans la chapelle des Franciscains, je pénètre dans l'église. Tout est calme et tranquille sous les voûtes de la vaste basilique. On y aperçoit çà et là quelques lampes qui brillent sans dissiper les ténèbres. Je n'entends que le bruit de mes pas. Alors le pèlerin est seul avec Dieu ; personne dans l'église, personne dans les sanctuaires. J'entre dans le Saint-Sépulcre, et je vois avec plaisir que le caloyer ou moine grec qui monte la garde pendant toute la journée, debout dans un coin du monument et vend de petits cierges, n'est plus à son poste. Je suis donc complètement seul, et, prosterné sur le marbre sacré, je récite mon bréviaire, puis mon chapelet. Au milieu de l'obscurité qui règne dans le temple, le sanctuaire de la Résurrection est seul illuminé d'une splendeur perpétuelle, grâce aux nombreuses lampes d'argent suspendues à sa voûte. C'est ainsi que le ciel dont il est la figure, est toujours éclairé par la lueur scintillante d'une multitude d'étoiles qui ornent son dôme éthéré. Mais le temps s'écoule rapidement et mon corps a besoin de réparer ses forces affaiblies. Je m'en aperçois avec peine. Je quitte donc le saint tombeau avec la pensée d'y revenir dans deux heures, et je remonte à ma cellule. Que ne puis-je, après avoir vu s'accomplir pour moi le désir qu'exprimait David : « Nous entrerons dans son tabernacle, nous adorerons le Seigneur dans le lieu où se sont tenus ses pieds (1) ; » ajouter encore avec le même prophète : « C'est ici le lieu

_________
(1) Ps. 131.

de mon repos pour toujours ; c'est ici que j'habiterai, parce que j'y ai choisi ma demeure l » La vie de ces anges de la terre qui, sous la bure franciscaine, s'ensevelissent volontairement auprès du Saint-Sépulcre pour entourer de leurs hommages et de leurs prières ces sanctuaires vénérables, cette vie n'est-elle pas comme un avant-goût et un gage de la béatitude céleste? Je m'étends sur le lit, sans quitter ma soutane, comme un soldat de garde, et je suis bientôt endormi. M. l'abbé Forot a décrit parfaitement ce sommeil auprès du Saint-Sépulcre : « Le corps est bien là, réparant ses forces et jouissant d'une bienfaisante immobilité, comme dans un lit ordinaire ; mais l'âme voltige comme l'hirondelle ou la colombe emprisonnée par mégarde. Elle erre à travers les colonnes, les pilastres et les arcades ; agile et plaintive, elle s'élève jusqu'au sommet du dôme, s'élance vers le Golgotha, regarde à travers la fente du rocher, pénètre dans la cavité de la croix, et vient enfin se reposer dans le tombeau près do Jésus qu'elle adore en contemplant ses traits, ses plaies livides et sanglantes ; elle le couvre de baisers en lui disant avec saint Thomas : « Vous êtes mon Seigneur et mon Dieu ! » Comme le cygne au blanc plumage, elle se baigne et plonge dans cette source, dans ce réservoir des eaux qui'jaillissent jusqu'à la vie éternelle ; tout son désir est d'être ensevelie avec Jésus-Christ, comme Jésus-Christ est enseveli dans le tombeau, et de fixer son sejour dans l'ouverture de son cœur, comme le passereau dans le nid solitaire de la tour de David (1). » Nous avons prié un des religieux de nous éveiller, il n'y manque pas, et à minuit moins un quart, une clochette suspendue dans notre chambre est agitée de manière à faire entendre un sourd. Aussitôt je suis sur pied, et ma toilette n'étant pas longue à faire, je descends de suite avec mon confrère à la chapelle latine.

Le timbre de l'horloge a résonné pour la douzième fois sous le coup du marteau, et soudain les enfants de N. S. P. S. François commencent l'office des matines, qu'ils psalmodient avec cette gravité, cet accent de piété qui leur est propre. Je m'avance alors dans le temple. Quand je suis en face du grand chœur des Grecs, je m'arrête saisi d'admiration. Quelques cierges sont allumés à l'extrémité, ils éclairent à demi la façade du sanctuaire ornée de colonnes et d'arcades dorées ;

_______________

(1) *Lettres d'un Pèlerin de Terre-Sainte.*

mais une guirlande de lampes en verres de toutes couleurs projette ses reflets rouges, verts, jaunes et blancs sur ce grand et magnifique portique seul illuminé au milieu des ténèbres. Tout cet aspect est vraiment magique, indéfinissable, et je ne puis en détacher mes regards étonnés. Ce qui me plaît beaucoup moins, c'est la psalmodie des moines grecs. Au nombre de trois ou quatre dans leurs stalles, ils font retentir l'église de leurs voix criardes ; leur chant monotone, saccadé et sans harmonie, résonne mal à des oreilles européennes.

Le prêtre Cophte a aussi ouvert et éclairé sa pauvre petite chapelle adossée au Saint-Sépulcre. Je le vois revêtu d'une aube blanche, avec une large étole, et coiffé d'un bonnet en forme de tiare couvert de dorures ; il se présente devant chaque sanctuaire avec son encensoir muni de grelots comme ceux des Grecs et des Arméniens. Après avoir fait le tour de l'église, il dépose cet encensoir auprès de son autel auquel il laisse deux cierges allumés, rentre dans sa chambre qui est en face, et reprend son sommeil un instant interrompu.

Nous montons à la galerie où les Arméniens ont leur chapelle ; ils chantent aussi l'office d'une voix sonore et plus puissante que celle des Grecs.

Un cœur catholique est d'abord scandalisé et éprouve un sentiment de tristesse, en voyant dans ces saints lieux le culte réprouvé des schismatiques et des hérétiques mêlé à celui de la seule véritable Église de Jésus-Christ. Plus coupables que les bourreaux qui se contentèrent de tirer au sort la tunique du Fils de Dieu, les hérésiarques l'ont sciemment et sacrilégement divisée et déchirée. Mais on éprouve un adoucissement à ce sentiment pénible en pensant que peut-être la plupart des hommes qui possèdent avec nous et plus que nous le berceau, le Calvaire et le tombeau de Celui qui est le chef invisible de l'Église, ayant été élevés dans l'erreur et l'ignorance, croient de bonne foi être dans la vérité. Il y a même quelque chose de très-touchant dans cet accord des nations chrétiennes célébrant le plus dignement possible, avec une constante émulation dans quatre ou cinq langues diverses, la puissance et le triomphe du Sauveur du monde. Voici comment Châteaubriand parle de cette psalmodie perpétuelle.

« Les prêtres chrétiens des différentes sectes habitent les différentes parties de l'édifice ; du haut des arcades où ils sont nichés comme des colombes, du fond des chapelles et des souterrains, ils font entendre lcurs cantiques à toutes les heures du jour et de la nuit. L'orgue du religieux latin, les cymbales du prêtre abyssin, la voix du caloyer grec, la prière du solitaire arménien, l'espèce de plainte du moine cophte, frappent tour à tour ou tout à la fois votre oreille ; vous ne savez d'où partent ces concerts, vous respirez l'odeur de l'encens sans apercevoir la main qui le brûle, seulement vous voyez passer, s'enfoncer dans l'ombre du temple le pontife qui va célébrer les plus redoutables mystères aux lieux mêmes où ils se sont accomplis (1). »

Après avoir donné quelque temps à la curiosité, je pénétrai dans le Saint-Sépulcre, et je pus y réciter seul mon office de la nuit. Vers trois heures du matin, les Grecs vinrent y chanter une grand'messe (2) ; ensuite les Arméniens firent de même.

A cinq heures, c'est le tour des Latins. Le sacristain apporte deux planches couvertes d'une nappe ; il les appuie sur le cordon de marbre rouge qui fait saillie à la hauteur d'un demi-mètre au-dessus du Saint-Sépulcre ; on y place les vases sacrés et le livre (3), et un Franciscain commence la sainte Messe. Le moment précieux approche où je vais avoir la même faveur, si grande et si rare pour un prêtre d'Europe.

Revêtu des ornements sacrés, précédé d'un Frère servant, je pénètre avec émotion dans le *Saint des Saints*. Par un privilége spécial, la liturgie quotidienne au Saint-Sépulcre est celle de la fête de Pâques. C'est presque un *Alléluia* continuel. Qui pourrait exprimer les sentiments dont un prêtre se sent animé en célébrant les saints Mystères, sur le Calvaire ou sur le sépulcre même de Jésus-Christ? « Alors, comme dit Mgr Mislin, ce tombeau n'est plus séparé de sa victime ; on croit assister avec Joseph d'Arimathie et les saintes femmes à cette cérémonie funèbre où Jésus fut déposé dans le sépulcre; mais la tombe et sa victime sont remplies de gloire. Ce n'est plus Jésus sous les

_______________

(1) *Itinéraire de Paris à Jérusalem.*

(2) Les Grecs ne disent pas la messe sur le tombeau lui-même, parce qu'il est dirigé vers le nord de l'édicule et que le rit grec oblige rigoureusement le célébrant à se tourner vers l'Orient. Ils dressent un petit autel portatif dans l'angle oriental de la chapelle de l'Ange.

(3) Pour comprendre ceci, il faut se rappeler que le marbre qui recouvre le tombeau est trop bas pour qu'on puisse célébrer dessus immédiatement.

enveloppes de la mort, mais Jésus ressuscité et sous la forme mystique de l'Eucharistie, ayant triomphé de la mort. »

Oui, on s'écrie alors avec saint Paul, comme le guide de Château-briand : « *Ubi est, Mors, victoria tua? Ubi est, Mors, stimulus tuus* (1)? O mort, où est ta victoire? O mort, où est ton aiguillon? » Et de même que l'illustre pèlerin, on est tenté de prêter l'oreille, comme si la mort allait répondre qu'elle était vaincue et enchaînée dans ce monument.

Au moment de la communion, trois matelots de la flotte française mouillée devant Beyrouth, s'avancèrent dans l'étroit espace que laisse le tombeau et m'édifièrent par la piété avec laquelle ils reçurent la divine Eucharistie. Après avoir quitté les habits sacerdotaux à la sacristie, je retournai au Saint-Sépulcre pour faire mon action de grâces dans la chapelle de l'Ange, tandis que M. l'abbé Jamet disait la sainte Messe dans la chambre sépulcrale.

Quand il eut terminé, les Franciscains célébrèrent la grand'messe, comme ils font tous les jours. L'espace libre qui se trouve en face du Saint-Sépulcre jusqu'à la clôture du chœur des Grecs, est le chœur des Latins. C'est là que nous prîmes place, à côté des religieux qui chantaient devant leur lutrin. Combien il était doux pour nous d'entendre la psalmodie de l'Eglise catholique, et de voir les belles cérémonies de la liturgie romaine sous les voûtes de cette basilique bâtie par Constantin, et reconstruite par les Croisés, nos valeureux compatriotes ! Les cérémonies ont ici un caractère local et mystérieux qui augmente encore leur majesté. Le célébrant, isolé dans l'étroite cavité du rocher sépulcral, est invisible à tous les regards, au milieu de l'éternelle clarté du sanctuaire, comme Moïse, lorsqu'il conversait avec Dieu sur la montagne de Sinaï illuminée par des éclairs étincelants. Lorsqu'il entonne le *Gloria in excelsis,* ou qu'il chante la préface, sa voix ne se fait entendre qu'à demi, et paraît descendre du ciel jusqu'à l'assemblée attentive. Le diacre et le sous-diacre franchissent le vestibule de l'Ange pour venir réciter à haute voix l'épître et l'évangile; et le son de l'airain retentissant annonce seul l'instant solennel où le Seigneur Jésus daigne honorer de sa présence réelle ce tombeau qui ne

_______

(1) Ep. aux Cor., xv, 55.

connut jamais la corruption (1), et n'abrita que pendant trois jours son
corps adorable.


II — RÉCEPTION D'UN CHEVALIER DU SAINT-SÉPULCRE.


Pendant mon séjour à Jérusalem, j'eus l'occasion d'assister à la réception d'un chevalier du Saint-Sépulcre, c'est maintenant qu'il convient
d'en parler.

L'Ordre du Saint-Sépulcre, est un des plus honorables et des plus
anciens qui existent. On attribue généralement sa fondation à Godefroid de Bouillon. Dès l'année 1104, ses chevaliers se distinguèrent à
la prise de Ptolémaïs. Le pape Célestin II, en 1143, approuva les sta-
tuts de cet ordre dont le but, comme son nom l'indique, est la défense
du tombeau de Jésus-Christ. Louis VII, à son retour de Palestine
(1149), amena avec lui vingt Frères de l'ordre du Saint-Sépulcre; il les
établit à Saint-Samson d'Orléans, où cette archiconfrérie subsista jusqu'en 1254, époque à laquelle saint Louis la transféra dans la Sainte-
Chapelle, à Paris. Depuis l'origine, le Patriarche de Jérusalem en a
été le Grand-Maître. Quand les infidèles se furent emparés de la Palestine, les chevaliers du Saint-Sépulcre, comme ceux de saint Jean,
durent s'éloigner avec peine des lieux qui leur étaient si chers, et, à
défaut du Patriarche, le Pape se réserva le titre de Grand-Maître qui
fut restitué à Mgr Valerga, lors de la réintégration du patriarcat. La
décoration de l'Ordre est, comme on dit en style héraldique, une croix
rouge potencée et contournée de quatre croisillons, suspendue à un
ruban noir (2).

A une heure après-midi, M. Dequevauvillers se présentait à la tête
de notre caravane auprès de la porte de l'église du Saint-Sépulcre.
Elle était fermée, et le portier turc, quoique averti, se fit un peu
attendre. Enfin il arriva, appuya sa petite échelle sur la porte et ouvrit
les deux énormes cadenas. Nous nous rendîmes dans la chapelle latine
dont on ferma soigneusement l'entrée.

---

(1) « *Nec dabis sanctum tuum videre corruptionem.* » Ps. xv.
(2) Les armoiries de Jérusalem se composent de cinq croix disposées de
même, mais d'une couleur différente; elles sont d'or sur champ d'argent.
Elles rappellent les cinq plaies de N.-S. (Voir ces armoiries en tête de ce livre).

Une cérémonie noble et imposante dans sa simplicité, c'est la réception d'un chevalier du Saint-Sépulcre, faite à quelques pas du tombeau qu'il jure de protéger au prix même de son sang, en tenant dans ses mains l'épée de ce héros qui l'a arraché, il y a plus de sept siècles, au pouvoir des musulmans.

Le chancelier de Mgr Valerga, délégué par lui, monta à l'autel, revêtu des habits sacerdotaux, et l'un des pèlerins de notre caravane, qui devait recevoir l'ordre de chevalier comme procureur du titulaire absent, se mit à genoux à ses pieds. Deux Franciscains debout à côté tenaient dans leurs mains les éperons et l'épée de Godefroid de Bouillon. Après avoir récité l'hymne *Veni Creator*, l'officiant adressa au récipiendaire les questions et les admonitions d'usage, puis il lui fit chausser les éperons dorés et lui mit dans les mains l'épée nue en prononçant ces paroles : « Recevez, N., ce saint glaive, au nom du Père et du Fils et du Saint-Esprit; qu'il serve à vous défendre, vous et votre mère l'Eglise, pour l'épouvante et la confusion des ennemis de la croix du Christ et de la foi chrétienne, dans toutes les entreprises que vous permettront vos forces; et gardez-vous d'attaquer injustement tout homme; avec le secours de Dieu qui vit et règne dans les siècles des siècles. Amen (1). » Puis il ceignit l'épée au nouveau chevalier. Celui-ci remit son glaive au célébrant qui lui en frappa trois fois l'épaule et lui donna l'accolade; la cérémonie se termina par la récitation du *Te Deum* suivi de quelques oraisons. Lorsque nous quittâmes le lieu Saint nous étions tous devenus chevaliers du Saint-Sépulcre, de cœur, sinon de fait, car nous avions pris la résolution inébranlable de contribuer, chacun selon la mesure de nos forces, à la protection et à la gloire du tombeau de notre Rédempteur.

### III — LES BAZARS.

A l'est de la place du Saint-Sépulcre, se trouvait au temps des croisades l'église de Sainte-Marie-Latine, dépendant d'un couvent de Bénédictins, et, un peu plus bas, une abbaye de religieuses appelée Sainte-Marie-la-Grande.

Au sud-ouest de la petite mosquée, on aperçoit les traces d'une

(1) Extrait du *Cérémonial*.

église élevée sur l'emplacement de la prison de Saint-Pierre. Hérode-Agrippa voyant qu'il avait fait plaisir aux juifs en mettant à mort saint Jacques, fit aussi jeter saint Pierre en prison, voulant le faire mourir publiquement après la Pâque. Pendant ce temps, les prières de l'Eglise s'élevaient sans cesse vers Dieu pour lui. Mais, la nuit avant le jour où Hérode devait le faire mourir, un ange du Seigneur vint le délivrer (1). L'espace qui s'étend au-delà vers le midi, est occupé par une vaste cour et par les ruines du palais des chevaliers hospitaliers de Saint-Jean, qui sont devenus plus tard les chevaliers de Rhodes et ensuite de Malte. Tout le monde connaît les exploits de cet ordre célèbre, il défendit glorieusement les Lieux-Saints et la chrétienté contre les Barbares, et ne s'est éteint qu'avec le siècle dernier. Au sud-ouest de cette place se trouve l'église de Saint-Jean, elle appartient au patriarche grec. C'était la maison du disciple bien-aimé et de Zébédée, son père.

A l'ouest du même lieu, nous remarquons la grande piscine d'Ezéchias, appelée aussi *Birket, Hammam el Batrak (Etang des bains du Patriarche)*; elle renferme encore les eaux pluviales. La profondeur de cet étang situé au milieu d'un groupe de maisons n'est pas considérable, mais sa longueur est de 73 mètres, et sa largeur de 44. Il reçoit ses eaux par un conduit souterrain venant du Birket-Mamillah. Cette circonstance et sa situation à l'ouest de Jérusalem correspondent manifestement avec ce que la Bible nous apprend du réservoir et du conduit construit par Ezéchias pour amener dans l'occident de la ville les eaux de Gihon (2).

Nous voici à l'entrée des bazars, nous allons les visiter. Ce sont des rues couvertes de voûtes ou de nattes, dans lesquelles de pauvres petites boutiques recèlent les objets nécessaires à la vie. Il ne faut pas se montrer difficile, si l'on tient à faire des emplettes, car le luxe y est inconnu. Les acheteurs n'entrent pas dans les boutiques, selon l'usage oriental; le marchand accroupi sur l'estrade où sont étalées les denrées, attend stoïquement la pratique, en fumant son chibouk ou son narghileh. Les marchands de fruits et de légumes occupent

---

(1) Actes des Apôtres, XII. — C'est en mémoire de cette délivrance que l'église célèbre chaque année, le 1er août, la fête de Saint-Pierre-ès-Liens.

(2) II Paral., XXXII, 30.

toute une partie de rue ; dans une autre sont les épiciers et droguistes, plus loin les bouchers ; ailleurs, les marchands d'étoffes et de quincaillerie, etc.; chaque genre de commerce a son quartier spécial. En votre qualité d'Européen, l'objet que vous convoitez vous sera vendu trois fois plus cher qu'à un indigène, et quand vous paierez, on fera mille difficultés pour recevoir votre argent. Pour éviter tout ennui, vous vous êtes muni peut-être de monnaie chez un changeur qui vous a durement rançonné, il est vrai ; eh bien ! quand vous donnerez au marchand les pièces d'or ou d'argent que vous croyez représenter telle ou telle valeur, il tirera lentement de sa poche un petit trébuchet en bois, pèsera et repèsera votre monnaie, et après vous avoir prouvé, sans vous convaincre, que vos pièces n'ont pas le poids voulu, il vous diminuera tant de piastres sur l'une, tant de piastres sur l'autre, si bien que vous vous trouverez avoir dépensé une forte somme, tout en ayant acheté un objet d'un prix très-minime. Ce qui me flattait le plus dans ces misérables échoppes, c'étaient les raisins. Chaque jour des ânes et des chameaux apportent de nombreuses caisses pleines de ces fruits qui sont les meilleurs de la Terré-Sainte. Les grappes sont peu serrées, mais il n'est pas rare d'en voir d'un pied de long ; les grains très-gros sont d'un jaune doré et ont une douceur savoureuse dont nos raisins n'approchent pas (1). Depuis quelques années, trois ou quatre marchands européens sont venus établir à Jérusalem des boutiques mieux garnies que celles des indigènes.

Le seul endroit de la ville où il y ait un peu de vie et de mouvement, ce sont ces bazars nauséabonds; c'est un va et vient continuel, un flux et reflux de costumes les plus divers et les plus bigarrés. Le bédouin au manteau rayé de blanc et de brun y coudoie l'habitant de Jérusalem à la robe flottante et de couleurs variées; le juif, l'arménien, le grec, se pressent dans cos ruelles de six pieds de large, où le chapeau et le costume européen se distinguent par leur rareté. Des chevaux, des ânes, des chameaux, se frayent avec peine un passage au milieu de cette foule. On n'y voit guères d'autres femmes que des bédouines vêtues d'une longue robe de coton bleu, et dont les pieds et les mains sont ornés de bracelets en cuivre ou en

_________

(1) En 1863, la vigne a été attaquée par l'oïdium dans presque tous les cantons de la Judée aussi bien que les figuiers.

verre. J'ai aperçu plusieurs fois un *Santon* turc coiffé d'un bonnet
haut et pointu, et à demi vêtu; il choisissait un fruit dans l'étalage
de chaque marchand, et, en sa qualité de saint musulman, il l'em-
portait sans bourse délier, et sans entendre aucune réclamation. Dans
ces bazars et aussi en d'autres lieux, des peaux de divers animaux
sont étendues dans toute la largeur de la rue. Les pieds des passants
servent à tanner ces peaux destinées à former les selles et les chaussures arabes. Cette méthode de tannage inconnue chez nous, est
simple et peu coûteuse, il est vrai, mais elle n'est ni prompte ni
agréable pour les promeneurs.

Du reste, le commerce est nul à Jérusalem. En effet, comment dans
l'état où se trouve ce malheureux pays, le commerce pourrait-il
exister? Sa première condition c'est la sécurité; or, à la ville comme
à la campagne, le droit n'existe pas, la force seule est respectée, tout
est livré à l'arbitraire; ceux qui possèdent sont écrasés d'impôts par
les autorités turques et souvent pillés par les bédouins. Comment
l'agriculture pourrait-elle prospérer dans un pays où l'on n'est jamais
sûr de récolter ce que l'on a semé, où il n'y a ni routes, ni voitures,
ni rivières, ni courriers fréquents pour faciliter les échanges? Les
transports sont lents et coûteux, car tout se charge à dos de chameaux
et de mulets. Les relations sont difficiles, et entravées par la diversité
des religions, puisqu'il n'y a que quatre jours d'affaires par semaine:
le vendredi, le samedi et le dimanche étant chômés successivement
par les Mahométans, les Juifs et les Chrétiens. Aussi on ne voit de luxe
ni même de confortable, ni dans les maisons, ni dans les costumes, et
Jérusalem n'offre aux regards attristés que l'aspect de la misère.

# CHAPITRE XI

## LE QUARTIER MUSULMAN — L'ÉGLISE SAINTE-ANNE — L'ARCADE DE *L'ECCE-HOMO*.

### I — L'ÉGLISE SAINTE-ANNE.

Explorons maintenant le quartier Musulman, c'est le plus vaste de tous ; il renferme, outre le mont Moriah, une partie d'Acra, et celle de Bezetha qui est comprise dans la ville. Les musulmans de Jérusalem au nombre de 5,000, se divisent en Turcs et en Arabes. On reconnaît à chaque pas que les Turcs sont les maîtres. C'est une race indolente, abâtardie, ignorante, affectant un souverain mépris pour le reste des hommes ; s'ils sentent parfois d'une manière évidente la supériorité des Européens, des *Francs*, comme ils disent, ils font semblant de la dédaigner et redoublent alors de hauteur et d'arrogance. Le Turc en Orient n'a plus que le prestige du conquérant, et ce prestige s'affaiblit de jour en jour. L'Arabe est bien supérieur au Turc en intelligence et en énergie, et si cette race était réunie sous un bon gouvernement, elle pourrait jouir encore d'une certaine prospérité.

La partie septentrionale du quartier musulman, sur la colline de Bezetha que d'autres nomment Acra, comme Mgr Mislin, est presque déserte, et ne renferme que les ruines du palais d'Hérode-Antipas devant qui Pilate traduisit Notre Seigneur.

A une centaine de mètres de la porte murée d'Hérode se trouvent les débris considérables d'une ancienne église. On lui donnait le nom de la *Madeleine*, et on pense qu'elle fut élevée sur l'emplacement de la maison de Simon-le-Pharisien, à la table duquel la sainte repentante vint essuyer les pieds du Rédempteur avec ses cheveux, et recevoir le pardon de ses fautes (1). Non loin de là nous voyons l'église de Saint-Pierre que M. de Vogué fait remonter à la première moitié du XIIe siècle, à cause de son analogie avec celle de Sainte-Anne (2). Comme la plupart des églises des Croisés, elle a été transformée en mosquée en 1187, et a dû à cette circonstance d'être entièrement conservée (3).

Dans l'angle nord-est de la ville, auprès de la porte Saint-Etienne, l'église Sainte-Anne s'élève au milieu d'un vaste terrain abandonné

PLAN DE L'ÉGLISE SAINTE-ANNE.

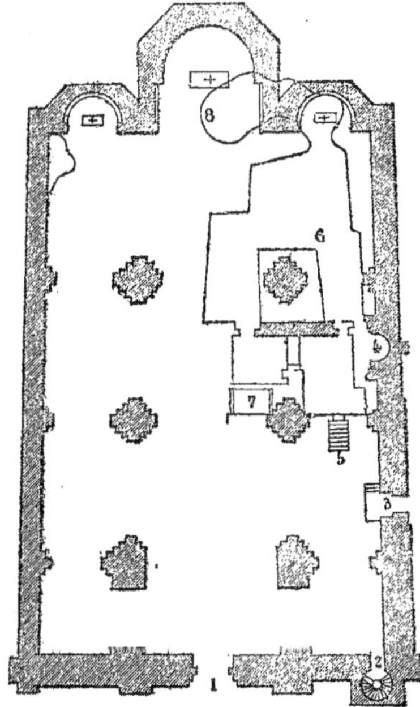

1 Porte.

2 Minaret.

3 Entrée latérale.

4 Mihrab.

5 Escalier.

6 Crypte.

7 Ouverture de la crypte.

8 Sanctuaire.

et couvert de ruines informes provenant du couvent des Bénédictines qui, au moyen-âge, y était attenant au midi. C'est, après l'église du Saint-Sépulcre, l'édifice le plus considérable qui nous reste de tous

(1) S. Luc , VII, 37.
(2) Voir la note (5), p. 144.
(3) Aujourd'hui elle est habitée par des derviches musulmans.

ceux que l'antique piété des Chrétiens éleva à Jérusalem. Sa forme
est celle d'un carré long, dirigé de l'est à l'ouest, et divisé par six
piliers en trois nefs qui se terminent par trois enceintes demi-circulaires. La porte en ogive ouvre à l'ouest; il n'y a plus de clocher, mais
seulement, dans l'angle sud-ouest, une sorte de minaret qui a pu en
tenir lieu. Une petite coupole couronne le sanctuaire principal. La
longueur totale de l'édifice est de 34 mètres, et sa largeur de 19
mètres 50 (1).

A moitié de l'église se trouve un escalier par lequel on descend dans la
crypte que la tradition considère comme ayant fait partie de la maison
de sainte Anne où naquit la Sainte-Vierge. Elle se compose d'une
première grotte dont les parois taillées dans le rocher présentent deux
petites absides, où les anciens autels étaient placés, puis d'une seconde
réunie après coup à la première, au moyen d'un étroit couloir (2).

L'Écriture-Sainte n'indique pas le lieu de la Nativité de la sainte
Vierge.

Mais d'après une tradition constante et universelle, en Orient du
moins, c'est à Jérusalem dans la maison située sur l'emplacement de
l'église Sainte-Anne, que l'auguste Marie est née. Nous voyons cette
tradition attestée dès le viii⁰ siècle, de la manière la plus formelle,
dans les œuvres de saint Jean Damascène qui a vécu et écrit sur les
lieux. Le témoignage de ce Père a sans doute une grande valeur, et
il a été admis par beaucoup d'auteurs recommandables. L'Eglise
même a placé parmi les leçons du Bréviaire Romain un passage tiré
de son livre *de la foi orthodoxe* (3) qui exprime clairement cette
croyance. Les révélations de sainte Brigitte autorisent aussi ce sentiment. Le Seigneur découvrant à cette pieuse veuve les avantages que
procure la visite des Saints-Lieux de Jérusalem et de Bethléhem, lui
dit ces paroles qui ne peuvent s'appliquer qu'à l'église de Sainte-Anne :
« Celui qui vient en ce lieu où Marie est née et où elle a été élevée,
non-seulement sera purifié, mais deviendra un vase en mon hon-

_______

(1) La hauteur de la grande nef est, sous clef, de 13 mèt. — Les toits présentent des surfaces horizontales.

(2) La première grotte était ornée de peintures et de dorures qui se voyaient
encore distinctement au xvii⁰ siècle ; il n'en reste que de faibles vestiges.

(3) Liv. IV, ch. xv. — « *In lucem editur in domo probaticæ Joachim.* » —
*In Præsentatione B. M. V.*

neur (1). » Quaresmius (2) et les Bollandistes (3) ont adopté cette tradition qui est confirmée par les principaux historiens des Croisades
ainsi que par plus de cent pèlerins grecs et latins, et qui semble
certaine. C'est aussi sur l'emplacement de l'église Sainte-Anne qu'eut
lieu l'Immaculée Conception de la Mère de Dieu. Quelques-uns cependant, comme Mgr Mislin, pensent que la sainte Vierge est née à
Nazareth, dans la *Santa-Casa* de Lorette. Il se fondent sur les bulles
de plusieurs papes qui favorisent cette opinion (4).

Lorsque les Croisés conquirent la Ville-Sainte, ils trouvèrent en cet
endroit une petite église dédiée à Sainte-Anne, suivant M. de Vogué.
Cette chapelle avait été sans doute construite au xi^e siècle, après la
persécution d'Hakem, sur les ruines de celle qui existait dès le
vi^e siècle, et qui avait été vue par saint Antonin de Plaisance et par
saint Jean Damascène. Judith, fille de Baudouin II, prit le voile vers
1130, dans la communauté de femmes qui fut attachée à cette chapelle
par Godefroid de Bouillon. C'est à cette époque, d'après le savant archéologue précité, qu'il faut placer la construction de l'église actuelle (5).
Lorsque Saladin eût pris Jérusalem (1187), ce monument tomba au
pouvoir des musulmans, et, cinq ans après, le sultan y établit un
médressé ou école qui subsista jusqu'au xv^e siècle. Seule l'église
survécut. Elle fut visitée par tous les pèlerins qui se sont succédé à
Jérusalem depuis le xiii^e siècle jusqu'à nos jours. Les Franciscains
obtenaient, à prix d'argent, la faveur d'y prier dans les grottes souterraines, aux fêtes de sainte Anne et de la Nativité de la Sainte-
Vierge. Mais, grâce à Dieu, la désolation de ce précieux sanctuaire va
bientôt cesser. Après les victoires remportées par nos troupes en

(1) *Revel.*, liv. V, *Rev.* XIII.

(2) *Ecclesia sub titulo B. Annæ, pulchra et spatiosa est. Subtus cam sacellum
est ubi cubiculum fuisse dicitur in quo concepta et in lucem edita creditur
B. V. M. — Elucidatio Terræ-Sanctæ*, t. II, p. 104.

(3) *Acta S.*, xx *Martii, de S. Joachimo*, § III, 13.

(4) Voir l'*Étude historique sur l'église de Sainte-Anne*, par le P. Alexandre
Bassi, dans les *Annales du commissariat de Terre-Sainte*, à Paris, 1863.

(5) Le P. Bassi, réfutant le système de M. de Vogué, voit dans l'église de
Sainte-Anne un monument d'origine grecque qui a passé au rit latin et que
des restaurations ont sensiblement modifié. Il fixe sa construction à l'époque de
Justinien I^er, vers la moitié du vi^e siècle. — Voir son *Étude sur l'église Sainte
Anne.*

Crimée, le sultan Abdul-Medjid a cédé à la France, dans la personne
de l'Empereur Napoléon III, l'église de Sainte-Anne. Elle a été remise solennellement à notre digne consul, M. de Barrère, par le pacha
de Jérusalem, le 1<sup>er</sup> novembre 1856 (1). Les travaux considérables
que le gouvernement français a commencés, après avoir été trop
longtemps interrompus, viennent d'être repris sous l'habile direction de
M. Mauss, architecte.

Le 8 septembre est un beau jour de fête pour tout le monde catholique; mais qu'il est doux de pouvoir honorer la Nativité de Marie
sur les lieux mêmes où son berceau fut placé! Ce matin-là, les fidèles
de Jérusalem s'étaient donné rendez-vous dans l'église de Sainte-
Anne. Deux autels portatifs furent installés dans les grottes, et j'eus
le bonheur d'y célébrer les saints Mystères. A neuf heures fut dite la
messe solennelle. Le R. P. Lescœurs, secrétaire de notre caravane,
officiait. Dans l'étroit espace de la première grotte se tenaient devant
l'autel le consul de France, assisté de son chancelier avec tous les
pèlerins français, et de chaque côté, comme des anges adorateurs,
des Franciscains à la tête rasée et ceinte d'une couronne de cheveux,
au visage encadré dans une longue barbe. Les Sœurs de Saint-Joseph
et de Notre-Dame de Sion avec leurs jeunes élèves et quelques hommes
et femmes arabes se pressaient sous cette antique voûte d'où les cierges
pouvaient à peine dissiper les ténèbres. Que l'office divin y était touchant dans son extrême simplicité! En voyant ce pauvre autel et ces
fervents chrétiens dans une caverne, notre pensée remontait jusqu'à
cette époque éloignée où les premiers disciples du divin Crucifié se
réunissaient dans le sein de la terre, dans les catacombes, pour immoler l'Agneau sans tache et se préparer au martyre.

Après la Messe, les enfants de chœur du couvent latin chantèrent
d'une voix fraîche et sonore les Litanies de la Sainte-Vierge, et ce fut
pour nous une grande joie d'entendre les louanges de l'auguste Marie
retentir dans ce sanctuaire qui depuis six cents ans n'était plus habitué
aux cantiques sacrés. C'était là un spectacle bien propre à ranimer
les espérances des pèlerins venus de si loin pour consoler l'église de
Jérusalem dans ses douleurs, et fortifier par leur présence la foi re-
naissante des enfants de la Judée. Ces paroles du prophète Zacharie :

_______________

(1) La France a ensuite acheté deux terrains au nord de cette église.

« Le Seigneur réserve encore des consolations à Sion, et il portera de nouveau sa prédilection sur Jérusalem (1); » se présentaient à nos esprits et nous faisaient trouver dans tout ce qui nous entourait comme le présage d'un meilleur avenir. Quand les dernières notes du *Domine salvum* pour l'Empereur des Français se furent éteintes avec le dernier cierge, la grotte et l'église Sainte-Anne retombèrent dans leur obscurité et leur silence ordinaires.

Nous avons devant nous la piscine probatique, il faut la visiter.


II — LIEUX REMARQUABLES DE LA VOIE DOULOUREUSE.


A l'angle N. E. de l'enceinte de la mosquée d'Omar, on voit un grand réservoir que les habitants de Jérusalem nomment *Birket-Israïl*. Il a 150 pieds de long sur 40 de large. Maintenant il est desséché et au tiers comblé par les immondices et les décombres du quartier, de sorte qu'on peut difficilement connaître sa profondeur primitive (2). A l'extrémité occidentale de ce bassin, on aperçoit deux arcades presque entières; elles donnent naissance à deux voûtes, et probablement faisaient partie des cinq mentionnées par saint Jean (3). Le mur méridional, adossé à celui de la mosquée d'Omar, est muni d'un revêtement en petit appareil, c'est-à-dire en moellons piqués de petits échantillons tout-à-fait semblables aux parements de construction romaine. Derrière ce revêtement qui a croulé en maint endroit, on reconnaît un appareil tout différent, composé d'assises régulières de grosses pierres de taille carrées de 50 centimètres de côté et dont les joints sont formés de petites pierres. M. de Saulcy regarde cette maçonnerie comme contemporaine à tout le moins d'Hérode-le-Grand. Un enduit en ciment qui existe encore en partie, recouvrait ce mur.

On lit dans l'Evangile : « Or il y a dans Jérusalem une piscine probatique appelée en hébreu *Bethsaïda*, ayant cinq portiques, où gisait une grande multitude de malades, attendant le mouvement de l'eau. Car un ange du Seigneur descendait au temps marqué dans la piscine, et remuait l'eau, et celui qui y descendait le premier après

---

(1) Zach. I, 17.

(2) Le sol de cette piscine est environ 25 pieds plus bas que celui de la rue. Il y croît quelques grenadiers et des nopals.

(3) Ev., v, 2.

que l'eau avait été agitée, était guéri de quelque maladie qu'il fût atteint (1). » Ce fut là que Jésus rendit la santé à un paralytique infirme depuis trente-huit ans, et ce miracle bienfaisant fut cause que les Juifs cherchèrent à le faire mourir parce qu'il l'avait opéré le jour du sabbat. Ils avaient aussi un autre motif de haine, c'est comme le remarque l'évangéliste, qu'en appelant Dieu son père, il se faisait égal à Dieu (2).

A l'angle N. O. de l'enceinte de la mosquée d'Omar, se trouve le sérail ou palais du Pacha avec une caserne turque. Il occupe l'emplacement du prétoire de Pilate et de la forteresse Antonia, que les Juifs défendirent avec tant d'acharnement contre Titus (3). Cette citadelle avait été bâtie par les Machabées, et on l'appelait Tour de Baris; ce fut Hérode-le-Grand qui lui donna le nom d'*Antonia* en l'honneur de M. Antoine, son bienfaiteur, et qui augmenta considérablement son étendue. Josèphe nous en a laissé la description. Il dit que son aspect général était celui d'une large tour flanquée d'autres tours à ses quatre angles. A la forteresse étaient joints des appartements de toute nature décorés avec la plus grande richesse, des cours à portiques, des bains et de grands espaces couverts pour camper, de sorte que, selon l'historien juif, par tout ce qu'on y trouvait elle paraissait une ville, tandis que par sa magnificence elle semblait un palais. C'est dans ces somptueux édifices qu'Hérode-le-Grand fixa sa résidence et que Ponce-Pilate demeurait également (4). Pour honorer ces lieux dans lesquels

(1) S. Jean, v, 2.

(2) « *Propterea ergo magis quærebant eum Judæi interficere; quia non solum solvebat Sabbatum, sed et patrem suum dicebat Deum, æqualem se faciens Deo.* » S. Jean, v, 18. — Saint Jérôme nous apprend que cette piscine avait reçu son surnom de *Probatique* (ou *des Troupeaux*), parce qu'elle était destinée à laver les victimes que l'on offrait en sacrifice. Il ajoute qu'elle avait autrefois cinq portiques et que, de son temps, on y voyait deux lacs. ( *Onom.* V. Bethesda.) — Je suis descendu jusqu'au fond, il n'y a plus que quelques flaques d'eau.

(3) La tour Antonia était à l'angle nord-ouest de l'enceinte du temple. Un portique élevé la joignait au prétoire situé plus au nord et à l'ouest sur la rue de Josaphat appelée maintenant Voie-Douloureuse.

(4) On voit, dans la rue qui mène à la porte Saint-Étienne, au pied d'une voûte, du côté de l'église Sainte-Anne, une tourelle moderne avec des soubassements antiques formés de grosses pierres carrées que l'on regarde comme des vestiges de la tour Antonia.

ce lâche gouverneur abandonna le Juste par excellence, les chrétiens avaient élevé au xii⁰ siècle une assez grande église dont on retrouve quelques débris dans la cour de la caserne.

Saint Marc nous apprend que le Sauveur a été couronné d'épines (1), dans la cour du prétoire (2). L'intérieur de la caserne renferme encore la chapelle construite par les Croisés, sur la place où Notre Seigneur voulut bien endurer les outrages des soldats. C'est un petit édifice carré de 5 mètres de côté, recouvert par une coupole à huit pans. Le colonel turc nous reçut dans cette caserne avec beaucoup de gracieuseté, et nous fit monter sur les terrasses d'où nos regards s'étendaient sur l'esplanade de la mosquée d'Omar qui est contiguë.

De l'autre côté de la rue, en face de ce bâtiment, les Croisés avaient élevé une autre chapelle au lieu même où la chair virginale du Fils de Dieu était tombée en lambeaux sanglants sous les coups des verges et des fouets. Cette petite église n'était plus depuis longtemps qu'un endroit immonde, et le P. de Géramb assure qu'on y trouvait à peine une place où le genou pût se poser. Elle a été donnée aux Franciscains en 1838 par Ibrahim-Pacha. L'année suivante, le duc Maximilien de Bavière laissa à Jérusalem, comme souvenir de son pèlerinage, la somme nécessaire pour l'acquisition de terrains avoisinants et la réparation de l'édifice. Un autel en marbre blanc est érigé sur l'emplacement où se trouvait la colonne de la flagellation. Cinq lampes d'argent y brûlent jour et nuit. Un petit couvent est attenant à la chapelle.

III — L'ARCADE DE L'ECCE-HOMO.

Un peu plus loin, dans la même Voie-Douloureuse, apparaît l'arcade de l'*Ecce-Homo*, près de laquelle est l'établissement des *Filles de Notre-Dame de Sion*. Ici je laisse la parole au vénérable président de notre caravane, le P. Crombé; il s'exprime ainsi dans son rapport au Conseil de l'Œuvre des pèlerinages.

« En 1855, le P. Marie-Alphonse Ratisbonne faisait partie de la qua-

----

(1) J'ai contemplé la couronne d'épines qui fut placée sur le front de l'Homme-Dieu. On la conserve à Notre-Dame de Paris.

(2) Ev. xv, 16.

trième caravane. En visitant les lieux saints, il eut la pensée de former
à Jérusalem un établissement de religieuses de Notre-Dame de Sion,
qui serait une succursale de la maison-mère de ce nom établie depuis
longtemps à Paris, par le P. Théodore Ratisbonne, son frère, qui est
comme lui un ancien israélite converti. Il voulait, en exécutant ce
projet, coopérer à réhabiliter la femme qui, dans ces contrées, a perdu
toute dignité, concourir à la propagation de l'Evangile en Orient, par
l'éducation gratuite offerte aux enfants nés dans les sectes dissidentes ou
dans les ténèbres de l'infidélité, et en même temps offrir à Dieu, par
les prières et les austérités des saintes Filles de Notre-Dame de Sion,
une réparation continuelle du crime commis par les juifs déicides là
où le crime a été consommé. La pensée du P. Marie avait donc tout à
la fois pour but une œuvre de charité et une œuvre d'expiation. Vous
allez voir comment la Providence a approuvé ce projet en le bénissant.

« Au commencement de 1856, quelques religieuses de Notre-Dame
de Sion arrivaient de Paris et s'installaient dans une maison plus que
modeste qu'elles habitent encore actuellement et où elles ont établi un
petit pensionnat. Cet établissement ne suffisant bientôt plus au nombre
des enfants que l'on présentait, le P. Ratisbonne conserva à Jérusalem
les jeunes filles qui demandaient une éducation à l'européenne, et
loua à la campagne une vaste maison pour les pauvres petites arabes.
Cette maison, que nous avons visitée, est située à Saint-Jean *in
Montana*, et touche au sanctuaire de la Visitation. On y compte une
trentaine d'orphelines, au nombre desquelles on remarque douze enfants des martyres du Liban, deux musulmanes de la montagne de
l'Ascension, une cophte et deux grecques schismatiques. Au pensionnat
de Jérusalem, avec les catholiques se trouvent deux protestantes. On
y comptait en outre, il y a peu de temps, une jeune russe, quelques
juives et une turque. Quatre jeunes personnes de Jérusalem sont
entrées comme religieuses dans la congrégation de Notre-Dame de
Sion. L'une a terminé déjà ses deux années de noviciat, à Paris ; deux
autres y sont en ce moment, et la quatrième se trouve encore à Jérusalem comme postulante. Plusieurs autres jeunes filles arabes de
Terre-Sainte sollicitent leur admission.

« Voilà, quant à la partie vivante de l'œuvre, les détails et les déve-
loppements de l'entreprise du P. Ratisbonne. Le développement

matériel n'a pas été moins rapide, surtout en face des incroyables difficultés de tout genre que l'on rencontre à chaque pas en Orient, pour
des entreprises de ce genre. D'abord à Jérusalem, le P. Marie a fait,
il y a cinq ans, l'acquisition vraiment providentielle d'un terrain qui
était autrefois une dépendance du palais de Pilate et que l'on appelle
les ruines de l'*Ecce-Homo*. Ce terrain a coûté 68,000 francs. Parmi
ces ruines se trouvent : 1° une partie de la grande arcade qui passe
au-dessus de la Voie-Douloureuse ; 2° une petite arcade romaine récemment découverte et entièrement conservée, qui ne fait avec la
grande arcade qu'un seul et même monument ; 3° une partie de l'antique Voie-Douloureuse ; 4° un grand nombre de dalles du *Lithostrotos,* qui était une place pavée en mosaïque devant le prétoire. Ces
dalles se trouveront plus tard dans la chapelle que le P. Marie se pro-
pose de faire bâtir à la place qu'elles occupaient du temps de Notre-
Seigneur et recevront les pieuses larmes des pèlerins, après avoir été
arrosées du sang de Jésus-Christ. Les constructions du couvent, ainsi
que le quartier réservé aux enfants ont coûté 400,000 francs, et sont à
peu près terminées. Le sanctuaire ne pourra être commencé qu'au
printemps prochain (1862); il a fallu attendre que les Grecs consen-
tissent à vendre un terrain qui se trouve le long de la Voie-Douloureuse, et qui augmente du double l'enceinte sacrée qui servira de
chapelle et dans laquelle seront réunis tout à la fois, le pilier principal
du grand arc, le petit arc, une partie de la Voie-Douloureuse et les
dalles du *Lithostrotos.* Cette cession de terrain vient d'avoir lieu, mais
moyennant d'énormes sacrifices pécuniaires. Cette chapelle, comme on
le voit, sera incontestablement, après l'église du Saint-Sépulcre, l'un
des plus précieux sanctuaires de Jérusalem.

« Dans le quartier des enfants, en creusant pour les fondements de
la maison, on a trouvé une fontaine dont la découverte a fait une
grande sensation à Jérusalem. C'est l'unique fontaine qui existe actuellement dans la Ville-Sainte. Depuis dix mois que l'on y puise de l'eau,
du matin au soir, pour les constructions, le niveau est toujours resté
le même, et au moment où nous étions à Jérusalem, après la longue
saison de chaleur et de sécheresse, l'eau y était plus abondante que
jamais. »

On voit d'après cet aperçu, que les personnes dont les aumônes ont
contribué à fonder l'établissement du P. Ratisbonne, ont coopéré à

une œuvre éminemment chrétienne et civilisatrice, qui a encore besoin de leur généreux et continuel concours pour produire tous ses heureux résultats.

M. de Saulcy, membre de l'Institut, raconte, dans son intéressant *Voyage autour de la mer Morte*, comment des pluies diluviennes, ayant entraîné l'épaisse couche de plâtre sous laquelle l'arcade primitive de l'*Ecce-Homo* était ensevelie depuis longtemps, cette arcade reprit son véritable caractère, et il ne craint pas d'affirmer que la tradition locale est, en ce point, conforme à la vérité historique. Cette porte romaine, construite en très-bel appareil de blocs considérables, se rattachait au mur du palais de Pilate, palais qui, au point où s'en voient les restes, se trouvait évidemment en contact avec la forteresse Antonia. Elle forme un arc en plein cintre de 6 mètres d'ouverture, et dont l'épaisseur, parallèlement à l'axe de la rue, est de 2 m. 50 c. Comme je l'ai dit plus haut, le P. Ratisbonne a rencontré, en faisant ses constructions, un second arc romain de plus petite dimension qui accompagnait le premier; et il est à croire qu'il en existe un troisième semblable, de l'autre côté du grand (1).

Cette arcade s'appelait à juste titre : *Porte-Douloureuse,* au temps des Croisades. Elle est surmontée d'une grossière construction moderne ; c'est une galerie couverte ayant une double fenêtre carrée, et qui est habitée aujourd'hui par un derviche musulman.

Saint Jean, dans le chapitre xix, 13, de son Evangile, se sert du mot Βῆμα, en désignant la tribune sur laquelle N. S. fut conduit la deuxième fois par Pilate pour être montré aux juifs. Le même apôtre ajoute que cette tribune était à l'endroit nommé *Lithostrotos* (*pavé en pierre*), et en hébreu *Gabbatha* (2). D'après cette donnée, on peut penser qu'il est très-possible que l'arc en question, appartenant au palais de Pilate, ait effectivement servi de tribune dans les occasions où le gouverneur romain avait à haranguer le peuple.

C'est donc dans cette même place par où j'ai passé tant de fois, qu'eut lieu une des scènes les plus déchirantes de la Passion. Il me semblait alors assister à ce triste spectacle. Sur cette tribune apparais-

(1) On a découvert aussi en ce lieu un vaste tunnel hébraïque très-bien conservé.

(2) Ce mot signifie probablement *arc.*

sait l'Agneau de Dieu, couronné d'épines, couvert d'un haillon de
pourpre et tenant à la main un fragile roseau. Et Pilate le montrait au
peuple, en disant : « Voilà l'homme; *Ecce Homo !* (1). » Oui, c'est
bien lui, cet *homme de douleur,* qui est mon Dieu et qui s'est fait
mon Frère pour devenir mon Sauveur; oui, il est maintenant dans cet
état déplorable où le sublime Isaïe l'avait contemplé dans sa vision
prophétique, huit siècles auparavant : « Il n'a plus ni éclat ni beauté;
nous l'avons vu, mais il n'était plus reconnaissable. Il est devenu le
plus vil et le plus méprisé des hommes, l'homme de douleurs connais-
sant l'infirmité; son visage était voilé par les opprobres et l'ignominie,
et nous l'avons compté pour rien. Vraiment il s'est chargé lui-même
de nos langueurs et il a porté nos souffrances; et nous l'avons regardé
comme un lépreux et comme frappé par Dieu et humilié. Il a été blessé
lui-même à cause de nos iniquités, il a été brisé pour nos crimes; le
châtiment qui doit nous donner la paix s'est appesanti sur lui, et nous
avons été guéris par ses meurtrissures (2). » Et la foule des Juifs,
excitée par la jalousie implacable des Pharisiens et des autres chefs du
peuple, élevait ses bras meurtriers, et préludait à son déicide en criant :
« *Tolle, Tolle ;* ôtez-le, ôtez-le, crucifiez-le; que son sang retombe
sur nous et sur nos enfants (3). » Nous avons vu, en parlant du siége
de Jérusalem par Titus, comment cette horrible imprécation a été réa-
lisée; elle l'est encore tous les jours, et nous aurons lieu de le remarquer de nouveau (4).

Auprès de l'établissement du P. Ratisbonne, se trouvent les constructions faites par l'Autriche depuis 1856. Elles sont magnifiques et très-
vastes, et servent d'hôtellerie pour les pèlerins allemands. M. le Consul
autrichien, avec beaucoup de courtoisie, a voulu nous faire lui-même
les honneurs de cet édifice qui renferme une très-belle chapelle.

(1) S. Jean, Ev., xix ; 5.
(2) Isaïe, liii , 2.
(3) S. Jean, Ev., xix , 15.
(4) Le P. Alphonse-Marie Ratisbonne a célébré la première messe dans son
sanctuaire, le 20 janvier 1862, jour vingtième anniversaire de sa conversion
miraculeuse dans l'église S.-Andrea-delle-Frate, à Rome.

# CHAPITRE XI

## NOTIONS HISTORIQUES SUR LE TEMPLE DE SALOMON
## ET LA MOSQUÉE D'OMAR

Nous devons prendre connaissance maintenant du monument le plus vaste et le plus magnifique de Jérusalem, et aussi le plus intéressant après l'église du Saint-Sépulcre : c'est la fameuse mosquée d'Omar, située sur l'emplacement du temple de Salomon et que les musulmans nomment *Haram-ech-cherif* (*l'Enceinte sacrée*).

L'angle S. E. de Jérusalem, au bord de la vallée de Josaphat, est formé par le mont Moriah, sur lequel on croit généralement qu'Abraham offrit en sacrifice au Très-Haut son fils Isaac (1). Nous lisons dans les *Paralipomènes* que David, pour arrêter les coups de l'Ange exterminateur qui frappait le peuple d'Israël, éleva un autel à Jéhovah dans l'aire d'Ornan, le Jébuséen (2). Le saint roi avait rassemblé des matériaux et préparé les plans pour édifier un temple au Seigneur. Mais Dieu lui dit : « Tu ne bâtiras point une maison à mon nom, parce que tu es un homme de guerre et que tu as répandu le sang (3). » Cette œuvre importante fut donc réservée à son fils. « Salomon commença à construire le temple de Jéhovah à Jérusalem, sur la montagne de Moriah, au lieu même que David avait préparé, dans l'aire d'Ornan, le Jébuséen (4). » Le Moriah était dans l'origine une colline irrégulière, séparée des monts Sion au S.-O., Acra à l'O. et Bézetha au N., par des vallées plus ou moins profondes. Pour niveler le sommet du

(1) Gen., xxii, 9.
(2) I Par., xxi, 18.
(3) I Par., xxviii, 3.
(4) II Par., iii.

Moriah et lui donner une surface en rapport avec les gigantesques proportions de l'édifice que Salomon allait élever à la gloire de l'Eternel, il
devint nécessaire d'exécuter d'étonnants travaux. Du côté du sud, on
construisit un mur de soutènement d'une très-grande élévation, selon
Josèphe, et pour mettre le temple en communication avec le mont Sion
où était le palais du roi, on jeta sur le *Tyropœon* (*Vallée des Fro-
magers*) un pont dont les voussoirs se voient encore. C'est vers l'année
1008 avant Jésus-Christ que Salomon jeta les fondements de ce temple
qui, par la magnificence de son architecture et par la richesse de ses
ornements, dont la Bible et l'historien des Juifs nous ont donné la description, a été placé à bon droit au nombre des merveilles du monde.
Cet immense édifice fut achevé au bout de sept ans; il renfermait le
*Saint des Saints,* asile vénérable où reposait l'Arche d'Alliance
sous les ailes des Chérubins; et Salomon en fit la dédicace avec une
pompeuse solennité (1).

Nabuchodonosor, roi de Babylone, le réduisit en cendres 420 ans
après sa fondation (588 avant J.-C.) (2). C'était un juste châtiment
de l'idolâtrie et de la corruption auxquelles s'adonnait le peuple
juif.

Quand les soixante-dix années de la captivité de Babylone furent
révolues, Cyrus ordonna par un édit la reconstruction de la maison de
Jéhovah à Jérusalem (536 ans avant J.-C.). Les fils d'Israël revinrent
donc dans leur patrie, sous la conduite de Zorobabel, et ils se mirent
courageusement à l'œuvre. La dédicace de ce nouveau temple se fit vers
l'année 516 avant J.-C. (3); mais les anciens qui avaient vu celui de
Salomon, mêlaient leurs gémissements lamentables aux chants d'allégresse du peuple, en se rappelant la beauté du premier. Alexandre-le-
Grand visita ce monument et y offrit des victimes au Très-Haut. Antiochus-Epiphane, ministre des vengeances divines, après avoir pillé le
temple de Jéhovah, le souilla en y plaçant une statue de Jupiter
Olympien. Judas Machabée le purifia et y rétablit le culte du vrai Dieu.
Pompée, devenu maître de Jérusalem (63 ans avant J.-C.), pénétra avec
sa suite jusque dans le *Saint des Saints.* « Il entra dans le temple par

(1) II Par., vii,
(2) IV Rois, xxv, 8.
(3) I Esdras, vi, 16.

le droit de la victoire, dit Tacite. On apprit alors que l'enceinte ne renfermait l'image d'aucun Dieu, et qu'elle était vide (1). » Crassus, entrant en pleine paix dans la capitale de la Judée, n'imita pas la réserve de Pompée. Il pilla le temple et enleva des richesses évaluées à cinquante millions, que les familles juives y avaient mises en dépôt. Ce second temple subsista, dans son état primitif, jusqu'à la dix-huitième année du règne d'Hérode, 19 ans avant l'ère chrétienne, c'est-à-dire pendant 497 ans.

Ce prince, désirant se concilier l'affection des juifs, ou, suivant les traditions rabbiniques, voulant expier tous les crimes qu'il avait commis, le fit alors reconstruire en partie avec une splendeur dont l'Evangile lui-même nous rend témoignage. « Comme Jésus sortait du temple, l'un de ses disciples lui dit : « Maître, regardez quelles pierres et quelle structure ! » Et Jésus répondant, lui dit : « Voyez-vous tous ces grands bâtiments ? Il n'en restera pas pierre sur pierre qui ne soit détruite (2). » Ce fut dans ce temple que la vierge Marie, âgée de trois ans, se présenta au Seigneur, pour se consacrer entièrement à son service. Quelques années plus tard, elle y offrait son divin Fils qu'elle rachetait par deux tourterelles ; et le saint vieillard Siméon, le prenant dans ses bras, bénissait Dieu de lui avoir montré le Sauveur du monde. C'est dans ce temple que Jésus se rendait chaque année pour célébrer la Pâque avec ses parents et qu'il se fit admirer par les docteurs de la loi à l'âge de douze ans. Ce fut sur le haut de ce temple qu'il fut tenté par le démon. C'est dans ce temple qu'il pardonna à la femme adultère, qu'il chassa les vendeurs, profanateurs de la maison de son père, qu'il confondit les pharisiens qui lui demandaient s'il fallait payer le tribut à César, et qu'il fit l'éloge du denier de la veuve. Ce fut là qu'il donna diverses instructions, et qu'il entra triomphalement, quelques jours avant sa mort, aux cris joyeux de l'*Hosannah.*

Mais les Juifs devaient enfin subir la peine suprême de leurs prévarications sans cesse renouvelées. Titus vint avec ses légions, et après une vive résistance, il s'empara de la ville et du temple qui, malgré

----

(1) *Hist.*, l. V, c. IX. — En effet, d'après le livre des *Machabées*, Jérémie avait caché l'arche d'alliance, le tabernacle et l'autel des encensements dans une caverne du mont Nébo, qui est demeurée inconnue. II, Mac. II, 4.

(2) S. Marc, XIII.

ses ordres, fut réduit en cendres (70 après J.-C). La prophétie du Sauveur fut alors accomplie, car cet édifice fut entièrement détruit, 77 ans après sa reconstruction (1). Depuis sa destruction jusqu'à Adrien, il n'y a eu que des ruines sur le mont Moriah. Cet empereur y fit bâtir un autre temple où l'on voyait sa propre statue avec celle de Jupiter. A ce propos, voici une curieuse découverte faite par M. de Saulcy. Ce savant, qui a étudié avec tant de zèle les monuments antiques de Jérusalem, a trouvé dans le mur d'enceinte méridional du *haram* une porte ancienne à demi enterrée. Dans la maçonnerie beaucoup plus récente qui l'encadre, il a remarqué une inscription placée sens dessus dessous, dont voici la teneur :

TITO AEL. HADRIANO

ANTONINO AVG. PIO

P.P. PONTIF. AVGVR.

D. D.

« *A Titus Ælius Hadrien Antonin Auguste le Pieux, père de la patrie, pontife, augure, par décret des décurions.* »

M. de Saulcy ne doute pas que cette inscription n'ait été enchâssée dans la base d'une statue élevée à l'empereur Antonin-le-Pieux, car il est probable qu'il reçut le même hommage que son prédécesseur Adrien. Ce qui est sûr, c'est que le pèlerin de Bordeaux, qui visita Jérusalem en 333, constate la présence de deux statues d'Adrien auprès de la pierre visitée avec dévotion par les Juifs. Or, il est difficile de croire que l'on ait érigé deux statues au même prince, dans le même endroit. Donc la seconde était celle d'Antonin-le-Pieux, et nous possédons encore l'inscription qui était dans sa base.

Trois cent soixante ans après la ruine désastreuse de la nationalité juive, Julien-l'Apostat conçut un projet insensé que d'autres philosophes ont entrepris comme lui sans pouvoir y mieux réussir : c'est le projet de faire mentir l'Evangile qui est l'œuvre de la vérité même. A cet effet, il rappela les Juifs dans leur patrie et leur ordonna de reconstruire le temple de Jérusalem dont J.-C. avait prédit qu'il ne

---

(1) Il y avait 1130 ans que Salomon avait commencé au même lieu les travaux de son temple.

resterait pas pierre sur pierre. Tout le monde se mit à l'œuvre avec une ardeur incroyable ; mais « tandis qu'Alypius pressait vivement les travaux, aidé par le gouverneur de la province, de terribles tourbillons de flammes firent irruption auprès des fondements et par des assauts répétés brûlèrent les ouvriers et rendirent ce lieu inaccessible ; c'est ainsi que cet élément, les repoussant avec obstination, l'entreprise cessa. » C'est Ammien Marcellin (1), auteur païen, homme de guerre au service de Julien et historien de cet empereur, qui nous atteste ainsi le résultat du projet impie de son maître. Une foule d'auteurs ecclésiastiques (2) ont affirmé la vérité de ce prodige que plusieurs auteurs modernes refusent d'admettre, on comprend pourquoi. Mais voici un témoignage qu'on doit nécessairement accepter : c'est celui de Julien lui-même. Dans une de ses lettres il s'exprime de la sorte : « Il est vrai que les prophètes, parmi les Juifs, nous ont reproché tous ces désastres ; mais que diront-ils eux-mêmes de leur propre temple détruit trois fois et qu'on n'a pu rebâtir jusqu'à présent ? Ce n'est pas que je veuille insulter à leur fortune, puisque j'ai moi-même voulu rebâtir ce temple en l'honneur de la Divinité qu'on y invoquait (3). »

Après cette tentative manquée, l'emplacement du temple resta abandonné jusqu'à ce que Justinien y élevât une église en l'honneur de la B. Vierge.

Omar s'étant emparé de Jérusalem (640), s'imagina qu'il avait retrouvé au même lieu la pierre sur laquelle le patriarche Jacob avait la tête appuyée, la nuit où il eut sa vision mystérieuse. Par son ordre, on dégagea cette pierre des immondices qui la couvraient et on bâtit une mosquée dans la partie méridionale du parvis. Abdel-Mélek, à la fin du vii<sup>e</sup> siècle, construisit la mosquée actuelle (4) qui renferma la pierre sacrée *Es-Sakrah* dans son enceinte, et devint pour les Musulmans un sanctuaire aussi respectable que ceux de la Mecque et de Médine.

Les Croisés, entrant dans Jérusalem (1099), trouvèrent de grandes

(1) I, xxiii, c. 1.
(2) Rufin, Théodoret, Sozomène, saint Grégoire de Nazianze, etc.
(3) Jul. *Fragm.*, p. 540.
(4) On vient de découvrir l'inscription originale de la fondation, elle est datée de l'année 72 de l'hégire qui correspond à l'année 694 de notre ère.

richesses dans la mosquée d'Omar. Godefroid de Bouillon fit purifier cet édifice, dans la disposition duquel on ne fit d'autres changements que ceux qui étaient nécessaires pour la célébration du culte chrétien. La roche même fut laissée à nu jusqu'à la quinzième année de l'occupation, époque où elle fut recouverte de marbre blanc et devint le soubassement d'un autel. Un légat du pape Innocent II fit, en présence du patriarche de Jérusalem, de plusieurs évêques et d'une foule de peuple, la dédicace de cette église qui porta le nom de *Temple du Seigneur*. Des chanoines de l'ordre de Saint-Augustin, dont le couvent était au nord du temple, furent chargés du service religieux.

Mais la ville étant retombée au pouvoir des infidèles (1187), Saladin abattit la croix d'or qui surmontait le dôme. Il dépouilla la roche *Es-Sakrah* de son revêtement de marbre, purifia avec de l'eau de rose et enrichit d'ornements ce bel édifice qui, depuis lors, est toujours resté entre les mains des Musulmans. C'est aussi depuis cette époque qu'il est défendu à tout chrétien, *sous peine de mort*, de pénétrer dans l'enceinte de la mosquée d'Omar; et le malheureux qui se mettrait dans ce cas, n'aurait d'autre ressource pour sauver la vie de son corps que de perdre celle de son âme par l'apostasie, en embrassant l'islamisme (1).

(1) Quand un chrétien erre trop près de l'enceinte redoutable, on lui court sus comme à une bête malfaisante. M. Enault en demanda la raison à un Turc tolérant : « Que voulez-vous? lui fut-il répondu, on se défend comme on peut. Le peuple est persuadé qu'Allah ne saurait rien refuser à un chrétien qui le prierait dans la mosquée d'*Es-Sakrah;* cela pourrait être dangereux pour nous, si vous lui demandiez Jérusalem ou Constantinople. »

# CHAPITRE XIII

## DESCRIPTION DE LA MOSQUÉE D'OMAR

Châteaubriand, visitant Jérusalem en 1806, n'a pu pénétrer dans la mosquée d'Omar. Voici comment il s'exprime à ce sujet : « Je fus bien tenté de risquer tout pour satisfaire mon amour des arts ; mais la crainte de causer la perte des chrétiens de Jérusalem m'arrêta (1). » M. de Marcellus ne réussit pas mieux en 1820 (2). La même année, M. Damoiseau, envoyé en Syrie par le gouvernement français pour acheter des chevaux arabes, crut un instant qu'il serait assez heureux pour entrer dans la célèbre mosquée. Mais le mutzélim (gouverneur de la ville) lui en ôta l'envie d'une manière assez plaisante :

« Recommandé au mutzélim, dit ce voyageur, j'allai lui présenter mes respects et le solliciter de m'accorder une faveur à laquelle j'attachais le plus grand prix : celle de visiter le temple des *croyants*, dont on raconte merveilles et miracles. La réception amicale du mutzélim encourageait mes instances, il souriait à mes vœux, il paraissait dans la disposition d'y céder, et je me voyais déjà sûr de la réussite, quand un petit incident qu'il me fit craindre vint changer mes projets. « Va, mon fils, me dit-il, la lumière divine t'éclaire ; tu désires, je le vois bien, renoncer au culte des infidèles pour entrer dans les rangs des disciples de Mahomet. Je bénis notre saint prophète d'avoir embrasé ton âme de cette ardeur salutaire ; va, mon cher fils, et reviens purifié

(1) *Itinéraire*, II.

(2) « Mon domestique, dit-il, se laissant aller à un accès de curiosité dont il ignorait le danger, pénétra dans la cour du Temple ; il en fut chassé aussitôt par une grêle de pierres et ne dut son salut qu'à la rapidité de sa fuite. » *Souvenirs de l'Orient.*

de tes souillures pour suivre désormais la bonne voie. Je vais te donner une escorte qui se chargera d'instruire mes imans de tes louables intentions et t'aplanira toutes difficultés. » Ce discours, que la malice du mutzélim lui dictait pour m'embarrasser, me désenchanta singulièrement. Je lui répondis que mon dessein n'était pas de renoncer à ma patrie et au titre de Français ; que la seule envie d'examiner un beau monument des arts de l'Orient avait déterminé ma démarche auprès de lui, et qu'étant né de père et mère *infidèles*, à mes risques et périls je voulais mourir *infidèle*. — « Ah ! dit le mutzélim, ceci change bien l'affaire. Je m'étais étrangement trompé sur ton compte, seigneur français. N'importe, je t'ai promis une escorte pour t'accompagner à la mosquée, je tiendrai ma parole ; on t'en fera voir les dehors et l'intérieur dans tous les détails ; seulement je dois t'avertir que si le peuple musulman te reconnaît pour chrétien, ce qui est plus qu'à supposer, le moindre désagrément qui puisse t'arriver, sera d'être massacré sur la place. Vois maintenant ce que tu dois faire ; ceci ne peut pas arrêter un homme de courage comme toi. » — « Pas le moins du monde, répondis-je au facétieux mutzélim, mais comme il me reste quelques légers intérêts à régler, je remettrai cette partie de plaisir à un autre jour, si vous voulez bien me conserver la même bienveillance. » Le mutzélim parut charmé de cet échange de plaisanteries ; il fit apporter des sorbets et des pipes, et nous nous quittâmes fort bons amis, quoique je m'en retournasse un peu désappointé du non succès de mes espérances (1). »

De rares et intrépides excursionistes, tels que Badia, en 1807, voyageant sous le nom d'Ali-Bey, MM. Bonomi, Catherwood et Arundale, en 1834, M. de Bertou, en 1836, ont pu, grâce à un déguisement et à la connaissance des langues et des usages de l'Orient, franchir le seuil de la fameuse mosquée. Plusieurs princes chrétiens, parmi lesquels on peut citer le Prince de Joinville, le Prince Maximilien d'Autriche, le Duc et la Duchesse de Brabant, protégés par l'éclat de leur situation, ont eu la même faveur. Mais jusqu'à ces derniers

---

(1) L'imagination poétique des Orientaux a confié la garde de cette mosquée à 70,000 anges qui, pour nous, se sont personnifiés en 200 nègres nubiens logés et entretenus aux frais de la mosquée, et toujours prêts à assommer à coups de massue l'imprudent visiteur.

temps, les visites faites à ce curieux édifice avaient conservé un caractère tellement restreint que chacun, en parlant de sa bonne fortune, se croyait en droit d'affirmer que personne avant lui n'avait joui de ce privilége. En 1856, sous la sage administration de Kiamil-Pacha (1), quelques-uns purent réaliser le rêve de tout voyageur en Palestine, qui est de visiter la mosquée d'Omar; le désir en est d'autant plus grand que l'on sent le fruit défendu. Depuis la guerre de Crimée, les autorités turques accordent plus facilement la permission d'y entrer. Le Consul de France obtient exceptionnellement cette faveur pour lui et ceux de sa suite; mais si, en ces occasions, les Turcs oublient leur fanatisme, ils n'oublient pas leur amour de l'or, car ils exigent une somme considérable par visite (2). C'est donc grâce à l'aimable générosité de M. de Barrère que j'ai pu pénétrer dans la mosquée d'Omar, le 4 septembre, à six heures du matin. Notre petite caravane à laquelle s'était jointe une nombreuse troupe d'officiers et de matelots de la flotte française était conduite par notre digne Consul, précédé de ses deux cawas. La visite fut assez rapide, l'intérieur du monument est un peu sombre et mes souvenirs sont un peu trop vagues pour que je puisse en donner une description exacte; j'aurai donc recours aux relations de voyageurs qui ont vu mieux que moi, et en particulier à celle de M. de Bertou.

Nous avons été introduits par la porte *Bab-el-Ghawarineh*, ouvrant à l'angle N. O. dans l'enceinte du temple, *Haram-esh-Chérif*, qui forme un vaste parallélogramme. Cette esplanade longue de 1,500 pieds et large de 900 est entourée d'un mur continu sur lequel se dressent quatre minarets d'une gracieuse architecture, et elle ouvre sur les rues adjacentes par trois portes au Nord et six à l'Ouest. De nombreuses constructions s'élèvent dans l'intérieur du Haram : ce sont des mosquées, des colléges de derviches, des fondations pieuses, un cloître adossé au mur occidental, et une foule de petits oratoires consacrés au souvenir des légendes fabuleuses que la crédulité musulmane a groupées autour

(1) Il eut le mérite, si rare parmi les pachas turcs, de rendre sa province heureuse et de faire regretter son départ par les musulmans et les chrétiens.

(2) En 1856, l'Iman du Haram avait le désintéressement de se contenter de 25 fr. par visiteur. Notre consul, moyennant 200 fr. par visite, dit-on, peut y introduire autant d'étrangers qu'il veut.

de la roche sacrée (1). Quelques arbres isolés, des cyprès, des orangers, des oliviers, apparaissent de distance en distance, moins pour
donner de l'ombre que pour montrer qu'on n'en a pas. Non-seulement
les usages de l'Orient sont différents des nôtres, mais souvent même ils
leur sont absolument contraires, comme nous le remarquerons ailleurs.
Ainsi tandis que pour exprimer le respect, nous découvrons notre
tête en gardant nos chaussures, les Orientaux découvrent leurs pieds
et gardent la tête couverte. Nous dûmes donc, avant d'entrer dans
l'antique mosquée, quitter nos souliers pour nous conformer à la mode
asiatique; c'est ce que nous fîmes sur les marches d'un des perrons
situés sur l'esplanade. Chacun de nous s'était muni d'une paire de
pantoufles, et après les avoir mises, nous pénétrâmes dans ce mystérieux asile.

*El-Kubbet-esh-Sakrah*, c'est-à-dire, *la Coupole de la Roche* que
nous appelons la mosquée d'Omar, est bâtie sur une plate-forme à
peu près carrée de 145 mètres environ du sud au nord, sur 133 de
l'est à l'ouest, dallée en marbre blanc, et élevée de 3 mètres au-dessus
de la surface générale du Haram. On monte sur ce haut parvis par
huit perrons aboutissant chacun à un petit portique composé de
4, 5 ou 7 colonnes supportant des arcs gothiques. Il y a 2 perrons
au N., 2 au S., 3 à l'O. et un seulement à l'E. Ces arcades élégantes
produisent, surtout de loin, un effet charmant. Sur cette plate-forme,
autour de la mosquée, on voit une douzaine de petits édifices (2) et
quelques citernes. Cinq de ces constructions, du côté du N., sont
habitées par des *santons*, sorte de solitaires qui mènent un genre
de vie ascétique et passent pour Saints aux yeux des musulmans. Un
jour, je marchais dans la Voie Douloureuse sous une partie voûtée de
la rue, je feuilletais un livre. Quelqu'un vint à passer à côté de moi,
je n'y fis pas d'abord attention. Mais cependant la couleur de l'individu,
c'était celle d'une peau tannée, excita ma curiosité. Je me retournai et
j'aperçus un homme qui se promenait tranquillement, une longue canne
à la main, et dans le costume primitif qu'Adam portait avant sa chute.
Il n'avait pas sur tout le corps, des pieds à la tête, large comme

____

(1) Il y a aussi une douzaine de citernes.
(2) Dans un de ces cabinets les docteurs de la loi tiennent leurs consultations.

l'ongle de vêtement. J'ai su depuis que ce monsieur était un *vénérable* santon.

En face de la porte orientale, s'élève un délicat pavillon à jour, supporté à l'extérieur par douze colonnes de marbre et à l'intérieur par six. On l'appelle *Kubbet-el-Berareh (la coupole du jugement)*.

Selon la tradition musulmane, c'était l'endroit où David avait son tribunal. Selon une autre version, c'est là que sera suspendue la balance du jugement dernier.

Mais la merveille du lieu est la mosquée elle-même. Peu d'édifices, de l'aveu de tous, allient à un aussi haut degré la légèreté, l'élégance, la richesse et la grandeur. « Ce splendide monument, dit M. de Bertou, est un octogone régulier dont chacun des côtés mesure près de 20 mètres. Toute sa partie basse est formée de blocs de marbre blanc jusqu'à la hauteur de 2 m., et sa partie supérieure est recouverte de tuiles peintes et vernissées sur lesquelles de gracieuses arabesques se dessinent en différentes couleurs sur un fond bleu. Ce fond, d'un ton aérien, repose agréablement l'œil ébloui par la blancheur du marbre ou l'éclat du dôme de cuivre étincelant sous les rayons du soleil. La partie supérieure de la mosquée est percée de grandes fenêtres garnies de vitraux de différentes couleurs. Il y en a sept sur les côtés de l'octogone qui n'ont pas de porte et six seulement sur les autres. Sur ces derniers le porche empiète sur l'étage supérieur et remplace la fenêtre du milieu. »

Sur l'octogone s'élève un tambour circulaire, percé d'une rangée de fenêtres rectangulaires, dont la maçonnerie est revêtue de terres cuites peintes, semblables à celles qui décorent les murailles, et sur lesquelles des versets du Coran s'étalent en capricieuses spirales. Le monument est couronné par une coupole couverte en feuilles de cuivre, qui peut avoir 30 mètres d'élévation et 15 de diamètre, et est surmontée d'un immense croissant doré dont les deux pointes se rejoignent. Le diamètre total de l'édifice est d'environ 53 mètres.

« De la plate-forme on pénètre dans l'intérieur d'Es-Sakrah par 4 portes spacieuses, surmontées chacune d'un porche monumental faisant saillie et s'élevant aux deux tiers de la hauteur des murs. *Bab-el-Genneh (la porte du Jardin ou du Paradis)* s'ouvre vers le nord; *Bab-el-Kabla*, la porte vers laquelle les musulmans se tournent pour prier, regarde vers le midi; *Bab-en-Nebi-Daoud (la porte du prophète David)* est tournée vers l'Orient; et enfin *Bab-el-Gharbi* est la porte de l'Occident.

« L'intérieur de l'édifice est digne de la magnificence de son extérieur. La multitude des colonnes, la richesse des matériaux, la splendeur des dorures qui ornent le plafond, se disputent l'attention du visiteur, et ce n'est qu'après avoir accordé un premier moment à l'admiration, que l'observateur peut entrer dans l'examen des détails.

### PLAN DE LA MOSQUÉE D'OMAR.

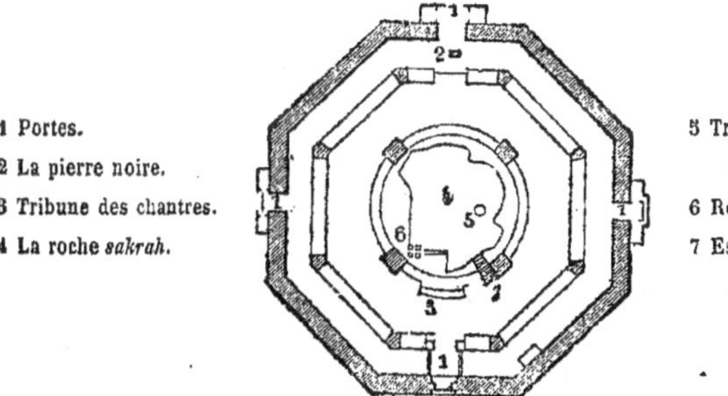

1 Portes.

2 La pierre noire.

3 Tribune des chantres.

4 La roche *sakrah*.

5 Trou communiquant
   avec la grotte.

6 Reliques de Mahomet.

7 Escalier de la grotte
   souterraine.

« Reproduisant les lignes de son plan général, la mosquée présente à l'intérieur un octogone régulier dans lequel sont inscrits deux autres octogones formés par des colonnes et des piliers. Les parties pleines de la muraille sont entièrement recouvertes de marbre blanc sans aucun autre ornement. A 3 mètres de cette muraille s'élèvent 16 colonnes et 8 piliers de marbre d'un blanc gris, disposés de façon à ce que chaque pilier corresponde à un angle rentrant de l'édifice. Dans chacun des espaces séparant les piliers, il y a 2 colonnes de belles proportions avec base et chapiteau d'un ordre corinthien un peu bâtard. Les colonnes ont environ 6 mètres de hauteur; elles supportent une plinthe en marbre sur laquelle s'appuient des arcades dont les ouvertures s'arrondissent au-dessus du vide qui sépare les colonnes (1).

« Arrivons maintenant au dernier octogone, celui qui supporte le dôme. Inscrit dans le précédent à 3 mètres 50 de distance, il est formé par 4 forts piliers séparés chacun par 3 colonnes, le tout reposant sur

(1) Des plafonds plats, divisés en compartiments octogones, richement peints et dorés, relient entre elles les deux enceintes.

un massif plus élevé que le dallage des galeries. Ces piliers et ces colonnes sont également réunis par des arcades à plein cintre et supportent le dôme. A leur base, une balustrade en fer les relie les uns avec les autres ne laissant qu'une ouverture unique pour pénétrer dans l'enceinte où se trouve la fameuse pierre à laquelle la mosquée doit son existence et son nom. On arrive dans cette dernière enceinte en montant quatre ou cinq degrés. »

Cette pierre, *Es-Sakrah*, occupe tout le centre du monument. C'est un bloc de rocher à teinte grisâtre, de 14 mètres de long sur 11 de large, élevé de 1 mètre à 1 mètre 60 au-dessus du pavé de la mosquée, et dont la surface nue, inégale et fruste fait un contraste singulier avec la riche décoration de l'édifice. Ce rocher fait partie du mont Moriah auquel il tient par sa base. Selon les musulmans, il n'est pas seulement recommandable par la mémoire de Jacob, il porte encore l'empreinte du pied d'Enoch, car Dieu pour récompenser ce prophète ne le fit pas mourir, mais l'enleva au ciel. C'est au moment de son ascension qu'Enoch laissa, comme souvenir pour les générations futures, cette preuve de son passage sur la terre. On voit non loin de là cinq trous qui sont l'œuvre de l'archange Gabriel. Lorsque Mohammed s'enleva au ciel sur la jument *El-Borak*, le rocher voulut le suivre ; alors le ministre de l'Eternel l'arrêta de la main, et ses doigts y sont restés gravés. On montre encore une dépression qui passe pour l'empreinte des pieds du *Prophète*. A l'angle sud-ouest d'Es-Sakrah, nous avons vu la pierre du même Mahomet entourée d'un grillage, son étendard vert enroulé autour de sa lance, et la bannière d'Omar.

Le rocher Es-Sakrah, qui passe à juste titre pour une des plus curieuses antiquités de Jérusalem, est recouvert en partie d'une immense draperie de soie rouge et verte qui forme dais, et entouré d'une balustrade en bois sculpté revêtu de vives couleurs.

On trouve à l'angle sud-est une petite porte par laquelle un escalier de huit marches conduit dans un caveau de forme irrégulière qui a pour plafond le rocher. Cette grotte mesure 7 à 8 mètres de diamètre, et les murailles en sont blanchies à la chaux. La voûte est percée d'un trou qui traverse la roche de part en part. Le Scheik chargé de conduire les visiteurs a soin de faire remarquer que les murs qui sont sous le rocher sacré ne sont point nécessaires et qu'ils n'y ont pas toujours été; et chacun doit être convaincu que l'Es-Sakrah ne repose pas sur le sol et n'est supporté que par une intervention miraculeuse (1). Il est vrai que l'excavation étant moins grande que la pierre n'est large à sa base, on pourrait trouver la démonstration insuffisante; mais qui voudrait soulever une telle objection, et à quoi bon? Le turc nous montra aussi dans la voûte une légère dépression de forme ronde, il toucha le rocher avec sa main qu'il baisa ensuite respectueusement et caressa sa barbe en disant que c'était l'empreinte du turban de Mahomet. Il nous désigna aussi les niches où Abraham, David, Salomon, Jésus, saint Georges *(El-Khidr)* faisaient leurs prières. Ce que cette chambre souterraine présente de plus singulier, c'est une dalle qui, frappée par le pied ou par un bâton, donne un son clair signalant l'existence d'une cavité. La dalle recouvre en effet un puits profond appelé par les musulmans *Bir-el-Arwah ( le puits des âmes.)*

Mais nous avons des documents historiques qui rendent la pierre *Es-Sakrah* bien autrement intéressante à nos yeux que les légendes musulmanes. Cette roche célèbre n'est autre chose que le sommet du mont Moriah qui fut respecté et mis en relief dans le travail de nivellement entrepris par Salomon, à cause des traditions sacrées qui s'y rattachaient. Ce rocher, en effet, était l'aire d'Ornan le Jébuséen, sur laquelle David avait fait un sacrifice expiatoire, et qui avait été comprise dans l'enceinte du temple de Salomon (2). Il est probable, comme plusieurs pensent, que cette pierre est l'emplacement de l'autel des Holocaustes, et la caverne située au-dessous était destinée à recevoir, par l'ouverture supérieure, le sang des victimes qui s'écoulait dans le torrent de Cédron au moyen du puits correspondant appelé le puits des âmes, et dont les livres rabbiniques font mention sous le nom de *Amah.* A quelque distance s'ouvrait le *Saint des Saints ;* et la tradition juive fait de cette pierre le support de l'Arche d'Alliance. Après la perte de l'Arche, le rocher seul est resté dans le sanctuaire, masqué aux yeux des profanes par un voile derrière lequel le Grand-Prêtre avait seul le droit de pénétrer. Quand le temple fut

---

(1) Les Turcs disent que ce rocher, suspendu dans l'espace au-dessus des abîmes, ne s'appuie que sur un palmier invisible qui est lui-même soutenu par les mères des deux grands prophètes Aïsa (Jésus) et Mohammed.

(2) I Paral., xxi, 25.

détruit, la roche percée demeura toujours un objet de vénération pour les enfants d'Israël et marqua pour eux l'emplacement du *Saint des Saints* (1).

Revenons sous le dôme. Au-dessus du rang de fenêtres que j'ai déjà citées, dans le tambour, règne une suite de niches élégantes, surmontée par la voûte de la coupole qui est ornée de mosaïques en arabesques peintes et dorées. Les vitraux des fenêtres ne représentent pas des figures comme ceux de nos églises gothiques, mais ils sont remarquables par la beauté de leurs couleurs. Ils sont très-épais et ne laissent passer qu'une lumière tamisée et peu vive qui donne une teinte harmonieuse à la décoration. De nombreux lustres en bois, assez grossièrement travaillés et portant de petits godets en verres de différentes couleurs, sont suspendus de côté et d'autre dans la mosquée pour servir aux illuminations les jours de grandes fêtes. Lorsqu'ils répandent leur lumière artificielle, ce beau monument doit présenter un coup-d'œil vraiment enchanteur.

« Une relique du prophète (elle n'est pas la seule) est suspendue à l'un des piliers du petit octogone ; c'est une pierre plate, ronde et polie que Mahomet, dit-on, portait avec lui à la guerre, en guise de bouclier, sans doute. Cette pierre, fendue par la moitié, fut peut-être brisée en protégeant le fondateur de l'*Islam* contre la main d'un *infidèle*. Avant de quitter la mosquée, si on s'approche de *Bab-el-Genneh*, on trouve plusieurs objets assez curieux ; c'est d'abord une belle plaque de marbre vert foncé, faisant partie du dallage et portant les traces d'une vingtaine de clous dont quelques-uns demeurent encore dans les trous percés pour les recevoir, tandis que le plus grand nombre a disparu. Le *cicérone* nous dit gravement que ces clous ont été placés par Mahomet pour indiquer le nombre d'années que doit durer le monde. A l'expiration de chaque siècle, un clou part de lui-même, et après la disparition du dernier, la fin des temps ne se fera pas attendre. » N'ayons donc aucune crainte de voir prochainement la fin du monde ; de par les clous de Mahomet, nous savons que trois

---

(1) C'est probablement cette pierre que le pèlerin de Bordeaux vit en 333, et qu'il désigne sous le nom de « *lapis pertusus* » en ajoutant que les Juifs s'en approchaient chaque année pour l'oindre d'huile et l'arroser de leurs larmes.

siècles doivent encore s'écouler jusqu'au jugement dernier (1). Près
de là, on voit aussi une fontaine dont l'eau fraîche sert aux ablutions
des *fidèles*, puis un pupitre en bois sur lequel repose un exemplaire
ancien et fort beau du Coran.

Après avoir exploré intérieurement la mosquée d'Omar, M. de
Bertou, par un privilége qui ne nous fut pas accordé, examina les
combles, en montant un petit escalier de bois assez obscur qui le
conduisit au sommet de l'édifice. « Chemin faisant, ajoute-t-il, nous
pûmes donner un coup-d'œil à l'immense charpente qui supporte le
dôme; puis nous arrivâmes sur la couverture de plomb formant un
grand promenoir entre la base de la coupole et le mur extérieur de
la mosquée; ce mur élevé de 2 mètres 50 au-dessus du niveau de la
terrasse, en dérobe complètement la vue aux spectateurs placés en
bas du monument. Du haut de cet observatoire, le regard s'étend
sur la ville entière (2).

« En quittant *Es-Sahkrah*, nous allâmes visiter la mosquée *El-
Aksa* (*l'éloignée*) (3) dont la vue éveille dans les cœurs chrétiens des
sentiments parmi lesquels la curiosité n'a plus qu'une part bien
secondaire. En effet, ce monument, l'édifice le plus considérable du
Haram, est la basilique de *la Présentation*, bâtie par l'empereur Justinien, en 530, sur l'emplacement du temple où Marie, âgée seulement de trois ans, fut présentée par ses parents et consacrée au
Seigneur. » Cette église est donc une des plus anciennes comme des
plus magnifiques que les fidèles aient élevée à la gloire de l'auguste
mère de Dieu.

*El-Aksa* est située au sud d'*Es-Sahkrah*, près du mur de la
ville qui, de ce côté, sert de clôture au Haram. Entre ces deux édifices
on trouve la jolie fontaine circulaire des orangers. Le sanctuaire de
*El-Aksa*, dirigé du nord au sud, est précédé d'un portique formé
par sept arcades en ogives surbaissées correspondant aux sept nefs

(1) Cette dalle a deux pieds et demi carrés ; elle est appelée *la pierre noire*.
Selon les légendes musulmanes, elle sert de marchepied aux prophètes quand
ils viennent prier dans la mosquée, et c'est là que Salomon est enterré.

(2) A côté de la quadruple arcade qui précède l'escalier du haut parvis, du
côté sud, nous aperçûmes un *menber* ou chaire à prêcher, en marbre blanc
finement sculpté, qui présente l'aspect le plus élégant.

(3) Par rapport à celles de Médine et de la Mecque.

de l'église. Nous pénétrâmes dans la mosquée par une porte ouvrant sur l'arcade centrale qui est beaucoup plus grande que les arcades latérales, et sans nous arrêter à regarder une énorme dalle recouvrant, selon les croyants, la sépulture des fils d'Aaron, nous avançâmes dans l'intérieur de l'édifice. Il présente la disposition bien connue de la basilique chrétienne primitive, mais il a subi des changements très-notables, lors de son appropriation au culte mahométan (1). La nef centrale dont la longueur est de 90 mètres, est soutenue de chaque côté par six grandes colonnes de marbre très-massives qui supportent des arcs ogivaux. Au-dessus de ces arcs règnent deux rangées de fenêtres garnies de vitraux de couleurs. Tout l'intérieur de l'église, vraie forêt de colonnes (2), a été couvert, selon l'usage musulman, d'un badigeon blanc à peine relevé de quelques arabesques grossières. Les deux premières nefs latérales sont soutenues par des piliers carrés très-simples; quant aux quatre nefs les plus extrêmes des bas-côtés, elles sont beaucoup plus basses, d'une construction différente, et paraissent avoir été surajoutées à une époque postérieure par les califes arabes. Au sud, l'église a un transsept séparé de la nef centrale par une grande arcade ogivale et surmonté, au centre de la croisée, d'une haute coupole que soutiennent quatre piliers ornés chacun de deux colonnes de vert antique à chapiteaux corinthiens. Le dôme est peint de couleurs éclatantes, éclairé par de beaux verres de couleur et revêtu de plomb ainsi que tout le reste des toits. L'abside a été démolie par les arabes, à la suite d'un tremblement de terre, et remplacée par une muraille à laquelle vient s'adosser le *Mihrab*, orné de jolies colonnettes de marbre (3). A droite du Mihrab, se dresse le *Menber*, chaire à prêcher, en bois sculpté avec une délicatesse infinie, et recouvert de peintures et de dorures. On nous montra aussi dans une niche une empreinte qui est, disent les mu-

(1) M. de Vogué voit dans la construction de la partie musulmane un nouvel exemple de l'emploi de l'ogive au viii⁰ siècle par les Arabes.

(2) Il y en a une cinquantaine. — Le toit de la nef du milieu est à double égoût.

(3) On nomme *mihrab* une niche large d'un mètre et demi et haute de deux ou trois, qui est placée dans toutes les mosquées pour indiquer la direction de la Mecque, vers laquelle les Mahométans doivent se tourner pour faire la prière canonique ou *namaz*.

sulmans, celle d'un pied de Sidi Aïsa (Jésus-Christ) (1). Ils ont pour
cette pierre une profonde vénération, car ils regardent notre divin
législateur comme un grand prophète (2). Dans le transsept de droite
nous avons distingué deux colonnes qui ne laissent entre elles qu'un
espace assez étroit. Ce sont les *Colonnes de l'épreuve*, ainsi nommées
parce que, nous dit-on, tout homme qui passe librement au milieu
peut se regarder certainement comme du nombre des prédestinés, et
celui qui ne peut les traverser n'a qu'à gémir sur son malheureux
sort. Un grand nombre de marins français voulurent tenter l'épreuve,
mais ceux qui ne purent y réussir s'en consolèrent facilement. Il va
sans dire que les musulmans doués d'embonpoint se gardent bien
d'essayer le passage. Les deux dernières nefs à gauche sont séparées
du reste de l'édifice par une cloison grillée en bois, derrière laquelle
les femmes sont admises à satisfaire leur dévotion.

Nous étions conduits dans notre visite par un énorme turc qui ne
savait qu'un seul mot de français, mais qui aimait à le répéter. Il
disait en levant les bras et d'un air emphatique : «Admirez! Admirez! »
Nos marins, dont le caractère est jovial sous tous les climats du monde,
trouvant qu'il avait du goût pour la langue française, voulurent lui
en apprendre un peu plus long. A un certain moment, notre Consul
s'était éloigné du groupe, et s'arrêtait dans une pause admirative
trop longue au gré de notre conducteur qui ne savait comment le
faire avancer. Des matelots lui dirent que pour cela il fallait prononcer : « Avancé donc, fainéant! » — Notre turc se mit de suite à
crier à tue-tête au Consul de France : « Avance donc, fainéant! »
Chacun de nous partit d'un éclat de rire, et l'aimable M. de Barrère,
qui sait bien prendre la plaisanterie, ne fut pas le dernier.

Avant de sortir de la mosquée *El-Aksa*, nous avons visité une
petite galerie voûtée, parallèle au côté sud du transsept oriental, et
éclairée par des fenêtres qui donnent sur la campagne. Ce long couloir

---

(1) On croit que cette empreinte est réellement celle du pied de Notre-
Seigneur, enlevée du mont de l'Ascension par les Turcs.

(2) « Le Messie, fils de Marie, est prophète et apôtre de Dieu, semblable aux
prophètes qui sont venus avant lui; sa mère est sainte..... Dieu dira à Jésus :
« O Jésus, Fils de Marie, souviens-toi de la grâce que je t'ai faite et à ta mère;
je t'ai fortifié par le Saint-Esprit; je t'ai enseigné l'Ecriture et la science, l'Ancien-Testament et l'Évangile..... » — (Le *Coran*, chap. IV dit *la Table.*)

tout nu et badigeonné à la chaux, est le lieu qui doit porter réellement
le nom de Mosquée d'Omar. C'est l'oratoire traditionnel du calife. Un
*mihrab* très-simple, flanqué de deux colonnes torses en marbre,
indique l'endroit où il se prosternait.

Plusieurs voyageurs plus curieux, entre autres M. Tipping, ont
visité sous la mosquée El-Aksa un vaste souterrain de 150 pas
de long sur 15 de large, qui forme deux grands couloirs séparés
d'abord par une muraille et plus loin par une série d'arcades sup-
portées par des piliers carrés. Les voûtes sont construites en gros
blocs de pierre très-bien taillés. A l'extrémité sud du souterrain qui
se dirige parallèlement à l'église de Justinien, les deux galeries se
réunissent en une seule, et la séparation n'est alors marquée que par
une grosse colonne libre, monolithe, que trois personnes peuvent
à peine embrasser, et deux demi-colonnes encastrées dans la muraille.
Les chapiteaux sont ornés de belles palmes (1).

A peu près à moitié chemin entre El-Aksa et l'angle sud-est de
l'enceinte, on trouve l'ouverture d'autres souterrains très-vastes. Ce
sont bien là ces substructions par lesquelles Salomon avait racheté
la déclivité du mont Moriah pour augmenter l'étendue de l'esplanade
du temple. MM. Catherwood et Barclay qui les ont parcourues et
décrites, affirment qu'elles renferment au moins quinze rangées de
piliers carrés qui diminuent de hauteur vers le nord, à mesure que
le terrain se relève. Depuis l'angle sud du Haram, ces souterrains
s'étendent au moins à 60 mètres au nord et à 40 mètres à l'ouest
jusqu'à 50 mètres de la face orientale de la mosquée El-Aksa. Plus
loin ils ont été comblés avec de la terre ou fermés par des murailles plus modernes. C'est probablement dans ces parties inaccessibles que sont ménagés les réservoirs d'eau mentionnés par la
tradition et par Tacite. C'est dans ces belles cryptes, qui commu-
niquaient avec le mont Sion, que les juifs avec leurs trésors trouvèrent, d'après Josèphe, un refuge pendant le siége de Titus.

A l'angle sud-est du Haram, on descend dans une chambre sou-

---

(1) Ces galeries ouvraient au sud, hors des murailles, par deux portes dont
on reconnaît encore l'emplacement. Il est à croire que ces substructions
sont antérieures à Justinien, et qu'il faut les faire remonter à Hérode ou mieux
encore à Salomon.

terraine où l'iman montre *Es-Serir-Aïsa* (*le berceau de Jésus*); c'est
une niche en pierre dont la partie supérieure était sculptée en coquille
que l'on a couchée sur le sol, et recouverte d'un dais porté par
quatre colonnettes de marbre. Dans cette même chambre on voit
aussi deux autres niches très-simples, creusées dans la muraille et
badigeonnées en blanc, auxquelles on a donné les noms de Zacharie
et d'Ezéchiel, afin que le *Haram-esh-Chérif* ne mente pas à son titre
de musée des prophètes (1).

Nous longeâmes ensuite le mur oriental du Haram, et nous vîmes
la *fenêtre du jugement*. C'est une brèche, au haut de la muraille
par laquelle passe, en s'avançant sur la vallée de Josaphat, un fût de
colonne étendu horizontalement qui ressemble tout-à-fait à un canon
sortant par un créneau. C'est, dit-on, sur cette pierre appelée *El-
Tharik* (*le chemin*), que Mahomet viendra s'asseoir au jugement
dernier pour appeler à lui ses fidèles.

Nous visitâmes un peu plus loin la *Porte-Dorée*. Son aspect intérieur, qui doit seul nous occuper ici, est magnifique. La façade présente une entrée formée de deux arceaux plein-cintre soutenus par
une colonne centrale et deux gros pilastres latéraux. On pénètre alors
sous une voûte soutenue par deux colonnes libres en marbre gris et
une demi-colonne séparant deux nefs distinctes, dont les côtés s'appuient sur des pilastres que couronne une frise richement sculptée.
Les deux nefs sont surmontées chacune d'une petite coupole à jour.
Ce portique est d'un aspect majestueux. Sa structure se compose de
pierres énormes taillées avec le plus grand soin.

Ici nous trouvons une double tradition chrétienne et musulmane
sur le même objet. D'après la première, cette porte telle qu'elle est
aujourd'hui, a été honorée par la présence du Fils de Dieu fait homme
qui l'a traversée plusieurs fois, mais particulièrement le jour des
Rameaux, lorsqu'il fit son entrée triomphale à Jérusalem. Et cette
tradition est très-admissible, car la Porte-Dorée ne peut pas être postérieure à Hérode, dont elle est probablement l'ouvrage. C'est aussi à
cette porte, appelée *Speciosa* dans les *Actes des Apôtres*, que saint
Pierre, montant au temple avec saint Jean pour y faire sa prière,

(1) L'angle sud-ouest est occupé par deux petites mosquées : celle d'Abou-
Bekr, et celle des Mogrebins, *el-Mogharibeh*.

guérit un boîteux par ces paroles : « Au nom de Jésus-Christ de Nazareth, lève-toi et marche (1). »

D'après une tradition musulmane fort répandue, ce sera par cette porte que les Chrétiens rentreront un jour pour chasser de nouveau les mahométans de Jérusalem, et c'est pour cela que les Turcs ont muré l'issue qui ouvre sur la vallée de Josaphat (2). Ne voyons-nous pas, dans cette porte close, l'accomplissement de cette prophétie d'Ezéchiel, qui regarde la porte extérieure du sanctuaire, du côté de l'orient : « Le Seigneur m'a dit; cette porte sera fermée; elle ne s'ouvrira point et nul homme n'y passera, parce que le Seigneur, Dieu d'Israël, est entré par cette porte (3). »

La Porte-Dorée forme comme deux vestibules qui ont chacun leur entrée distincte. L'une s'appelle *Bab-el-Thobé (la porte du Repentir)*, et l'autre *Bab-el-Rahmi (la porte de la Miséricorde)*. Belle dénomination pour une porte par laquelle a passé le Sauveur des hommes qui venait accorder la miséricorde au repentir! Un petit escalier en pierre nous conduisit sur le toit de ce monument d'où nous étions, admirablement placés pour contempler dans son ensemble la grande esplanade du temple et la ville.

Non loin de là nous aperçumes un oratoire turc, dans lequel se trouve le prétendu trône de Salomon (4), mais ce trône est si soigneusement caché que les musulmans eux-mêmes ne peuvent voir que la fenêtre par laquelle il reçoit de l'air. Aussi par dédommagement attribuent-ils à l'inconnu des vertus particulières, et viennent-ils pour obtenir la protection du grand Roi, soit en cas de maladie, soit dans des entreprises difficiles, attacher de petits morceaux de leurs vêtements aux barreaux de la croisée qui en est toute garnie.

Tout ce qui dépend de cette mosquée d'Omar forme comme une cité particulière qui jouit de grands revenus et d'une administration

(1) Actes , III.

(2) Ce qui a pu donner lieu à cette tradition , c'est que les Croisés pénétrèrent dans la place, très-près de la Porte-Dorée qui dut être ouverte la première aux assaillants. C'est pour une raison analogue que les portes de la ville sont fermées chaque vendredi, pendant la prière de midi.

(3) Ezéch. XLIV, 2.

(4) On dit que ce siége n'est autre chose qu'un grand fauteuil en bois, trouvé dans une des églises chrétiennes saccagées par les Musulmans.

séparée. Son scheik et ses schérifs sont tous des personnages considérables.

C'est ainsi qu'elle existe depuis douze siècles, c'est-à-dire qu'elle a déjà duré trois fois plus longtemps que le temple de Salomon.

Nous avions vu tout ce que l'enceinte du Haram renferme de curieux, notre visite n'avait été troublée par aucun fâcheux incident, nous sortîmes, à l'angle N. E., par la porte *Bab-es-Sobat*, à côté de la piscine probatique, et chacun de nous se félicitait d'avoir pu contempler des objets si intéressants (1).

« Le roi Baudouin, dit M. de Vogué, avait établi sa résidence dans la mosquée El-Aksa, qui fut appelé le *Palais de Salomon* (2) et dans les bâtiments qui en dépendaient. En l'an de grâce 1118, neuf chevaliers français ayant à leur tête Hugues de Payens, hommes d'une vertu et d'un courage éprouvés, vinrent lui demander un asile. Ils avaient fait vœu de vivre dans la pauvreté et la chasteté, et de consacrer leur existence à la protection des pèlerins et des pauvres. Baudouin leur permit de s'établir dans son palais; les chanoines de leur côté, leur concédèrent le droit de bâtir dans les terrains vagues de l'enceinte du temple; leur nombre s'accrut rapidement. En 1128, le pape Honorius leur donna une règle qui fut rédigée, dit-on, par saint Bernard. Les Religieux chevaliers eurent une organisation assez semblable à celle des *Hospitaliers*, et obtinrent des priviléges analogues. Ils prirent le nom de *Pauvres Frères de la milice du Temple*, ou *Templiers*, du lieu où leur maison-mère était établie. Ils portaient une robe blanche ornée d'une croix rouge. « Ils combattaient, dit Jacques de Vitry, avec ordre, les premiers à l'attaque, les derniers à la retraite... rudes soldats en expédition, moines à l'église. Devant eux marchait un étendard mi-partie noir et blanc nommé *Beauséant*. » En Terre-Sainte, l'histoire des Templiers est l'histoire même des Croisades ; jusqu'au dernier jour, on les trouve défendant la chrétienté, et ne cédant enfin qu'au nombre. A Jérusalem, pendant tout le XIIe siècle, leur impor-

(1) De grandes restaurations ont été faites aux deux mosquées du haram par le sultan Sélim, au XVIe siècle ; mais le fond même de la construction ne fut pas changé, et l'ornementation actuelle date sans doute de cette époque.

(2) Les souterrains dont j'ai parlé furent changés en écuries nommées *écuries de Salomon*.

tance fut extrême; Jean de Wirtzbourg parle avec admiration des bâtiments qu'ils avaient fait construire à côté du palais de Salomon et de l'église magnifique qu'ils élevaient dans le même lieu pendant son séjour à Jérusalem. Le temple lui-même, c'est-à-dire la mosquée d'Omar, était pour eux l'objet d'un culte tout spécial et devint le point de départ de leurs traditions empreintes d'un certain mysticisme. Ils tâchèrent de l'imiter dans leurs constructions religieuses, comme on le voyait dans les églises du Temple à Londres et à Paris, et comme on le voit encore dans celles de Laon et de Metz, qui reproduisent la forme polygonale. C'est ainsi qu'une mosquée musulmane est devenue, au moyen-âge, le type d'un grand nombre d'églises chrétiennes (1). »

On sait comment les Templiers après avoir obtenu en Palestine et dans toute l'Europe une puissance et des richesses immenses, furent supprimés par le pape Clément V, après la perte de la Terre-Sainte, jugés par ordre du roi Philippe-le-Bel et condamnés, à tort ou à raison, comme coupables de crimes odieux. Le dernier grand-maître, Jacques de Molay, fut brûlé vif à Paris avec cinquante-neuf chevaliers, le 11 mars 1314.

On ne peut quitter le temple sans donner un souvenir à saint Jacques-le-Mineur. Cet apôtre devenu évêque de Jérusalem après l'Ascension de Notre-Seigneur, gouverna pendant vingt-neuf ans cette première église chrétienne, en donnant l'exemple des plus belles vertus. Le Grand-Prêtre Ananus et le Sanhédrin, animés contre lui de la même haine qui leur avait fait condamner le Sauveur, l'engagèrent à monter sur un endroit du temple assez élevé pour qu'il fût entendu de tous les Juifs. Ils lui demandèrent alors, ce qu'il fallait croire de Jésus le Crucifié, et comme ce généreux apôtre confessait à haute voix sa divinité, les Pharisiens le précipitèrent en bas. Il ne fut pas tué de cette chute, mais il demanda pardon à Dieu pour ses bourreaux qui l'assommèrent bientôt à coups de pierres.

(1) *Les Églises de la Terre-Sainte.*

# CHAPITRE XIV



LE MUR D'ENCEINTE DE LA MOSQUÉE D'OMAR — LES DERVICHES.

## I — LE MUR D'ENCEINTE

Non contents d'avoir visité intérieurement l'emplacement du temple de Salomon, nous voulûmes examiner l'extérieur de son enceinte ; ce que tout le monde peut faire facilement.

Nous savons déjà que tout le côté du nord est fermé par les construc· tions du sérail et la piscine probatique. Sortant par la porte Saint-Etienne, nous tournons à droite, au haut de la vallée de Josaphat, et nous pouvons admirer la magnifique muraille orientale de la mosquée d'Omar, longue de 1,500 pieds, et haute de 50. Elle est formée en grande partie de pierres énormes que des archéologues rapportent à l'enceinte du temple de Salomon, et auxquelles on ne peut donner une date plus récente que celle du temple d'Hérode (1).

La partie la plus remarquable de ce mur est l'ouverture extérieure de la Porte-Dorée. Elle présente une double arcade plein-cintre, soutenue par des pieds-droits de 2 mètres de largeur ; chacune des arcades est large de 3 m. 85 c. L'ornementation en est riche et complètement végétale (2). Nous voyons probablement ici un reste du temple d'Hé-

---

(1) Les restaurations de ce mur ont un caractère propre qui les distingue du gigantesque appareil de la construction primitive.

(2) Sauf les pieds-droits des deux arcs de la porte, et les archivoltes de celle-ci, tout y est moderne et de construction turque.

rode qui nous donne une haute idée de sa riche architecture. Cette porte, au temps des Croisades, s'appelait les *Portes-Oires*. Elle n'était alors ouverte que le dimanche des Rameaux en souvenir de l'entrée de Notre-Seigneur, et le jour de l'Exaltation de la Sainte-Croix. C'est en effet par cette porte que l'empereur Héraclius rentra lorsqu'il reporta dans Jérusalem la vraie croix que les Perses lui avaient rendue.

A l'angle sud-est, la muraille présente un caractère d'antiquité incontestable. On compte jusqu'à seize assises superposées de blocs parfaitement joints, dont quelques-uns mesurent 7 m. 85 c. de longueur sur un mètre de hauteur. On en trouve plusieurs de cette dimension dans différentes autres parties.

La muraille méridionale qui s'appuie sur la croupe du mont Moriah, présente dans une construction analogue, le type le plus beau de l'art judaïque. On y voit plusieurs portes murées ; le style de l'une d'elles est exactement le même que celui de la Porte-Dorée. L'angle sud-ouest offre le même appareil ; quelques-unes de ces pierres atteignent des dimensions incroyables. Une entre autres, a une longueur de 9 m. 35 c. sur plus de 1 mètre de hauteur. Près de 30 pieds de long ! Qui sait de combien elle pénètre dans la maçonnerie ? Voici une autre preuve des connaissances architectoniques des Juifs.

A 12 mètres au nord de cet angle, existent trois rangs de grandes pierres qui ont dû soutenir l'arche d'un pont jeté sur le Tyropœon. M. de Saulcy affirme que ce pont dont nous voyons les restes était bien de l'époque des rois de Juda, et probablement du temps de Salomon. La muraille disparaît ensuite sous une maison moderne et reparaît au lieu où les Juifs vont pleurer.

« Sur une hauteur de plus de 12 mètres, la construction primitive du mur est restée intacte. Des assises régulières de belles pierres, parfaitement équarries, mais en bossage, c'est-à-dire offrant une bande lisse qui encadre les joints, sont superposées jusqu'à 2 ou 3 mètres du faîte de la muraille. Il suffit d'un seul coup-d'œil pour reconnaître que la tradition juive est indubitablement vraie. Un mur semblable n'a été construit ni par des Grecs ni par des Romains. C'est évidemment là un échantillon de l'architecture hébraïque. Dans les assises inférieures, les pierres sont assez régulièrement d'une largeur double de leur hauteur ; parfois cependant des blocs carrés se trouvent juxtaposés entre les blocs à grande largeur. Les quatre dernières assises sont formées de blocs carrés, sauf l'avant-dernière, qui est composée de blocs trois fois plus longs que hauts. A mesure que les assises s'élèvent au-dessus du sol, les dimensions des blocs diminuent. Enfin, chaque assise est en retraite de 5 centimètres sur l'assise précédente, et le mur primitif est couronné à son sommet, par quelques assises régulières de petites pierres de taille, dont il ne faut faire remonter l'âge qu'a l'époque musulmane (1). »

Après la destruction du temple par Titus, les Juifs, dès qu'ils purent rentrer à Jérusalem, sous Constantin, vinrent rendre un culte public à *la pierre percée* (2), qu'ils regardaient comme un débris de leur sanctuaire ; ils l'oignaient d'huile et l'arrosaient de leurs larmes. Lorsque cette pierre fut renfermée par les musulmans dans leur mosquée d'Omar, au VIIᵉ siècle, ils ne purent plus exhaler auprès d'elle les sentiments de leur pieuse douleur; ils s'en dédommagèrent en obtenant des Turcs, à prix d'argent, le droit de venir pleurer au pied du mur que je viens de décrire, et qu'ils considèrent à juste titre comme ayant fait partie du temple et, disent-ils, comme ayant toujours conservé la présence de la majesté divine (3).

Cette *Place des pleurs* appelée *Heit-el-Morharby* (*le mur occidental*), est une espèce de corridor long de 29 m. 70 c., dont le côté oriental est formé par la muraille du temple. Le sol est recouvert d'un pavé entretenu dans un état rare de propreté. C'est, pour ainsi dire, une synagogue sans toit, lieu sacré de prières d'un peuple sans patrie dans sa patrie même. Tous les vendredis, du matin jusqu'au soir, des juifs de tout sexe et de tout âge, se rassemblent devant ces restes impassibles de leur religion et de leur nationalité détruites. Les uns venus du fond de l'Allemagne avec leur toque de fourrure, les autres des provinces russes et polonaises avec leur longue robe graisseuse et leur feutre indescriptible; ceux-ci arrivant du Maroc et de l'Algérie couverts d'un

---

(1) M. de Saulcy, *Voyage autour de la mer Morte*, II.

(2) C'est la roche *Es-Sakrah*, ainsi que nous l'avons dit plus haut.

(3) Benjamin de Tudèle, au XIIᵉ siècle, mentionne cette pratique de ses coreligionnaires. Mais, comme le remarque Mgr Mislin, ces *pierres restées l'une sur l'autre* sont loin de prouver que la prophétie de Notre-Seigneur contre le Temple n'est pas encore accomplie, puisqu'elles n'ont appartenu qu'à l'enceinte extérieure, et non à ce temple lui-même. dont évidemment il ne reste pas pierre sur pierre, de l'aveu des Juifs.

burnou en lambeaux, ceux-là des pays orientaux où ils portent le turban bleu surmonté d'une excroissance conique ; tous ridicules partout ailleurs à cause de leurs fantastiques costumes, ont ici un caractère commun de tristesse et de proscription qui les rend intéressants. Je les ai visités en ce lieu deux vendredis, à des heures différentes ; il y avait foule. Les uns se tenaient accroupis à terre, les jambes croisées à la manière turque, et se balançaient d'avant en arrière comme des gens ivres de douleur ; ils chantaient d'une voix triste et monotone, dans leur antique idiome hébraïque, les psaumes du Roi-prophète ; d'autres debout, une vieille Bible à la main, le pied droit étendu et se balançant aussi, lisaient attentivement ; un grand nombre, le front collé sur les pierres vénérables qu'ils baisaient de temps en temps, récitaient langoureusement les *Lamentations* de Jérémie : « Pourquoi nous oublies-tu perpétuellement, ô Jéhovah? Nous abandonneras-tu dans la longueur des jours? Ramène-nous vers toi, ô Jéhovah! et nous reviendrons ; renouvelle nos jours comme autrefois. Mais tu nous a repoussés, ta colère s'est enflammée violente contre nous (1)! Combien de temps encore, ô Seigneur?..... » Le premier chrétien venu peut répondre à ces questions qui restent insolubles pour les plus savants Rabbins de ce peuple aveuglé.

Lorsque nous arrivâmes au milieu de cette petite place, la dolente psalmodie cessa tout d'un coup, comme à un signal donné ; c'est ainsi que les oiseaux, réunis sous un feuillage ombreux, interrompent leurs harmonieux concerts, lorsqu'un voyageur trop curieux vient effaroucher par sa présence leur troupe timide. M. E. Gentil, qui a visité Jérusalem en 1852, dit que rien n'exaspère les Juifs comme de voir des chrétiens s'approcher de ce lieu et surtout assister à leurs prières du vendredi. Un grand changement, que j'attribue à l'influence des pèlerinages d'Europe devenus plus fréquents depuis dix ans, s'est donc opéré en eux, car ils ne fixèrent sur nous que des regards d'étonnement dans lesquels je ne pus découvrir aucun sentiment d'hostilité. Quelques minutes après, ils reprirent leurs livres et leur psalmodie, mais sur un ton beaucoup moins élevé. J'ai remarqué surtout un de ces infortunés enfants de Jacob, un Rabbin probablement, qui se distinguait par une ferveur inexprimable. Debout auprès de l'enceinte

(1) Jér. *Lam.*, v, 20.

il lisait dans une Bible jaunie, et prononçait les paroles sacrées avec une véhémence incroyable; il faisait continuellement des salutations profondes vers la muraille, il frappait sa poitrine, se tirait les cheveux et donnait les marques de la plus vive douleur. Il y avait aussi des femmes, mais en moins grand nombre et quelques jeunes enfants. J'avais entendu dire que les Juifs arrosaient de leurs pleurs les débris de ce mur du temple, mais je pensais qu'il ne fallait pas prendre ceci à la lettre; je changeai d'avis à Jérusalem. Je vis en effet plusieurs femmes et jeunes filles enfoncer leurs têtes dans les trous du mur hébraïque et verser des larmes amères en songeant au désastre d'Israël. Je me rappelai alors que Notre-Seigneur, lorsqu'il sortit pour la dernière fois de la ville déicide, dit aux femmes qui se frappaient la poitrine sur son passage : « Filles de Jérusalem, ne pleurez pas sur moi, mais pleurez sur vous-mêmes et sur vos enfants, car des jours viendront dans lesquels on dira : Bienheureuses les femmes stériles (1) ! » Ces jours sont venus, ils durent encore, et rien ne peut tarir les larmes des filles de Jérusalem. Nous quittâmes ce lieu, le cœur serré à la vue d'un désespoir que dix-huit siècles n'ont pas encore calmé. Le prophète des *Lamentations* l'avait aussi prédit : « Leur cœur a crié au Seigneur sur les murailles de la fille de Sion : Faites couler vos larmes comme un torrent pendant le jour et pendant la nuit; ne vous donnez point de repos, et que la prunelle de votre œil ne se ferme pas (2). »

Le mur de la mosquée est ensuite jusqu'au sérail caché par des maisons particulières. Le docteur Barclay qui a pu, en sa qualité de médecin, en visiter plusieurs, a retrouvé partout des portions de maçonnerie semblables au reste de l'enceinte antique. Au nord de la place des pleurs, se trouve le *Mehkemeh*, lieu où les musulmans rendent ou, pour parler plus exactement, *vendent* la justice. Un peu plus haut, au bout d'un bazar couvert, s'ouvre *Bab-el-Kattanin (la porte des marchands de coton)* de style sarrasin.

(1) S. Luc, xxiii, 28.
(2) Jér. *Lam.* ii, 18.

## II — LES DERVICHES

On trouve encore, plus au nord, deux couvents de *Derviches* (1), c'est le nom qu'on donne aux moines mahométans. Ils se divisent en six grands ordres dont deux seulement, les *Qadry* et les *Mewlewy*, sont représentés à Jérusalem par un corps de communauté. J'ai vu leur couvent et leurs exercices au Caire, mais n'ayant pas eu l'occasion de visiter ceux de Jérusalem, je vais laisser parler à ma place M. Saintine, ex-chancelier du consulat de France dans cette ville.

« Les *Qadry*, appelés vulgairement derviches hurleurs, épouvantent par leurs cris nocturnes le quartier de la caserne où ils se réunissent une fois par semaine pour se livrer à leurs exercices religieux. Le prieur de la congrégation se place dans une petite niche pratiquée dans le mur de la chambre, espèce de Mihrab, et les confrères, formant deux cercles concentriques, opèrent pendant des heures entières, au son d'un gros tambour enroué et de deux cymbales, des évolutions interminables autour de l'oratoire. Cette pieuse gymnastique consiste à avancer toujours du pied droit, en balançant d'avant en arrière le haut du corps et la jambe gauche, chaque oscillation amenant le cri : « *Ya hou* » (ô lui!) qui d'abord assez modéré, devient graduellement plus sonore et bientôt rapide, haletant, frénétique, de manière à faire croire aux gens non prévenus qu'ils ont dans leur voisinage un sabbat de bêtes féroces. Peu à peu le vertige s'empare des hurleurs ; tombés dans un véritable délire, exaspérés jusqu'à l'entier épuisement de leurs forces, écumants, les yeux hagards, ils finissent par succomber à la fatigue et s'affaissent sur eux-mêmes en râlant dans les convulsions d'une épilepsie extatique (2).

« Les *Roufay* vont plus loin ; dans la période suprême de leur ivresse, ils saisissent des poignards qu'ils s'enfoncent dans les muscles des bras et des jambes, des fers rouges qu'ils lèchent et mordent avec enthousiasme ; le tout sans être incommodés, grâce sans doute à quelque recette dont ils dérobent le secret au vulgaire.

(1) Ce mot signifie *pauvres*.
(2) Les derviches hurleurs du Caire font à peu près les mêmes momeries.

« Les *Mewlewy* ou derviches tourneurs, institués en 1273 par
Mewlana, n'ont rien de cette fougue sauvage ; ils se distinguent au
contraire entre tous les derviches par leur douceur et leur urbanité.
Leur danse religieuse s'accomplit au son d'un tambourin et d'une
flûte ; et, bien que fort originale, elle n'offre pas les contorsions et
l'entraînement frénétique de celle des autres ordres. Neuf ou onze
confrères, espacés circulairement, étendent leurs bras en croix, ferment
les yeux, et se mettent à tourner le talon du pied droit, changeant de
place peu à peu de manière à opérer nne révolution complète autour
de la chambre, comme les planètes qui, tout en continuant leur rota-
tion, poursuivent leur course selon leur orbite. A certains moments,
le mouvement s'arrête pendant que le supérieur récite une oraison.
Cet étrange exercice dure plusieurs heures sans que les adeptes paraissent étourdis (1). »

(1) *Trois ans en Judée.*

# CHAPITRE XV

## LES JUIFS DE JÉRUSALEM — DESCRIPTION DE LEUR QUARTIER

Nous voici maintenant arrivés au quartier des juifs, *Hareth-el-Jahûd*. C'est encore M. Saintine qui va nous les faire connaître.

« Pauvres Juifs ! ils sont plus malheureux en Judée que partout ailleurs, car ils n'y ont pas les ressources que leur offrent les autres pays ; le commerce y est nul, l'usure ne trouve à opérer que sur une petite échelle, deux grandes consolations qui leur manquent. Cependant il n'est pas un vieillard qui, sur la fin de ses jours, n'aspire à venir s'éteindre au pays de ses pères, dans une des quatre cités saintes : Jérusalem, Hébron, Saphed ou Tibériade. Leur caisse destinée à secourir les familles nécessiteuses a fort à faire, et ne parvient à se maintenir qu'au moyen des aumônes recueillies des quatre points de l'horizon. En effet, les pauvres sont nombreux.

« Parquée sur le versant oriental du mont Sion, entre les deux grandeurs passées de son histoire, la cité de David et le temple, cette nation végète tristement, se livrant aux industries équivoques, aux trafics douteux que les autres dédaignent, aussi habile à faire argent de tout qu'à déguiser le bénéfice acquis sous les apparences de l'indigence. Tous les Juifs ont l'extérieur également misérable, la même allure nécessiteuse ; pourtant bon nombre d'entre eux, dans leurs sombres et malsaines retraites, ont quelque vieux sac caché dans un vieux coffre, où les écus n'attendent qu'une occasion favorable de multiplier. Malgré leur utilité, malgré leur souplesse et leur habileté à se plier à tout, peut-être même à cause de ces qualités inhérentes à leur race, les fils d'Israël sont ici l'objet de l'antipathie et du dédain des autres communautés. Dissimulés, obséquieux, craintifs à l'excès, par

leur pusillanimité, ils excitent plutôt qu'ils ne désarment les sentiments hostiles des autres habitants..

..... « Quand j'eus pris place sur le divan du *Khakham* Mardochaï,
mon Rabbin, il s'excusa de ne point m'offrir la pipe à cause du sabbat
commencé; la lampe fumeuse suspendue à la voûte brûlait depuis
trois heures après midi ; sans cette précaution, il faudrait se résoudre
à passer la soirée et la nuit dans les ténèbres, à cause de la défense
d'allumer aucun feu pendant le jour du repos (1). Et le jour se compte
encore en Orient entre deux couchers du soleil, comme dans les temps
anciens : « Il fut soir, il fut matin, un jour (2). » Quoique privé de
l'auxiliaire normal de toute conversation en Orient, je restai plus d'une
heure à causer, et je recueillis des renseignements exacts sur la communauté israëlite de Jérusalem.

« Les Juifs de la Ville-Sainte se divisent en deux grandes fractions,
les *Saphardim*, ou du rit méridional, et les *Askenarim*, venus du
nord et de l'occident. Ces derniers originaires de la Russie, de la
Pologne et de la Gallicie, se subdivisent en plusieurs sectes, dont deux
principales, les *Haschidim* et les *Perouschim*. Les Esséniens des derniers siècles du royaume juif auraient de la peine à reconnaître leur
nom dans celui des haschidim ; bien plus encore méconnaitraient-ils
leur doctrine défigurée complètement par les traditions talmudiques, et
surtout par les rêveries de la *Kabbala*, cette algèbre théologique au
moyen de laquelle les Haschidim cherchent à pénétrer le sens intime
des Livres Saints, en soumettant toutes les lettres des mots bibliques à
des calculs bizarres. La secte des Perouschim, dont le nom, qui signifie
séparés, isolés, n'est que la corruption de celui des Pharisiens, se
distingue par l'affectation d'une grande piété et par la longueur de ses
prières. Toutes ces différentes branches de la communion juive, d'accord sur le dogme en général, ne se séparent guère que par le rituel,
et surtout par l'organisation de leur administration temporelle ; toutes
admettent le Talmud, malgré ses fables souvent contraires à l'esprit et
à la lettre des livres de Moïse. Une seule secte, peu nombreuse et sans
représentation à Jérusalem, rejette tout ce qui est en dehors des livres
inspirés, et prétend suivre le Mosaïsme dans son antique pureté. C'est

(1) Exode, xxxv, 3.
(2) Gen., i, 5.

la secte des *Caraïtes*, espèce de protestants juifs, anathématisés par les Rabbins de toutes les autres (1). »

« On ne comprend pas l'aveuglement des juifs en face de la Bible dont tous les mots sacrés sont pour eux une éclatante condamnation, dit Mgr Mislin ; mais en face de Jérusalem, en face de cette nation éteinte, de cette terre frappée de stérilité, après cette captivité de dix-huit siècles, attendre encore la venue d'un Messie sorti de la tribu de Juda, de la race royale de David, c'est un aveuglement si incompréhensible que, parmi tous les prodiges qu'on voit sur cette terre des miracles, c'est un des plus frappants, et qui durera, comme celui de la dispersion et de la conservation de ce peuple, jusqu'à la fin des siècles. Les payens eux-mêmes qui ont été les ministres des célestes vengeances, ont recherché avec soin les descendants de David pour les faire périr, et ôter aux juifs le dernier espoir de voir s'élever, dans cette famille royale, le Messie qui devait apporter la consolation et rendre l'indépendance à la malheureuse race de Jacob.

« Les juifs actuels peuvent se diviser en trois catégories, sans parler des nuances de sectes. La première catégorie est celle des juifs qui ont conservé l'Ancien Testament ; ces juifs-là, persécutés par tous les autres, ne se trouvent plus qu'en très-petit nombre dans quelques contrées lointaines, en Crimée, en Pologne, dans le Caucase, dans le désert de Hit. La seconde catégorie comprend tous ces juifs qui, après avoir perdu leur loi et leurs prêtres, leur temple et leur Dieu, leur pays et leur nationalité, et n'avoir conservé, comme Caïn, que le signe de la malédiction qui pèsera sur eux jusqu'à la fin des siècles, tiennent à ce code absurde et haineux qu'on appelle le Talmud ; cette catégorie comprendrait la masse de la population juive si la troisième n'existait pas. La dernière catégorie comprend tous les juifs dits *éclairés*, et ceux qui se règlent d'après eux : c'est la synagogue *panthéiste* ; à mon avis c'est la plus nombreuse en Europe. Nous faisons trop d'honneur en donnant le nom de juifs aux individus qui lui appartiennent ; ils ne croient à rien, ils n'ont conservé des traditions de leurs ancêtres que le culte du *Veau d'or*. Ce sont précisément ceux-là qui gouvernent le monde. Les juifs savent retrouver partout les marmites pleines de viande de l'Egypte. Ils se

______

(1) *Trois ans en Judée.*

sont emparés des journaux (1), de la plus sale littérature, des théâtres, des capitaux, de toutes les grandes et petites entreprises industrielles et commerciales ; ils spéculent sur le vice comme sur les fonds publics et sur la détresse des familles ; ils sont intelligents, d'une incroyable activité, et sans conscience envers les étrangers ; leur influence s'accroît chaque jour, elle augmentera encore ; c'est l'Europe aujourd'hui qui est le royaume d'Israël (2). »

Il n'y a plus actuellement que 8,000 à 10,000 Juifs dans toute la Palestine. Sept mille d'entre eux, étrangers pour la plupart, habitent à Jérusalem le quartier le plus resserré et aussi le plus malpropre. Dans son ancienne capitale, plus que partout ailleurs ce peuple déicide éprouve les terribles effets de la malédiction de Moïse (3), et de cette funeste imprécation : « Que son sang retombe sur nous et sur nos enfants (4). » Le sang du Juste retombe chaque jour goutte à goutte sur cette race coupable dispersée aujourd'hui au milieu des peuples, et dont un faible reste courbe, dans son propre pays, sa tête avilie sous le joug des Turcs.

Je reconnaissais facilement les enfants d'Israël à leur visage pâle et allongé et à leur manière originale de disposer leur chevelure. Ils laissent pousser sur la partie antérieure de la tête leurs cheveux qui se déroulent sur chaque joue en longues mèches frisées, tandis que la partie postérieure est rasée complètement. Presque tous sont blonds et coiffés d'un bonnet à poil ou d'un chapeau à larges bords ; ils sont vêtus d'une longue robe et d'un ample manteau. Du reste, à quelques exceptions près, ils semblent avoir la propreté en horreur. Ils ont à Jérusalem trois synagogues qui n'ont rien de remarquable. On en construit actuellement une plus grande dont la vaste coupole domine tous les édifices voisins.

(1) Surtout en Autriche.

(2) *Les Saints-Lieux*, II, XXVI.

(3) « Et vous demeurerez un très-petit nombre d'hommes, vous qui auparavant vous étiez multipliés comme les étoiles du ciel, parce que vous n'avez pas écouté la voix du Seigneur votre Dieu... Le Seigneur prendra plaisir à vous enlever de la terre où vous allez entrer pour la posséder ; il vous dispersera parmi tous les peuples, d'une extrémité de la terre à l'autre, et il vous donnera un cœur tremblant. » ( Deuter. XXVIII, 62. )

(4) S. Math. XXVII, 25.

MM. Rothschild, ces Crésus modernes, et Montefiore, ont fait bâtir un bel hôpital et des écoles pour leurs coreligionnaires. Ils préparent encore de nouvelles fondations, car ils font de grands efforts pour relever leur nation de son abaissement (1).

C'est dans le quartier juif que se trouvait la place appelée *Xystus*, où se tinrent plusieurs assemblées populaires, et où aboutissait le pont jeté entre les monts Sion et Moriah. Il y avait là une forteresse.

A l'extrémité sud-ouest de ce quartier, on voit l'abattoir de Jérusalem. C'est une place assez vaste, hérissée de poteaux à plusieurs branches, auxquelles les bouchers suspendent sans façon les animaux qu'il faut abattre. Ici le passant est obligé de se détourner avec une invincible horreur; car le sang, les entrailles, les excréments restent sur place et forment un hideux monticule d'où s'exhale une puanteur intolérable.

En fuyant cet endroit immonde nous retombons dans un lieu qui n'inspire pas moins de dégoût, et est frappé d'une cruelle réprobation. Ce sont les *Huttes des Lépreux*, appelées par les Arabes *Biût-el-Masakin (demeure des Malheureux)*. Elles sont situées à l'intérieur et au pied des murailles de la ville, tout près de la porte de Sion. Elles se composent d'une dizaine de misérables cabanes en terre, étroites et basses. M. l'abbé Becq en a fait une description qui n'est point exagérée.

« C'est, dit-il, dans ces antres infects que les infortunés lépreux, bannis de la société, sans secours, sans consolation, assistent à la décomposition des diverses parties de leur corps. A notre approche une troupe de chiens hargneux montrent leurs têtes et s'élancent sur nous avec rage; leurs hurlements annoncent une visite peu ordinaire; aussi de chaque cabane nous voyons sortir des hommes, des femmes, des enfants, défigurés de la manière la plus affreuse. Les uns ont les yeux, le nez, les lèvres et les oreilles rongés par des ulcères; les autres ont perdu les doigts des pieds et des mains dont les articulations sont tombées les unes après les autres, sous la maligne influence de la

---

(1) J'ai rencontré un enterrement en revenant de la synagogue. Le corps, enveloppé d'un linceul blanc, était soutenu par des sangles fixées à deux longs bâtons que deux hommes portaient sur leurs épaules; une troupe assez nombreuse suivait en silence et d'un pas très-rapide.

honteuse maladie; d'autres sont couverts, de la tête aux pieds, de pustules, de croûtes et d'enflures ; tous sont hideux à voir et presque involontairement on double le pas pour échapper à ces épouvantables scènes (1). »

Ces lépreux sont musulmans pour la plupart et vivent d'aumônes. On les rencontre dans divers endroits de la ville, surtout auprès de la porte de Jaffa qui est la plus fréquentée. Ils tendent leurs pauvres bras vers les passants et demandent *bakchis* d'une voix enrouée et nasillarde, qui sort avec peine d'un palais rongé par la lèpre.

Cette terrible maladie, encore trop fréquente en Orient et toujours rebelle aux efforts de la science médicale, se propage par voie d'hérédité. Ces infortunés peuvent traîner jusqu'à l'âge de quarante ou cinquante ans leur misérable existence, et ils attendent, avec une patience stoïque, que la mort vienne les délivrer de leurs maux. Notre-Seigneur, pendant le cours de sa prédication, a guéri un grand nombre de lépreux, et il mettait ce miracle au rang de ceux qui devaient prouver sa divine mission, en disant aux disciples de son précurseur : « Annoncez à Jean... que les lépreux sont guéris (2). »

(1) *Impressions d'un Pèlerin de Terre-Sainte.*
(2) S. Math., XI, 4.

# CHAPITRE XVI

## LE QUARTIER ARMÉNIEN — LES PROTESTANTS — LA CITADELLE — DEUX FÊTES A JÉRUSALEM

### I — LE QUARTIER ARMÉNIEN

Entrons maintenant dans le quartier des Arméniens *(Hareth-el-Arman)*. Ils occupent, dans l'angle sud-ouest de la ville sur le mont Sion, les plus beaux édifices de Jérusalem, si l'on excepte l'église du Saint-Sépulcre et la mosquée d'Omar. Leur quartier est mieux bâti et plus propre que les autres. Comme les Israélites, les Arméniens adoptent pour patrie les lieux où ils se fixent avec l'espérance de s'enrichir. Généralement répandus dans les vastes contrées soumises au Croissant, ils ont, comme les Juifs, le talent d'exploiter à leur profit les besoins et les goûts des populations auxquelles ils s'attachent comme les sangsues aux membres d'un malade. Sous le rapport physique, ce sont des hommes robustes et bien faits.

Ces schismatiques possèdent un couvent très-vaste et très-bien tenu, où réside leur patriarche, avec une trentaine de religieux et autant de jeunes clercs. Dans leur église, distinguée par la richesse et la profusion des ornements, on nous montra le lieu où saint Jacques-le-Majeur eut la tête tranchée par ordre d'Hérode Agrippa I<sup>er</sup> (1). Ce monastère, dans lequel on peut loger 3,000 pèlerins, renferme une imprimerie et un immense jardin qui est la merveille de Jérusalem en ce genre, ce qui n'est pas beaucoup dire.

(1) Le corps de cet illustre apôtre fut transporté plus tard à Compostelle, en Espagne.

Il existe près de là un couvent où vivent dix religieuses arméniennes. Leur église occupe l'emplacement de la maison du Grand-Prêtre Anne, devant lequel Notre-Seigneur fut traduit, après avoir été arrêté à Gethsémani. Je coupai un rameau d'un vieil olivier auquel, dit-on, il fut attaché pendant que le Grand-Prêtre combinait avec ses complices les moyens de le faire périr.


II — LES PROTESTANTS A JÉRUSALEM


Au nord du couvent Arménien, s'élève un temple protestant. Cet édifice, de style gothique, a été bâti récemment auprès du consulat anglais et du siége de la Société Biblique de Londres. C'est en 1840 que la reine d'Angleterre et le roi de Prusse ont fondé une mission protestante à Jérusalem en y plaçant un évêque anglo-prussien, chargé par une bizarrerie dont l'hérésie seule est capable, de représenter dans sa personne deux églises qui ne sont unies entre elles ni par la même foi, ni par la même hiérarchie.

Si ces Chrétiens nouveaux-venus n'avaient que l'intention de prier auprès du Saint-Sépulcre, personne ne pourrait s'en plaindre. Ils s'en occupent peu. Mais alors que sont-ils venus faire à Jérusalem? « S'il y a un lieu sur la terre où la présence des Protestants soit étrange, c'est bien celui-ci. Jérusalem est par excellence la ville des souvenirs religieux, et le Protestantisme a rompu avec le passé et ses traditions. Quel est ici le sanctuaire qui pourrait entendre sa doctrine sans lui reprocher ses erreurs? Le Cénacle les repousse au nom de ce banquet sacré dont ils ont changé la touchante réalité en une amère et décevante figure. Le Calvaire les repousse au nom du sang de Jésus-Christ répandu pour tous les hommes et qu'ils appliquent, par des systèmes égoïstes et étroits, à un petit nombre de prédestinés. Le tombeau du Christ, qui est l'autel par excellence où son sang coule depuis sa mort pour nos péchés, les repousse au nom de leurs autels sans victime et sans sacrifice. Toutes les communions chrétiennes qui viennent prier dans cette auguste église (du Saint-Sépulcre) les repoussent au nom de l'Evangile qu'ils ont défiguré. Latins, Grecs, Arméniens, Abyssiniens, Géorgiens, Cophtes, récitent le même symbole, participent au même banquet eucharistique, administrent les mêmes sacrements. L'orgueil des patriarches de Constantinople et le despotisme des Césars du Bas-Empire ont soustrait à l'autorité du Souverain-Pontife l'Eglise d'Orient; mais, séparées depuis 900 et même depuis 1200 ans, l'Eglise Latine et l'Eglise Grecque pourraient se réconcilier sans avoir presque rien à changer à leurs symboles (1). »

« L'évêque protestant annonce le Christ aux pèlerins de toutes les nations, en leur vendant des Bibles à la porte de l'église du Saint-Sépulcre, et aux bédouins du désert, en leur envoyant un évangéliste arabe monté sur un cheval chargé de livres. A part le personnel des consulats de Prusse et d'Angleterre et celui de la mission qui se compose d'un évêque, de deux missionnaires, d'un médecin et d'une institutrice, elle compte une cinquantaine de juifs aventuriers, venus des quatre points cardinaux, et qui se convertissent pour le temps qu'ils sont à Jérusalem, moyennant un subside quand ils sont en santé, et un lit à l'hôpital quand ils sont malades ; après quoi ils redeviennent plus juifs que jamais dès qu'ils ont atteint Jaffa, Hébron ou Tibériade. Quant aux Juifs qui sont domiciliés dans la Ville-Sainte, ou qui viennent à Jérusalem pour être enterrés dans la vallée de Josaphat, on conçoit facilement qu'ils n'abandonneront pas, dans la cité de David, la loi donnée à leurs pères sur le Mont Sinaï, pour adopter un culte qui ne remonte qu'au mariage adultère de Henri VIII.

« Il est donc très-probable que le but avoué de la mission protestante à Jérusalem, qui est la conversion des Juifs, ne sera pas atteint... Faut-il s'étonner si, depuis 1840, à peine une cinquantaine de protestants de toutes les communions et quelques juifs forment seuls l'évêché protestant de Jérusalem, qui est assurément le plus petit de l'univers ?

« Quel champ reste donc ouvert au zèle bien connu de l'évêque et de ses missionnaires ? *Chasser Rome de la Judée!* C'est M<sup>me</sup> de Gasparin qui va nous l'apprendre : « M. Gobat (l'évêque anglican) songe à faire évangéliser par un missionnaire itinérant les populations chrétiennes de la Judée; il y a une grande lassitude de Rome chez les âmes qui lui sont assujetties. Qu'on sache lire, qu'on possède la Bible, et la réforme se fera toute seule (2).

« Partout ailleurs la concurrence protestante est peu à craindre;

(1) M. l'abbé Massoni, *Pèlerinage.*
(2) *Journal d'un Voyage au Levant,* t. III, p. 274.

mais dans un pays où l'on obtient tout du gouvernement par l'argent,
où les catholiques ont déjà à lutter contre les richesses des Grecs et des
Arméniens, l'influence toujours croissante de la Russie, l'avidité des
pachas et l'indifférence des gouvernements catholiques de l'Europe, un
nouvel ennemi soutenu par la protection de l'Angleterre dont il est le
servile instrument, peut amener sur les populations chrétiennes de la
Palestine des malheurs plus grands encore que ceux qui ont naguères
si cruellement ensanglanté le Liban. Avec de l'or, on trouve partout
des Druses prêts à égorger les moines, à piller les couvents, à incendier les villages et à profaner les églises (1). Le protestantisme ne
s'établira pas plus dans les montagnes de la Judée que chez les Maronites ; mais si l'on parvient à exciter les haines des populations demi-
sauvages contre les faibles établissements que nous avons en Palestine, les sanctuaires révérés de Jérusalem, de Bethléhem et de Nazareth
que nous ne possédons déjà plus qu'à moitié, seront bientôt des ruines
fumantes, comme les églises catholiques du Liban. Mais là, il y avait
300,000 Maronites, sinon pour les défendre, du moins pour les reconstruire ; ici il y a 4,000 catholiques pauvres et dispersés, que le fanatisme et la barbarie peuvent faire disparaître en un jour (2). »

Pour paralyser les efforts des missionnaires de l'hérésie, c'est à nous,
Catholiques, d'aider, par nos prières et nos aumônes, les courageux
missionnaires de la vraie foi, le Patriarche de Jérusalem et les Pères
Franciscains qui sont en butte à des ennemis si nombreux et si puissants. Pourrions-nous craindre de nous imposer quelques sacrifices,
en présence des ressources immenses que le protestantisme sait recru-
ter ? La *Société Biblique* d'Angleterre a dépensé à Jérusalem, un mil-
lion deux cent cinquante mille francs pour construire un très-beau
temple, assez vaste pour contenir dix fois le diocèse anglo-prussien,
tel qu'il est aujourd'hui ; ses revenus annuels étaient, ces dernières
années, de dix millions de francs. Avec ces fonds, on a répandu dans
le monde entier plus de trente millions de Bibles qui contiennent de

_________________

(1) Ceci n'est pas une hypothèse gratuite, car j'ai appris à Damas, de personnes dignes de foi, que les Anglais étaient complices des Turcs et des Druses
dans les massacres qui ont exterminé les Chrétiens de cette ville en juillet 1860 ;
aussi le consulat anglais a-t-il été seul épargné.

(2) *Les Saints-Lieux*, II, xxxi.

graves erreurs, comme le constate une pétition présentée à la Chambre des Communes, en mai 1856, par M. Wilson, président de la Société Biblique de Londres, pour en demander la révision totale. La même Société a également fondé à Jérusalem, avec un hôtel très-confortable pour les missionnaires, un hôpital anglais et plusieurs écoles.

On voit quelquefois, dans les forêts, un chêne élevé dont la tête majestueuse domine tous les arbres qui l'environnent; un gui parasite ou un lierre rampant s'attache un jour à son antique tronc qui le soutient, mais dont il peut à peine ronger l'écorce extérieure, tandis que le bois lui-même est intact. C'est ainsi que le Protestantisme, né au XVIe siècle, s'attache dans tout le monde au Catholicisme dix-huit fois séculaire; mais malgré ses efforts, il ne peut lui faire que des blessures superficielles, il ne saurait jamais le détruire.

Les Protestants en bâtissant leur temple sur l'emplacement du palais d'Hérode-le-Grand, ont probablement tenu à le mettre en évidence, plutôt que dans un lieu riche en précieux souvenirs. Cet endroit a été souillé par le sang et par les crimes d'un tyran. C'est de là sans doute que partit le signal du massacre qui devait faire périr l'enfant Jésus avec les innocentes victimes de Bethléhem. « Le palais d'Hérode avec les jardins qui l'entouraient a entièrement disparu. Aucun pèlerin ne demande en passant où étaient ces salles magnifiques où des centaines de convives étaient assis à la table d'Hérode; mais l'amour du dernier venu des générations présentes demande avec un tendre empressement le lieu où Jésus a mangé l'agneau pascal avec ses disciples, et célébré avec eux la sainte Cène (1). »

En face du temple protestant se trouve une caserne turque et la citadelle (*El-Kalah*), auprès de la porte de Jaffa.


### III — LA CITADELLE


C'est un assemblage irrégulier de lourds bâtiments et de tours carrées, entourés de fossés larges et profonds et protégés contre les attaques du dehors par un boulevard ou contre-fort oblique dont la maçonnerie paraît très-ancienne. Un minaret y élève sa tête légère. Quelques ca-

(1) Schubert, II.

nons vieux et petits se montrent par les créneaux. Ce qui mérite de fixer l'attention, c'est la principale tour appelée *Tour de David*, et au moyen âge, *Château des Pisans*. La partie supérieure est moderne, mais toute la partie inférieure est construite de gros blocs taillés en bossage, dont quelques-uns mesurent de 3 à 4 mètres de long sur 1 m. 50 c. ou 2 mètres de large. Evidemment, ces pierres n'ont jamais été dérangées ; elles rappellent tout d'abord l'aspect des murailles du temple, bien que les blocs soient plus petits et moins fins. La hauteur de la partie antique au-dessus du fond du fossé est de 12 mètres. La base est massive et quadrangulaire (1). La plupart des savants sont d'accord pour identifier cette tour avec celle nommée *Hippicus* par Hérode l'Ascalonite, et dont Josèphe parle si souvent dans la *Guerre des Juifs*. M. de Saulcy pense qu'elle appartient indubitablement aux temps des rois de Juda, et très-probablement à Salomon ou à David dont elle a porté le nom de temps immémorial.

C'est donc le plus ancien monument de Jérusalem. Aujourd'hui on voit sur sa plate-forme deux canons rouillés qui ne servent plus qu'à donner des saluts (2), et un mât élevé où flotte le drapeau rouge avec l'étoile et le croissant turc. On entre dans cette forteresse par une porte ogivale et un petit pont jeté sur le fossé.

David, devenu roi de tout Israël, s'empara de la haute ville encore au pouvoir des anciens habitants, les Jébuséens, qui s'y étaient maintenus malgré la présence des enfants de Benjamin dans la ville basse. Pour défendre sa conquête, il a dû construire une citadelle en cet endroit où les pentes de Sion sont le moins escarpées, et auprès de la porte la plus fréquentée.

« Après le sac de Jérusalem, dit Josèphe, Titus fit respecter les tours qui surpassaient toutes les autres en hauteur, c'est-à-dire Phasaël, Hippicus et Mariamne, pour montrer aux races futures quelle cité florissante et forte la valeur romaine était parvenue à réduire (3). »

Ce château fut, sans aucun doute, la résidence des rois Latins de

_______

(1) Ce n'est pas un carré parfait, le côté est mesurant 17 m. 20 c., et le côté sud 21 m. 40, d'après Robinson.

(2) Je les ai entendu résonner un jour, c'était pour célébrer la naissance de Mahomet.

(3) *Guerre des Juifs*, VII, 1.

Jérusalem, ainsi que l'attestent beaucoup de monnaies de ces monarques ayant pour type la tour de David. L'une d'elles (1) porte d'un côté une tour crénelée avec le mot : T·V·R·R·I·S·, et de l'autre une étoile à huit rayons avec le mot : +·D·A·V·I·D·.

## IV — DEUX FÊTES A JÉRUSALEM

L'espèce de petite place qui se trouve en face de la tour de David et de la porte de Jaffa, est l'endroit le plus animé de Jérusalem, où tout est mort. C'est l'entrée des bazars, c'est là que l'on voit les boutiques des barbiers qui sont un lieu de réunion ; il y a aussi quelques cafés. Mais dans ces établissements il ne faut point chercher le luxe, pas même le confortable. Un café, en Orient, consiste en une salle blanchie à la chaux et entourée d'un petit divan ; dans un coin est placé un fourneau où des charbons ardents font continuellement bouillir le savoureux Moka ; une grille en bois grossièrement sculpté sert de clôture. Dans cette salle ou bien, lorsqu'il y a de l'ombre, au dehors sur des bancs de bois, les graves ottomans sont lâchement accroupis ; les uns fument dans le tchibouck, pipe longue de cinq ou six pieds, les autres déroulent les longues spirales d'un narghilé dont la fumée traverse un bain d'eau bouillonnante. Quelques amateurs jouent avec des cailloux sur une tablette garnie de petites cases, tandis que d'autres à côté, leurs tasses de café à la main, interrompent le silence général par une courte conversation.

Le voyageur qui espèrerait trouver à Jérusalem quelques divertissements serait grandement déçu. Aussi je ne vois que deux sortes de personnes qui puissent se plaire à Jérusalem, le fervent chrétien et le savant archéologue. Pour le premier, la ville de David est un sanctuaire immense qui renferme les lieux les plus saints de la terre, consacrés par les traces impérissables de l'Homme-Dieu ; pour le second, c'est un vaste musée où il peut étudier les monuments de l'antiquité la plus reculée. M. de Saulcy nous a fait le récit des plaisirs de la société dans la Ville-Sainte.

(1) Un exemplaire de cette médaille existe dans la collection numismatique de Cousinery, à la Bibliothèque impériale ; M. de Saulcy l'attribue à Baudouin IV (1185).

« Mattéo, dit-il, nous a donné une soirée arabe, avec charivari obligé de joueurs de canoun et de tambourin, qui se mettent l'un ou l'autre, sans trop savoir pourquoi, à chanter tout d'un coup des gargouillades invraisemblables, avec une voix de tête nasillarde à dire d'expert. Le chant et l'accompagnement ne sont pas cousins, car ils se tournent perpétuellement le dos. Pour nous faire honneur à nous Français, lors de notre entrée dans la salle de la fête, l'orchestre en question nous a clapoté et tambouriné un semblant de *Marseillaise* des plus hétéroclites, et j'avoue que mon amour-propre de musicien européen a été singulièrement froissé. Si c'est sur cet échantillon, interprété de pareille façon, que l'on juge à Jérusalem la musique française, nous devons passer pour d'affreux râcleurs à qui toute note est bonne, venant au hasard et sans s'inquiéter plus de celle qui la suit que de celle qui la précède. Pendant deux bonnes heures nous avons goûté ce délicieux passe-temps au milieu de figures d'hommes, jeunes ou vieux fumant le tchibouk et buvant du vin ou de l'eau et du café, suivant que l'invité est chrétien ou musulman. Comme Mattéo est chrétien, la majorité n'est pas du côté des sectateurs de Mahomet. Des confitures ou des petites pâtisseries au miel, viennent de temps à autre, interrompre le concert. Pour donner à celui-ci plus d'animation, c'est-à-dire pour stimuler l'ardeur des exécutants, Mohammed qui est accroupi à côté de moi, m'exhorte à financer. J'envoie donc, au nom de nous tous, une cinquantaine de piastres à chaque musicien, et je déclare que c'est beaucoup plus qu'il ne mérite. A partir de ce moment le charivari redouble ; j'aurais bien mieux aimé que ses auteurs prissent tout autrement notre bakchis, et comprissent que ce qu'ils avaient de mieux à faire pour s'en montrer tout à fait dignes, c'était de se taire.

« Nous désirerions fort nous en aller, et nous soustraire aux charmes infiniment trop prolongés de cette soirée masculine, mais il nous manque le bouquet que nous devons nous résigner à attendre. La maîtresse de la maison, avec toute la partie féminine de la société réunie chez Mattéo, est parfaitement claquemurée et s'occupe de la confection du bouquet annoncé. Celui-ci n'est autre chose qu'un amas blanchâtre, haut comme une taupinière de forte taille, surmonté de fleurs, de petites bougies allumées et de découpures de clinquant ; tout cela n'a pas trop mauvaise mine, je l'avoue, et cependant je me

demande ce que c'est. Comme on dépose cette machine devant moi
sans l'ombre de cuiller ou de fourchette, il faut bien que je jette mon
bonnet par-dessus les moulins et que j'entame la chose avec les
doigts. C'est un mélange de farine, de sucre, d'amandes pilées et de
je ne sais quoi encore; je soupçonne qu'il entre là-dedans beaucoup
de chandelle. Quoi qu'il en soit, l'objet en question s'appelle *Kenafeh*.
A Jérusalem, pas de vraie fête sans kenafeh, mais aussi pas de kenafeh
sans vraie fête. Je voudrais bien ne pas être forcé de manger beaucoup de ce mets ébouriffant, mais on ne m'a pas l'air de vouloir
l'enlever de sitôt de devant moi : c'est bien trop de prévenance. Il y a
toutefois un honneur auquel je me soustrais résolument : c'est celui
d'avaler des boulettes que vos voisins vous façonnent et vous offrent
à l'envi. Je mets sur le compte de mon manque absolu d'appétit
l'atroce répugnance que me cause cette attention de luxe, et je laisse
mon pauvre ami Edouard payer pour nous deux, en ingurgitant ce
que chacun lui sert. J'avoue que les grimaces que je lui vois faire
ne me disposent nullement à me relâcher de ma tempérance calculée.
Maintenant nous pouvons quitter la partie, et laisser nos gracieux
hôtes se livrer à tous leurs ébats. Nous levons donc la séance et nous
regagnons la *Casa-Nova,* où nous sommes bien assurés de n'avoir
plus de kenafeh à affronter (1). »

Si les concerts et les soirées de Jérusalem sont peu attrayants, les
fêtes de mariage ne le sont guère plus. M. Saintine, qui a assisté à
une noce arabe, va nous en convaincre.

« Un jeune latin, armé d'un grand cierge en cire blanche, m'offrit
son flambeau, m'invitant pour la soirée même à la noce de sa sœur.
J'acceptai, et rendez-vous fut donné pour huit heures du soir, à la
maison de *l'aroncé* (fiancée). « Mais à quoi bon cette grande chandelle?
lui demandais-je; dois-je l'emporter avec moi? joue-t-elle un rôle dans
les épousailles ? » — « Certainement, me répondit-il, gardez-vous
bien de l'oublier, c'est votre lettre d'invitation. » Dans ce pays où les
anciens usages ont la vie dure et tenace, les flambeaux de l'hyménée
ne sont pas seulement une formule, une périphrase rebattue à l'usage
des anciens rimeurs classiques, c'est une belle et bonne réalité. A huit
heures, je pars pour la maison nuptiale que je trouve facilement, grâce

(1) *Voyage autour de la mer Morte,* ii.

à l'harmonie qui s'en échappe. Les voisins sont des gens bien heureux !..
Cette harmonie, c'est un mélange irritant de voix féminines et d'instruments barbares; les voix féminines lancent, comme des fusées, deux
notes à l'octave, formant un chant monotone dont les paroles, qu'il est
presque impossible de distinguer, sont des improvisations à la louange
de l'épousée, de sa famille, des principaux invités. Cette poésie de
circonstance se compose de quatrains hurlés plutôt que chantés sur
ces deux éternelles notes, et après chaque quatrain éclatent le glous-
sement, l'ululation, le glouglou de tout le chœur. Au bout de quelque
temps, cela devient d'un effet très-agaçant sur les nerfs déshabitués de
la musique orientale. Quant aux instruments, l'indispensable, la base
obligée de toute fête, c'est le *doumdoum*, nom expressif qui me dis-
pense de définir le son de l'instrument. Le doumdoum se compose de
deux petites timbales accouplées, formées chacune d'un hémisphère de
cuivre garni d'une peau tendue et rendant chacune une note différente;
on les frappe, pour obtenir cet agréable résultat, avec deux petits
bâtons de bois dur, en marquant un rhythme peu varié qui se ralentit
ou s'accélère selon les circonstances. Mais dans les grandes occasions,
le doumdoum reçoit du renfort; on jouit alors d'un orchestre complet,
lequel s'accroupit sur une natte dans un coin de la chambre, et dont
l'invariable composition est celle-ci : un violon se lançant dans les
variations les plus inattendues; un *canoun,* sorte d'épinette à vibra-
tions métalliques posée horizontalement sur les genoux; grâce aux
dés de fer qui arment ses doigts, l'artiste peut, sans crainte de s'user
les ongles, râcler infatigablement les cordes de laiton et lutter de
caprice, d'entrain et de persévérance avec le *Stradivarius* voisin; un
virtuose accompagnant son chant monotone des ronflements prolongés
de son tambour de basque. Cette réunion mélodieuse semble ne se
proposer qu'un but, celui de couvrir le tic-tac du doumdoum, mais le
doumdoum a toujours le dernier mot : *Non pluribus impar.* Eh !
bien, vivez quelque temps parmi les peuples orientaux, habituez votre
oreille aux sons fantastiques, capricieux, de cette musique sauvage,
et vous serez étonné d'y trouver un charme étrange, quelque chose
qui diffère absolument des sensations musicales produites par l'harmonie européenne. Cette gamme par quarts de ton qui blessait d'abord
votre tympan effarouché perdra ce caractère d'intonations vagues et
fausses; les motifs souvent gracieux de la mélodie orientale ressorti-

ront sur ce fond nuancé de gradations délicates, comme les arabesques des châles indiens ou des tapis persans qui forment, avec des couleurs en apparence fausses et dissonantes, un ensemble harmonieux où l'œil ne se heurte à rien de brusque, à nul contraste choquant.

« J'entre donc en plein dans la fête et je prends place sur le divan, dans la chambre où se trouve déjà réuni tout le personnel barbu des invités. Les femmes se livrent à la joie dans un autre compartiment, car toute réunion, sous prétexte de réjouissance ou de deuil, a toujours l'organisation de nos établissements de bains. C'est peut-être là, en Orient, l'obstacle le plus grand aux progrès de notre civilisation moderne. Cette séparation des sexes empêche l'esprit de famille de se développer et paralyse, dans son principe le plus vital, l'esprit de société ; de là, l'abjection anti-chrétienne de la femme. A peine ai-je bu l'inévitable café et donné quelques baisers au tchibouk, son compagnon inséparable, que les deux *chebin* ou paranymphes de l'époux font leur entrée officielle ; ils viennent chercher la fiancée pour la conduire à l'église. Reçus comme moi dans la salle masculine, ils sont tenus avant d'aborder l'objet de leur mission, de passer par les préliminaires obligatoires : une cuillerée de confiture et un verre d'eau, une pipe et un fidjan de café. Alors seulement ils entrent en fonctions : le père de la jeune fille les prend par la main et les conduit vers l'appartement des femmes. En ma qualité d'Européen, j'eus le privilége de les suivre. La fiancée, emmaillottée dans un long voile de tulle rouge pailletté d'or qui la couvrait depuis la tête jusqu'aux pieds, la fiancée, immobile, invisible, muette, était assise sur une chaise au milieu de la chambre. Autour d'elle, toutes les femmes, parées de leurs plus beaux atours, formaient un cercle brillant de couleurs vives et de bijoux. Les chebins demandent qu'on leur livre la fiancée, le père et la mère la font lever et la remettent entre leurs mains. Les plénipotentiaires alors la placent entre eux deux, la tenant délicatement par le coude, et l'on sort de la maison. Ici chaque invité alluma son cierge, et l'on suivit le groupe principal ; les hommes d'abord, puis le peloton des femmes enveloppées dans leurs longs linceuls blancs.

« Dans le trajet jusqu'à l'église, le cortége fut arrêté par tous les amis devant la maison desquels il passa. A chaque seuil, une tasse de café fut répandue sur le chemin de la jeune fille ; tous les invités furent aspergés d'eau de rose au moyen de petits vases à long col percés de trous étroits d'où distille la pluie odorante. Les compliments, les formules de politesse, les souhaits de félicité se croisèrent en l'air. Par une combinaison profonde, on arriva à la porte de l'église en même temps que le cortége de l'époux, qui avait subi les mêmes épreuves en suivant une route différente ; et sans se mêler à lui, on entra dans le temple. Devant le prêtre, les époux se trouvèrent pour la première fois côte à côte, et la cérémonie religieuse s'accomplit. Au sortir de l'église, les deux chœurs s'en furent chez le mari, séparément encore, mais à la suite l'un de l'autre. L'époux marchait silencieux et les yeux baissés ; l'épouse tout à fait muette et fermant les yeux sous son voile. Le code des belles manières exige que les deux conjoints aient l'air aussi malheureux, aussi lugubre que possible. Quand on arriva à la demeure du marié, Madame, avec toutes les femmes, entra dans le compartiment réservé au beau sexe, et Monsieur, qui ne lui avait pas adressé une parole, se tint avec ses amis dans la chambre des hommes. Des deux côtés recommencèrent alors les plaisirs les plus folâtres, les divertissements les plus variés, c'est-à-dire la musique et les pipes entremêlées de confitures, de pistaches, de grains de maïs grillés ou couverts d'une croûte de sucre, de *rahat-lokoum*, sorte de pâte douce dont la base est la farine de riz. Les jeunes célibataires, à tour de rôle, offrirent à toute la compagnie, en commençant par les gens de distinction, des verres de *raki* (eau-de-vie anisée), qui se succédèrent indéfiniment. Quand on sait vivre, avant de boire, à chaque libation on adresse aux parents des époux quelques souhaits pour le bonheur du nouveau ménage. Les parents vous répondent par un vœu pour votre mariage, si vous n'êtes pas marié, pour le mariage de vos enfants, si vous avez de la famille. Et cela se répète dix fois, vingt fois, trente fois jusqu'au matin. Une vie de ménage commencée par une soirée tellement ennuyeuse ne semble pas promettre beaucoup d'agrément ; mais si l'usage est absurde, il est ancien, et nul ne songe à s'y soustraire.

« Chez les musulmans, on fait un véritable abus de la marche en cortége. Tout le mobilier, toute la corbeille de la mariée, sont portés en pompe, article par article, sur les pas d'un joueur de musette et d'une grosse caisse. En tête du défilé, quelques amis de la famille, le sabre nu à la main, s'escriment à la danse, tandis que un ou deux bouffons, couverts de plumes et coiffés d'un grand bonnet auquel sont attachées des queues de renard, divertissent la foule par mille évolutions grotesques.

« Vers minuit, on le concevra sans peine, je m'étais amusé suffisamment, aussi profitai-je de mon titre de barbare, étranger aux usages des raffinés du bon ton, pour opérer ma retraite (1). »

(1) *Trois ans en Judée.*

# CHAPITRE XVII

AUTOUR DES MURS — LE TOMBEAU DE LA VIERGE — LA GROTTE
DE L'AGONIE — LE JARDIN ET LA MONTAGNE DES OLIVIERS

I — LE TOMBEAU DE LA VIERGE

Nous avons parcouru les divers quartiers de Jérusalem en examinant tout ce qu'ils renferment de plus intéressant, nous allons maintenant diriger nos explorations autour des murailles de l'antique Sion ; nous y trouverons encore de quoi satisfaire une pieuse curiosité.

Sortons par la porte orientale nommée jadis par les Croisés, porte de Josaphat, et aujourd'hui porte de Saint-Étienne. Nous laissons sur la gauche une assez vaste citerne en ruine qui porte le nom de Bain-de-Dame-Marie, et en descendant la pente rapide de la vallée de Josaphat, arrêtons-nous à mi-côte, à l'endroit où le rocher présente une sorte de plate-forme. C'est là, dit-on, que le premier martyr, saint Étienne, subit le supplice de la lapidation (1).

En quittant ce lieu, après avoir passé le torrent de Cédron sur un pont en pierre d'une seule arche, on se trouve au pied de la montagne des Oliviers. A quelques pas vers la gauche, est l'entrée de l'église dans laquelle fut ensevelie la dépouille mortelle de Marie Immaculée. Mais Dieu ne voulait point que la chair virginale de la mère de son Fils unique éprouvât la corruption du tombeau, et c'est là aussi qu'eut lieu, suivant une pieuse tradition, l'Assomption glo-

(1) Actes VII, 57. — M. de Vogué pense que l'indication du lieu de cette lapidation a varié et qu'on le montrait anciennement du côté de la porte de Damas. (*Les Églises de la Terre-Sainte*, c. VIII, IV, p. 332.)

rieuse de la Reine du ciel. Ici, on se demandera peut-être : Est-il bien vrai que la sainte Vierge soit morte à Jérusalem? Voici notre réponse à cette question.

L'Evangile, qui nous a laissé ignorer la plus grande partie de sa vie, garde le silence sur sa mort. Si nous consultons la tradition, nous nous trouvons en présence de deux opinions.

Marie est morte, selon les uns, à Ephèse, selon les autres, à Jérusalem.

Les premiers s'appuient sur un passage d'une lettre écrite, en 431, par les Pères du Concile d'Ephèse au clergé de Constantinople. En voici la teneur : « C'est pourquoi Nestorius... étant venu dans la ville d'Ephèse, dans laquelle Jean-le-Théologien et la mère de Dieu, Vierge sainte Marie.... » Cette phrase est inachevée, on la complète le plus communément en ajoutant : ont habité (1). Il est de la dernière évidence que ce fameux texte ne prouve pas que la sainte Vierge soit morte à Ephèse, ni même qu'elle ait habité cette ville; ce texte ne prouve absolument rien, puisqu'étant tronqué, il laisse à chacun le droit de l'interpréter suivant ses propres conjectures.

« Mais, observe Mgr Mislin, en admettant même le sens le plus favorable, c'est-à-dire que la sainte Vierge a habité Ephèse avec saint Jean qui a certainement habité cette ville, cela ne prouverait pas qu'elle y soit morte. Elle a vécu au moins quatorze ans après la mort de Jésus; elle a donc pu facilement aller à Ephèse, puis retourner à Jérusalem où tant de motifs devaient la retenir. Si cette ville était devenue chère aux Chrétiens, à plus forte raison elle devait l'être à celle qui ne vivait plus que dans les souvenirs de son fils (2). »

Les auteurs de l'*Itinéraire de l'Orient* sont donc dans l'erreur lorsqu'ils disent: « La tradition qui place en Gethsémani le lieu où reposa le corps de la sainte Vierge, contrairement à une décision du troisième concile général tenu à Ephèse, en 431, qui place en cette dernière

---

(1) La version latine du grec original est ainsi conçue : « *Quare et Nestorius..... cum in Ephesiorum civitatem pervenisset; in quâ Joannes theologus et deipara virgo Sancta Maria....* ( aliqui subintelligunt : *aliquando habitaverunt;* alii : *œdes habent;*) *a Sanctorum Patrum et Episcoporum cœtu seipsum abalienans...* » (*Conciliorum coll. reg.* Par. 1644, tom. V, p. 551.)

(2) *Les Saints-Lieux*, II.

ville le tombeau de la sainte Vierge et de saint Jean... » Le concile
d'Ephèse n'a émis aucune décision à ce sujet (1).

Les partisans de la première opinion se fondent encore sur les actes
du concile d'Ephèse, dans lesquels on voit que la cathédrale de cette
ville était dédiée à la Mère de Dieu. Mais ce second motif n'est pas
plus fort que le premier, car dès que les Fidèles eurent le libre
exercice de leur culte, ils érigèrent en plusieurs lieux des églises sous
l'invocation de Marie, sans prétendre pour cela posséder son tombeau.

Ceux qui soutiennent que l'auguste Vierge est morte à Jérusalem
s'appuient sur la tradition des Chrétiens de la Palestine, d'accord en
cela avec celle des autres églises orientales. Cet argument a une valeur
que l'on ne peut méconnaître.

Ils allèguent ensuite le fait suivant rapporté par saint Jean-Damascène (2). L'impératrice Pulchérie (390-450), avait fait construire à
Constantinople une église en l'honneur de la sainte Vierge, et sachant
que son tombeau se trouvait à Jérusalem, dans une chapelle bâtie en
un lieu nommé Gethsémani, elle voulut avoir de ses reliques. Elle
s'adressa donc à Juvénal, évêque de Jérusalem, qui avait assisté au
concile d'Ephèse en 431 ; mais elle apprit de lui que le sépulcre de
Marie était vide, et que la vénération dont il était entouré ne s'a-
dressait qu'au souvenir de son court séjour dans la poussière funèbre.

Ils citent aussi la lettre de Polycrate au pape Victor. En faisant
l'énumération des priviléges de l'Église d'Ephèse, cet auteur ne dit pas
que la sainte Vierge y soit morte ; cependant il n'aurait pas manqué
de le faire, si on l'avait cru alors. En effet il ne paraît pas que son
tombeau ait jamais été montré à Ephèse.

(1) Du reste, nous ferons remarquer en passant que l'*Itinéraire de l'Orient*,
par MM. Joanne et Isambert, bien qu'il renferme des renseignements généralement exacts et très-utiles aux voyageurs, ne doit être lu qu'avec beaucoup de
circonspection sous le rapport religieux. Ses auteurs ont accumulé habilement
des objections plus ou moins spécieuses contre l'authenticité des Lieux-Saints
qui est parfaitement établie ; ils affectent de confondre les traditions communément reçues et dont on ne peut contester la valeur, avec quelques traditions
particulières qui sont très-contestables, et ils s'appliquent à tout présenter sous
un jour peu favorable à la religion.

(2) *Orat. II, de Assumpt. ap. Quaresm. II*, p. 241.

Ils apportent enfin en faveur de leur opinion, les relations d'un grand nombre de pèlerins qui dès le vii<sup>e</sup> siècle, ont visité le sépulcre de la Vierge à l'endroit où il existe encore.

Il paraît donc certain que la mère de Dieu est morte à Jérusalem. Ce sentiment a été adopté par Godescard (1), et par Mgr Mislin (2), c'est aussi le plus généralement suivi.

Il est probable que la première église sur le tombeau de Marie, fut fondée au iv<sup>e</sup> siècle, et la demande de reliques faite par Pulchérie à Juvénal prouve qu'elle existait déjà au commencement du v<sup>e</sup>. Elle fut dévastée par Chosroës II, en 614, et épargnée par Omar. Adamnanus constate qu'à la fin du vii<sup>e</sup> siècle, il y avait une église supérieure au-dessus de l'église souterraine, qui était alors une rotonde. Elle fut visitée au viii<sup>e</sup> siècle par saint Willibald. Mais dans la première moitié du x<sup>e</sup> siècle, les deux églises étaient déjà en ruines, et ce fut dans cet état que les Croisés les trouvèrent. Godefroid de Bouillon releva cet édifice et y fonda une abbaye de Bénédictins. Ce couvent fut détruit, en 1187, par Saladin, mais l'église fut épargnée, et les voyageurs des xiii<sup>e</sup> et xiv<sup>e</sup> siècles nous attestent sa beauté. Nous la voyons maintenant telle qu'elle fut reconstruite dans la première moitié du xii<sup>e</sup> siècle, suivant M. de Vogué. Les Grecs schismatiques ont aujourd'hui la possession de ce sanctuaire si cher à la piété chrétienne. Ils l'ont usurpé, avec tant d'autres, sur les Latins auxquels il appartient de temps immémorial comme le constate une lettre vizirielle de 1757, qui permet aux Franciscains de réparer le tombeau de la Vierge, parce que les capitulations attestent que ce lieu de pèlerinage est la propriété des Francs (3).

L'église du sépulcre de la sainte Vierge est souterraine. On y pénètre au sud par un porche extérieur qui a la forme d'un gros cube en maçonnerie de 8 mètres environ en tous sens; c'est la seule partie visible du monument en dehors. Dans la principale face de style

(1) *Vies des Saints*, 15 août, no'e.

(2) *Les Saints-Lieux*, II, xxvi.

(3) Châteaubriand mentionne qu'à l'époque de son voyage (1806), les catholiques possédaient encore le tombeau de Marie. En 1852, la Porte avait déclaré que les Latins devaient être remis en *participation* de ce sanctuaire. Malheureusement la diplomatie a reculé devant les difficultés d'exécution pour cette réparation si légitime.

gothique, s'ouvre une porte conduisant à un escalier magnifique de quarante-sept marches d'une très-grande largeur. Au milieu de cet escalier, on trouve sur le côté droit une chapelle désignée sous le nom de Tombeau de saint Joachim et de sainte Anne, et en face, du côté gauche, une autre plus petite appelée le Tombeau de saint Joseph. Toutefois il n'est pas certain qu'on doive prendre ces attributions à la lettre (1).

L'église a la forme d'une croix latine. Elle se compose d'une seule salle longue de 30 mètres environ et large de 7 à 8 mètres, et ter-

### PLAN DU TOMBEAU DE LA VIERGE.

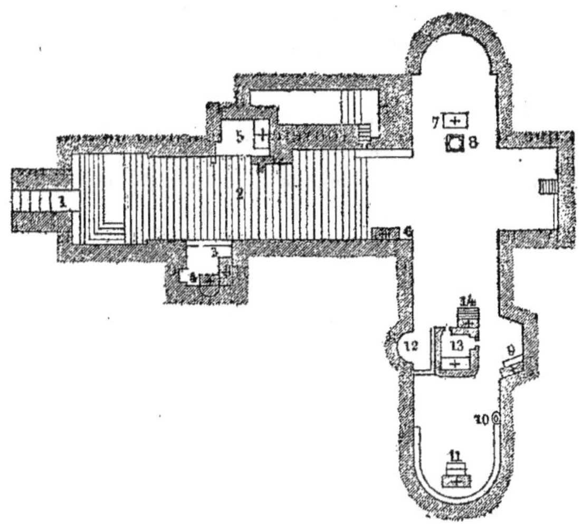

| | | |
|---|---|---|
| 1 Porche extérieur. | 6 Autel arménien. | 11 Autel grec. |
| 2 Escalier. | 7 Autel cophte. | 12 Mihrab. |
| 3 Tombeau de St Joachim. | 8 Citerne. | 13 Tombeau de la Vierge. |
| 4 Tombeau de Ste Anne. | 9 Autel arménien. | 14 Autel. |
| 5 Tombeau de St Joseph. | 10 Fontaine. | |

(1) On peut considérer ces chapelles comme d'anciennes sépultures de la dynastie latine à Jérusalem dont les autels avaient été dédiés aux saints parents de Marie. Dans la suite du temps, les noms des personnages inhumés dans ces lieux seront tombés dans l'oubli, et les dénominations actuelles auront d'autant mieux prévalu, qu'elles s'accordent avec un sentiment de convenance. (Voir M. de Vogué, *Les Eglises de la Terre-Sainte*, ch. VIII, 1.)

minée à ses deux extrémités par une abside demi-circulaire. Au tiers
de la longueur, du côté de l'orient, se trouve le sépulcre de la sainte
Vierge. C'est une petite chambre richement ornée, parfaitement semblable à tous les tombeaux juifs que nous connaissons, et offrant la
plus grande analogie avec celui de Notre-Seigneur. Il a subi la même
transformation que ce monument, c'est-à-dire qu'il fut séparé de la
masse du rocher dans laquelle il avait été creusé, de manière à former
un édicule carré, isolé au milieu d'un large espace vide. Il a deux
portes très-basses, l'une au couchant, l'autre au nord. A l'intérieur,
sur la paroi orientale, dans la pierre même du tombeau est taillée une
sorte de banquette ou couchette sur laquelle fut déposé le corps virginal de Marie, apporté de Sion par les apôtres. Les Grecs célèbrent
leurs offices sur la table de marbre qui recouvre ce cénotaphe au-dessus
duquel de nombreuses lampes forment une voûte splendide. Les autres
sectes ont chacune un autel dans cet asile sacré. Les musulmans eux-
mèmes, et c'est le seul sanctuaire chrétien où il en soit ainsi, ont là
un *mihrab* ou niche devant laquelle ils viennent faire leurs prières (1).
Mais, grâce à la jalousie des Grecs, les Catholiques sont les seuls qui
soient privés d'un autel pour y célébrer leur culte. Cette église est
totalement dépourvue de sculptures. Excepté au milieu, où quelques
lampes pendent à la voûte, et où le jour pénètre par la porte, il règne
partout une profonde obscurité, car les terres accumulées ont bouché
les fenêtres.

## II — LA GROTTE DE L'AGONIE

Après avoir suivi un long couloir entre deux murs à côté du sépulcre de la sainte Vierge, on descend par quelques marches dans une
grotte de forme ovale, qui peut avoir 7 ou 8 mètres de longueur.
Au milieu de la voûte, soutenue par trois énormes piliers provenant
du rocher lui-même, se trouve une ouverture grillée assez vaste pour
donner un demi-jour et la vue du ciel. Dans la grotte s'élèvent trois
autels.

C'est là que, suivant une tradition antérieure aux Croisades, le Sau-

(1) Chose étonnante ! Ces infidèles professent une grande vénération pour la
sainte Mère du Rédempteur, et ils reconnaissent sa mystérieuse virginité.

veur du monde passa les heures d'angoisse qui précédèrent son arres-
tation, et qu'il tomba dans une cruelle agonie. A l'autel principal sur
lequel est représentée cette touchante scène évangélique et où brûlent
nuit et jour plusieurs lampes, on lit cette inscription :

« Hic factus est sudor ejus, sicut guttæ sanguinis decurrentis
in terram (1). »

*« C'est ici que lui vint une sueur comme des gouttes de sang
qui découlaient jusqu'à terre. »*

J'eus le bonheur d'offrir à Dieu la victime adorable à cet endroit
même où elle avait commencé son sacrifice. La voûte et les parois de
cette grotte ont conservé leur physionomie naturelle, bien préférable,
à mon avis, aux draperies et aux marbres, ornements de mauvais
goût, qui défigurent les sanctuaires de Bethléhem, du Calvaire et du
Saint-Sépulcre. Aussi est-ce l'un de ceux dont la vue excite la plus
vive émotion. Il est impossible de se défendre d'une impression profonde, en voyant et en touchant sans intermédiaire la roche nue qui
entendit les plaintes de l'Homme-Dieu triste jusqu'à la mort, en s'agenouillant sur la terre même qui but la sueur de sang arrachée à son
front par les crimes de l'humanité.

Saint Jérôme nous apprend que de son temps, il y avait en ce lieu
une église. Elle existait encore au temps des Croisades sous le nom
de Saint-Sauveur; mais il n'en reste plus vestige.

Les Franciscains ont la possession exclusive de cette grotte. Elle
leur a été restituée en 1802, sur les instances du maréchal Brune,
ambassadeur de la République Française.


### III — LE JARDIN DES OLIVIERS

L'église de l'Assomption et la grotte de l'Agonie sont séparées du
jardin de Gethsémani par un des chemins qui conduisent sur la montagne des Oliviers. « La simple inspection des lieux fait voir comme
ils conviennent admirablement avec le récit des évangélistes. Ce jardin,

_________

(1) S. Luc, xxii, 44.

le plus saint qui existe, et ses arbres, les plus vénérables après l'arbre de la croix, puisque Jésus-Christ venait prier sous leurs ombrages sont honorés par les pèlerins de toutes les religions. »

*A la distance d'un jet de pierre* de la grotte de l'Agonie, on voit un espace long de 160 pieds et large de 150, entouré de murs solides et élevés, dans lequel on entre par une porte en fer très-basse; c'est le jardin des Oliviers. C'est là que Jésus avait coutume d'aller se délasser, par la prière, des fatigues de sa divine mission, comme saint Luc le remarque dans son évangile (1), et il y passait souvent la nuit entouré de ses disciples, ou seul se livrant à des entretiens ineffables avec son Père céleste. On y voit encore des oliviers. Voici ce qu'en pense le maréchal Marmont, duc de Raguse :

« Huit oliviers sont debout, probablement les mêmes qui existaient du temps de Notre-Seigneur. Deux de ces arbres ont 25 pieds de tour. On sait comme l'olivier vit longtemps et combien il est lent à croître et à prendre son développement. C'est donc sous l'ombrage de ces mêmes arbres que Jésus-Christ s'est reposé, qu'il a conversé avec ses disciples, qu'il fut arrêté, et que ses disciples effrayés l'abandonnèrent et prirent la fuite (2). »

« Les oliviers qu'on remarque dans cette enceinte, disent MM. Michaud et Poujoulat, ont assisté à toutes les révolutions de Jérusalem. Ils sont mentionnés dans les relations de nos vieux pèlerins ; on en comptait 9 au XVII<sup>e</sup> siècle, on n'en compte plus que 8. Tout le monde les respecte comme les témoins de Dieu et les contemporains de Jésus (3). »

Un voyageur protestant, M. de Schubert, savant botaniste, les a vus en 1837, et il en parle ainsi : « Leur aspect, joint à la considération de la grande vétusté que cet arbre peut atteindre, autorise le sentiment qui reporte leur origine à des siècles très-reculés (4). »

Ajoutons à ces témoignages celui de M. de Lamartine : « Il reste, non loin de la grotte de Gethsémani, un petit coin de terre ombragé encore par *sept* oliviers (5) que les traditions populaires assignent

(1) XXII, 39 et 41.
(2) *Voyage du duc de Raguse,* III.
(3) *Correspondance d'Orient,* IV, let. XCIV.
(4) *Voyage en Orient,* II, p. 519.
(5) Tout le monde en compte huit ; mais, dans sa description de la Terre-Sainte, ce n'est point par l'exactitude que brille le grand poète.

comme les mêmes arbres sous lesquels Jésus se coucha et pleura. Ces oliviers en effet portent réellement sur leurs troncs et sur leurs immenses racines la date des dix-huit siècles qui se sont écoulés depuis cette grande nuit. Ces troncs sont énormes, et formés comme tous ceux des vieux oliviers d'un grand nombre de tiges qui semblent s'être incorporées à l'arbre sous la même écorce et forment comme un faisceau de colonnes accouplées. Leurs rameaux sont presque desséchés, mais portent cependant encore quelques olives. Nous recueillîmes celles qui jonchaient le sol sous les arbres ; nous en fîmes tomber quelques-unes avec une pieuse discrétion, et nous en remplîmes nos poches pour les apporter en reliques de cette terre à nos amis. Je conçois qu'il est doux pour l'âme chrétienne de prier en roulant dans ses doigts les noyaux d'olives de ces arbres dont Jésus arrosa et féconda peut-être les racines de ses larmes, quand il pria lui-même pour la dernière fois sur la terre. Si ce ne sont pas les mêmes troncs, ce sont probablement des rejetons de ces arbres sacrés. Mais rien ne prouve que ce ne soient pas identiquement les mêmes souches. J'ai parcouru toutes les parties du monde où croît l'olivier : cet arbre vit des siècles, et nulle part je n'en ai trouvé de plus gros, quoique plantés dans un sol rocailleux et aride (1). »

Tous ces arbres sont entourés de terre jusqu'à plus d'un mètre pour les soutenir. Il est expressément défendu d'en détacher la moindre partie, et une haute barrière en bois les protège contre l'indiscrétion des visiteurs. Mais j'ai profité de la permission accordée aux pèlerins, de prendre leurs feuilles et leurs olives qui se trouvent à terre, et j'en ai rempli mes poches, comme de saintes reliques ; elles étaient très-abondantes ; ce qui n'a pas lieu tous les ans. De leurs troncs creux et élevés à la hauteur d'environ 3 mètres, s'élancent de verts rameaux qui forment comme un large bouquet d'une belle végétation ; nous espérons qu'ils pourront encore être contemplés par de nombreuses générations chrétiennes.

Ce jardin appartient aux Franciscains. Il est divisé en plate-bandes par des allées droites et garnies de bordures comme en France ; le dahlia, l'œillet, la rose, le bourdon et autres fleurs européennes y étalent leurs couleurs variées. Un quart du jardin a été métamorphosé

_________

(1) *Voyage en Orient*, I, p. 470.

en un parterre en forme de terrasse et émaillé de fleurs. J'avoue
néanmoins que j'aurais préféré voir ce lieu sacré dans sa rusticité
naturelle plutôt que sous l'aspect d'un de nos jardins modernes. Un
*Chemin de Croix*, composé de 14 petits tableaux en faïence peinte, est
encastré dans le mur (1). Pendant le mois que j'ai passé à Jérusalem,
j'aimais à venir réciter mon Bréviaire sous ces feuillages bénis, et à
m'agenouiller sur cette terre foulée par les pieds du Fils de Dieu fait
homme.

De l'aveu de tous, l'authenticité du jardin des Oliviers est incontestable, mais rien n'oblige à le restreindre dans l'enclos des Franciscains ; et le terrain environnant doit aussi être considéré comme
faisant réellement partie de la villa de Gethsémani (2). A l'orient tout
près de l'entrée, est un rocher plat et incliné, élevé de terre à la
hauteur de deux ou trois pieds, sur lequel six ou sept personnes
peuvent se coucher commodément. C'est là, d'après la tradition, que
Jésus dit à ses disciples : « Asseyez-vous ici, tandis que j'irai là pour
prier (3). » C'est donc sur cette pierre que les apôtres se sont endormis
pendant la pénible oraison de leur divin maître.

A douze pas de ce rocher on montre un lieu nommé *Osculo (baiser)*.
C'est là, dit-on, que l'infâme Judas donna à Notre-Seigneur le baiser
de trahison. La pierre qui désigne la place où fut commis ce détestable crime se trouve toujours salie d'une manière révoltante. Non
loin de là, un vieil olivier est renfermé entre quatre murs hauts de
deux mètres, sans aucune porte ; on l'appelle *l'arbre de Judas*. Le
tronc de cet arbre n'est surmonté que de quelques branches rabou-
gries, et il semble porter l'empreinte de la malédiction.

### IV — MONTAGNE DES OLIVIERS.

Le jardin des Oliviers se trouve au pied de la montagne du même
nom, au sommet de laquelle on arrive par deux sentiers rocailleux et escarpés. Le plateau se divise en trois mamelons distincts :

---

(1) On a construit dans un coin une cellule pour le frère Franciscain, chargé
de cultiver le jardin et d'en faire les honneurs aux étrangers.

(2) Les Arabes le nomment encore aujourd'hui *El-Djesmanieh*. Gethsémani
signifie *pressoir d'huile*.

(3) S. Math. XXVI, 36.

celui du nord s'appelle *Viri Galilæi* pour les chrétiens, et pour les arabes *Karem-es-Seiâd* (1). Celui du midi se nomme le *mont du Scandale*. Le sommet du milieu est appelé par les chrétiens : *mont de l'Ascension* ou *des Oliviers*, et *Djebel-Tour* ou *Zeitoun* par les arabes (2). Ces derniers y habitent un petit village.

C'est là, d'après une tradition constante, que notre Rédempteur, après avoir donné à ses disciples sa bénédiction avec ses instructions suprêmes, s'éleva majestueusement dans les airs et fut bientôt dérobé par un nuage à leurs regards attendris.

L'*Itinéraire de l'Orient* déclare positivement que « la tradition qui place en cet endroit l'ascension de Jésus-Christ, repose sur un verset mal interprété des *Actes des Apôtres* (I, 12), mais est en contradiction avec l'*Evangile* (Saint Luc, XXIV, 50), qui place ce dernier miracle à Béthanie (3). » Je ne sais si les auteurs de l'*Itinéraire* et M. de Gasparin ont passé de longues heures à étudier la science si ardue de l'exégèse sacrée, on a lieu d'en douter ; mais je pense que leur sentiment ne saurait prévaloir contre une tradition immémoriale et unanime parmi les chrétiens comme parmi les musulmans. L'erreur de ces messieurs repose sur un verset mal interprété de l'*Évangile* selon saint Luc (XXIV, 50), et est en contradiction avec les *Actes des Apôtres* (I, 12) qui placent ce miracle sur le mont des Oliviers et à la distance sabbatique de Jérusalem (4).

Sur ce sommet de l'Ascension, sainte Hélène éleva une basilique qui fut remplacée par une belle rotonde au VIIe siècle. Ruinée de nouveau, elle fut relevée par les Croisés sous la forme d'un grand édifice octogone dont les bases ont été retrouvées par M. de Vogué. Après la destruction de cette église, en 1187, on construisit au centre l'oratoire que nous y voyons.

(1) On pense que les habitants de la Galilée s'établissaient dans ce lieu quand ils venaient à Jérusalem. Il y eut là un castel, puis un couvent syrien et une église.

(2) D'après M. Schubert, son altitude est de 2,556 pieds ; celle du Cédron, de 2,140 ; celle du mont Moriah, de 2,280 ; celle du mont Sion, de 2,381. ( Tome II, p. 521.)

(3) *Itinéraire de l'Orient*, par Joanne et Isambert. — M. de Gasparin émet la même opinion dans son livre *des Tables tournantes*, I, p. 264.

(4) Ceux qui voudront s'en convaincre, pourront lire l'*Appendice*, IV, des *Saints-Lieux*, III, de Mgr Mislin, d'accord en cela avec Menochius, *Comment.* II.

C'est un monument octogone de 6 mètres 60 de diamètre, supportant un tambour cylindrique couronné par une coupole. M. de Vogué en fixe la construction au commencement du xiiie siècle. Les musul. mans en ont fait une mosquée, non pas en l'honneur de Mahomet, mais en l'honneur de l'Ascension de Jésus pour laquelle ils ont toujours professé un grand respect. Le jour de cette fête, les chrétiens ont la permission de dire la messe sur le lieu où était jadis l'autel de leurs pères. « Tous les voyageurs, dit Mgr Mislin, ont parlé de la trace des pieds du Sauveur qui se trouve encore imprimée dans le rocher. Les fidèles qui viennent ici adorer Jésus-Christ, *dans le lieu où ses pieds se posèrent* (1) ne manquent pas de baiser les derniers vestiges qu'il y a laissés sur la terre en attendant qu'il revienne au même lieu pour juger tous les hommes. Je les ai vus et vénérés après tant d'autres, et mon faible sentiment ne pourrait être d'aucun poids après celui des saints et des docteurs qui les ont regardés comme étant ceux des pieds de Jésus-Christ. Je m'en rapporte à leur témoignage bien plus qu'à celui de mes yeux, qui n'ont plus trouvé, après tant de siècles, qu'une empreinte reconnaissable encore, mais déformée par la piété des fidèles. Personne ne nous impose cette croyance, mais il est difficile de rejeter les plus anciennes et les plus respectables autorités. L'empreinte (car il n'y en a qu'une) que l'on voit aujourd'hui est assez profondément enfoncée dans un rocher fort dur et de couleur blanche jaunâtre. La forme d'un pied est assez distincte ; cependant l'empreinte paraît comme usée par tous les objets qui l'ont touchée depuis tant de siècles; mais rien ne peut faire supposer qu'elle ait été faite de main d'homme. Cette pierre est enfermée dans un petit édifice dont les turcs ont la clé ; ils l'ouvrent d'assez bonne grâce comptant sur un bakchis (2). »

J'ai vu deux fois ce vestige sacré, il est dans la direction du nord au sud. La surface n'en est point parfaitement unie, mais un peu creusée au milieu ; je ne sais si cela provient de la nature du rocher; on peut l'attribuer à la dévotion indiscrète de certains pèlerins qui auront voulu, à une époque plus ou moins ancienne, en enlever quelque partie.

(1) Psaume 131, 7.
(2) *Les Saints-Lieux*, II, xxix.

« Au-dessous de l'église même de l'Ascension, est creusé un caveau
au milieu duquel est un énorme sarcophage antique, formé d'une
cuve et d'un couvercle en dos d'âne, le tout du plus grossier travail.
Dans les parois mêmes du caveau, on voit une inscription grecque
ainsi conçue :

ΘΑΡϹΙΔΟ

ΜΕΤΙΛΑ

ΘΥΔΙϹΑΘΑΝ

ΑΤΟϹ

*« Prends confiance, Dometila, personne n'est immortel. »*

« Les juifs de Jérusalem ont imaginé de faire de ce sépulcre chrétien
celui de la prophétesse Houldah. De ce sommet, la vue est admirable,
et je doute qu'il y ait au monde un panorama qui vaille celui-là.
C'est un spectacle que l'on ne se lasse pas de contempler avec la
plus vive émotion, et que l'on ne quitte qu'à regret en retournant
bien souvent la tête, afin d'en jouir le plus longtemps possible (1). »

Je suis monté au haut du minaret de la mosquée, et j'ai pu y considérer ce point de vue magnifique dont Mgr Mislin nous fait le
tableau en ces termes :

« Vers l'orient, le regard après avoir traversé des montagnes nues
et désertes, plonge dans la vallée du Jourdain et dans le bassin profond de la mer Morte. Cette mer apparaît entre les ondulations des
montagnes et sous le reflet d'un soleil ardent, comme un lac d'un
métal en fusion. Derrière on voit les montagnes d'Arabie, murs immenses qui séparent les déserts de Moab du désert actuel de la Terre
promise. Le mont Nébo se détache des hauteurs qui l'environnent,
hauteurs aplaties, sans végétation, coupées par des déchirures nombreuses au fond desquelles coulent de sombres torrents. La pureté
de la lumière donne aux flancs de ces montagnes cette teinte indéfinissable que nous avons tant de fois admirée dans les passages du
Liban. Le Jourdain trace seul, par les arbres qui rafraîchissent ses
rives, une ligne de verdure au milieu de cette contrée aride où se sont

_______

(1) M. de Saulcy, *Voyage autour de la mer Morte*, II.

passées les premières scènes de l'histoire du monde. Au nord, les montagnes d'Ephraïm, couronnées par les ruines et la mosquée de Saint-Samuel vont rejoindre les monts Hébal et Garizim, au centre de la Samarie. Au couchant, on a à ses pieds la vallée de Josaphat dont on distingue chaque monument; le plateau de la ville dont on pourrait compter les maisons. Avec quelle avidité l'œil se promène du mont Sion au Golgotha, de l'esplanade du temple à la forteresse de David ! L'Ancien et le Nouveau Testament, l'histoire de cent peuples mêlée aux cendres de cette ville, se déroulaient devant moi ; fasse le ciel que je n'oublie jamais cette page sublime ni ses divins enseignements ! Au sud l'aspect est plus triste encore, car rien n'est plus désolé que les montagnes qui entourent Bethléhem, c'est le désert dans son affreuse nudité. Le regard peut suivre le lit tortueux du Cédron vers les défilés sauvages de Saint-Sabas, le couvent de Saint-Elie, la montagne des Francs, le désert de Thécua, la plaine de Raphaïm ; des ruines, puis d'autres ruines encore, c'est là tout ce qu'on voit de l'héritage de Juda (1). »

Au sud-ouest de l'église de l'Ascension, sous les murs de l'ancien couvent des Augustins, on voit une grotte qui a servi de retraite et de tombeau à sainte Pélagie. C'est-là que cette fameuse comédienne d'Antioche vint expier ses fautes par une austère pénitence. .

A une petite distance de cette grotte, on montre un lieu appelé *Dominus flevit*. « Quand Jésus fut près de Jérusalem, à la vue de la ville, il pleura sur elle, disant : Ah ! si tu savais en ce jour ce qui peut t'apporter la paix ! mais maintenant, c'est caché à tes yeux ; car des jours viendront sur toi, et tes ennemis t'environneront de murailles, et ils t'enfermeront, et ils te presseront de toutes parts, et ils te renverseront par terre, toi et tes fils qui sont en toi, et ils ne laisseront pas en toi pierre sur pierre, parce que tu n'as pas connu le temps où tu as été visitée (2). »

Ce fut dans ce même lieu que Titus fit camper ses troupes quand il vint, quarante ans après, enfermer dans une muraille cette ville aveugle et la renverser ensuite. Les chrétiens y avaient élevé une église pour honorer les larmes divines qui coulèrent en cet endroit.

(1) *Les Saints-Lieux,* II.
(2) S. Luc, xix, 41.

Les flancs de cette sainte montagne sont couverts de chétifs et pâles oliviers mêlés à quelques figuiers ou caroubiers, et de débris d'oratoires que la piété chrétienne avait accumulés pour conserver de précieux souvenirs. On montre encore la place où le céleste maître enseigna le *Pater noster* à ses disciples; il y avait là une chapelle nommée *Sainte-Patenostre*. Un peu plus loin est une grotte où, dit-on, les apôtres ont composé le symbole avant leur séparation. A mi-côte vers le sud, on rencontre un monument souterrain connu sous le nom de *Tombeau des Prophètes (Kôbour el Anbia)*. Il se compose d'une chambre circulaire de trois mètres de haut et de sept mètres de diamètre, d'où partent de longues galeries garnies de nombreuses niches à cercueils. On ignore l'origine et la destination de cet antique et curieux hypogée.

# CHAPITRE XVIII

## LA VALLÉE DE JOSAPHAT ET SES MONUMENTS

Descendons maintenant dans la vallée de Josaphat. « Aucun lieu sur la terre n'évoque de plus solennelles pensées ; c'est la vallée des larmes, du recueillement et de la mort. Rien d'animé ne distrait celui qui vient méditer dans cette triste solitude : une ville ensevelie sous ses malheurs, un torrent sans eau, partout des monuments funèbres, des rochers nus, quelques arbres sans verdure, des montagnes arides, des tombes brisées, le souvenir des martyrs et des prophètes, l'agonie du Fils de Dieu et sa venue à la fin des siècles pour juger tous les hommes ; voilà ce qui saisit l'âme et la remplit d'émotion et d'effroi (1). »

Non, il n'y a pas dans le monde de lieu plus propre à inspirer de graves et tristes réflexions que cette vallée de Josaphat, tant à cause de son aspect sombre et austère que par la grande et redoutable scène dont elle entretient la pensée. En effet, d'après les traditions des juifs, des chrétiens et des mahométans, c'est dans cette vallée que doit se faire, à la fin des siècles, le Jugement dernier. Ce qui a donné naissance à cette opinion, c'est d'abord le nom de *Josaphat* lui-même, il signifie *jugement ;* puis cette prophétie que Dieu a prononcée par la bouche de Joël : « Que les nations se lèvent et qu'elles montent dans la vallée de Josaphat, parce que j'y serai assis pour juger toutes les nations (2). » Les anges qui apparurent aux disciples après l'Ascension, semblent confirmer cette tradition par ces paroles qu'ils leur adressèrent :

(1) *Les Saints-Lieux*, II.
(2) Joël, iii, 12.

« Hommes de Galilée, pourquoi demeurez-vous là, les yeux tournés
vers les cieux? Ce Jésus qui, du milieu de vous, s'est élevé dans le
ciel, viendra de la même manière que vous l'y avez vu monter (1). »
Chacun est libre d'adopter ou de rejeter cette tradition populaire, car
elle est complètement en dehors du domaine de la foi (2). Du moins
on ne peut nier que cette opinion a pour elle de graves raisons de
convenance. C'est au fond de cette vallée de Josaphat que Jésus a été
triste jusqu'à la mort et qu'il s'est affaissé sous le poids des péchés des
hommes ; c'est au fond de cette vallée qu'il a été trahi par Judas et
arrêté comme un malfaiteur ; c'est à côté de cette vallée qu'il a été
condamné par un indigne tribunal. Témoin des humiliations du Dieu
fait homme, cette vallée deviendra naturellement le théâtre éclatant
de sa gloire. En effet, comme dit un de nos vieux pèlerins, le P. Nau,
iles t raisonnable que l'honneur de Jésus-Christ soit réparé publi_
quement dans l'endroit où il lui a été ravi par tant d'opprobres et d'ignominie, et qu'il juge justement les hommes là où ils l'ont jugé si injustement. Du reste que ceux qui trouvent cette vallée trop étroite se
rassurent ; elle a pu être choisie comme centre du lieu où se tiendra
ce jugement général, mais rien n'oblige de fixer telle ou telle limite
aux innombrables phalanges des mortels qui y seront convoquées.

A quels sentiments de tristesse l'âme chrétienne est en proie dans
cette vallée, véritable région de la mort ! Du fond de ce lieu solitaire
on croit entendre la trompette effrayante du dernier jugement, et voir
les morts, arrachés aux tombeaux, paraître éperdus devant le trône
de l'Eternel. L'Eglise nous retrace cette scène lamentable dans la prose
*Dies iræ* d'une simplicité sublime :

> *Tuba mirum spargens sonum*
> *Per sepulcra regionum,*
> *Coget omnes ante thronum.*
>
> *Mors stupebit et natura,*
> *Cùm resurget creatura*
> *Judicanti responsura* (3).

(1) Actes des Apôtres, 1, 11.
(2) Il est certain qu'il y aura un jugement général ; mais ce qui est incertain,
c'est le lieu et le temps où il se fera.
(3) Ex *Missali Romano*.

La vallée de Josaphat est formée par la montagne des Oliviers
à l'orient, et le mont Moriah à l'occident ; elle se rétrécit sensiblement
au-dessous de Gethsémani, et finit au puits de Job, où elle rejoint la
vallée de Géhenna. Elle a été considérablement comblée par les
décombres qui y sont accumulés. On l'appelle aussi *vallée du Roi,
vallée de Siloé* et *vallée du Cédron*, parce qu'elle est traversée dans
toute sa longueur par ce torrent qui prend sa source auprès du tombeau
des Juges, et va se perdre dans la mer Morte, après avoir longé Jérusalem
et le couvent de Saint-Sabas. Je ne sais plus quel voyageur appelle
le Cédron, *un torrent hydrophobe*. Il est certain qu'il n'est pas tel
que nous pouvons nous le figurer. Je l'ai suivi sur une assez
notable longueur, et plusieurs fois, et je déclare que dans son lit étroit
une mouche n'aurait pu se noyer. Pendant la plus grande partie de
l'année, il ne semble destiné qu'à faire brûler au soleil ses cailloux pointus. Mais en hiver, il est alimenté par les eaux pluviales des
montagnes et est vraiment alors un torrent.

Cette vallée de Josaphat est littéralement couverte de pierres tumulaires. Les musulmans ont établi un de leurs cimetières dans l'espace
situé au bas des murailles de la ville. Tout le côté opposé, c'est-à-
dire la pente du mont des Oliviers, est encombré par les tombes juives
qui se composent uniformément d'une dalle de pierre posée à plat, sur
laquelle sont gravées des lettres hébraïques. Excepté quatre monuments que je vais décrire, ces tombes n'ont rien qui mérite de fixer
l'attention ; les unes appartiennent à la plus haute antiquité, les
autres sont plus modernes, d'autres ne sont que d'hier.

Le premier monument sépulcral que l'on rencontre en descendant
la vallée de Josaphat, après le tombeau de la Vierge, est un cénotaphe
dont toute la base monolithe, taillée dans le rocher, a la forme d'un
cube. Chaque côté a 6 mètres 80 et est orné de quatre colonnes ioniques. Sur cet ordre repose une frise dorique décorée de patères, puis
une corniche égyptienne. La partie supérieure ressemble à un énorme
clocheton posé sur un dé carré que le cube supporte, et elle est formée
de gros blocs rapportés. Le tout est couronné d'un beau bouquet de
palmes. La hauteur totale de ce bizarre monument est aujourd'hui
de 16 mètres 30, mais elle serait plus grande s'il n'était
enterré en partie. On peut pénétrer par la face du N. dans une
chambre carrée de 2 mètres 50, où l'on voit au milieu des débris

l'ouverture d'un escalier qui descendait à l'intérieur de l'édicule (1).

Maintenant il reste à connaître l'origine de ce mausolée. Les archéologues ne s'accordent pas sur ce sujet. Nous lisons dans le second livre des Rois (2) : « Absalon s'était fait ériger de son vivant un cippe, dans la vallée du Roi ; car, disait-il, je n'ai point de fils et ce sera un souvenir de mon nom. Et il avait appelé le cippe de son nom ; et il est appelé la main d'Absalon jusqu'à ce jour. »

De temps immémorial, ce sépulcre porte à Jérusalem le nom de *tombeau d'Absalon*. Il a reçu ce titre des juifs, et pas un d'entre-eux ne passe devant lui sans cracher dessus et sans jeter une pierre dans une large ouverture qu'on lui a faite, pour punir par ce double outrage le crime du fils rebelle. Les chrétiens lui donnent le même nom. Quant aux musulmans, venus les derniers à Jérusalem, ils l'appellent simplement le *bonnet de Pharaon (Tantourah Pharaoun)*, à cause de sa forme pyramidale. M. de Saulcy pense qu'il n'y a rien d'impossible à ce que le nom de tombeau d'Absalon soit exact, et que nous avons certainement sous les yeux le monument commémoratif élevé pour lui-même par ce fils de David, mais dans lequel il ne put reposer, puisqu'il fut jeté dans une fosse couverte d'un monceau de pierres, au milieu du bois où il trouva la mort (3).

Dans l'angle N. E. du vestibule taillé dans le roc qui entoure le tombeau d'Absalon, apparaît, un peu au-dessus du sol, le riche fronton d'une chambre sépulcrale creusée aussi dans le rocher et à laquelle aboutissent cinq autres caveaux. Ce monument à peu près totalement enfoui et dans lequel on ne peut plus pénétrer depuis quelques années, est appelé par les juifs et par les chrétiens : *tombeau de Josaphat*.

A une centaine de pas du tombeau d'Absalon et toujours dans le roc à pic qui sert de base au mont des Oliviers, on rencontre un magnifique sépulcre dont le portique large de 6 mètres, de style dorique, est orné de quatre colonnes. Il renferme un caveau carré de 4 mètres de côté qui donne accès à trois chambres plus petites garnies de niches à cercueils. Il est probable que ce mausolée date de

---

(1) Pour la description et le caractère architectural de tous ces antiques monuments, je m'appuie sur l'autorité de M. de Saulcy. (*Histoire de l'art judaïque.*)

(2) XVIII, 18.

(3) II Rois, XVIII, 17.

l'époque des rois de Juda. Les turcs l'appellent *Diwan Pharaoun*
*(le divan de Pharaon)*, et les chrétiens, *le tombeau de Saint-Jacques.*
On sait que cet apôtre surnommé le *Mineur*, fut précipité par. les
juifs du haut des murailles du temple ; peut-être fut-il enseveli dans
ce lieu.

« Le tombeau de Saint-Jacques, dit M. de Saulcy, me rappelle
une petite aventure qui ne fut que comique, mais qui aurait pu devenir tragique ; je la raconterai brièvement pour montrer qu'aux portes
mêmes de Jérusalem, il est bon de prendre garde à soi, si l'on ne veut
pas s'exposer à de désagréables surprises. J'étais entré dans ce tombeau
avec l'abbé Michon, afin de recueillir les mesures dont j'avais besoin
pour en construire le plan. Un arabe de Siloam nous y avait vu pénétrer sans armes apparentes, et il vint s'asseoir tranquillement dans la
cour du tombeau de Zacharie, attendant que nous sortissions, pour
nous rançonner. Lui-même n'avait pour arme qu'un *Khandjar* assez
long, passé dans la corde qui lui servait de ceinture. Quand, après
quelques heures, nous eûmes franchi la petite porte basse à côté de
laquelle il fumait son tchibouck, le drôle s'approcha vivement de moi,
auquel il ne voyait d'autre moyen de défense qu'un album sous le
bras, et il m'enjoignit très-effrontément de lui donner un bakchis. —
« Un bakchis! lui dis-je, et pourquoi? Est-ce parce que tu as vu ma
figure ou bien parce que j'ai vu la tienne ? » — « Je veux un bakchis,
et tu vas me le donner, me répondit-il d'un ton assez menaçant. » —
Je tirai bien vite un pistolet de mon gousset, je l'armai et le lui mettant sous le nez : — « Je n'extorque de l'argent à personne, lui dis-je,
et je n'en donne qu'à qui je veux bien ; si tu désires avaler de la poudre
et du plomb, à ton service. » — « La ! (non) » répondit-il en se
rejetant en arrière d'un air fort penaud, et il s'éloigna au plus vite,
peu désireux de continuer une conversation qui prenait une tournure
si différente de celle à laquelle il s'attendait. Si nous eussions été
réellement sans armes, il eût fallu se débarrasser de ce coquin à prix
d'argent. Avis à qui fera des promenades autour de la ville sainte (1). »

Je me suis hasardé deux fois à parcourir, seul et sans armes, la
vallée de Josaphat ; je n'ai pas été attaqué, mais voici ce qui m'est arrivé.
J'étais alors précisément comme M. de Saulcy, en face du tombeau de

_______

(1) *Voyage autour de la mer Morte*, II.

saint Jacques, mais au fond de la vallée, dans le lit resserré du torrent
de Cédron et au pied du mont Moriah. Je recherchais des petits cubes de
marbre noirs et blancs que ce savant archéologue a signalés comme des
fragments de mosaïque ayant appartenu incontestablement au temple
de Jérusalem. J'en trouvai en effet plusieurs suivant son indication.
Lorsque j'étais ainsi occupé, je fus accosté par deux femmes arabes,
couvertes de haillons, l'une d'elles tenait un petit enfant dans ses
bras. Elles me tendent les mains en disant : « *Hadji, meschino,
bakchis.* » Je comprends que ce langage mi-arabe et mi-italien
signifie : Pèlerin, je suis pauvre, donne-moi de l'argent. Je tire alors
ma bourse pour leur donner une pièce de monnaie. Aussitôt trois ou
quatre petits arabes de dix à douze ans accourent vers moi, en me
demandant bakchis; je leur refuse et je continue mes investigations.
Ces jeunes bédouins ne m'abandonnent pas, mais ils ont vu bientôt
quelles pierres je recherche, et avec une sagacité qui m'étonne, ils se
hâtent de fouiller, et en découvrent plusieurs qu'ils me remettent.
Quelques arabes de Siloam, en traversant la vallée pour se rendre à
leur triste village, s'approchent en admirant que je prenne tant de
soin à recueillir des pierres, et lorsque je tire de nouveau mon porte-
monnaie pour récompenser mes petits travailleurs, ils s'empressent
aussi de me demander l'inévitable bakchis. Aussitôt un gros nègre,
court habillé, qui faisait route auprès du tombeau de Zacharie, dé-
gringole lestement l'escarpement de la vallée pour prendre part à
l'aubaine. Il porte sur le ventre un gros tambour et, armé d'un bâton,
il se met à frapper dessus à tour de bras en criant : « *Bakchis!* »
Les autres s'écrient à tue-tête : « *Bakchis, Bakchis!* » Les échos de
la vallée de Josaphat, ordinairement muets, retentissent de ces sons
lugubres. Je ne sais plus auquel entendre, je suis abasourdi. Un
jeune bédouin, apprenti voleur comme ils le sont tous, trouve plus
agréable de se payer lui-même, et plonge dans ma bourse sa main
sale, je lui allonge à l'instant un joli soufflet, et craignant une mésa-
venture dans ce lieu solitaire, je jette quelques piastres de bakchis
aux petits arabes qui m'ont aidé dans mes recherches, et je reprends
promptement le chemin de Jérusalem, sans saluer *l'aimable* compagnie bédouine qui resta bouche béante et fort étonnée, car elle
s'attendait à un dénouement plus lucratif.

La seconde fois, je m'étais avancé beaucoup plus loin de la ville,

à peu près à un kilomètre du tombeau d'Absalon, à l'extrémité de la
vallée de Josaphat. Un bédouin armé d'un sabre et d'un fusil marchait
sur le flanc méridional du mont du Scandale. Dès qu'il m'aperçut, il
doubla le pas pour se rapprocher de moi. Mais comme je suspectais la
droiture de ses intentions, je revins en hâte vers le puits de Job, et
lorsque je fus auprès de cette source assez fréquentée, l'arabe cessa
ses poursuites (1).

Dans tout l'Orient, les arabes cherchent à extorquer de l'argent aux
Francs avec une persistance étonnante. Ils s'imaginent que les Européens ont trouvé *la pierre philosophale* et que, parmi tous leurs
talents, ils ont celui d'extraire de l'or des rochers même. C'est ainsi
qu'ils s'expliquent les recherches avides que nous faisons dans des
monuments, qui ne présentent à leurs yeux ignorants rien de remarquable qu'une masse plus ou moins grosse de pierre.

Nous avons à décrire maintenant le dernier des quatre mausolées
si curieux de la vallée de Josaphat; les chrétiens et les juifs le nomment le *tombeau de Zacharie*, sans qu'on puisse justifier cette attribution; pour les mahométans, c'est le *tombeau de la femme de
Pharaon (Qobr-Zoudjet Pharaoun)*. Il a beaucoup d'analogie avec
le monument d'Absalon, mais il en diffère en ce qu'il est entièrement
monolithe, et est surmonté d'une pyramide quadrangulaire. Comme
pour l'autre, une masse de rocher carrée a été isolée de la base du
mont des Oliviers et ciselée sur place. Chaque côté large de 5 mètres
55 est orné de quatre colonnes ioniques, au-dessus desquelles se trouve
une corniche égyptienne semblable à celle du tombeau d'Absalon. Il
n'y a pas d'ouverture. On reconnaît sur la pierre les traces d'un crépi
rouge très-lisse. La hauteur de ce cénotaphe au-dessus du sol dans
lequel il est en partie enfoui, est de 5 mètres 60.

Les juifs l'ont couvert d'inscriptions pieuses et de noms de visiteurs. Leur rêve le plus ambitieux est de mourir à Jérusalem, la
veille d'un sabbat, et de reposer à l'ombre des ruines du temple auprès
des sépulcres de leurs ancêtres, et dans cette vallée de Josaphat où
ils seront tout portés, disent-ils, pour les grandes assises du genre
humain. Ils regardent comme une très-précieuse faveur d'être enterrés

_______

(1) Quelques jours après, je sus qu'un homme avait été blessé et volé par des
Bédouins dans ce même lieu; c'était un indigène.

aussi près que possible du tombeau de Zacharie. Mais *non licet omnibus ire Corinthum*, et les meilleures places dans la funèbre vallée sont réservées aux plus puissantes bourses. Le droit d'enterrement compte en première ligne parmi les revenus de la caisse israélite.

Un peu au nord du village de Siloam, et du même côté, on montre le lieu où, dit-on, Judas se pendit de désespoir (1).

Nous sommes arrivés à présent au sommet méridional de la montagne des Oliviers, auquel on a donné le nom de mont de l'*Offense* ou du *Scandale*, parce que c'est en cet endroit que Salomon, entraîné à l'idolâtrie par ses femmes étrangères, « éleva un temple à Chamos, idole de Moab, sur la montagne qui est en face de Jérusalem, et à Moloch, idole des enfants d'Ammon (2). » On n'y voit plus que des ruines. M. de Saulcy a découvert, au bord même de l'escarpement de ce mont, un curieux monument. C'est un bloc monolithe détaché de la masse du rocher sur trois côtés seulement, et qui présente une copie en grand de ces édifices sacrés égyptiens *(Sacellum)* dont nos musées possèdent des exemplaires, un dé carré à arêtes légèrement inclinées en dehors avec une corniche égyptienne. L'intérieur contient deux chambres. Voici les conclusions de ce docte voyageur : si c'est un tombeau, il faut y voir un reste de la nécropole antique des Jébuséens, premiers habitants de Jérusalem ; si ce n'est pas un tombeau, ce qui paraît le plus probable, sa position sur cette montagne où Salomon bâtit des hauts-lieux nous fait reconnaître dans ce monolithe un oratoire égyptien, où la fille du Pharaon qu'il épousa, pouvait se livrer au culte de ses pères.

Au flanc du mont du Scandale, est adossé le village de Siloam, *Kefr-Silwam*, composé d'une quarantaine de maisonnettes en pierre et d'autant de grottes sépulcrales qui servaient autrefois de demeures à de pieux ermites. Ces tombeaux sont encore habités aujourd'hui, mais la population de ce lieu a bien changé, car Siloam est devenu le repaire d'une tribu de douze cents bédouins qui s'occupent un peu à transporter en ville l'eau de Siloé, un peu à cultiver les jardins, un

---

(1) S. Math., XVIII, 5. — On ne sait pas d'une manière certaine où fut accompli ce triste suicide. On en a indiqué le lieu au P. de Géramb, à l'orient de la montagne des Oliviers, et à peu de distance de Bethphagé. (*Pèler. à Jérusalem*, II, p. 7)

(2) III, Rois, XI, 7.

peu à se battre entre eux, et beaucoup à faire le brigandage. Aussi,
malgré l'intérêt que présente la visite de ce nid de vautours, connais-
sant le caractère peu sociable des indigènes, je jugeai plus prudent
de m'en abstenir que de m'y engager seul, au risque de recevoir des
horions.

Le côté de la vallée de Josaphat opposé au village de Siloam, s'appelle *Ophel (lieu élevé)*, c'est le prolongement du mont Moriah entre
les deux vallées de Josaphat et de Tyropœon.

Au bas de cette colline est la *fontaine de la Vierge-Marie*, que
les arabes nomment de même *Aïn Sitti-Mariam*. D'après la tradition, la Sainte-Vierge y puisait de l'eau quand elle habitait Jérusalem. En effet, on ne peut douter qu'elle n'y soit venue souvent,
puisque c'est la seule source pour la ville.

Elle est placée au fond d'une excavation taillée dans le rocher où
l'on descend par un escalier de trente marches, divisé en deux par
une chambre voûtée d'un peu plus de 3 mètres de large sur autant
de hauteur. La grotte inférieure est à environ 8 mètres de profondeur ;
il y fait si sombre qu'on peut à peine distinguer les objets. La source
coule dans un bassin de 5 mètres de long sur 2 de large, mais peu
profond ; cette eau est continuellement agitée et salie par les habitants
de Siloam qui viennent y laver leurs linges et y remplir leurs outres.
On a construit un canal souterrain pour conduire cette source jusqu'à
la jonction de la vallée de Tyropœon avec celle de Josaphat, où elle
forme la *fontaine de Siloé*. Ce canal, probablement antérieur à
Salomon, serpente dans le roc sur une longueur de 1750 pieds.

La fontaine de Siloé est un réservoir rectangulaire de 16 mètres de
long sur 6 de large, et autant de profondeur, ordinairement vide et
revêtu intérieurement d'une maçonnerie. Dans le bas sont engagés
quelques tronçons de colonnes en granit, restes d'une église construite au-dessus. A l'angle nord-est du bassin est une arcade avec un
escalier ruiné par lequel on descend dans une petite cavité où
débouche le canal qui vient de la fontaine de la Vierge.

Cette dernière fontaine, et par conséquent celle de Siloé, sont très-
remarquables par leur intermittence. Le pèlerin de Bordeaux avait
déjà constaté, en 333, ce phénomène que saint Jérôme et les historiens
des Croisades mentionnent également. Enfin, récemment M. Robinson
a vu l'eau monter d'un pied en cinq minutes, puis dix minutes après

reprendre son ancien niveau (1). L'eau s'accroît subitement une fois
tous les deux ou trois jours en été, et une ou deux fois par jour en
hiver à intervalles irréguliers. Elle est claire, un peu salée et habituel-
lement peu abondante en été.

Suivant les Arabes, la source doit son intermittence aux caprices d'un
dragon caché dans les profondeurs de la montagne. On raconte à ce
sujet une anecdote assez plaisante. Le Père Desmazures (2) qui n'a
pas laissé une pierre à Jérusalem sans l'examiner attentivement, avait
formé le projet de parcourir dans toute sa longueur le canal qui fait
communiquer la fontaine de la Vierge avec celle de Siloé. On était
alors dans les grandes chaleurs, et depuis quelques jours l'intermittence
de ces fontaines durait plus longtemps qu'à l'ordinaire ; il en profita
donc pour accomplir son désir, et il s'engagea dans le canal, à la
fontaine de la Vierge. Après un parcours très-laborieux dans ce tunnel
bas et étroit, il se réjouissait de sa délivrance en apercevant le jour.
Mais il avait compté sans son hôte. Les arabes de Siloam, impatientés
d'une trop longue disette d'eau , — car la fontaine de Siloé est leur
gagne-pain, — s'étaient attroupés autour de ce bassin, et, les yeux fixés
sur l'ouverture du canal d'où vient le bienfaisant liquide, ils mau-
gréaient contre le dragon qui, disaient-ils, avait avalé toute l'eau dans
sa trop grande soif, et ils l'accablaient des malédictions si abondantes
dans le vocabulaire arabe. Tout à coup, au lieu de l'eau qu'ils attendaient, apparaît à leurs yeux le P. Desmazures qu'ils n'attendaient
pas. Sa longue barbe et sa robe brune étaient souillées d'une boue
humide, car il avait dû ramper sur un sol fangeux dans son périlleux
trajet, il était dans un état horrible de saleté. A la vue de ce personnage
hétéroclite, les arabes s'écrient : « Voici le dragon ! voici le dragon ! » et
comme ils n'avaient pas lieu d'en être satisfaits, ils tombent à bras raccour-
cis sur le bon Père qui ne comptait pas sur ce salut. Il essaie de parler
pour expliquer la méprise, mais les cris étouffent sa voix et les coups
redoublent. Par bonheur l'eau de Siloé vient alors à couler, il s'en
aperçoit et la leur montre, et pendant que les arabes se précipitent
sur l'onde si désirée, il s'esquive à toutes jambes avec sa robe en lambeaux et ses membres meurtris. Si l'intermittence de la fontaine avait

_________

(1) *Bibl. res.* I, 506.
(2) Le souvenir de ce zélé missionnaire n'est pas encore éteint parmi nous.

duré un quart d'heure de plus, le P. Desmazures aurait été assommé par les arabes au lieu et place du *Dragon de la montagne.*

La *Natatoire* de Siloé est connue surtout par un miracle de N. S. Un jour qu'il sortait du temple où les juifs avaient voulu le lapider, il vit en passant un homme aveugle de naissance. Il fit alors de la boue avec sa salive et de la terre, en frotta les yeux de l'aveugle, et lui dit : « Va, et lave-toi dans la *natatoire* de Siloé. » Il y alla donc, se lava et revint ayant recouvré la vue (1).

Cette fontaine jouit encore d'une grande réputation dans le pays, et les arabes vont souvent s'y laver les yeux comme les anciens pèlerins ; ils attribuent à son eau une vertu particulière contre l'ophthalmie si commune dans ces contrées. Les chrétiens, les juifs et les musulmans la vénèrent beaucoup ainsi que la précédente.

Les eaux de Siloé se perdent dans l'ancien jardin des rois de Juda dont elles font un riant vallon qui contraste, par sa verdure, avec tout le reste de la vallée de Josaphat. C'est aujourd'hui une réunion de petits parterres bien cultivés, et c'est à ces jardins que nous avons dû les quelques salades qui nous furent servies à Jérusalem. Mais la verdeur beaucoup trop prononcée, et la dureté peu commune de ces légumes en faisaient des mets à peine mangeables.

On montre près de là un arbre fourchu qui marque, dit-on, l'endroit où le prophète Isaïe fut scié en deux par ses persécuteurs ; son corps fut enterré auprès de la fontaine de Rogel (2).

Cette dernière, située à l'extrémité de la jonction des vallées de Josaphat et de Géhenna, est nommée aussi *puits de Job (Bir Eyoub),* par les arabes, et *fontaine de Néhémie* ou *puits du Feu* par les chrétiens et les juifs ; en effet l'on croit que c'est dans ce puits que Néhémie a retrouvé le feu sacré caché par les prêtres avant la captivité de Babylone (3). Ce puits est recouvert d'une mauvaise bâtisse, il est carré, très-large, et Pococke lui a trouvé 122 pieds de profondeur avec 80 pieds d'eau. Sa maçonnerie présente des pierres de grande dimension et d'un aspect antique. On remarque à côté un bassin carré

____

(1) S. Jean, Ev. ix, 7.

(2) Cette fontaine marquait la limite des tribus de Juda et de Benjamin. — Josué, xv, 7.

(3) II Machab., i, 20.

où l'eau reste stagnante, et un oratoire musulman. Quand je vis le puits de Job, l'eau était très-basse, mais lorsque les pluies de l'hiver ont été abondantes, ce qui promet une bonne récolte dans un pays privé de rivières comme la Judée, il jaillit au commencement de janvier et coule pendant quinze jours ou trois semaines. Si, au contraire, les pluies ont été rares, on doit craindre une mauvaise récolte, la source ne se montre que plus tard et pendant moins longtemps. L'eau ne coule pas du réservoir lui-même, mais sort de la terre en bouillonnant à cinquante pas plus bas dans la vallée du Cédron. C'est alors que ce célèbre torrent ne mérite plus l'épithète injurieuse d'*hydrophobe,* mais, sur son lit rocailleux, il roule avec rapidité une onde jaunâtre.

L'apparition de ce phénomène temporaire est une fête véritable pour les tristes habitants de Sion, et le puits de Job devient pendant quelques jours un but de promenade très-suivie, c'est le *Longchamp* de Jérusalem. Les hommes et les femmes s'y rendent en foule dans l'après-midi ; on y prend des repas, on y boit le café, on y fume le narghileh que servent en plein air des cafetiers ambulants. Les échos des montagnes retentissent du bourdonnement des doumdoum (1) et des chants monotones de la foule. Le coup d'œil que présente alors cette gorge solitaire offre un contraste frappant avec le silence si rarement interrompu de la ville sainte et de ses alentours, voués au deuil et à la prière. Jubilation bien naturelle, divertissement d'autant plus apprécié qu'il est plus rare et passe plus vite : on regarde l'eau couler. Les paysans de Siloé en remplissent des cruches qu'ils vont porter à Jérusalem aux personnages de distinctions, et ils reçoivent en échange de la bonne nouvelle quelques piastres de bakchis.

C'est ici que la plupart des auteurs, adoptant la tradition de Josèphe, placent l'entrevue qui a eu lieu, il y a 4,000 ans, entre Abraham et Melchisédech, le roi-pontife qui bénit ce patriarche et offrit au Très-Haut du pain et du vin, symboles de l'oblation eucharistique (2).

(1) Tambourins.
(2) Gen., xiv, 18.

# CHAPITRE XIX

## LA VALLÉE DE GÉHENNA — LE MONT SION — LE CÉNACLE

### I — LA VALLÉE DE GÉHENNA.

Remontons maintenant la vallée de *Hinnom* formée par la montagne du Mauvais-Conseil et par celle de Sion. On l'appelle aussi vallée de *Géhenna*, et son aspect est aussi lugubre que ce nom. C'est à *Topheth*, vers son extrémité orientale, que les rois et le peuple de Juda élevèrent des autels sacriléges à de fausses divinités, et qu'ils brûlaient leurs enfants dans de cruels sacrifices offerts à Baal et à Moloch (1). Le rabbin Siméon (2) décrit ainsi cette dernière idole. « C'était une statue d'airain ayant une tête de bœuf et les mains étendues comme celles d'un homme qui veut recevoir quelque chose; elle était vide intérieurement. L'enfant était placé devant l'idole, sous laquelle on faisait du feu jusqu'à ce qu'elle fût chauffée au rouge. Alors le prêtre prenait l'enfant et le plaçait sur les mains brûlantes de Moloch, et afin que les parents (3) ne pussent entendre les cris de leurs enfants, on battait du tambour. C'est de là que ce lieu reçut le nom de *Topheth* qui signifie *tambour*. » Chose étonnante, les juifs étaient très-enclins au culte honteux de Moloch! Cette vallée était donc souvent éclairée par de sinistres flammes. Elles s'y élevaient, tant de ces sacrifices humains que des bûchers allumés pour consumer les cadavres et autres immondices que l'on y jetait, car ce fut aussi une voirie; et son nom de *Géhenna* inspirait tant d'horreur, qu'il fut employé pour désigner le feu éternel, l'enfer, *la Géhenne*. Les évan-

(1) IV, Rois, xxiii, 10.
(2) *Commentaire sur Jérémie*, viii.
(3) Ils devaient assister impassibles à ces horribles holocaustes.

gélistes l'ont pris dans ce sens (1). On ne pouvait en effet trouver une image plus naturelle des feux dévorants auxquels les impies sont condamnés dans l'enfer, que ces foyers affreux continuellement embrasés dans la vallée de Géhenna (2).

Un jour le prophète Jérémie, envoyé par Jéhovah pour punir les juifs de leur odieuse idolâtrie, se plaça sur une éminence de Topheth, et se dressant de toute sa hauteur, il saisit un vase d'argile, le jeta violemment contre le rocher et s'écria d'une voix lamentable : « Ainsi, dit le Seigneur des armées, je briserai ce peuple et cette ville, de même qu'on brise un vase de potier (3). » Ce langage mimique, si fréquent chez les hébreux, nous rappelle un trait de l'Alexandre des temps modernes. Pendant une conférence pour le traité de paix de Campo-Formio, en 1797, le général Bonaparte dans un moment de colère, s'empara d'un cabaret de porcelaine et le mit en pièces à ses pieds, en disant au plénipotentiaire autrichien : « Avant un mois, votre monarchie sera brisée comme ces vases ! »

Jérémie avait ajouté : « C'est pourquoi, voici que les jours viennent, dit le Seigneur, et l'on ne dira plus Topheth, ni vallée du fils d'Ennom, mais vallée du carnage... et l'on ensevelira les morts dans Topheth, parce qu'il n'y aura plus d'autre lieu ; car ils ont endurci leur tête pour ne pas écouter mes paroles (4). » Quand les Chaldéens et plus tard les Romains prirent et saccagèrent Jérusalem, un grand nombre de juifs furent égorgés à Topheth. Et aujourd'hui, nous ne voyons dans ce funèbre lieu que des rochers renfermant les tombeaux ruinés d'un peuple qui n'est plus lui-même qu'une ruine.

« Certainement, dit M. de Saulcy, l'immense nécropole dont on retrouve à chaque pas les traces dans cette vallée (5) date de l'époque où les Jébuséens étaient les maîtres du pays. Après eux les Israélites ont confié les restes de leurs pères aux mêmes rochers, et les mêmes tombes, devenues plus tard encore celles des chrétiens maîtres de la Ville-Sainte, ont, depuis la destruction du royaume latin, cessé de

(1) S. Marc, ix, 42. — S. Luc, xii, 5.
(2) C'est aussi de ce nom que dérive dans notre langue, celui de *gêne*, *être gêné*, qui s'écrivait autrefois *géhenné*, et dont l'usage a mitigé la signification.
(3) Jér. xix, 10.
(4) *Id.*, 6.
(5) Au côté méridional.

changer de maîtres et d'occupants ; on n'y retrouve même plus d'ossements épars, et de la ville des morts, les morts seuls ont disparu, tandis que leurs demeures sont quelquefois encore à peu près intactes. Il faut donc attribuer aux musulmans la violation des sépultures chrétiennes. Le caractère général des tombeaux de la vallée de Hinnom est extrêmement simple. Une porte carrée et d'ordinaire assez basse donne accès dans une chambre sépulcrale contenant une ou plusieurs couchettes en arceaux, un ou plusieurs fours à cercueil. Souvent d'autres chambres se relient à la première, et à voir le nombre des niches qu'elles contiennent, on est immédiatement conduit à cette conclusion que l'on se trouve dans des tombeaux de famille. Un des faits les plus curieux qui puissent se consigner à propos des tombeaux de la vallée de Hinnom, c'est leur parfaite analogie, leur identité, veux-je dire, avec les caves sépulcrales de plusieurs nécropoles étrusques, et entre autres de celle qui occupe toute la vallée de *Castel-d'Asso*, près de Civita-Vecchia. Il serait difficile de voir dans cette similitude un simple effet du hasard, et là, sans doute, existe la trace d'un fait très-curieux de l'histoire des races humaines (1). »

Le plus intéressant de ces tombeaux est nommé *Retraite des Apôtres* parce que, dit-on, il leur servit de refuge après la captivité du Sauveur. Il est reconnaissable à la frise sculptée qui surmonte le vestibule, et se trouve du reste en mauvais état (2).

A mi-côte du mont du Mauvais Conseil, on voit une antique chapelle ayant un toit en terrasse et deux fenêtres; on l'appelle *Haq-ed-dam*. D'après la tradition, c'est le champ du potier surnommé *Haceldama (le champ du sang)*. Il fut acheté pour la sépulture des étrangers avec les trente deniers (3) que Judas avait reçus pour prix de son infâme trahison et qu'il rejeta dans le temple (4). On y trouve de l'argile blanchâtre propre à la poterie et beaucoup de morceaux de vases de terre. Ce champ d'Haceldama a conservé longtemps sa même destination. Les Croisés, peu soucieux de défigurer les noms propres,

(1) *Voy. autour de la mer Morte*, II.

(2) Toutes ces grottes sépulcrales ont été habitées, comme celles de la vallée de Josaphat, dès le vii⁰ siècle, mais surtout pendant l'occupation chrétienne, par une foule de pieux anachorètes, qui y menaient la vie contemplative.

(3) 22 fr. 26 cent., d'après M. Mislin.

(4) S. Math, xxvii, 7.

l'appelaient *Chaudemar*, et y enterraient les pèlerins qui mouraient à Jérusalem. Les Arméniens, auxquels il appartient aujourd'hui, ont fait de même jusqu'à ces derniers temps.

Sur le sommet de cette montagne, se trouvait la maison de campagne de Caïphe, où les ennemis de Jésus tinrent conseil pour se saisir de lui par ruse et pour le faire mourir (1). C'est de là qu'on l'appelle *mont du Mauvais conseil*. Plus tard, il se tint un autre conseil au même endroit ; c'était celui de Pompée qui venait, à la tête de ses légions, pour châtier la cité coupable.

II — LE MONT SION.

A notre droite, le mont Sion développe sa large croupe d'un aspect grisâtre et aride, sur laquelle se détache la pâle verdure de quelques rares oliviers. Après avoir été conquis sur les Jébuséens par le Roi-prophète (1046, avant Jésus-Christ) (2), il fut renfermé entièrement dans l'enceinte de la *Cité de David* jusqu'au xvi<sup>e</sup> siècle, et on a peine à comprendre pourquoi les nouvelles murailles ont exclu de la ville son extrémité méridionale. On raconte à ce sujet que le sultan Soliman, irrité de cette bévue, fit trancher la tête à l'architecte génois chargé de la direction des travaux ; moyen commode de régler le compte de ses honoraires.

Il n'existe pas dans l'univers une seule montagne dont l'histoire soit plus glorieusement et plus anciennement liée à celle de la religion que cette sainte *Sion*, dont le nom célèbre et chéri est pour les chrétiens l'emblème de l'Eglise et du Ciel, comme il était pour les juifs celui de Jérusalem.

« Cette colline, dit M. de Lamartine, porte à son sommet, à quelques cents pas de Jérusalem, une mosquée et un groupe d'édifices turcs assez semblables à un hameau d'Europe couronné de son église et de son clocher. C'est Sion ! c'est le palais, c'est le tombeau de David. C'est le lieu de ses inspirations et de ses délices, de sa vie et de son repos. Lieu doublement sacré pour moi dont David, ce chantre divin, a souvent touché le cœur et ravi la pensée. C'est le premier des poètes du sentiment, c'est le roi des lyriques. Jamais la fibre humaine n'a

(1) S. Math, xxvi, 3.
(2) II, Rois, v, 7.

résonné d'accords si intimes, si pénétrants et si graves. Jamais la pensée du poète ne s'est adressée si haut et n'a crié si juste. Jamais l'âme de l'homme ne s'est répandue devant l'homme et devant Dieu en expressions et en sentiments si tendres, si sympathiques. Tous les gémissements du cœur humain ont trouvé leur voix et leurs notes sur les lèvres et sur la harpe de cet homme. Et si l'on remonte à l'époque reculée où de tels chants retentissaient sur la terre; si l'on pense qu'alors la poésie lyrique des nations les plus cultivées ne chantait que le vin, l'amour, le sang et les victoires des muses et des coursiers dans les jeux de l'Elide; on est saisi d'un profond étonnement aux accents mystiques du roi-prophète qui parle au Dieu créateur comme un ami à son ami, qui comprend et loue ses merveilles, qui admire ses justices, qui implore ses miséricordes et semble un écho anticipé de la poésie évangélique, répétant les douces paroles du Christ avant de les avoir entendues.

« J'aurais, moi, humble poète d'un temps de décadence et de silence, j'aurais, si j'avais vécu à Jérusalem, choisi le lieu de mon séjour et la pierre de mon repos précisément où David choisit le sien à Sion. C'est la plus belle vue de la Judée, de la Palestine et de la Galilée. Jérusalem est à gauche avec le temple et les édifices sur lesquels les regards du roi pouvaient plonger sans être vu. Devant lui, des jardins fertiles, descendant en pentes mouvantes, le pouvaient conduire jusqu'au fond du lit du torrent dont il aimait l'écume et la voix. Les figuiers, les grenadiers, les oliviers l'ombragent; c'est sur quelques-uns de ces rochers, c'est dans quelques-unes de ces grottes sonores, rafraîchies par l'haleine et le murmure des eaux, c'est au pied de quelques-uns de ces térébinthes, aïeux du térébinthe qui me couvre, que le poète sacré venait sans doute attendre le souffle qui l'inspirait si mélodieusement. Le palais de David plonge ses regards sur la ravine alors verdoyante et arrosée de Josaphat; une large ouverture dans les collines de l'est conduit, de pente en pente, de cime en cime, d'ondulation en ondulation jusqu'au bassin de la mer Morte, qui réfléchit là-bas les rayons du soir dans ses eaux pesantes et épaisses comme une épaisse glace de Venise, qui donne une teinte mate et plombée à la lumière qui l'effleure (1). »

(1) *Voyage en Orient.*

Gravissons les vastes flancs de Sion mis en culture par de pauvres arabes ; de prosaïques choux n'y viennent qu'à regret. Le silence, la solitude et les ruines, voilà ce que rencontre aujourd'hui le pèlerin sur le mont Sion, et il répète avec le psalmiste : « O Dieu ! vos serviteurs chérissent encore les pierres de Sion et pleurent sur sa poussière (1). » Chaque pierre qu'il interroge redit un grand et précieux souvenir.

Ce fut sur cette montagne que David plaça l'arche d'alliance (2) ; elle y demeura pendant quarante-quatre ans au milieu du tabernacle, et Sion devint alors, comme David l'avait chanté, la demeure de Jéhovah où il se plaisait à donner aux enfants d'Israël des marques particulières de sa bonté. « Le Seigneur a choisi Sion pour en faire le lieu de son séjour (3). »

Sous la loi évangélique, Sion fut aussi particulièrement aimée du Très-Haut. C'est là, dans le cénacle, que l'Homme-Dieu après avoir accompli avec ses disciples les rites de la Pâque judaïque, institua dans sa dernière cène, le Sacrement de l'Eucharistie en célébrant la première Messe. C'est là qu'il apparut plusieurs fois à ses disciples après sa résurrection et qu'il fortifia notre foi en guérissant l'incrédulité de Thomas ; c'est là encore que, le jour de la Pentecôte, le Saint-Esprit se communiqua d'une manière admirable aux Apôtres, et voilà le berceau de l'Église chrétienne.

On regarde comme certain que N. S. P. saint François d'Assise, lors de son pèlerinage en Terre-Sainte, en 1220, fonda le premier couvent de son ordre à l'endroit du mont Sion où se trouvait le cénacle. Quoi qu'il en soit, M. E. Boré (4) et M E. Veuillot (5), constatent que, dès 1277, le sultan Achmet-Acheref déclare dans un firman que le Saint-Sépulcre, la moitié du Calvaire, la grotte de Bethléhem et le couvent du mont Sion sont la propriété des religieux francs. Mais ces derniers étaient souvent inquiétés par les musulmans dans la possession de ces sanctuaires. Aussi, pour prévenir toute contestation, le roi de Naples, Robert, et sa pieuse femme Sancha, obtinrent à grands

(1) Ps. 101, 15.
(2) II, Rois, vi, 12.
(3) Ps. 131, 13.
(4) *Précis de la question des Lieux-Saints.*
(5) *L'Église, la France et le schisme en Orient.*

frais du Soudan d'Egypte, alors maître de Jérusalem, en 1342, le droit pour les Frères Mineurs, d'occuper *à perpétuité* l'église du Saint-Sépulcre et le cénacle du mont Sion. Malgré des titres de propriété si légitimes, les Religieux ne purent conserver ce lieu vénérable, à travers de nombreuses et terribles persécutions, que jusqu'en 1549. Un musulman vint un jour menacer les Franciscains, s'ils ne lui donnaient pas une forte somme d'argent, de les dépouiller de leur couvent, sous prétexte que c'était le tombeau de David, un des grands prophètes honorés par l'Islamisme. Les Pères ne prirent point au sérieux une si impertinente menace ; cependant elle fut exécutée quelque temps après, car, que ne peut-on pas craindre de l'autorité turque, surtout quand il s'agit de dépouiller les *chiens* de chrétiens. A la honte des rois de l'Europe catholique, il ne s'en trouva pas alors un seul pour défendre la faiblesse opprimée et pour venger une si odieuse iniquité, et c'est pourquoi nous avons la douleur de voir le saint Cénacle changé en mosquée et des santons grossiers à la place des religieux Franciscains.

### III — LE SAINT CÉNACLE.

Pénétrons dans cette agglomération de maisons dominées par plusieurs coupoles et par la tourelle légère d'un minaret, on l'appelle *Nebi-Daoud (le prophète David)*. Un passage voûté donne accès dans une cour intérieure ; à gauche, à l'entrée de cette cour, un perron élevé conduit à l'église qui n'occupe probablement que le bas-côté méridional de celle qu'elle a remplacé.

« La tradition qui fixe sur le mont Sion l'emplacement du saint Cénacle, est une des plus anciennes et des plus authentiques de toutes celles qui donnent un nom à chacun des points de la Ville-Sainte, dit M. de Vogué. Dès le ive siècle, l'église du mont Sion était considérée comme très-ancienne, et saint Epiphane pouvait alors affirmer qu'elle était antérieure au règne d'Adrien. Depuis cette époque jusqu'aux temps modernes, une tradition constante n'a cessé de la regarder comme la plus ancienne de toutes les églises, comme celle qui avait abrité la première assemblée des apôtres, et, ce qui confirme la croyance générale, de notables fragments de substructions antiques engagées dans les bases du monument actuel, viennent rattacher l'église moderne aux premiers âges du christianisme. Je n'ai pas besoin de dire que pendant la longue période d'années qui nous sépare de cette époque reculée, le monument a subi de nombreuses modifications.

« Comme tous ceux qui l'ont précédé, celui-ci est divisé en deux étages (1). L'étage inférieur, formé avec les substructions anciennes, est divisé en deux salles : l'une, dont la voûte est supportée par deux piliers, est nommée *la salle du lavement des pieds*; l'autre, plus petite et également voûtée, est le prétendu *tombeau de David*. Au centre de cette petite pièce est un grossier sarcophage en maçonnerie recouvert de riches tapis, et qui renferme, disent les musulmans, les restes du roi-prophète. Cette attribution, je me hâte de le dire, n'est pas fondée, elle a son origine dans une légende juive du moyen-âge et ne saurait être plus prise au sérieux que le tombeau de Moïse à Neby-Mousa, et beaucoup d'autres tombeaux de prophètes vénérés par les musulmans. Quand même le tombeau de David serait situé sur le mont Sion, *ce qui n'est pas prouvé*, il ne saurait être là où les turcs le placent; il aurait comme tous les tombeaux juifs, la forme d'une crypte souterraine et non celle d'un bloc de pierres et de chaux placé au milieu d'une salle du xi<sup>e</sup> ou du xii<sup>e</sup> siècle. L'étage supérieur du monument est également partagé en deux compartiments. L'un, situé vers l'est au-dessus du tombeau de David, et recouvert par une coupole, est inaccessible aux regards des chrétiens, on y plaçait, à l'époque de l'occupation des Franciscains, la descente du Saint-Esprit. L'autre nommé *le Cénacle*, est une salle de 14 mètres sur 9, en style gothique du xiv<sup>e</sup> siècle parfaitement caractérisé. Deux colonnes correspondant aux deux piliers qui supportent l'étage inférieur, le divisent dans le sens de sa longueur, en deux nefs parallèles. Des demi-colonnes situées dans leur alignement, sont engagées dans les murs extrêmes. Trois fenêtres s'ouvrent au sud dans le mur latéral. Un escalier aboutissant à l'extrémité occidentale de la salle, descend au rez-de-chaussée; les gardiens ne m'ont pas laissé approcher de son ouverture de peur que le regard d'un chrétien ne souillât même le vestibule du prétendu tombeau. Il est évident que cette salle

_________________

(1) Un verset des Actes des Apôtres (I, 13) semble indiquer que le cénacle était situé au premier étage d'une maison.

a été construite par les Franciscains en 1342, suivant les principes adoptés en France et en Allemagne à cette époque (1). »

Les barbares gardiens du Cénacle se montrent très-jaloux de leur possession usurpée. Pendant longtemps aucun chrétien ne put franchir la porte du couvent (2). Aujourd'hui l'entrée de la salle haute est permise sans difficulté moyennant finance. J'y ai pénétré d'abord avec la caravane, les turcs nous y laissèrent prier tranquillement. Cette salle n'offre plus aux regards que la nudité de ses quatre murs, comme tous les lieux où les sectateurs de Mahomet se rassemblent pour célébrer leur culte. Je m'y présentai seul une seconde fois, et le musulman qui m'introduisait, présumant peu de mon savoir, eut la complaisance de m'indiquer que c'est là que Jésus-Christ fit la cène, et pour cela il employa le langage mimique, se doutant bien que nous ne pourrions nous entendre autrement. Il prononça le mot *Aïsa*, qui signifie Jésus en arabe, puis il mit son doigt à sa bouche comme un homme qui mange et ensuite toucha le sol de la salle ; je lui fis signe que je comprenais (3).

Le fanatisme ombrageux des Turcs ne permet pas aux chrétiens de pénétrer dans le sépulcre de David ; quelques voyageurs ont seuls pu le visiter. Mgr Mislin jouit de cette faveur en 1855, par la bienveil_ lance de Kiamil-pacha, gouverneur de Jérusalem. Je lui emprunte sa curieuse description.

« Nous descendîmes par un escalier qui n'a que six ou huit marches, dans des chambres basses et voûtées qui doivent se trouver, autant que j'ai pu en juger, exactement au-dessous de l'église de l'institution de l'Eucharistie, dont elles ne sont que la crypte ou église souterraine. Après avoir passé le vestibule, on arrive dans la partie qui correspond à la nef unique de l'église supérieure ; mais ici la nef est divisée d'abord en deux dans le sens de la longueur par des supports en pierre assez massifs qui, au milieu, soutiennent les voûtes. La dernière moitié de cet espace, ou plutôt la dernière partie, car elle est

(1) *Les Eglises de la Terre-Sainte*, VIII.

(2) En 1820, M. de Marcellus fit de vains efforts pour le visiter.

(3) Cinq prêtres faisant partie de la caravane des vacances, en 1856, eurent le rare privilége de célébrer la sainte Messe dans le Cénacle, au moyen d'un autel portatif, en présence d'une trentaine d'Arabes dont pas un ne se montra hostile. Le même bonheur ne nous fut pas accordé.

plus petite que la première, en est séparée par une cloison transversale, et elle est elle-même divisée par une autre cloison qui s'appuie sur celle-ci à angle droit et forme deux chambres à l'extrémité méridionale de la crypte. On y entre par celle de droite ; le tombeau occupe presque tout entière celle qui est à gauche. Lorsque nous fûmes entrés dans la chambre de droite, que j'appelerai la chambre du *mihrab*, parce que c'est là que se trouve la niche de la prière, il s'éleva deux difficultés. La première fut celle des indispensables pantoufles. Le cheik la trancha fort judicieusement en disant que, puisque nous avions pénétré jusque dans ce sanctuaire avec notre chaussure, nous pouvions aussi y rester. La seconde était plus grave encore ; il s'agissait de savoir si on nous laisserait pénétrer dans la chambre du tombeau. Le lieu où nous nous trouvions était assez obscur, la chambre voisine l'était plus encore, on ne voyait à travers le grossier grillage qui nous en séparait, qu'un bout de tapis qui ne pouvait satisfaire notre curiosité. Kiamil-pacha fit observer au cheik que c'était pour *voir* le tombeau que nous étions venus. Le cheik fit chercher les clés, et il nous ouvrit la porte de fort bonne grâce. Kiamil-pacha se prosterna un moment, porta à la bouche et au front les franges du tapis qui recouvrait le tombeau, et nous laissa tout examiner à loisir.

« Nous avions devant nous un sarcophage d'environ sept pieds de hauteur et du double de longueur. Il est couvert de sept tapis fort riches ; le tapis supérieur est en soie bleue avec des raies larges plus foncées, il est tout couvert de textes du Coran. Au milieu du sarcophage, il y a en outre une pièce d'étoffe carrée richement brodée et à franges d'or, elle porte aussi des textes du Coran dont les lettres sont brodées en or. Tout cela a été donné par le sultan Abdul-Medjid. Le second tapis est bleu clair avec des fleurs brodées en argent, les autres sont usés et moins riches. Au plafond est suspendu un dais en soie, rayé en blanc et en bleu. Le cheik qui m'accompagnait relevait les coins des tapis pour que je pusse toucher le sarcophage, mais je ne sentais que la toile qui l'enveloppe à plusieurs doubles, et je ne pouvais que difficilement juger de la forme et de la matière du tombeau. Le cheik, remarquant que je n'étais pas encore satisfait, prit courage et souleva tous les tapis par devant, là où il y avait plus de jour. Je vis donc à nu toute la partie de devant du sarcophage qui me parut être en marbre grisâtre non poli. Au milieu, il y a un médaillon en marbre de couleur plus foncée; je demandai ce que cela signifiait, le cheik répondit qu'il marquait la place du nombril du prophète. Je fis l'inspection des murs, ils sont couverts de carreaux en faïence de couleur blanche avec des dessins bleus. Des lampes en cuivre sont placées çà et là autour du tombeau. Près de la porte, à gauche en sortant, on voit suspendue au mur une chaîne dont les anneaux sont oblongs ; mon cheik me dit que c'est un modèle de chaîne fait par David lui-même. C'est là tout ce que j'ai pu remarquer dans ce local étroit et obscur en m'aidant souvent d'une bougie, mais certainement rien n'y rappelle l'antiquité. La chambre du mihrab, à côté, est médiocrement éclairée et mesquinement ornée de quelques lampes et d'œufs d'autruche suspendus au plafond. Pour conserver quelque crédit à ce tombeau, les musulmans font bien de le soustraire à tous les regards (1). »

On montre tout auprès de ces bâtiments, l'emplacement de la maison où la Sainte-Vierge vécut après l'ascension de son divin Fils, et où elle finit sa bienheureuse vie, comme nous l'avons prouvé en parlant de son tombeau. Il ne reste plus que quelques pierres de cet édifice.

Je me plaisais à aller souvent sur le mont Sion, mais j'ai remarqué que les musulmans qui habitent les bâtiments du Cénacle sont animés contre les chrétiens d'une plus grande haine que leurs coreligionnaires. Je ne m'en étonne pas, on déteste toujours ceux à qui on a fait du tort. J'ai parcouru seul la Palestine, la Syrie et l'Egypte, je n'ai été insulté qu'une seule fois, et c'est sur le mont Sion. Un jour j'errais pensif sur ce sol béni, une troupe d'enfants m'aperçut du toit de la maison sur laquelle ils jouaient (2). Aussitôt ils se mirent à me faire d'horribles grimaces, à me montrer les poings et à vociférer des paroles inintelligibles pour moi, mais que je ne prenais pas pour des compliments. Cependant je savais assez d'arabe pour comprendre les mots : *Rou (va-t-en)!* et *kelb,* qu'ils accentuaient avec une préférence marquée. *Kelb* veut dire *chien,* c'est le titre que les disciples de Mahomet aiment à donner aux chrétiens. Un homme accourt à leur

(1) *Les Saints-Lieux,* II, xxvi. — Nous discuterons l'authenticité du sépulcre de David, quand nous visiterons les tombeaux des rois.

(2) Ils me reconnurent à mon costume, car il n'y a que les chrétiens et quelques juifs qui portent le chapeau en Orient.

tapage, et, pour me faire entendre le mot *kelb* qu'il crie aussi à tue-tête,
il lance à mes trousses un énorme molosse, gardien du logis. J'avoue
que j'étais dans mes petits souliers. Je n'avais en main que mon bréviaire, et je ne voyais personne pour me défendre. Le chien s'avançait
vers moi en aboyant. Je pensai que me mettre à courir serait le plus
sûr moyen de me faire mordre. Je pris donc philosophiquement le
parti de faire le brave ; je me retirai à reculons en simulant le geste
d'un homme qui ramasse des pierres pour les jeter, et je pus ainsi
tenir mon adversaire à distance et rentrer dans la ville par la porte de
Sion, dont heureusement je n'étais pas éloigné.

Les cimetières des chrétiens sont placés à l'occident du Cénacle,
ceux des protestants et des grecs sont seuls entourés de murailles.
J'ai vu, dans le petit cimetière des catholiques, de nombreuses tombes
de Franciscains reconnaissables à la quintuple croix de Terre-Sainte.
Si ces fervents religieux, qui ont quitté leur famille et leur patrie pour
venir à Jérusalem garder le sépulcre de Notre-Sauveur, sont empêchés
par l'injustice des turcs d'habiter pendant leur vie sur le mont Sion,
auprès du Cénacle si cher aux chrétiens, du moins leurs dépouilles
mortelles peuvent y demeurer en attendant la résurrection glorieuse.
Une pierre tumulaire fixa mon attention, c'est celle qui recouvre les
restes de M. le comte Charles du Coëstlosquet, décédé le 2 novembre
1852. A l'âge de 68 ans, il avait visité tous les sanctuaires de la
Terre-Sainte, quand une fièvre pernicieuse mit un terme, après quelques jours de maladie, à son pèlerinage d'ici-bas. Le ciel récompensa
sa piété par une sainte mort à Jérusalem. Toutes ces tombes, ainsi
que celles des Arméniens, ne se composent que de larges dalles posées
sur le sol, et elles sont foulées aux pieds par les passants. Les Mahométans, qui professent toujours une haine impie et stupide contre le
signe sacré du salut des hommes, le détruisent même sur les tombeaux ; et j'ai vu plusieurs pierres tumulaires sur lesquelles les croix
qu'on y avait gravées avaient été défigurées à coups de marteau, la
tombe entre autres d'une jeune française, religieuse de N.-D. de Sion,
victime pure de son amour pour Dieu et pour le prochain.

Un peu plus près des murs de la ville, et à l'ouest, se trouve un
couvent arménien bâti sur l'emplacement de la maison de Caïphe,
où Jésus a passé la nuit douloureuse de sa passion et a été renié par
saint Pierre.

Il existe, sur le penchant oriental du mont Sion, une petite grotte où, d'après la tradition, le présomptueux apôtre se retira pour pleurer amèrement sa faute. Une église y fut bâtie au ixe siècle, sous le vocable de saint Pierre *en Gallicante (in Galli cantu)*.

On montre dans ce couvent le lieu qui servit de prison au Sauveur pendant quelques heures, et la pierre qui fermait son tombeau. La chapelle est petite mais jolie.

# CHAPITRE XX

## LA VALLÉE DE GIHON — L'ÉTABLISSEMENT RUSSE — BÉZÉTHA — LES TOMBEAUX DES ROIS

### I — LA VALLÉE DE GIHON

Descendons maintenant par le flanc occidental du mont Sion, en passant auprès de la nouvelle école protestante ; nous voici dans la vallée de Gihon et auprès de l'*Etang du Roi (Birket-el-Soultan)*, la plus grande des piscines de Jérusalem (1).

C'est l'œuvre des rois de Juda, et peut-être l'*étang inférieur* ou l'*étang du roi* dont il est parlé dans la Bible (2). Vers l'extrémité nord de cette piscine, on voit, sur neuf arches, un aqueduc construit ou du moins réparé par Ponce-Pilate. Cet aqueduc, après un long détour, amenait jusque dans le temple l'eau des étangs de Salomon, situés à trois lieues de la ville.

En sortant par la porte de Jaffa, on aperçoit à quelques centaines de pas à l'ouest de Jérusalem, auprès d'un cimetière musulman et à la naissance de la vallée de Gihon, une large citerne alimentée par l'eau des pluies et connue sous le nom de *Birket-el-Mamillah*. Elle est en communication par un aqueduc avec une autre piscine placée à l'intérieur de la ville et appelée l'étang des Bains du patriarche, que nous avons citée plus haut. On identifie l'étang Mamillah avec la *Piscine supérieure* de la Bible (3).

(1) Elle mesure 180 mètres de longueur sur 78 de largeur ; elle est abandonnée et complètement à sec.

(2) Isaïe, xxii, 9.

(3) Isaïe, vii, 3.

L'espace qui sépare cette piscine de la ville, s'appelait le *champ du Foulon*, et c'est en ce lieu qu'Isaïe fit sa célèbre prophétie au sujet de la Vierge mère du Messie : « Le Seigneur vous donnera un signe : Voici qu'une vierge concevra et enfantera un fils, et il sera nommé Emmanuel (1). » C'est encore au même endroit que Rabsacès, à la tête des Assyriens, plaça son camp lorsqu'il vint attaquer Jérusalem, et que l'ange du Très-Haut extermina, pendant la nuit, l'armée de Sennachérib (2).

## II — L'ÉTABLISSEMENT RUSSE

A l'angle N. O. de la ville, au dehors et à quelques minutes de la porte de Jaffa, s'élève un très-vaste établissement, centre de propagande moscovite et anti-catholique aussi bien qu'anti-française. La Russie est venue la dernière à Jérusalem, mais par d'habiles efforts, elle tend à réparer le temps perdu. Depuis quelques années surtout, elle s'applique à substituer son influence à celle des nations de l'Occident et en particulier de la France, protectrice séculaire des chrétiens d'Orient. A dater de la guerre de Crimée, la Russie a renoncé à agir par la voie des armes ; elle suit une route détournée, cherche à établir entre elle et les populations chrétiennes de l'empire turc un lien basé à la fois sur l'admiration, la crainte et la reconnaissance, et prépare ses chances pour les annexions de l'avenir. Elle voudrait implanter le schisme gréco-russe dans la ville où le christianisme a été fondé, pour en faire, à un certain moment, le siége de sa domination civile et religieuse en Orient, et opposer Jérusalem à Rome, l'église du Saint-Sépulcre à celle de Saint-Pierre (3). Qui n'aperçoit quel coup terrible la Russie porterait au catholicisme en ce pays, si ce projet pouvait réussir, et combien il est nécessaire d'opposer une digue aux envahissements de cet empire qui asservit les âmes pour régner avec plus de puissance sur les corps de ses sujets. Les efforts de la Russie à Jérusalem sont immenses, on ne peut se le dissimuler, et ses progrès répondent à ses efforts. Dans

(1) Isaïe, vii, 3, 14.

(2) IV, Rois, xviii, 17 et xix, 35.

(3) Pie VIII avait bien raison de dire : « *Nos plus grands ennemis* ( en Orient ) *ne sont pas les Turcs ; ce sont les Russes.* »

l'empire du Czar, une œuvre s'est fondée, sous les auspices du gouvernement, pour faciliter les pèlerinages en Terre-Sainte ; elle dispose de revenus énormes et envoie les pèlerins par centaines. Une somme de 12 millions a été consacrée, dit-on, à des achats de terrains et à différentes constructions.

Les Russes n'ont pas mal choisi leur place ; ils sont établis sur la hauteur qui domine la ville sans en être séparée par un ravin profond, comme les autres côtés. C'est sur ce plateau qu'ont toujours campé les conquérants de Jérusalem, les Assyriens, les Romains, les Croisés, les Sarrasins. De loin ces constructions ressemblent à une citadelle. Du reste, il est certain que de cette position on pourrait bombarder au besoin Jérusalem et l'obliger à capituler en peu de temps. On ne comprend pas comment la Porte-Ottomane a eu la faiblesse de permettre cet établissement, et les gouvernements de l'Europe celle de ne pas s'y opposer. Quoi qu'il en soit, ces travaux sont déjà très-avancés (1). Ils contiennent : 1° une cathédrale ; 2° un grand bâtiment pour la mission ecclésiastique ; 3° un hôpital de 60 lits ; 4° un asile pour 300 pèlerins ; 5° un autre pour les femmes ; 6° des écoles, etc. Les Russes dépensent chaque année en bâtiments et en frais d'hôtelleries pour leurs pèlerins 4 millions de francs. A l'intérieur de la ville, les acquisitions de terrains et de maisons ne sont pas moins considérables. Il y a deux ans, la Russie a acheté un terrain situé près du Saint-Sépulcre, entre l'église de l'Invention de la Croix et l'ancienne rue des Paumiers (2). Que font les puissances catholiques de l'Europe en présence de ces efforts incessants de l'aigle à deux têtes ? Bien peu de chose. Plaise à Dieu que les princes et les peuples comprennent mieux la nécessité d'exercer en grand le prosélytisme de la vérité et du droit à côté de celui de l'erreur et de l'usurpation.

(1) En 1862.

(2) Il est pénible de voir tomber entre les mains des Russes ce lieu où s'éleva le couvent de *Sainte-Marie Latine,* fondée au IX° siècle par notre illustre Charlemagne, et qui fut, au commencement du XII°, le berceau de l'Ordre de Malte.

### III — BÉZÉTHA

Nous sommes arrivés à la partie septentrionale des remparts. A peu de distance de la porte de Damas, je suis entré par une petite ouverture du rocher servant de base à la muraille, dans une vaste caverne dont on ne peut apercevoir le fond malgré l'éclat des torches. « Rien de plus saisissant que ces grottes. Des salles immenses, soutenues par des colonnes naturelles, laissent s'ouvrir dans leurs parois des percées sombres et béantes qui pénètrent dans d'autres chambres non moins grandes. A gauche, c'est un amas confus de roches entassées, un chaos d'énormes blocs de calcaire soutenus par d'autres blocs roulés pêle-mêle. Mes éclaireurs paraissent et disparaissent en sautant au milieu de ce dédale de rochers dont la surface humide réfléchit les rouges lueurs des flammes résineuses, et le caprice de leur marche donne au tableau une physionomie fantastique et imposante à la fois. Devant moi, d'autres blocs immenses qui pendent perpendiculairement semblent me menacer de leur chute. Partout la trace de l'industrie humaine, la preuve évidente d'un grand génie constructeur. Sans nul doute, on est ici dans des carrières (1). » Jérusalem, comme Rome et Paris, a donc aussi ses catacombes.

D'après M. de Barrère et M. Saintine ces excavations récemment découvertes et dont la pierre est très-blanche, sont les *Grottes royales* dont parle Josèphe, et elles ont été creusées au plus tard à l'époque d'Hérode. Il est probable, en effet, que c'est de là qu'on a tiré les blocs dits salomoniens que nous avons remarqués dans les murailles du temple, et les autres dont on construisit les différents édifices de Jérusalem.

Vis-à-vis de l'entrée de ces carrières, se trouve *la grotte de Jérémie* où l'on croit que le prophète d'Anatoth a composé ses *Lamentations*. M. de Saulcy pense que cette cave profonde a été désignée avec toute raison par Schultz comme le tombeau d'Alexandre Jannée dont le règne fut si odieux aux Juifs (2). On y reconnaît bien, par ci, par là, quelques traces des anciennes parois des chambres sépulcrales, mais elles ont été brisées et semblent avoir été exploitées comme une

(1) G. Saintine, *Trois ans en Judée.*
(2) Ces deux identifications ne sont pas parfaitement constatées.

carrière commode, de sorte que le tout ne forme plus qu'une grotte
irrégulière, taillée grossièrement et d'un médiocre intérêt. A côté est
une citerne. Un derviche, gardien d'un tombeau de santon établi dans
cette caverne, n'en ouvre la porte que moyennant un gros bakchis. Le
monticule sous lequel est creusée la grotte de Jérémie est devenu un
cimetière musulman appelé *Zahara*.

Nous sommes ici sur le vaste plateau de Bézétha où Godefroid de
Bouillon plaça le camp des Croisés ; Tancrède était plus au couchant,
et le comte Raymond sur la montagne de Sion.

Notre exploration autour des murailles de Jérusalem est terminée,
et nous avons pu observer que cette ville extraordinaire est, de tous
côtés, entourée d'innombrables tombeaux ; mais il y a encore, un
peu plus loin, deux nécropoles très-dignes d'attention, ce sont les
sépulcres des rois et ceux des juges, nous allons les visiter.


### IV — LES TOMBEAUX DES ROIS

En sortant de Jérusalem par la porte de Damas et en suivant la route
de Naplouse, vous rencontrez à environ 600 mètres des remparts, à
l'extrémité septentrionale de Bézétha, une magnifique excavation
sépulcrale : on l'appelle *les Tombeaux des Rois* (*Kôbour-el-
Molouk*).

Dans le roc qui forme la muraille d'une grande cour carrée, on a
pratiqué avec grand travail, un large vestibule soutenu autrefois
par deux colonnes dont il ne reste qu'un seul chapiteau appendu à
droite au plafond. Au-dessus du vestibule, et sur la face même du
rocher, règne une longue frise sculptée avec une délicatesse admirable. L'ornementation en est complètement végétale ; on y voit la
grappe de raisin qui est, avec le palmier, l'emblème de la Terre
promise (1), une triple palme, une couronne et des patères ou boucliers ronds. Une riche guirlande de feuillages et de fruits court au-
dessous, et le tout est surmonté d'une corniche, aux moulures élégantes. Cette décoration si remarquable a beaucoup souffert des injures
du temps et plus encore de celles des hommes. Au fond de ce
vestibule, une petite porte par laquelle on ne peut passer qu'en ram-

______
(1) C'est aussi le type ordinaire des monnaies Asmonéennes.

pant, donne entrée dans une antichambre carrée de 5 à 6 mètres en tous sens. De ce premier caveau, on pénètre par trois portes dans sept autres plus petits qui contiennent en tout 31 tombes (1). Ce qu'il y a de plus curieux, peut-être, dans ces cryptes, ce sont les portes qui dénotent des connaissances très-avancées dans l'art mécanique. Quand la pierre qui fermait l'ouverture extérieure, et se mouvait par un système très-ingénieux, était en place, la porte disparaissait complètement. A l'intérieur, la première salle était fermée par une porte massive de pierre à double gond qui est brisée maintenant et qui, paraît-il, roulait de façon qu'il fût possible de la mettre aisément en mouvement par une pression venant de l'extérieur, tandis que si la porte était abandonnée à elle-même, elle retombait aussitôt par son propre poids, et l'imprudent visiteur enfermé derrière elle n'avait aucun moyen de l'ouvrir. Les autres chambres étaient closes de la même manière (2).

Ici, comme aux bords du Nil, des puissants de la terre ont mis en jeu toutes les ressources de l'art humain et n'ont épargné aucune dépense pour faire reposer leurs dépouilles dans ces palais de la mort, à l'abri des regards du vulgaire. Ne pouvant emporter dans l'autre monde leurs trésors, ils les ont ensevelis à côté de leurs ossements. Ils se croyaient pour toujours en sûreté dans ces citadelles funèbres. Mais leur amour-propre a été déjoué. Car en Judée comme en Egypte, il s'est trouvé d'autres hommes qui, guidés eux aussi par l'égoïsme, ont pénétré de force dans ces lugubres demeures, ont ouvert brutalement ces tombeaux, et après avoir volé les trésors qu'ils

(1) Ces tombes ont la forme de niches ou fours de 2 mèt. de long sur 1 mèt. de large, destinés à renfermer les cercueils; il y a aussi des banquettes ou couchettes pour les supporter. La plupart sont accompagnées d'un réduit carré, probablement employé à cacher des objets précieux. Tout est creusé dans le roc vif. C'est de l'une de ces caves que M. de Saulcy a extrait le beau couvercle de sarcophage que l'on admire aujourd'hui au Louvre (salle du musée assyrien), et qu'il regarde comme le tombeau de David. D'autres sarcophages, ornés également de ciselures, gisent brisés parmi les décombres.

(2) La plupart des voyageurs ont cru que ces singulières portes avaient été taillées sur place avec leurs gonds et leurs pivots dans un seul bloc de rocher. Châteaubriand, tout en déclarant que cela est visiblement impossible, avoue qu'ayant gratté la poussière au bas de la seule porte qui reste debout, il n'a pu apercevoir la jointure des pierres.

recélaient, ont jeté au vent les cendres royales, de sorte qu'aujourd'hui, il ne reste pas intact un seul de leurs ossements superbes, et les noms même des maîtres de ces sépulcres sont oubliés.

Quelle est l'origine des *Tombeaux des Rois*, par qui et pour qui ont-ils été construits?

Tout le monde est d'accord sur un point, c'est que cet hypogée somptueux n'a pu être exécuté que pour une dynastie royale, ainsi que son nom l'indique; mais quand il s'agit de déterminer l'époque où fut fondé ce monument et les noms de ceux qui l'ont occupé, les opinions varient beaucoup.

M. de Saulcy accorde une origine salomonienne à ces sépulcres qu'il identifie comme Châteaubriand et Mgr Mislin avec les *cavernes royales* dont parle Josèphe (1), et croit y avoir découvert les tombeaux de David et des autres rois de Juda. Pour le prouver, il établit une dissertation pleine d'érudition et d'habileté (2).

Châteaubriand range les tombeaux des rois dans la classe des monuments grecs, et les attribue à Hérode le Tétrarque et à ses successeurs de sanguinaire mémoire. Mgr Mislin, MM. Saintine et Joanne (3) émettent un sentiment conforme à celui de Châteaubriand.

Nous sommes donc en présence de deux opinions pour l'attribution de cette vaste nécropole. Laquelle des deux est la vraie?

M. de Saulcy procède d'abord par voie d'exclusion; il prétend que le tombeau des princes Asmonéens, celui d'Alexandre Jannée, celui des Hérodes, et enfin celui d'Hélène, reine d'Adiabène, et d'Izates son fils, les seuls dignes de soutenir l'examen, ne peuvent être identifiés avec les tombeaux des rois; puis s'appuyant sur le nom même que la tradition leur assigne et sur la beauté du travail, il conclut que ces sépulcres ne peuvent être que ceux des rois de Juda, après avoir résolu les objections de ses adversaires.

Ces objections peuvent se réduire à deux :

1° L'architecture des *Kôbour el-Molouk* est dorique, dit Mgr Mislin; le ciseau grec se fait reconnaître dans les ornements des sépulcres des rois, dit Châteaubriand.

(1) *Guerre des Juifs*, v, 4, 2.
(2) *Voyage autour de la mer Morte*, II, p. 219.
(3) *Itinéraire de l'Orient.*

Mais d'après M. de Saulcy, les sculptures de ce monument qu'on avait jusqu'ici attribuées à l'époque de l'art grec, remontent à l'époque salomonienne ; c'est, dit-il, un très-beau type de l'art hébraïque qui a emprunté ses éléments primitifs à celui des peuples voisins, les Egyptiens, les Phéniciens et les Assyriens, et qui les a modifiés en y imprimant son cachet indigène par l'ornementation végétale, caractère dominant de l'architecture des Hébreux (1).

La valeur de cette réponse contre-balance celle de l'objection, si elle ne la surpasse.

2° Le tombeau de David et de sa dynastie est, *sans aucun doute*, sur le mont Sion, ainsi que le prouvent : 1° l'Ecriture Sainte ; 2° la tradition ; et 3° un monument (complètement invisible).

M. de Saulcy répond que le tombeau de David n'est pas sur le mont Sion, parce qu'on ne peut le prouver ni par l'Ecriture Sainte, ni par la tradition, ni par un monument.

I. L'Ecriture Sainte, en effet, ne dit pas une seule fois en termes exprès que David ou ses descendants aient été inhumés sur le mont Sion. Elle déclare seulement que le roi-prophète et ses successeurs furent ensevelis dans la cité de David (2), ou dans la ville de Jérusalem (3). M. de Saulcy démontre victorieusement que les mots ville ou cité de David, ne s'appliquent pas aux édifices du mont Sion d'une manière si exclusive qu'ils ne doivent s'entendre aussi de toute la ville de Jérusalem, suivant les circonstances, et comme les tombeaux des rois se trouvent « à la porte de Jérusalem, » ainsi que Châteaubriand le reconnaît, on peut dire qu'ils sont à Jérusalem, comme on disait (4) qu'une personne inhumée au cimetière du Père-Lachaise l'était à Paris.

Les adversaires de M. de Saulcy allèguent encore ce texte de la Bible : « Et Sellum édifia la porte de la fontaine... et les murs de la piscine de Siloé, dans le jardin du roi, et jusqu'aux degrés qui descendent de la ville de David. Après lui travailla Néhémie, fils d'Azboc, chef du

----

(1) M. de Saulcy, après avoir étudié la Bible au point de vue artistique, prouve, dans son *Histoire de l'Art judaïque*, que la nation juive a porté les arts à un très-haut degré de perfection. Ce livre est rempli d'intéressants détails.

(2) III, Rois, ɪɪ, 10 ; II, Paral., ɪx, 31.

(3) II, Paral., xxvɪɪɪ, 27.

(4) Avant l'agrandissement de la capitale.

demi-district de Bethsur, jusqu'en face du sépulcre de David et jusqu'à la piscine qui a été construite avec un grand travail, et jusqu'à la maison des forts (1). »

Ce texte paraît à Mgr Mislin une des preuves les plus évidentes que la sépulture de David est au mont Sion ; mais il est très-obscur en lui-même, et vient d'un livre où les plus savants auteurs, tels que Robinson, avouent ne pouvoir trouver aucun renseignement précis pour la description des lieux, à cause de ses inextricables difficultés. M. de Saulcy le repousse par cette fin de non-recevoir.

Cette dernière objection est sans contredit la plus forte de toutes celles qu'on lui oppose, mais je crois néanmoins qu'il est possible de concilier ce texte avec son système, et voici comment : Il faut admettre que Salomon plaça d'abord le corps de son père dans un sépulcre sur le mont Sion, et qu'il le transporta ensuite dans le noble monument qu'il éleva à sa dynastie aux *Kôboûr-el-Moloûk*. Je trouve la preuve de cette opinion dans la tradition commune depuis longtemps qui place le premier sépulcre de David, sur le versant sud-est du mont Sion, ce qui correspond parfaitement à l'indication que donne Néhémie (2). Quant aux paroles de saint Pierre au sujet de David : « Et son sépulcre est parmi nous (ou auprès de nous, *apud nos*) jusqu'à ce jour (3), » elles peuvent s'appliquer aussi bien aux tombeaux des rois.

II. On objecte encore à M. de Saulcy la tradition, mais est-ce une tradition écrite? On n'en cite pas. L'historien Josèphe qui, dans ses *Antiquités judaïques*, a décrit avec tant de soin les monuments de sa nation, dit seulement que David, Salomon, etc., furent enterrés à Jérusalem (4).

Le juif Benjamin de Tudèle a écrit, il est vrai, en 1173, qu'environ quinze ans avant son arrivée en Palestine, des ouvriers en réparant un mur sur le mont Sion, découvrirent le tombeau de David, mais ce

______

(1) II, Esdras, iii, 15 et 16.

(2) On croit même que cette grotte sépulcrale est celle dont j'ai parlé plus haut, et que l'on vénère encore aujourd'hui comme le lieu où saint Pierre se retira pour pleurer sa faute.

(3) Actes des Ap., ii, 29.

(4) *Ant. jud.*, vii, xv, 3; viii, vii, 8.

récit, accompagné de circonstances invraisemblables, est mis au rang
des fables, de l'aveu de Mgr Mislin lui-même.

La tradition orale nous fournit-elle des preuves plus fortes en faveur
de la sépulture de David au mont Sion? « Non certainement, répond
M. de Saulcy, on a dit si longtemps que le tombeau de David était
sur le mont Sion, qu'on a fini par le croire. Mais sur quelle base
solide est donc assise cette opinion? Est-ce l'Ecriture-Sainte qui nous
l'apprend? non; est-ce Josèphe? pas davantage. D'où vient-elle donc?
j'avoue que je l'ignore complètement. » Il me semble que l'on peut
trouver l'origine de cette opinion, et, comme l'insinue le savant
archéologue, dans les mots « cité de David » dont la Bible se sert pour
indiquer le lieu d'inhumation de David et de sa dynastie, et, comme
M. de Vogué l'affirme, dans le récit de Benjamin de Tudèle qui, d'abord
admis par les juifs, le fut ensuite par les chrétiens, j'ajoute, et surtout
dans l'existence du premier tombeau de David sur le mont Sion.

Il est certain d'ailleurs que la tradition n'a pas toujours placé le
tombeau de David en ce lieu. L'*Itinéraire de Bordeaux à Jérusalem* (1), rédigé en 333, atteste qu'à cette époque on visitait les tombeaux de David et de Salomon, non loin de la basilique bâtie par
Constantin à Bethléhem, et par conséquent bien loin du mont Sion.
Saint Jérôme pensait de même, comme le démontre une lettre
qu'il écrivait à sainte Paule à la fin du iv\ :superscript siècle, pour l'engager à
venir vers lui : « Quand nous sera-t-il permis de pleurer dans le
sépulcre du Seigneur avec sa mère?... de nous élever en esprit sur la
montagne des oliviers, avec le Seigneur dans son ascension;... de voir
les eaux du Jourdain rendues plus pures par le bain du Seigneur; de là
d'aller à l'étable des bergers prier sur le mausolée de David (2)? »

Eusèbe de Césarée dans son *Onomasticon* (3), où il décrit tous les
lieux de la Palestine, dit également que l'on voit le sépulcre de David
à Bethléhem, et saint Jérôme, dans sa traduction annotée d'Eusèbe,
confirme encore cette opinion, au grand scandale de nos commenta-
teurs modernes, Bonfrère, Leclerc, qui se fondent sur les textes de la
Bible dont j'ai parlé, pour soutenir que le tombeau de David est dans

(1) Il se trouve à la suite de l'*Itinéraire de Châteaubriand*.
(2) *Lettre* XLIV.
(3) V. *Bethléhem*.

la cité de David, à Jérusalem, et déplorent que ce grand docteur n'ait pas rayé cela (1).

III. Quant au tombeau de David que les musulmans vénèrent sous l'ancienne église du Cénacle, Mgr Mislin avoue avec tout le monde que « pour lui conserver quelque crédit, ils font bien de le soustraire à tous les regards (2). » Quaresmius constate aussi dans son excellent ouvrage (3) que les Franciscains, lorsqu'ils possédaient le Cénacle, n'avaient jamais eu l'idée d'y voir rien de semblable aux sépulcres des rois de Juda.

M. de Saulcy a donc évidemment raison lorsqu'il affirme qu'on ne peut prouver, ni par l'Ecriture-Sainte, ni par la tradition, ni par un monument, que le mont Sion renferme la sépulture de David. Mais on a lieu de s'étonner qu'un auteur aussi érudit que Mgr Mislin dise en parlant des sépulcres de David et de Salomon, au mont Sion : « Voici le peu de documents *certains* que nous avons sur ces tombeaux (4). » Il aurait pu dire *incertains*. Il ajoute un peu plus bas (5) : « On ne saurait *contester raisonnablement* que David, Salomon et leurs successeurs n'aient été ensevelis dans la ville de David, sur le mont Sion. » Pour être exact, il faudrait dire : on ne saurait *affirmer* que David et ses successeurs ont été ensevelis sur le mont Sion.

On ne peut expliquer ceci qu'en reconnaissant que Mgr Mislin a suivi l'opinion commune sans examiner si elle était fondée sur des preuves convaincantes d'Ecriture-Sainte ou de tradition. Mais alors pourquoi affirmer d'une manière si positive que le tombeau de David est au mont Sion ? Pourquoi nier d'une manière si absolue qu'il n'est pas aux tombeaux des rois ? Car, remarquons le bien, si Mgr Mislin contredit cette assertion de M. de Saulcy, ce n'est pas parce qu'il a reconnu la destination des tombeaux des rois. « *Il est à peu près*

(1) D. Martianay va même jusqu'à défendre saint Jérôme et vouloir qu'il ait dit que l'on montre le sépulcre de David à Bethléhem seulement parce qu'Eusèbe l'avait écrit, mais non pas parce qu'il le croyait. Cependant sa lettre à sainte Paule nous fait connaître son opinion.

(2) *Les Saints-Lieux*, ii, p. 363.

(3) *Elucidatio Terræ-Sanctæ*, 1639.

(4) *Les Saints-Lieux*, ii, p. 359.

(5) *Page* 363.

*certain*, dit-il, que ces chambres funèbres n'ont pu servir qu'à des princes de la famille d'Hérode (1). » Ce sentiment n'est donc pour lui que probable. Du reste, pour réfuter la dissertation de 60 pages dans laquelle le savant membre de l'Institut développe sa thèse, l'éminent prélat se contente d'écrire une ou deux pages dont voici le résumé : « *Assurément* on ne peut considérer le sépulcre appelé aujourd'hui le tombeau des rois, où a été pris le sarcophage qu'on montre au Louvre comme étant le tombeau de David, pour le lieu de la sépulture des anciens rois de Judée; ce qui est contraire à l'opinion de *tous ceux* qui se sont occupés avec le plus de soin de la topographie de l'ancienne Jérusalem (2). » Parmi ceux qui se sont occupés avec soin de la topographie de Jérusalem, on doit compter : le pèlerin de 333, Eusèbe de Césarée, saint Jérôme, d'autres auteurs dont parle Châteaubriand, et (dernièrement) MM. de Vogué et de Saulcy dont on peut ne pas admettre toutes les conclusions, mais dont on ne peut contester la science et le talent d'investigation, et nous savons que leur opinion est contraire à celle de Mgr Mislin, lequel ne peut par conséquent fonder la sienne sur une unanimité de sentiments qui n'existe pas. Châteaubriand n'aurait certes pas repoussé si légèrement l'opinion que M. de Saulcy met de nouveau en lumière, car il écrivait en 1806 : « Des écrivains pieux qui ont voulu ensevelir les rois de Juda dans les grottes royales n'ont pas manqué d'autorités (3). » J'ai traité longuement cette question, parce qu'il est regrettable que Mgr Mislin accrédite par sa grave autorité cette opinion *erronée* que le tombeau de David se trouve *certainement* au mont Sion. En effet, nous voyons les auteurs les plus récents, tels que MM. les abbés Bourassé et Azaïs, la soutenir formellement après lui. Ce sujet est important au point de vue religieux et topographique, car il s'agit du sépulcre du saint roi-prophète, et de deux endroits très-remarquables de Jérusalem.

Mais que penser du système de M. de Saulcy? Ainsi que je l'ai dit, le docte écrivain, nous fait connaître que les tombeaux des rois ne peuvent être attribués à aucune autre dynastie qu'à celle de David, et

(1) II, p. 453.
(2) II, p. 363.
(3) *Itinéraire*, II, p. 361.

après cette démonstration négative, il prouve qu'ils doivent être identifiés avec ceux des rois de Juda, par une longue et minutieuse argumentation où il compare le nombre des tombes achevées ou ébauchées
avec le nombre des rois déposés ou non dans les sépulcres royaux,
et il prétend que la concordance qui existe entre les uns et les autres
ne peut être l'effet du hasard. Il résout ensuite les objections tirées de
l'architecture du monument, de l'Écriture et de la tradition. A ceux qui
lui opposent la tradition du ivᵉ siècle qui place le tombeau de David
à Bethléhem, il répond que les chrétiens avaient perdu la vraie tradition sur ce point (1), et invoque celle qui concurremment et même
continuellement a nommé ces caveaux « les tombeaux des rois. » Il
se résume ensuite : « Je crois avoir le droit de dire que les tombeaux
des rois de Juda étaient bien dans la cave sépulcrale qui porte encore
le nom de *Qôbour-el-Molouk.* Lorsque j'ai publié mes idées, fort
nouvelles, j'en conviens, sur le compte des Qobour-el-Molouk, j'ai
vu surgir les dénégations les plus passionnées; et les brevets d'ignorance m'ont été distribués avec une générosité rare. » On oublie
quelquefois que toute nouveauté n'est pas une erreur. Il semble
cependant que les déductions de l'habile archéologue, si elles n'ont
pas encore acquis le caractère de la certitude, ont revêtu du moins
celui d'une grande probabilité. M. d'Estourmel (2), M. E. Boré et
M. l'abbé Berton (3) partagent le sentiment de M. de Saulcy. M. l'abbé
Azaïs (4) montre son penchant pour cette opinion qu'il appelle « ingénieuse et séduisante, » mais ce qui l'empêche de l'adopter c'est qu'il
croit que « la tradition a toujours placé ce tombeau (de David) au
même lieu où s'élève le Cénacle. » Nous avons vu que cette tradition
a varié. « Espérons, dirais-je avec M. Bourassé (5), espérons qu'un
jour l'érudition moderne donnera la solution de cet intéressant pro-
blème d'archéologie hébraïque. »

(1) Le nom *Cité de David*, employé par la Bible pour indiquer le lieu de la
sépulture de David et de ses successeurs a pu induire en erreur les chrétiens,
car Bethléhem est aussi appelée dans l'Évangile, cité de David, parce que ce
saint roi en était originaire. — S. Luc, ii, 4, 11.
   (2) *Journal d'un Voyage en Orient*, i.
   (3) *Quatre années en Orient*, xxi.
   (4) *Pèlerinage en Terre-Sainte.*
   (5) *La Terre-Sainte.*

Au N. O. du tombeau des rois et à une demi-lieue de Jérusalem, on rencontre une série de caves sépulcrales auxquelles la tradition donne le nom de *Tombeaux des juges (Qôbour-el-Kodha.)* De quels juges s'agit-il? On ne peut le préciser. Il est certain cependant qu'il ne faut pas l'entendre des quinze juges d'Israël qui précédèrent les rois, car la plupart furent ensevelis dans leurs tribus. Quelques auteurs pensent qu'il s'agit ici des membres du Sanhédrin. Ce curieux hypogée est presque digne d'être comparé aux tombeaux des rois dont il est contemporain. Il s'ouvre comme ceux-ci par un vestibule au fronton décoré d'une ornementation végétale. Six caveaux renferment 60 tombes en forme de fours.

# CHAPITRE XXI



Rentrons à présent dans la ville. L'Evangile à la main et guidés par les souvenirs d'une tradition constante, suivons les traces sanglantes du Sauveur dans cette *Voie douloureuse* dont chaque station nous représente les scènes si émouvantes de la Rédemption. « Au point de vue historique, comme au point de vue religieux, la *Passion* du Christ est le plus grand fait dont Jérusalem ait jamais été le témoin ; aussi, pèlerins ou voyageurs, tous recherchent soigneusement le théâtre des moindres scènes de ce drame divin. Il n'y a point en ce monde une route plus mélancolique. L'aspect lugubre des lieux que l'on traverse ajoute encore les tristesses du présent au deuil du passé (1). » La *Voie douloureuse* se divise en deux parties (2) : la première se nomme *Voie de la captivité* et comprend tout l'espace que Notre-Seigneur a parcouru depuis le lieu où il fut arrêté jusqu'à celui où il fut condamné par Pilate. On y distingue 6 stations (3).

## I — VOIE DE LA CAPTIVITÉ.

### Iʳᵉ Station. — *Jésus au jardin des Oliviers.*

Après avoir donné aux hommes un témoignage de son amour ineffable en instituant le sacrement de l'Eucharistie, le Seigneur Jésus a descendu les pentes du mont Sion, il s'est rendu avec ses disciples

(1) Enault, *la Terre-Sainte.*

(2) Voir, à la fin du volume, le plan de la *Voie de la Captivité.*

(3) On compte dans cette Voie 3,150 pas, d'après le P. Parvillers. — *La Dévotion des Prédestinés.*

dans le jardin de Gethsémani, et s'étant éloigné d'un jet de pierre, il a abandonné son âme aux angoisses d'une mortelle agonie dans la grotte dont j'ai parlé plus haut. Mais les ténèbres de la nuit couvrent déjà la terre, le Sauveur revient alors auprès de ses disciples, et bientôt une troupe de soldats s'avance vers lui. Judas la précède, et, s'approchant de son divin Maître, il lui donne un baiser sacrilège, et ce signe de l'amitié devient le signal de la plus odieuse trahison. Aussitôt les hommes envoyés par les juifs se saisissent de Jésus, et lient ses mains, comme s'il eût été un malfaiteur. Ils l'entraînent dans le fond de la vallée de Josaphat. Le sinistre cortége, à la lueur des flambeaux, cotoie pendant quelque temps le torrent de Cédron et le traverse sur un pont d'une seule arche, en face du tombeau d'Absalon (1).

Les soldats font gravir à leur prisonnier la colline escarpée d'Ophel, ils passent auprès des murs du temple, entrent dans Jérusalem par la porte Sterquiline (2) et s'arrêtent à la maison d'Anne, devenue actuellement un couvent de religieuses arméniennes.

II<sup>e</sup> Station. — A la maison d'Anne.

Les Pharisiens et les Princes des prêtres voyant qu'ils ne pouvaient se défaire de Jésus par les voies légales, avaient tenu conseil ensemble pour s'emparer de lui par ruse et le faire mourir. Déjà ils ont pu le prendre comme par un coup de main, mais on veut donner au crime l'apparence de la justice. Il faut donc procéder à l'interrogatoire de l'accusé.

Anne était beau-père de Caïphe, qui se trouvait grand-prêtre pour cette année-là. Cette parenté et son titre d'ancien pontife lui parurent des motifs suffisants pour s'arroger le droit d'interroger le Sauveur. Il le questionna sur ses disciples et sur sa doctrine. « Jésus lui répondit : J'ai toujours parlé publiquement au monde, interrogez ceux qui

_____

(1) D'après une tradition, Notre-Seigneur, poussé rudement par l'indigne cohorte, fut précipité au bas de ce pont sur un rocher du torrent, qui est vénéré à cause de ce souvenir. On dit même qu'il y laissa l'empreinte de ses genoux et de ses mains. On y distingue peu de chose aujourd'hui. Ainsi fut accomplie la parole du Prophète : « *De torrente in viâ bibet;* il boira dans sa route de l'eau du torrent. ( Ps. 109,7. )

(2) Cette porte n'existe plus.

17

m'ont entendu, ils savent ce que j'ai dit (1). » Un serviteur lui donna alors un honteux soufflet, et Anne l'envoya chargé de liens chez Caïphe.

III<sup>e</sup> Station. — *A la maison de Caïphe.*

Cette demeure se trouvait non loin du Cénacle, à deux cents pas de celle d'Anne, et est convertie présentement en monastère arménien.

Pendant le reste de la nuit, Notre-Seigneur eut à supporter d'affreux outrages de la part des valets du Grand-prêtre et aussi du seul de ses disciples qui l'avait suivi. Car Pierre eut la faiblesse de renier son bon maître à la voix d'une simple servante. Triste exemple de la fragilité de l'homme qui s'appuie trop sur lui-même et pas assez sur Dieu.

Le vendredi, de grand matin, les Scribes, les Princes des prêtres et les Anciens du peuple s'assemblèrent en conseil pour perdre Jésus. De faux témoins furent subornés ; mais « Jésus se taisait. Le Prince des prêtres lui dit : Je vous adjure, au nom du Dieu vivant, de nous dire si vous êtes le Christ, fils de Dieu. Jésus lui répondit : Vous l'avez dit. Alors le Prince des prêtres déchira ses vêtements, en criant : Il a blasphémé, qu'avons-nous besoin encore de témoins ? Vous venez d'entendre le blasphème. Que vous en semble ? Tous répartirent : Il mérite la mort (2). » Le jugement d'iniquité est prononcé et les chefs du peuple juif nous ont fait connaître eux-mêmes les motifs de leur haine jalouse contre Jésus ; c'est parce qu'il a proclamé hautement sa divinité qu'il avait prouvée d'ailleurs par des prodiges incontestables. O dureté incompréhensible du cœur humain, quand il se laisse aveugler par l'orgueil et l'amour-propre !

Mais la sentence de mort que le Sanhédrin venait de porter contre l'Homme-Dieu était nulle si le gouverneur romain n'y apposait sa sanction ; car les Romains, tout en laissant aux Juifs l'exercice public de leur religion et l'usage de leurs lois civiles, les avaient privés du droit de vie et de mort. Les soldats entraînent donc Jésus toujours chargé de liens au palais de Pilate. Ils descendent la pente du mont Sion, traversent un dédale de rues basses auprès du temple et s'ar-

(1) S. Jean, xviii, 20.
(2) S. Math., xxvi, 63.

rêtent à l'angle nord-ouest de son enceinte, c'est la demeure du gouverneur romain.

### IV<sup>e</sup> Station. — *Au prétoire de Pilate.*

Ponce-Pilate habitait le palais contigu au temple, sur l'emplacement duquel on voit aujourd'hui le sérail du pacha et une caserne turque. L'endroit où il rendait la justice était vers la partie orientale du bâtiment (1).

Pilate sortit donc dans la cour pour savoir de quel crime on accusait cet homme, et voyant qu'au lieu de preuves on ne proférait que des clameurs, il voulut l'interroger lui-même. Il rentra dans le prétoire et se fit amener Jésus. « L'escalier que monta Notre Sauveur est connu sous le nom de *Scala-Santa,* il est maintenant à Rome, près de la basilique de Saint-Jean-de-Latran. Notre Sauveur l'a monté trois fois pendant sa passion : cette première fois pour son interrogatoire, la seconde en revenant de chez Hérode, et la troisième après sa flagella-tion. Cet escalier arrosé du sang de Jósus-Christ a 28 marches (2), et fut transporté à Rome par ordre de Constantin. Il a été tellement usé par les fidèles qui le montent à genoux, qu'on a été obligé de le revêtir en tables épaisses de bois de noyer, et on les a déjà renouvelées plusieurs fois (3). »

Après un court examen, « Pilate vient de nouveau vers les Juifs et leur dit : Je ne découvre aucun crime en cet homme (4). » A ces mots, les plaintes et les cris éclatent de tous côtés, et les ennemis du Sauveur voyant leur victime prête à leur échapper, inventent une nouvelle calomnie, un crime politique. « Il soulève le peuple, s'écrient-ils, enseignant dans toute la Judée, depuis la Galilée jusqu'ici (5).» Pilate est enchanté de savoir que Jésus est Galiléen, il y voit un moyen de sortir de l'embarras où il se trouve, puisque, d'un côté, il ne voudrait pas condamner un juste si élevé au-dessus des autres hommes par ses paroles et par ses œuvres, et de l'autre il craint de s'attirer la haine

---

(1) La distance de la III<sup>e</sup> à la IV<sup>e</sup> Station est au moins de 1,300 pas.
(2) Il est en marbre blanc.
(3) *Les Saints-Lieux,* II, xxii.
(4) S. Jean, xviii, 38.
(5) S. Luc, xxiii, 5.

des chefs du peuple juif et de *perdre sa place*. Il s'empresse donc d'écarter cette foule importune en renvoyant le prétendu perturbateur de la Galilée au tribunal d'Hérode, qui avait ce pays sous sa juridiction.

### V<sup>e</sup> Station. — *Au palais d'Hérode.*

Le tétrarque (1) demeurait alors à Jérusalem. Son palais, situé au nord de celui de Pilate, n'en était distant que d'une centaine de pas. Quelques maisons habitées par des Turcs s'élèvent au-dessus des ruines de cet édifice.

« Hérode apercevant Jésus se réjouit, car depuis longtemps il souhaitait le voir, parce qu'il avait entendu dire beaucoup de choses de lui, et qu'il espérait le voir faire quelque miracle. Et il lui adressa plusieurs questions, mais Jésus ne répondit rien. Or Hérode, avec sa cour, le méprisa, et se jouant de lui, il le revêtit d'une robe blanche et le renvoya à Pilate (2). »

### VI<sup>e</sup> Station. — *Au palais de Pilate.*

Le retour de l'accusé et de ses perfides accusateurs vient plonger de nouveau le gouverneur romain dans une grande perplexité. Pilate a mis Jésus en parallèle avec un assassin, et c'est le coupable qui a été préféré à l'innocent. Mais entre la sentence de mort qu'il ne veut pas et celle d'absolution qu'il n'ose pas prononcer, il trouve un moyen terme : « Je vais le faire châtier, leur dit-il, et puis je le renverrai (3). » Aussitôt les soldats se jettent sur Jésus, lui lient les mains derrière le dos, l'attachent à un tronçon de colonne, et, armés de lanières de cuir, ils frappent sur ses reins à coups redoublés. Bientôt le corps du Sauveur n'est plus qu'une plaie. Les soldats, las de frapper, se font un jouet de leur victime. Ils se rappellent qu'il s'est dit *Roi des Juifs*, et ils lui en donnent les attributs dérisoires, puis le saluent avec une horrible moquerie.

---

(1) C'était Hérode-Antipas, fils de l'Ascalonite, qui fut plus tard privé de ses États par Caligula, et exilé à Lyon où il mourut misérablement, ainsi qu'Hérodiade.

(2) S. Luc, XXIII, 8.

(3) *Id.*, XXIII, 16.

Le gouverneur, apercevant Jésus dans un état si digne de pitié, couronné d'épines, revêtu d'un haillon de pourpre, un roseau à la main, s'imagine qu'il n'est point de haine si envenimée qui ne doive s'éteindre à cette vue. Il veut donc tenter un dernier effort pour le délivrer. Dans ce but, il le fait monter sur une galerie qui domine la cour du palais et le présente aux Juifs en disant : « *Voilà l'homme ! Ecce homo !* » Mais Pilate est trompé dans son attente. Un tonnerre de voix éclate de toutes parts : « Crucifiez-le, crucifiez-le. Mais, répond Pilate, je ne trouve en lui aucun crime. Les Juifs reprennent : Nous avons une loi selon laquelle il doit mourir, *parce qu'il s'est fait le fils de Dieu* (1). » Le peuple devient menaçant; Pilate sent ses craintes augmenter, il rentre dans le prétoire, et après avoir interrogé de nouveau Jésus, il cherche encore à·le délivrer. Il conduit son prisonnier dehors, et assis sur une tribune, au lieu appelé *Lithostrotos*, il dit aux Juifs : « Voici votre roi. » Mais la foule s'écrie : « Otez-le, crucifiez-le (2). » Pilate est vaincu, et pour satisfaire le peuple, il a la lâcheté de leur octroyer ce qu'ils demandent (3).

Ici se termine la Voie de la Captivité; la seconde partie de la Voie Douloureuse renferme 14 stations.

## II — CHEMIN DE LA CROIX ou *VOIE-DOULOUREUSE* PROPREMENT DITE.

La route que notre divin Sauveur a suivie en portant l'instrument de son supplice, et que nous nommons le *Chemin de la Croix*, s'appelle à Jérusalem la *Voie-Douloureuse, Via Dolorosa*. Elle est bien nommée ainsi, et jamais dans le monde aucun autre chemin ne pourra recevoir à plus juste titre ce nom lamentable; car jamais les douleurs des enfants d'Adam, si nombreuses et si poignantes qu'elles soient, ne pourront égaler celles du *Fils de l'Homme*. Cette rue, la plus sainte qui existe, traverse Jérusalem sur les deux tiers de son étendue, de l'orient à l'occident. Elle conduit du palais de Pilate au Calvaire (4).

(1) S. Jean, Ev. xix, 5.

(2) *Id.*, xix, 13.

(3) Pilate, exilé par Caligula à Vienne (en Dauphiné) d'où il était originaire, s'y donna la mort de désespoir.

(4) C'est un espace de 1,320 pas.

L'aspect lugubre de la Voie Douloureuse est bien en harmonie
avec son nom. Ces murs délabrés, ces maisons aux ouvertures rares
et étroites qui ressemblent plutôt à des prisons ou à de vastes tombeaux qu'aux demeures des vivants; cette solitude interrompue seulement de temps en temps par l'apparition de quelques hommes ou
femmes arabes, à la démarche lente et solennelle, s'avançant comme
des fantômes enveloppés de leurs manteaux blancs; ces ruines, tout
jusqu'à ce morne et perpétuel silence, inspire une tristesse profonde.
Mais suivons ce chemin de la croix.

### I<sup>re</sup> STATION. — *Jésus est condamné à mort.*

Le lieu où Pilate prononça cette sentence déicide se trouve aujour-
d'hui renfermé dans l'enceinte de la caserne et du palais du pacha (1).
Comme les soldats qui gardent la porte en interdisent l'approche, on
se contente ordinairement de faire cette station dans la rue, devant le
portique qui s'ouvrait sur la *Scala santa*.

Je puis dire avec Mgr Mislin : « J'étais agenouillé au lieu même où
fut rendu cet inique arrêt. J'étais entouré des ruines du prétoire et du
palais d'Hérode, je me rappelais le châtiment et le désespoir d'Hérode
et de Pilate; je voyais le temple de Salomon détruit, et une mosquée
élevée à sa place; tout a disparu, le peuple juif, les princes des prêtres,
les scribes, les sénateurs et les docteurs de la loi; il n'y a plus ni
autel, ni tribu, ni sacrificateurs; *le sang du juste est retombé* d'une
manière terrible sur ce peuple coupable, dispersé aujourd'hui au
milieu des nations et livré à leur mépris, tandis que des temples sont
élevés par toute la terre au *Fils de l'homme* qu'ils ont condamné à la
mort au milieu de tant d'ignominies, et je me demandais comment il
est encore possible de ne pas se dire comme le centurion de l'Evangile : « Vraiment celui-ci était le *Fils de Dieu*. »

### II<sup>e</sup> STATION. — *Jésus est chargé de sa Croix.*

Les ennemis du Sauveur s'empressèrent d'exécuter leur criminel
projet. Ce fut dans la cour du prétoire que l'on mit sur ses épaules
une croix pesante. Rien n'indique le lieu précis de cette station.

(1) Voir, à la fin du volume, le plan du *Chemin de la Croix*.

On la place généralement dans la rue un peu avant l'arcade de l'*Ecce-Homo*, à 60 pas environ de la première.

### III° Station. — *Jésus tombe sous le poids de sa Croix.*

L'innocente victime s'avance lentement, escortée par ses bourreaux. Elle descend la rue jusqu'à l'intersection du chemin qui conduit à la porte de Damas; épuisée par les souffrances, elle ne tarde pas à succomber.

A l'angle gauche de cette rue, on voit une ancienne chapelle aux arceaux gothiques élevée à l'époque du royaume franc (1). Deux grosses colonnes de marbre rouge, étendues à côté sur le sol, indiquent la place de cette première chute.

### IV° Station. — *Jésus rencontre sa très-sainte Mère.*

Ici la Voie-Douloureuse fait un coude, en changeant de direction, vers le midi. Une petite rue, qui aboutissait au prétoire et au temple, vient rejoindre la rue de la porte de Damas que Notre-Seigneur traversait en cet endroit. C'est à la porte en pierre de cette ruelle, située à 30 pas de la station précédente, que, d'après une tradition respectable, la Sainte-Vierge vint à la rencontre de son divin Fils, et qu'elle le vit dans son déplorable état. Quels durent être alors les sentiments d'une telle mère et d'un tel fils !

### V° Station. — *Simon le Cyrénéen aide Jésus à porter sa Croix.*

A 40 pas plus loin, la Voie-Douloureuse tourne à droite et reprend sa première direction de l'est à l'ouest. Le Sauveur dut alors quitter la rue de la porte de Damas pour entrer dans une autre qui conduisait directement au Calvaire.

Les bourreaux, craignant de voir expirer leur victime sous le poids du bois infâme, avant qu'elle n'y fût attachée, accostèrent un homme qui revenait des champs (2), et le contraignirent à porter la croix de Jésus.

(1) Les Arméniens catholiques viennent d'acquérir ce sanctuaire. Ils se proposent de le restaurer et de bâtir un hospice auprès, sur les ruines des Thermes de Roxolane, la favorite de Soliman-le-Magnifique.

(2) Probablement par la porte de Damas, qui est peu éloignée.

A l'angle gauche de cette rue, une légère entaille faite dans le mur, indique cette station. Cette pierre que les pèlerins aiment à baiser avec tant de respect, est souvent salie par les Juifs qui la couvrent d'ordures, montrant ainsi, après tant de siècles écoulés, une haine implacable envers ce Messie qu'ils n'ont pas voulu reconnaître (1).

C'est sans doute par inadvertance que Mgr Mislin (2) place cette V⁰ station au lieu de la première chute, et qu'il cite l'entaille dans le mur dont nous parlons comme indiquant la seconde chute du Sauveur, ou bien le lieu où il rencontra les femmes qui pleuraient (3). La tradition locale à Jérusalem est conforme aux indications que je viens de donner ici, comme le témoignent le P. de Géramb (4), M. l'abbé Azaïs (5), M. Delaroière (6), M. l'abbé Berton (7), M. E. Gentil (8), M. L. Enault (9), et M. l'abbé Gendry (10).

VIᵉ STATION. — *Une femme pieuse essuie la face de Jésus.*

Le Rédempteur du monde montait la rue, chancelant et pâle. Une femme, qui regardait passer le triste cortége, fut touchée de compassion en voyant son visage couvert de poussière et de sueur, et elle s'empressa de l'essuyer. On sait par quel miracle Jésus récompensa sa piété.

Un tronçon de colonne à demi enfoui à gauche, auprès d'une porte basse qui sert de perron pour entrer, par une porte supérieure, dans une maison de chétive apparence, marque l'endroit où demeurait cette femme courageuse dont on a changé le nom de Bérénice en celui de Véronique.

(1) Un jour où je faisais le chemin de la croix, j'ai vu cette entaille souillée par un crachat immonde.
(2) *Les Saints-Lieux*, II, c. xxii, p. 216.
(3) *Id.*, II, xxii, p. 217.
(4) *Pèlerinage à Jérusalem*, I, let. 23.
(5) *Pèlerinage en Terre-Sainte*, p. 342.
(6) *Voyage en Orient*, xviii.
(7) *Quatre années en Orient*, xxi.
(8) *Souvenirs d'Orient*, p. 308.
(9) *La Terre-Sainte*, p. 106.
(10) *Les Stations de la Voie-Douloureuse.*

VII° Station. — *Jésus tombe à terre pour la seconde fois.*

A mesure que l'Agneau de Dieu s'avançait vers le lieu de son immolation, ses forces diminuaient, affaiblies par ses souffrances et l'abondante effusion de son sang. Aussi, à peine a-t-il fait une centaine de pas depuis la station précédente, qu'il succombe de nouveau. Une entaille pratiquée dans le mur à gauche indique cette seconde chute.

En cet endroit, la rue passe sous une arcade au cintre élevé. C'est la place de l'ancienne *porte judiciaire*, dont on reconnaît encore quelques vestiges. Les condamnés sortaient par cette porte, pour se rendre au lieu des supplices appelé *Calvaire*, qui se trouvait alors en dehors de la ville.

On aperçoit à droite, derrière un mur, une haute colonne en pierre grise. Elle est contemporaine de la Passion. Elle était destinée à afficher la condamnation des criminels; la sentence déicide dut y être placardée (1).

VIII° Station. — *Jésus console les filles de Jérusalem qui le suivent.*

Notre Sauveur gravissait péniblement le chemin qui devient plus rapide. « Or, il était suivi d'une grande foule de peuple et de femmes qui se frappaient la poitrine et qui le pleuraient. Et Jésus, se tournant vers elles, leur dit : « Filles de Jérusalem, ne pleurez pas sur moi, mais pleurez sur vous-mêmes et sur vos enfants (2). » C'était la prédiction des horribles fléaux qui devaient fondre bientôt sur l'ingrate Jérusalem. Cette station est marquée par un tronçon de colonne couché sur le sol, à 60 pas de la VII°.

La route qui, tournant à gauche, conduisait autrefois au Calvaire et que le Fils de Dieu a suivie n'existe plus, elle est interceptée aujourd'hui par un groupe de maisons. Pour visiter la neuvième station, il faut donc retourner en arrière, passer de nouveau sous la porte judiciaire, et après avoir traversé à droite une rue voûtée et franchi un

____

(1) C'est ici que commence la colline du Golgotha, jusqu'au sommet de laquelle on compte 400 pas environ.

(2) S. Luc, xxiii, 27.

énorme monceau de décombres, on arrive par un long détour auprès
du couvent des Cophtes, qui est contigu à l'église du Saint-Sépulcre.


IX<sup>e</sup> Station. — *Jésus tombe pour la troisième fois.*


La sainte victime est enfin parvenue au lieu de son supplice ; mais,
écrasée sous le poids de ses douleurs morales et physiques, elle se
laisse aller la face contre terre. Cette dernière station extérieure est
marquée par une colonne de marbre rouge, étendue au bas de la petite porte du couvent des Cophtes.

Les cinq autres stations sont renfermées dans l'église du Saint-Sépulcre. On pouvait autrefois pénétrer de cette IX<sup>e</sup> station dans son
enceinte, par une porte que l'on voit encore à l'intérieur, mais qui est
murée aujourd'hui. Il faut donc, pour suivre les traces du Sauveur,
revenir encore sur ses pas, et descendre à droite l'amas de décombres;
on se trouve alors dans une petite rue qui longe les ruines de l'hôpital
Saint-Jean (1), au bout de laquelle une porte basse donne accès sur
le parvis de l'église.

La piété n'est pas à l'aise dans les rues de Jérusalem. D'abord, il
est bon de ne pas se laisser tellement absorber par ses méditations,
qu'on ne veille un peu sur soi-même ; car, dans ces voies étroites, on
risque d'être pressé trop fortement par les chameaux, les chevaux et
les ânes, qui passent chargés de lourds fardeaux. Puis, sur un chemin
bordé presque uniquement d'habitations turques, et fréquenté par
tout le monde, on conseille ordinairement aux chrétiens de rester debout quand ils arrivent devant une station, et de concentrer leur dévotion dans le sanctuaire de l'âme, en s'interdisant toute manifestation
extérieure. Notre caravane a cru pouvoir déroger à ces règles de prudence en donnant à chaque station des signes visibles de piété. Nous
n'avons reçu aucune insulte. Moi-même, plusieurs fois, j'ai suivi seul
le chemin de la Croix, et, à chaque station, je faisais une pause, tête
nue, les genoux en terre. Les passants me regardaient avec un air de
curiosité, quelquefois de mépris, mais je n'ai eu, je dois le dire, au-

(1) C'est la rue *des Paumes*, ainsi nommée au moyen-âge, parce que les
pèlerins y achetaient les branches de palmiers qu'ils emportaient dans leurs
pays.

cune avanie à subir. Autrefois, et même dans ces derniers temps, il n'en était pas ainsi. En 1831, le P. de Géramb, ayant fait des démonstrations de respect devant la VI<sup>e</sup> station, à l'instant un pot d'eau fut lancé sur lui du haut d'une fenêtre (1). M. E. Gentil, qui visitait Jérusalem en 1852, dit, dans sa relation, que depuis bien longtemps, on n'ose pas s'agenouiller aux stations, à cause des insultes des Musulmans (2); et, en 1855, M. l'abbé Becq (3) entendit un sifflet, et vit une pierre rouler près de lui à la V<sup>e</sup> station. Je suis heureux de constater que l'influence des gouvernements de l'Europe, et celle de la France en particulier, depuis la guerre de Crimée, a rendu une plus grande liberté aux chrétiens.

Pénétrons dans l'église du Saint-Sépulcre, pour considérer les dernières stations du Chemin de la Croix; nous avons déjà examiné en détail ces lieux vénérables, il en reste peu de chose à dire.

X<sup>e</sup> STATION. — *Jésus est dépouillé de ses vêtements.*

Arrivés au lieu de l'exécution, les soldats s'arrêtèrent pour en faire les préparatifs. Leur premier soin fut d'enlever les vêtements qui couvraient le Sauveur. Cette station se fait sur la plate-forme du Calvaire, quelques pas en avant de la suivante, et plus près de l'escalier (4).

XI<sup>e</sup> STATION. — *Jésus est attaché à la Croix.*

Une mosaïque en marbre rouge se voit dans le compartiment à droite, nommé le *lieu de la crucifixion.* C'est là que les mains sacrilèges des bourreaux étendirent le corps de Notre-Seigneur sur le bois

---

(1) *Pèlerinage à Jérusalem,* I, let. 23.

(2) *Souvenirs d'Orient.*

(3) *Impressions d'un Pèlerin de Terre-Sainte.*

(4) On fait quelquefois cette station à la chapelle de la Division-des-Vêtements, située derrière le chœur des Grecs, et dans laquelle les soldats se réunirent pour tirer au sort ces dépouilles sacrées (S. Jean, Év., XIX, 23). La robe que portait Notre Seigneur est vénérée dans la cathédrale de Trèves, et sa tunique dans l'église d'Argenteuil, près Paris — Voir *La sainte tunique de N.-S. Jésus-Christ, Recherches religieuses et historiques sur cette relique et sur le pèlerinage d'Argenteuil,* par L. Guérin.

maudit, et l'y fixèrent avec des clous. Quel affreux supplice ! Ce rocher a été inondé d'un sang divin !

#### XII° Station. — *Jésus meurt sur la Croix.*

A dix pas de là, un trou avait été creusé dans la pierre. La croix, soulevée avec son précieux fardeau, y fut plantée. On fait cette station dans le fond du compartiment à gauche de la plate-forme. C'est là que le Sauveur rendit le dernier soupir, après des souffrances inexprimables ; c'est là que fut consommée la réconciliation du Ciel avec la terre ! *Consummatum est* (1).

#### XIII° Station. — *Jésus est déposé de la Croix et remis à sa Mère.*

Marie avait suivi son divin Fils dans son douloureux trajet, elle ne l'abandonna pas, même au Calvaire, et saint Jean (2) nous apprend qu'elle se tenait au pied de la croix.

> *Stabat Mater dolorosa*
> *Juxtà crucem lacrymosa,*
> *Dum pendebat Filius* (3).

Lorsqu'on eût descendu le corps de l'Homme-Dieu, on le déposa entre ses mains. Cette station se fait sur le Calvaire, à six pas de la précédente, auprès d'un autel dédié à *Notre-Dame des Sept-Douleurs.*

#### XIV° Station. — *Jésus est mis dans le sépulcre.*

Après que le corps du Rédempteur eût été enseveli suivant l'usage . des juifs (4), à *la pierre de l'Onction,* au bas du Calvaire (5), Joseph d'Arimathie le déposa à 50 pas de là, dans son sépulcre neuf que nous

(1) S. Jean, xix, 30.
(2) *Id.*, xix, 25.
(3) Ex *Brev. rom.*
(4) La ville de Turin a l'avantage de posséder le suaire dans lequel Joseph et Nicodème ensevelirent Notre-Seigneur.
(5) Quelques-uns font la XIII° station à cette place.

vénérons aujourd'hui sous la grande coupole de l'église de la Résurrection ; c'est la dernière station du Chemin de la Croix.

« Si ceux qui lisent la Passion dans l'Evangile, dit Châteaubriand, sont frappés d'une sainte tristesse, qu'est-ce donc que d'en suivre les scènes aux pieds de la montagne de Sion et dans les murs de Jérusalem ! » Aussi, après l'ascension, les premiers chrétiens s'empressèrent-ils de parcourir la Voie-Douloureuse, et à leur exemple, des troupes innombrables de pèlerins vinrent de tous les coins de la terre à Jérusalem pour prier sur les lieux mêmes qui furent le théâtre du drame si touchant de la Passion. Mais le plus grand nombre des fidèles sont privés du bonheur de dire avec le prophète : « Nous adorerons notre Dieu dans le lieu où il a posé ses pieds (1). » C'est pour rapprocher de tout le peuple chrétien les lieux et les scènes mémorables de la Rédemption, que les Franciscains ont introduit en Europe la pratique de dévotion connue sous le nom de Chemin de la Croix, par laquelle les fidèles, en s'agenouillant dans les églises devant la représentation des diverses stations de la Voie-Douloureuse à Jérusalem, se pénètrent des sentiments de piété dont ils seraient animés, s'ils visitaient les Lieux-Saints eux-mêmes, et peuvent gagner les indulgences attachées à ce pèlerinage. Ce saint exercice, si fréquenté partout aujourd'hui, est pour ceux qui s'y livrent une source abondante des grâces les plus désirables. « Une seule larme répandue en mémoire de la passion de Jésus-Christ, dit saint Augustin, vaut mieux que tous les trésors du monde, et il n'est rien de plus salutaire aux âmes que de penser chaque jour à ce qu'un Dieu fait homme a souffert pour notre amour. »

(1) Ps. 131,7.

# CHAPITRE XXII

LE VILLAGE ET LE DÉSERT DE SAINT JEAN — BEIT-DJALLA —
BETHLÉHEM

## I — LE VILLAGE DE SAINT-JEAN

Nous connaissons la capitale de la Judée, explorons maintenant les localités les plus importantes de cette province. C'est vers le pays natal du précurseur de Jésus-Christ que nous allons d'abord diriger nos pas. .

Nous sortîmes par la porte de Jaffa, et après une demi-heure de marche nous aperçumes au milieu d'une plantation d'oliviers un grand bâtiment carré entouré de hautes murailles, c'est *le Couvent de Sainte-Croix*. La porte s'ouvrit devant nous. Grâce à l'or de la Russie, cet édifice vient d'être complètement restauré. L'église attire notre attention, elle est divisée en trois nefs par quatre gros piliers supportant des arcs ogivaux. Une petite coupole s'élève au-dessus du sanctuaire ; le pavé est formé de curieuses mosaïques. Nous remarquons aussi de charmants petits tableaux peints sur bois dans le genre byzantin. On dit depuis longtemps que l'olivier dont a été faite la croix du Sauveur fut pris en ce lieu. Les Grecs ont établi dans ce couvent une espèce de séminaire.

Continuons notre route. Le chemin est mauvais, dans quelques endroits c'est un casse-cou affreux. Nos pauvres chevaux ont toutes les peines du monde à se tenir parmi ces rochers inaccessibles, nous descendons par une pente rapide, et nous apercevons au fond d'une vallée, quelques chétives maisons arabes étagées sur une colline, c'est

le village de *Saint-Jean de la Montagne* (1); une citadelle les
domine, c'est le couvent latin. Ici, comme à Bethléhem, comme partout en Syrie, un couvent doit être une forteresse, car dans cet infortuné pays où la force brutale tient lieu de loi, les religieux n'ont
d'autre ressource pour se défendre contre leurs ennemis que de se
renfermer derrière des murailles épaisses et élevées. Mais ces remparts,
en les abritant contre les agressions du dehors, ne peuvent pas toujours les soustraire à un ennemi terrible du dedans : la famine. C'est
ce qui est arrivé ici dans les dernières guerres avec l'Egypte. Le couvent de Saint-Jean a subi plus d'un siége, car les habitants du village,
musulmans pour la plupart (2), sont des plus farouches et des plus
rapaces, ils vident toujours à coups de fusil leurs fréquentes querelles
avec leurs voisins, et les Franciscains pour ne pas en recevoir les
éclaboussures doivent demeurer retranchés dans leur monastère jusqu'à ce que la paix soit rétablie.

La lourde porte de fer roule sur ses gonds, et la *famille* espagnole
nous reçoit avec bienveillance. Ces hommes qui ont abandonné le
monde pour Dieu, les joies du temps pour celles de l'éternité, retrou-
vent dans les communautés religieuses une famille spirituelle qui
garde les doux noms de pères et de frères, et les sentiments qu'ils
inspirent. Notre première visite fut pour l'église du couvent, bâtie
sur l'emplacement de la maison de Zacharie : c'est une des plus belles
de la Terre-Sainte. Elle a été arrachée aux Turcs par les instances de
Louis XIV, et restaurée en dernier lieu par les rois d'Espagne. A gauche
du maître-autel nous descendons un large escalier, et nous nous trouvons dans une chapelle profonde, éclairée par la seule lumière des
lampes. Sous la table de marbre de l'autel on lit cette inscription :

HIC PRÆCURSOR DOMINI NATUS EST.

*Ici est né le précurseur du Seigneur.*

Cinq bas-reliefs en marbre blanc encadrés dans un fond noir, sont
disposés en demi-cercle autour du sanctuaire : ils représentent les
principales scènes de la vie de celui qui a reçu du Sauveur cet éloge :

(1) De Jérusalem à Saint-Jean, il y a 1 heure 35 de marche.
(2) Il y a à Saint-Jean 1,300 mahométans et 100 catholiques.

« Parmi les enfants des femmes, il n'en a point paru de plus grand
que Jean-Baptiste (1). » C'est ici que Zacharie a chanté son cantique
d'action de grâces pour la naissance de son Fils qui devait annoncer aux
hommes la venue du *soleil de justice*, comme l'aurore matinale annonce
le lever de l'astre du jour : « Béni soit le Seigneur, le Dieu d'Israël,
parce qu'il a visité et racheté son peuple (2). » Et tous d'une commune voix nous entonnâmes le *Benedictus*. En sortant du village, on
aperçoit au bord d'une vallée fertile, une grande et belle fontaine que
les chrétiens nomment *fontaine de la Sainte-Vierge*, en souvenir de
la Mère de Dieu qui dut venir souvent y puiser de l'eau, pendant les
trois mois qu'elle passa auprès de sa cousine Elisäbeth. Les Arabes
appellent cette source *Aïn-Kérim*, et donnent son nom au village.

Nous lisons dans l'Evangile selon saint Luc : « En ces jours-là,
Marie se levant, alla en hâte vers les montagnes dans une ville de
Juda, et elle entra dans la maison de Zacharie, et salua Elisabeth (3). »
La tradition nous apprend que Marie s'arrêta d'abord à la demeure habituelle de Zacharie, où est le couvent latin dont je viens de parler, mais
que, n'ayant pas trouvé sa cousine, elle se rendit à sa maison des champs
bâtie sur le versant d'une montagne en face et à dix minutes de distance du village. Nous étions sur les lieux où se fit l'entrevue de ces
deux femmes, les plus vénérables de l'univers, toutes deux comblées
des grâces les plus insignes du ciel. Elisabeth salua Marie par ces
paroles : « Vous êtes bénie entre toutes les femmes, et le fruit de
vos entrailles est béni. Et d'où me vient que la mère de mon Seigneur
se rende vers moi (4)? » Et l'auguste Vierge, dans les transports d'une
sainte allégresse, exalte les grandes choses que le Tout-Puissant a
faites en elle, et dit ce sublime cantique : « Mon âme glorifie le
Seigneur (5)..... » Nous aimions à chanter le *Magnificat*, et à saluer,
avec sainte Elisabeth, celle que toutes les générations proclament
*bienheureuse*, et nous admirions l'énergique puissance de la religion
catholique, en pensant que ces paroles prononcées par deux femmes

(1) S. Math., xi, 11.
(2) S. Luc, i, 68.
(3) *Id.*, i, 39,
(4) *Id.*, i, 42.
(5) *Id.*, i, 46.

alors inconnues au monde, dans une bourgade ignorée de la Judée, sont répétées chaque jour, depuis cette époque lointaine, par des milliers de bouches et de cœurs dans tout l'univers. La partie inférieure de la maison où la Visitation eut lieu est encore conservée. Les Pères de Terre-Sainte, possesseurs de cette place vénérée, ont construit récemment une petite chapelle auprès des ruines d'une ancienne église. Nous avons eu aussi la satisfaction de voir des femmes chrétiennes habiter cet endroit consacré par le séjour de la Sainte-Vierge et de sainte Elisabeth, car des religieuses de Notre-Dame de Sion ont établi à côté de ce sanctuaire un pensionnat où elles donnent à de petites arabes une excellente éducation (1).

### II — LE DÉSERT DE SAINT-JEAN

Saint Luc nous apprend que « l'enfant croissait et se fortifiait en esprit, et qu'il demeura dans le désert jusqu'au jour de sa manifestation à Israël (2). » Cette solitude où saint Jean-Baptiste passa dans la pénitence les trente premières années de sa vie, est à une petite lieue du village où il vint au monde. La grotte qu'il habita est située au sommet d'une colline escarpée, qui domine au nord-ouest la vallée du Térébinthe. C'est ainsi que l'aigle abandonne les basses régions de la terre pour planer dans les hauteurs des cieux, et aime à placer son nid sur la cime des montagnes et au-dessus des précipices. Cette cellule naturelle est longue de dix à douze pieds et large de six. Le rocher est percé de deux ouvertures; l'une sert de porte et l'autre de fenêtre, on y jouit d'une vue très-pittoresque sur la vallée. Au fond de la grotte, la pierre présente la forme d'une couchette; on l'appelle *le lit de saint Jean.* Il faut avouer que ce lit offre un caractère assez prononcé de mortification. A l'entrée de la grotte, une source fraîche jaillit d'une fente de la montagne et tombe dans le roc creusé en forme de bassin, d'où elle se perd dans la vallée. C'est là que le Précurseur du Messie étanchait sa soif, en prenant ses repas dont la frugalité effraie notre sensualité. Parmi les arbres qui croissent dans ce site

_______

(1) Le P. Ratisbonne a acheté en ce lieu un terrain où il a tracé le plan d'un orphelinat. C'est là qu'il transportera l'établissement dont je viens de parler, qui n'est qu'en location.

(2) I, 80.

sauvage, on voit en abondance les caroubiers, dont les fruits, appelés *ceratonia siliqua* et aussi *locustæ*, servent de nourriture aux pauvres gens. Plusieurs auteurs prétendent avec un voyageur du XVIe siècle que l'aliment de saint Jean désigné dans l'Evangile par le mot *locustæ* (1) et traduit par celui de *sauterelles*, n'est autre que les caroubes appelés encore en Allemagne *le pain de saint Jean* (2).

Ce désert fut habité autrefois par de fervents chrétiens. Ils s'efforçaient d'imiter les vertus et la pénitence de saint Jean; mais les hordes musulmanes les ont dispersés. Maintenant de rares pèlerins viennent seuls prier en ce lieu, et chaque année, le jour de la fête du Précurseur, les Franciscains du couvent voisin s'y rendent pour chanter dans cette grotte l'hymne de la liturgie romaine :

*Antra deserti teneris sub annis*
*Civium turmas fugiens, petisti,*
*Ne levi posses maculare vitam*
*Crimine linguæ* (3).

Après un quart d'heure de marche, en escaladant les rochers, nous avons vu au haut d'une colline un tombeau que l'on dit être celui de sainte Elisabeth, mère de saint Jean. Il n'y a plus qu'une voûte en ruine.

En allant à Bethléhem, nous fîmes un détour pour visiter *la fontaine de Saint-Philippe*, située à gauche du chemin qui mène à Gaza (4). L'apôtre rencontra un jour l'eunuque de Candace, reine d'Éthiopie, lequel revenait de Jérusalem, assis sur son char (5), et lisant le prophète Isaïe. Il lui dit : « Croyez-vous comprendre ce que vous lisez? » — L'Ethiopien répondit : « Et comment le pourrais-je

(1) S. Math., III, 4.

(2) Quoi qu'il en soit, il est certain que les sauterelles sont un mets dont les Orientaux font quelquefois usage. On ne peut douter non plus que ces fruits du caroubier ne soient ceux que l'enfant prodigue enviait aux pourceaux, car le grec dit : ἀπο τῶν κερατίων; et le latin « *De siliquis* (S. Luc, XV, 16 ). » Le caroube est une gousse longue de 10 à 15 cent., plate et de couleur tannée, ayant la forme d'une corne ; elle renferme de petites graines dans une pulpe assez ferme et d'une saveur doucereuse.

(3) *Brev. rom., die* 24 *junii.*

(4) Elle est nommée *Aïn hanyeh* par les Arabes.

(5) Les routes devaient être alors meilleures qu'aujourd'hui.

si quelqu'un ne me l'explique? » Philippe monta sur le char, lui
expliqua l'Ecriture, et lui annonça Jésus. Comme ils approchaient
d'une fontaine, l'eunuque dit : « Voilà de l'eau, qui empêche de me
baptiser? » — Philippe répondit : « Cela se peut si vous croyez de
tout votre cœur. » — Et l'eunuque reprit : « Je crois que Jésus-
Christ est le fils de Dieu. » Aussitôt il fit arrêter son char et l'apôtre
le baptisa (1).

La source sort à gros bouillons du pied de la montagne. Elle dut
être autrefois très-ornée; car dans le mur qui s'arrondit en forme de
niche autour d'elle, on voit encore engagés des pilastres avec leurs
chapiteaux sculptés. Dans le champ voisin, deux colonnes debout
marquent la place d'une ancienne église (2).

### I — LE SÉMINAIRE DE BEIT-DJALLA

Nous arrivâmes ensuite à Beit-Djalla. Ce village entouré d'oliviers
et situé sur une colline au bas de laquelle on trouve une fontaine
abondante, est un des plus importants des environs de Jérusalem. Il
compte 2,000 habitants, grecs schismatiques pour la plupart. Le
terroir en est fertile et produit des vins très-bons, mais violents. Nous
descendîmes au séminaire latin, magnifique établissement que Mgr Valerga a fait construire tout récemment, malgré l'opposition intolérante
des Grecs. La chapelle surtout est très-belle. C'est le premier séminaire catholique qui ait été rétabli en Syrie depuis les Croisades (3), et
le zélé Patriarche de Jérusalem a montré, en le créant, sa haute intelligence des besoins de la Terre-Sainte. Une gracieuse attention avait
réservé à notre caravane le plaisir d'assister à la distribution des prix.
Les séminaristes, tous indigènes, sont au nombre de 30 (4). En l'absence du Patriarche, la cérémonie était présidée par son honorable
chancelier. Plusieurs lévites répondirent avec talent à l'interrogatoire

(1) Actes des Ap., viii, 30.
(2) Cependant la tradition a varié sur ce point, car saint Jérôme et quelques
autres placent cette fontaine à Bethsour, à deux lieues d'Hébron. (*Onom,*
V. Bethsour.)
(3) Il a été inauguré au mois d'octobre 1857.
(4) Leur costume se compose d'une soutane noire avec une longue ceinture
rouge ; au lieu de chapeau, ils portent une grande calotte rouge à gland bleu.

latin que leur fit un P. Dominicain de notre caravane sur un sujet
théologique; d'autres lurent des pièces de littérature en diverses
langues. Les lauréats furent proclamés, et cette fête de famille se
termina par des morceaux de musique que les élèves chantèrent
avec beaucoup d'entrain. Ce ne fut pas sans une vive joie que nous
applaudîmes aux succès de ces jeunes arabes, l'espoir de l'Eglise de
Jérusalem. .

J'ai appris depuis mon retour une heureuse nouvelle. Le 30 mai
(1863) Mgr le Patriarche a promu au sacerdoce quatre diacres de ce
séminaire. L'imposante cérémonie de l'ordination s'est faite sur le
Calvaire au milieu d'une assistance recueillie et émue à la vue d'un
spectacle si nouveau à Jérusalem, puisque depuis l'époque des croisades, l'onction sacerdotale versée au Cénacle sur les apôtres avait
cessé d'y couler. A l'occasion de cette ordination, et de la première
messe célébrée par l'un des deux jeunes prêtres hiérosolymitains à
l'église du couvent franciscain, toute la population catholique a
été dans l'allégresse (1). Il est consolant de voir le sacerdoce chrétien
refleurir aux lieux où il a pris naissance. Quoi qu'on en ait dit, l'ap-
titude des jeunes gens du pays pour les sciences ecclésiastiques et
pour les vertus sacerdotales n'est pas vulgaire, et les premiers succès
en font augurer pour l'avenir de plus satisfaisants encore. A l'époque
de notre visite, six élèves étaient sur le point de commencer leur
cours de philosophie. Les autres, dont quelques-uns sont très-peu
avancés en âge, poursuivent leurs études de latinité, sous la direction
de prêtres séculiers européens, parmi lesquels nous avons vu plusieurs
français. Après un excellent dîner que le séminaire nous offrit, nous
dîmes adieu à nos aimables hôtes, et une demi-heure après nous étions
à Bethléhem.

(1) Deux autres diacres ont dû recevoir la prêtrise aux Quatre-Temps de
Noël 1863. De ces 6 lévites, 2 sont de Jérusalem, 1 de Nazareth et 3 de Larnaca,
en Chypre.

## IV — BETHLÉHEM

*Bethléhem !* Ce nom rappelle les plus doux et les plus pieux souvenirs. Il signifie en hébreu *maison du pain.* C'est un gros village dont les maisons, blanches comme la neige, se groupent pittoresquement sur une haute colline (1). Cette colline s'abaisse par une suite de terrasses couvertes d'oliviers et de vignes, jusqu'aux profondes vallées qui l'entourent de trois côtés. Aussi, l'aspect de Bethléhem est gai et agréable, il contraste avec la sévère tristesse de Jérusalem. Le prophète Michée avait prédit, longtemps à l'avance, la gloire de cette petite ville, en annonçant que d'elle sortirait *le dominateur en Israël* (2). Et en effet, depuis la naissance de Notre-Seigneur, cette bourgade a été tirée pour toujours de son obscurité (3).

Par une heureuse exception, Bethléhem est demeurée une ville chrétienne, malgré l'invasion musulmane. Sa population s'élève à près de 4,000 âmes, dont 2,000 catholiques, 1,500 grecs et 500 mahométans. Nulle part, dans la Terre-Sainte, les catholiques ne sont aussi nombreux. Les Bethléhémites sont les plus grands et les plus beaux hommes de ce pays ; je ne sais s'ils doivent ces avantages à leur proximité de la vallée de Raphaïm, l'antique patrie des géants. Leur costume, qu'ils portent avec beaucoup de dignité, se compose d'une longue tunique blanche recouverte d'une robe aux vives couleurs, et d'un ample manteau à larges raies brunes et blanches (4). Leur tête est coiffée de la calotte rouge et du turban, et leurs pieds sont chaussés de gros souliers en maroquin rouge. Mais ce qui distingue les habitants de Bethléhem, c'est une ceinture de peau rouge, large de 15 centimètres et très-épaisse, sur laquelle sont brodés des dessins en fils argentés. Ils la portent roulée deux fois autour du corps. Les femmes ont aussi des vêtements d'un cachet tout particulier. Leur étroite robe de coton bleu à raies rouges, a un corsage en soie rouge orné d'un

---

(1) Cette ville est située à 300 pieds au-dessus de Jérusalem.

(2) Michée, v, 2.

(3) Les environs du bourg sont bien cultivés et justifient le nom d'*Ephrata* (*fertile*), qu'il portait autrefois. Son vin est le plus renommé de la Palestine.

(4) Les Bédouins portent souvent de semblables manteaux.

feston jaune, et de larges manches. Ces femmes vont souvent nu-pieds. Leur coiffure est une toque en carton recouvert de drap rouge qui ressemble assez à un panier renversé, et sur laquelle des pièces de monnaie en argent forment une riche guirlande. Un long voile blanc s'étend ordinairement par-dessus. Comme toutes les femmes d'Orient, celles-ci ont les bras et les jambes chargés d'anneaux de métal ou de verre. Les Bethléhémites sont renommés pour leur bravoure ; ils vivent paisiblement du fruit de leurs travaux agricoles, et de la petite industrie des objets de piété, tels que croix, chapelets, nacres sculptées, qu'ils fabriquent et vendent aux pélerins (1).

A 500 mètres au nord du village, on nous montra trois citernes creusées dans le roc, et appelées *les puits de David (Biar Daoud)*. On les nomme ainsi parce que David *n'a pas bu* de leur eau. Voici dans quelle circonstance. Les Philistins occupaient Bethléhem. David, réfugié avec une petite troupe, dans la caverne d'Odollam, s'écria un jour devant ses soldats : « Qui me donnera à boire de l'eau du puits qui est à la porte de Bethléhem? » Aussitôt, trois braves traversent le camp ennemi, et vont puiser de l'eau, au péril de leur vie, à la citerne de Bethléhem. Mais David ne voulut pas en boire, et il dit : « A Dieu ne plaise que je boive le sang de ces hommes. » Et il répandit l'eau en présence de l'Éternel (2).

Nous traversâmes le bourg pour nous rendre au couvent, dont nous apercevions la masse énorme en face et à 200 pas à l'orient. La caravane s'arrêta où l'étoile miraculeuse s'était arrêtée. Les Franciscains nous reçurent avec cordialité, comme toujours. Une porte de fer, haute de quatre pieds, nous introduisit dans de longs couloirs. Aussitôt, des chambres nous furent assignées. Je ne tardai pas à m'étendre sur un lit, pour réparer, par le sommeil, mes forces que des chemins détestables avaient exténuées. Vain espoir. J'avais été placé dans la chambre banale, et à peine fus-je couché, que je sentis une multitude d'insectes parasites se jeter sur mes membres fatigués, comme sur une proie. Un proverbe arabe dit que le *Roi des Puces*

_______________

(1) Il s'en fait ici et à Jérusalem un débit considérable.

(2) II, Rois, xxiii, 15. — Quelques auteurs rattachent ce fait à la fontaine qui est à l'autre sortie du village, sur le penchant de la colline au sud. On y voit souvent des femmes laver leurs linges.

habite Tibériade ; Mgr Mislin (1) et M. de Saulcy (2), déclarent, pour
des motifs à eux connus, que ce proverbe est trop exclusif. Depuis que
j'ai parcouru l'Orient, je pense comme eux, et je dis qu'il n'y a pas
au monde un autre souverain qui ait autant de résidences, une cour et
des armées aussi nombreuses. Car je suis convaincu que le *Roi des
Puces* résidait à Bethléhem en même temps que moi, et même dans
mon lit avec son piquant cortége. Le fait est que j'employai toute la
nuit à me défendre vainement contre leurs attaques, qui m'occasion-
nèrent des plaies dont je dus la guérison aux onguents salutaires des
sœurs de l'hospice Saint-Louis, à Jérusalem.

Ce monastère renferme 16 religieux. Ils s'occupent à adorer le
Fils de Dieu dans l'endroit même où il a daigné apparaître revêtu de
notre humanité, à distribuer les secours de la religion aux nombreux
catholiques, à faire l'école à une centaine de garçons et à recevoir les
étrangers (3). Ce qui n'empêche pas certaines gens de déclarer que les
moines ne sont bons à rien, que ce sont des êtres inutiles sur la terre.
Les moines laissent dire leurs détracteurs, et ne leur répondent que
par leurs œuvres dont tout esprit non prévenu peut apprécier l'utilité (4). Chaque jour, ils font la procession aux divers sanctuaires ;
nous nous empressâmes de les accompagner, en portant un cierge à la
main.

La Iʳᵉ *Station* se fait dans l'église de *Sainte-Catherine*. C'est la chapelle du couvent, et en même temps l'église paroissiale des catholiques latins depuis que les Grecs leur ont enlevé la jouissance de la
basilique. Elle est très-simple et beaucoup trop étroite. Traversant ensuite une partie du chœur de la grande église, qui est contiguë à la

(1) *Les Saints-Lieux*, III, xli.

(2) *Voyage autour de la mer Morte*, II, p. 463.

(3) Il n'y a point d'autre hôtel dans la ville que le leur. J'aime à placer ici
ces lignes, écrites par un voyageur protestant ; elles contrebalancent les appré-
ciations malveillantes de quelques catholiques. « Nous descendons au couvent
latin et y sommes bien reçus. Les chambres sont propres et commodes ; la table
est d'une extrême simplicité, mais le frère cuisinier est habile. Les moines sont
affables et ont une expression d'honnêteté, de gaîté et de cordialité qui épa-
nouit le cœur. » F. Bovet, *Voyage en Terre-Sainte*, X.

(4) Les Franciscains donnent la nourriture quotidienne à 45 familles pauvres.
Ils sont établis en ce lieu depuis le xiiiᵉ siècle.

chapelle latine, nous descendîmes dans la grotte sacrée. On y pénètre par deux escaliers tournants d'une douzaine de marches.

## PLAN DE L'ÉGLISE DE BETHLÉHEM.

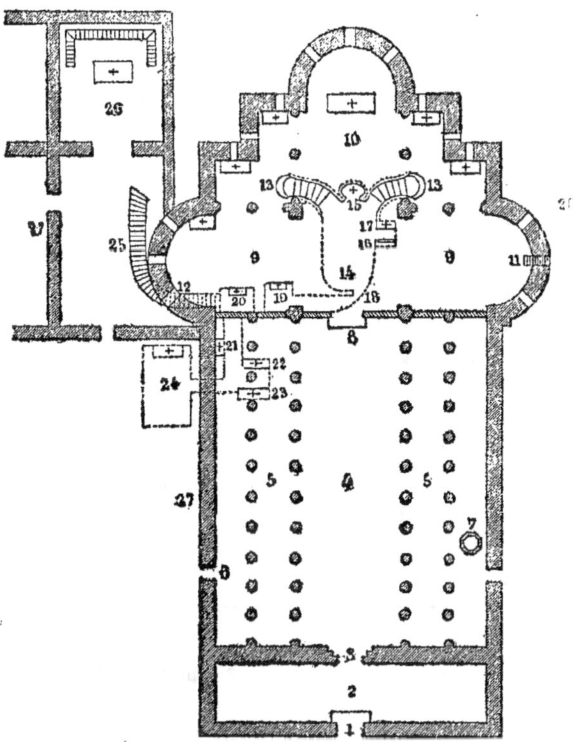


### LÉGENDE DU PLAN DE L'ÉGLISE DE BETHLÉHEM.

1 Porte de l'atrium.
2 Vestibule.
3 Porte de l'église.
4 Grande nef.
5 Rangées de colonnes.
6 Porte du couvent latin.
7 Baptistère.
8 Porte d'entrée par la cloison.
9 Chœur.
10 Sanctuaire des Grecs.
11 Porte du couvent grec.

12 Porte du couvent latin.
13 Escaliers de la grotte.
14 Grotte de la Nativité.
15 Lieu où est né Jésus-Christ.
16 Lieu où était placée la crèche.
17 Autel des rois Mages.
18 Petite porte.
19 Chapelle de St-Joseph.
20 Chap. des saints Innocents.
21 Tombeau de St Eusèbe.

22 Tombeau de Ste Paule et de sa fille.
23 Tombeau de St Jérôme.
24 Oratoire de St Jérôme.
25 Escalier.
26 Eglise de Ste-Catherine.
27 Couvent latin.
28 Couvent grec.

*Nota.* — Le pointillé indique les chapelles souterraines.

C'est une caverne naturelle, comme il y en a tant en Terre-Sainte, qui ne · reçoit un peu de jour que par les portes des deux escaliers. Vers l'orient, le rocher forme une petite excavation demi-circulaire, de 5 pieds de large, dans laquelle 12 lampes sont suspendues, et il est tout recouvert de marbre blanc dans sa partie inférieure jusqu'à la hauteur de quatre pieds, où il supporte une table de marbre qui sert d'autel aux Grecs (1). Au-dessous de cette table et au milieu du sol, dans une mosaïque de jaspe et de porphyre, on voit une étoile d'argent (2) où sont gravés ces mots :

HIC DE VIRGINE MARIA JESUS CHRISTUS NATUS EST. — 1717.

*Ici Jésus-Christ est né de la Vierge Marie.*

A sept pas du lieu de la Nativité, dans un petit enfoncement latéral plus bas de deux degrés que le reste de la grotte, et soutenu par une colonne de marbre vert antique, est le lieu où la crèche fut placée; il est revêtu de marbre blanc en forme de berceau long de quatre pieds, et large de deux (3). Cette partie de la grotte appartient encore aux catholiques. En face de la crèche, on a dressé, à l'endroit où se tenaient les Mages, un autel appelé des *Trois-Rois* (4). L'intolérance des schismatiques n'est pas moins grande à Béthléhem qu'à Jérusalem. Non contents d'avoir chassé les catholiques de l'autel de la Nativité (5), ils ne leur permettent que de dire deux messes par jour à l'autel des Rois-Mages, où ils les ont relégués. C'est pourquoi il arrive souvent que des

(1) On ne peut voir le rocher à nu que dans le haut de cette niche.

(2) C'est cette fameuse étoile qui a été volée par les Grecs en octobre 1847, parce qu'elle constatait les droits des Latins. Elle a été rétablie par le sultan en 1853. Les Grecs ont tenté de nouveau de l'enlever cette année.

(3) Cinq lampes brûlent continuellement au-dessus de cette crèche ; on y voit un beau tableau et des vases de fleurs. La crèche en bois où l'enfant Jésus fut couché, est conservée à Rome dans la basilique de Sainte-Marie-Majeure depuis l'année 642. Les planches, rongées par le temps, sont encore au nombre de cinq. Elles sont déposées les unes sur les autres, et liées ensemble dans une châsse splendide tout en cristal.

(4) J'ai vu, dans l'immense cathédrale de Cologne, les têtes des trois Mages, enchâssées dans un magnifique reliquaire couvert de lames d'or et de pierres précieuses.

(5) Il y a environ 13 ans.

prêtres-pèlerins ne peuvent obtenir la faveur de faire naître mystique-
ment sur l'autel le divin Sauveur, dans le lieu où il a daigné prendre
naissance selon la chair.

Le reste de la grotte se prolonge en formant une petite nef à la
voûte de laquelle sont suspendues une multitude de lampes. Cette caverne, qu'on nomme *étable*, devait être un lieu de refuge où pouvaient
se retirer les bergers et les troupeaux, lorsque le *Khan* de Bethléhem,
espèce d'hôtellerie publique était rempli. Voici ses dimensions :
37 pieds de longueur, 11 de largeur, et 9 de hauteur (1). Ici
comme au Calvaire et au saint Sépulcre, j'aurais préféré la nudité primitive du rocher. Dans des lieux si imposants et si beaux par eux-
mêmes, les embellissements sont déplacés : les pierres toutes brutes en
diraient plus au cœur, et les yeux n'y perdraient guère.

On s'accorde à reconnaître que la grotte de la Nativité est, de tous
les lieux saints, celui dont l'authenticité est la plus incontestable et la
moins contestée. Par un privilége exceptionnel, on peut en faire
remonter l'histoire, à l'aide de textes contemporains, jusqu'à la première moitié du iie siècle de l'ère chrétienne, c'est-à-dire jusqu'à une
époque assez rapprochée des faits évangéliques pour que leur souvenir fût encore vivant. Ainsi moins de 120 ans après la mort de Jésus-
Christ, saint Justin, martyr, natif de Palestine, attestait que « Joseph
n'ayant pas trouvé à se loger dans Bethléhem, s'établit dans une grotte
(ἐν σπηλαίω) située auprès du village. Pendant qu'ils y étaient, Marie mit
au monde le Christ, et le déposa dans une crèche (2). »

Origène, en 252, confirme ce témoignage par ces paroles : « Sachez
que, conformément au récit évangélique, on montre à Béthléhem la
grotte qui vit naître (le Sauveur) et la crèche qui le reçut. Ce fait est
proclamé par tout le monde en ce pays : ceux-mêmes qui sont étrangers à la foi reconnaissent que dans cette grotte est né un certain
Jésus, admiré et adoré par les chrétiens (3). »

Au commencement du ive siècle, Eusèbe de Césarée (4) et le pèlerin

(1) Le pavé et les parois sont presque entièrement revêtus de marbre gris.
La voûte de la chapelle de la crèche et le haut des murs de la grotte sont tendus
de draperies usées.

(2) *Dial. avec Tryphon*, 78.

(3) *Orig. contre Celse*, I, 51.

(4) *Vie de Constantin*, l. III, c. 43.

de Bordeaux (333) nous apprennent que Constantin éleva une basilique au lieu où le Sauveur est né.

Saint Jérôme, autre témoin irréfragable, nous déclare qu'Adrien avait établi le culte d'Adonis dans la caverne sacrée (*in specu*) (1), et cette profanation contribua encore à fixer une tradition qui fut toujours chère aux chrétiens (2).

Les Musulmans, ainsi que je l'ai dit, ont une grande vénération pour Jésus et sa mère, et Quaresmius assure les avoir vus souvent venir en pèlerinage à la sainte Crèche (3).

Après avoir fait la première *station* au lieu de la Nativité, la II<sup>e</sup> à celui de la Crèche, et la III<sup>e</sup> à l'autel de l'adoration des Mages, la procession sortit par une petite porte placée à l'extrémité occidentale, et après avoir traversé un couloir sombre et étroit, creusé dans le roc, elle s'arrêta à la chapelle de *Saint-Joseph* (4). On fait la V<sup>e</sup> *station* à la grotte des *Saints-Innocents* qui est à côté. Dans un caveau, sous l'autel, furent déposés les restes de ces enfants, « ces fleurs des martyrs, dit le Bréviaire romain, que le persécuteur de Jésus enleva dès leur entrée dans le monde, comme une tempête détruit les roses naissantes. »

> *Vos prima Christi victima ,*
> *Grex immolatorum tener,*
> *Aram sub ipsam simplices*
> *Palma et coronis luditis* (5).

(1) *Epist.* LVIII, *ad Paulinum ,* 3.

(2) En présence de témoignages si nombreux et si authentiques, on ne comprend pas comment un auteur récent, qui a eu l'impudence, dans sa *Vie de Jésus* travestie, de donner tant de démentis à l'Evangile et à la tradition unanime des chrétiens, ose affirmer, lui venu dix-huit cents ans après l'événement, que le Christ est né à Nazareth.

(3) Chose étonnante, Omar, le premier conquérant mahométan de Jérusalem , octroya aux chrétiens, par un diplôme, que ses coreligionnaires ne pourraient aller prier qu'isolément dans la grotte de Bethléhem.

(4) Il était convenable de ne pas oublier en ce lieu la mémoire de l'illustre patriarche qui eut l'honneur d'être appelé *le père putatif* de l'Homme-Dieu. — S. Luc, III, 23.

(5) *Brev. rom. in festo Innoc.* — « O vous, les premières victimes du Christ, jeune troupeau immolé à sa gloire , vous jouez sous cet autel avec vos palmes et avec vos couronnes. »

La VI<sup>e</sup> et la VII<sup>e</sup> *station* se font dans la grotte de Saint-Jérôme. A droite est son oratoire, chapelle carrée presque aussi grande que l'étable sainte et à laquelle des travaux de restauration donnent un air tout moderne. Elle est dépourvue d'ornements, et ne reçoit le jour que par sa partie supérieure. C'est là que ce célèbre docteur a vécu pendant 38 ans, loin des distractions du monde et dans les austérités de la pénitence, occupé à d'utiles labeurs ; c'est là qu'il a fait cette version latine de l'Ecriture-Sainte dont l'Eglise se sert aujourd'hui, après l'avoir déclarée authentique sous le nom de *Vulgate.* Saint Jérôme mourut en 420, âgé de 80 ans, et fut enseveli auprès de son oratoire (1). En face de son tombeau se trouve celui de sainte Paule et de sainte Eustochie sa fille, nobles dames qui, attirées par l'amour des Lieux-Saints, renoncèrent aux délices de Rome pour s'appliquer uniquement au service de Dieu, et menèrent une vie obscure auprès de la grotte où naquit leur Sauveur. La IX<sup>e</sup> *station* a lieu au tombeau de *saint Eusèbe* de Crémone. Il fut abbé du monastère de Bethléhem, disciple de saint Jérôme, et mourut un an après lui. Enfin la procession remonta dans l'église de Sainte-Catherine par un escalier souterrain qui y aboutit. Cette cérémonie, mêlée de simplicité et de grandeur, comme les mystères de la Crèche, se termina par le chant des litanies de la Mère de Dieu. Les voix mâles des Franciscains accompagnées des douces voix des enfants de chœur et des accents harmonieux de l'orgue, nous rappelaient les offices religieux de notre patrie.

La basilique supérieure réclame maintenant notre attention. Je vais emprunter à M. de Vogué des détails précis sur cet admirable monument. « De toutes les églises contemporaines du triomphe du christianisme élevées par un pieux empressement sur tous les points célèbres de la Palestine, la seule qui soit parvenue jusqu'à nous dans son ensemble, est l'église *Sainte-Marie* de Bethléhem. Elle n'est accessible qu'à l'occident. Là se trouve une grande place dallée et entourée de débris antiques ; ce sont les restes de l'*atrium* qui, suivant l'usage romain, précédait les portes de l'église. Il est totalement détruit. De l'atrium on entrait par trois portes dans le vestibule ; celle du milieu

----

(1) Son corps et les ornements avec lesquels il célébrait à Bethléhem, sont conservés à Rome dans l'église de Sainte-Marie-Majeure.

est seule visible, quoique en partie obstruée par un gros contre-fort
moderne, et murée à l'intérieur par crainte des arabes, à l'exception
d'un passage bas et étroit. Le vestibule règne dans toute la largeur de
l'église. Intérieurement il est nu, divisé par des cloisons en trois
chambres, et donne entrée par une seule porte dans l'intérieur de
l'église (1). Lorsque l'on a franchi cette porte, on a devant les yeux un
spectacle magnifique.

« On embrasse d'un seul coup d'œil cinq nefs d'une grande longueur, formées par quatre rangs de colonnes corinthiennes mono-
lithes. A l'extrémité de ces nefs, si l'on supprime par la pensée les
clôtures, on voit un large transsept, un chœur, des absides, le tout
inondé de lumière par une série de fenêtres pratiquées dans la partie
supérieure de l'édifice. On est transporté dans une basilique antique,
telle que l'avait conçue le génie romain, telle qu'elle fut appliquée
par Constantin au culte des chrétiens pour être ensuite transformée
et servir de point de départ à l'architecture religieuse de tous les
siècles. Les cinq nefs de l'église sont d'égale longueur; celle du centre
est plus large à elle seule que les deux bas-côtés réunis (2). Elles se
composent de onze travées. Le transsept est aussi large que la nef
centrale et forme avec elle la figure d'une croix. Ses deux extrémités,
au nord et au sud, sont terminées par des absides demi-circulaires
qui font saillie sur le mur extérieur de la basilique. Les quatre angles
de la croisée, ou centre du transsept, sont occupés par quatre piles
rectangulaires. De l'autre côté du transsept, les cinq nefs reparaissent
avec d'inégales longueurs et forment le chœur de l'église. Celle du
centre se compose de deux larges travées et d'une abside demi-circulaire, égale à celles qui terminent les bras de la croix. Les deux suivantes à droite et à gauche, se terminent par un mur droit, à la naissance de l'abside. A l'entrée du chœur et au centre du transsept, se
trouve la crypte sacrée de la Nativité de Jésus-Christ. La largeur
totale de la nef est de 26 mètres 30, et la longueur totale de

(1) Cette porte carrée, qui a 2 mèt. 46 cent. de largeur, est un objet rare et
précieux par son antiquité. Elle se compose de deux battants en bois rongé de
vétusté. Elle fut ornée élégamment de ciselures représentant des croix entourées
d'arabesques. Deux inscriptions, l'une arabe et l'autre arménienne, sculptées
sur ses battants, constatent qu'elle fut achevée le 11 janvier 1227.

(2) Voir le plan de l'église, page 280.

57 mètres 30. Le nombre total des colonnes est de 46, plus les 4 piles du transsept. Chaque colonne formée d'un seul bloc de calcaire rouge veiné de blanc, bien poli, est d'une hauteur de 6 mètres. Dans la nef centrale, elles soutiennent deux murs hauts de 9 à 10 mètres et sur lesquels viennent s'appuyer les poutres de la charpente. La partie supérieure de ces murs est percée d'une série de fenêtres en plein-cintre qui correspondent à chaque entre-colonnement. Comme toutes les basiliques, l'église de Bethléhem n'est pas voûtée; un simple toit de charpente recouvre l'édifice. Celui qui se voit aujourd'hui date de la fin du xviiᵉ siècle; les poutres en sont apparentes, mais il est probable que dans l'antiquité et le moyen-âge elles étaient cachées par un plafond de bois orné de peintures. Aussi, je suis d'avis, comme la plupart des voyageurs qui ont visité la Palestine, de considérer l'église de Bethléhem comme la basilique originale construite au-dessus de la crypte de la Nativité par les ordres de Constantin, entre les années 327 et 333 (1). »

Tous les murs de cette église et les colonnes elles-mêmes étaient ornés de peintures retraçant des scènes de l'Evangile, et de mosaïques qui furent exécutées par des artistes byzantins, d'après l'ordre de Manuel Comnène, empereur d'Orient, sous la direction de Raoul, évêque latin de Bethléhem, au milieu du xiiᵉ siècle. Ces mosaïques représentaient un rang de personnages, ancêtres du Messie, avec une série de tableaux où étaient marqués les sept premiers conciles œcuméniques et des conciles provinciaux également reconnus par les deux églises (2). Il est curieux de voir que parmi ces conciles figure celui de *Sardique*, en Illyrie, tenu en 347, et resté célèbre par la proclamation qu'il fit de la suprématie du pape. Les inscriptions de ces conciles qui ont une importance dogmatique sont rédigées en grec; les autres, beaucoup moins longues, sont en latin. Si l'on rapproche l'exécution de ces mosaïques dues au concours des grecs et des latins, de quelques faits contemporains, on reconnaît facilement qu'au milieu du xiiᵉ siècle une réconciliation s'était opérée entre l'église grecque et l'église

(1) *Les églises de la Terre-Sainte*, c. ii.

(2) Ces conciles étaient disposés dans la nef de la manière suivante : du côté du nord, Ancyre, Antioche, Sardique, Gangres, Laodicée et Carthage; du côté du midi, Nicée, Constantinople, Éphèse, Chalcédoine, IIᵉ de Constantinople, IIIᵉ de Constantinople, et IIᵉ de Nicée.

romaine. Plus tard, l'église d'Orient revint, pour son malheur, au schisme dont Photius, patriarche de Constantinople, avait été l'auteur au ix<sup>e</sup> siècle, et qui dure encore. En se séparant du Pontife romain, centre de l'unité catholique, elle a perdu son principe de vie; aussi est-elle devenue languissante et stérile. C'est ainsi qu'une branche d'arbre détachée de son antique tronc, est privée de la sève qui la nourrissait et reste à jamais flétrie. L'histoire nous apprend que les causes qui ont porté l'église grecque à se séparer de l'église romaine étaient plutôt politiques que religieuses. C'étaient l'antique jalousie de la race grecque contre la race latine, l'ambition des patriarches de Constantinople qui voulaient se soustraire à la légitime autorité du Pontife romain, et les usurpations du pouvoir temporel sur le pouvoir spirituel (1).

Ces peintures, ces mosaïques, où l'or et la nacre de perle se joignaient au verre de mille couleurs, retraçaient en traits lumineux l'ensemble complet de la doctrine chrétienne. Mais cette symbolique décoration a disparu à l'exception de quelques fragments trop exigus pour nous donner une idée parfaite de sa magnificence. En 1842, sous prétexte de réparation, les grecs ont détruit celles de ces mosaïques qui étaient en faveur du catholicisme. Ces vandales modernes, non contents d'avoir enlevé cette basilique aux Latins, l'ont défigurée en séparant le chœur du reste de l'église par une ignoble cloison, et ils aiment mieux en livrer la nef à une profanation publique que de la laisser à la communauté catholique bien plus nombreuse que la leur. C'est dans l'enceinte réduite du chœur qu'ils célèbrent leurs offices ainsi que les Arméniens. Ils possèdent l'autel principal aux deux côtés duquel s'ouvrent les portes des escaliers qui conduisent à la grotte de la Nativité.

Dans le bas de l'église, on voit deux petites portes dont l'une mène au couvent latin et l'autre à celui des grecs. Auprès de cette dernière, je remarquai un monument qui paraît remonter aux premiers siècles du christianisme: c'est un baptistère taillé dans un seul morceau de

_____

(1) Une *Vie des Saints* russe, imprimée à Saint-Pétersbourg, en 1846, indique naïvement une des véritables causes de la séparation, en disant que le schisme a été produit par les innovations inventées par les papes, et *par leur résistance aux empereurs.*

pierre rougeâtre semblable aux fûts des colonnes de la nef (1). La
cuve est creusée dans l'épaisseur du bloc, en forme d'un trèfle à quatre
feuilles très-larges. Sur une des faces extérieures, est sculptée en
relief une croix pattée au-dessus de laquelle, dans un cartouche de
forme antique, on lit cette inscription :

✝ Υπερ μνημης και αναπαυσεως

και αφεσεως αμαρτιων ων

ο Κυριος γηνοσκι τα ονοματα.

*Pour la mémoire, le repos et la rémission des péchés* (probablement des
donateurs) *dont le Seigneur connaît les noms.*

Extérieurement l'église de Bethléhem est entourée de nombreuses
constructions qui la cachent aux regards : c'est d'un côté, le couvent
latin soutenu par de hautes terrasses qui dominent la vallée, et de
l'autre, les couvents grec et arménien. Dans ce dernier on voit
*l'école de Saint-Jérôme.* Ce lieu où l'illustre docteur initiait ses
jeunes élèves à la connaissance des lettres humaines et à l'amour
du divin Enfant de la crèche, sert aujourd'hui d'écurie pour les pèlerins
arméniens.

En revanche, sur l'emplacement du monastère où les Paule et les
Eustochie s'adonnaient aux œuvres de la piété et de la charité, de
dignes héritières de leurs vertus, les *Sœurs de Saint-Joseph* font
l'école à 220 jeunes filles, et préparent ainsi la régénération de ce
pays (2).

A quelques minutes de la basilique, vers le sud, se trouve la *Grotte
du Lait.* On dit que Marie y a allaité l'enfant Jésus, et qu'une goutte
de son lait virginal en tombant sur le rocher lui a donné la teinte
blanche qu'il conserve, et le privilége de rendre le lait aux nourrices
qui en sont dépourvues. Quoi qu'il en soit, les jeunes mères chrétiennes, juives et musulmanes, visitent assidûment cette grotte où l'on
a établi un autel ; elles enlèvent quelques parcelles de la craie molle

_______

(1) Sa hauteur est de 95 centimètres, et sa forme extérieure est octogonale
chaque face ayant 68 cent. de largeur. Un baptistère semblable, mais sans
inscription, se trouve dans une cour attenante à la rotonde du Saint-Sépulcre,
à Jérusalem.

(2) Elles vont soigner les malades à domicile. Depuis quelque temps elles ont
une novice arabe.

qui compose le roc, et, pour se guérir, elles la réduisent en poudre et la prennent dans les aliments (1).

A une demi-lieue à l'orient de Bethléhem est le *Champ des Pasteurs*. C'est là que gardaient leurs troupeaux pendant la nuit, ces heureux bergers auxquels l'ange du Seigneur annonça la *bonne nouvelle*. En ce lieu où fut chanté d'abord par les messagers célestes cet admirable cantique : *Gloire à Dieu au plus haut des cieux, et paix sur la terre aux hommes de bonne volonté,* on a construit une chapelle souterraine. Nous avons récité le *Gloria in excelsis* dans ce pauvre sanctuaire, dédié aux Saints Anges (2). Ensuite nous sommes revenus à Bethléhem en passant par le *Village des Pasteurs*, patrie de ces bergers qui les premiers offrirent leurs adorations à l'enfant Jésus, et par *Beth-Sahûr*, hameau situé à dix minutes de là. Nous y fûmes reçus par M. l'abbé Morétain. C'est l'habile et courageux architecte du séminaire de Beit-Djalla. Il fut d'abord chargé de diriger la petite paroisse catholique de ce village où les grecs fanatiques attentèrent à sa vie; maintenant il est curé de Beth-Sahûr. Ce saint prêtre n'a pas encore d'église, car la paroisse est de fondation récente, et ses fidèles sont aussi pauvres que les bergers dont ils occupent le hameau. Comme les premiers chrétiens, M. Morétain est obligé de faire de sa chambre une église. Au fond de cette petite salle est un autel très-simple qu'un grand rideau sépare de l'autre partie destinée aux usages communs.

Nous avions là sous les yeux le vallon où s'est passée la touchante histoire de Ruth la glaneuse. La Bible, si majestueuse quand elle dit les grandeurs de l'Éternel, si terrible quand elle annonce ses colères, si douce quand elle raconte ses bienfaits, n'a-t-elle pas aussi, quand elle veut, les charmes de la gracieuse idylle.

Je dois une mention honorable au digne curé de Bethléhem. Ce Franciscain, ancien officier de cavalerie espagnole, est un type rare. Il est très-instruit, très-pieux, et d'un caractère très-résolu. Quand il monte à cheval, il grimpe à travers les rochers et les précipices de

---

(1) Cotovic (*Itin. Hier.*, 238.), Surius (534), et le P. de Géramb (*Pèl. à Jér.* I. let. 21), affirment l'efficacité de ce remède. La grotte, petite dans son origine, est devenue très-spacieuse, parce qu'on en détache chaque jour des morceaux.

(2) Il appartient aux Grecs.

manière à déconcerter les arabes qui se croient les meilleurs cavaliers du monde. Il sait à fond la langue du pays, et prêche avec beaucoup d'entrain. Sa présence seule suffit pour mettre en fuite une bande d'agresseurs. Il est vrai qu'on ne connaît en Palestine rien de plus martial que ses allures, son langage et sa mine. Les catholiques l'aiment et le respectent comme un père, les musulmans le redoutent comme un génie surhumain, les grecs évitent toute contestation avec lui. C'est à la fois le protecteur, le curé, le juge de paix, le commissaire de police et l'avocat de Bethléhem et des environs. C'est vraiment l'homme de la situation ; il fait un bien immense.

Outre cette première visite à Bethléhem, j'en fis une seconde, à la fin de septembre. Je passai une longue soirée dans la grotte de la Nativité, et auprès de la Crèche. J'étais seul dans ce lieu le plus vénérable de la terre après l'église du Saint-Sépulcre. Il y régnait un profond silence ; les lampes l'éclairaient de leur modeste lumière qui ne s'éteint jamais. Je pensais à cet ineffable mystère d'un Dieu fait homme qui s'est opéré à l'endroit même où j'étais agenouillé, et j'aurais voulu pouvoir dilater mon pauvre cœur, et augmenter mon bonheur, en le faisant partager à tant d'âmes pieuses que je connais, mais qui étaient séparées de Bethléhem par un espace de mille lieues. J'aurais voulu ne jamais quitter cet humble berceau de mon Sauveur, et je jalouse saint Jérôme qui passa tant d'années auprès de cette caverne. Mais cependant je dus me dire comme Job : « Ma force n'est pas celle des pierres et mon corps n'est pas d'airain (1). » Et je me retirai pour prendre du repos dans la cellule qu'on m'avait désignée. Le lendemain un religieux vint m'éveiller bien avant le jour, et je quittai avec joie ma triste couche, pour descendre à la sainte étable. Je célébrai l'auguste sacrifice de la Messe à l'autel des Rois-Mages, à trois pas de la Crèche, et à 4 heures du matin.

(1) Job, VI, 12.

# CHAPITRE XXIII

## LA FONTAINE SCELLÉE — LES ÉTANGS DE SALOMON — LE JARDIN
## FERMÉ — LE LABYRINTHE — HÉBRON

I — LA FONTAINE SCELLÉE — LES ÉTANGS DE SALOMON — LE JARDIN FERMÉ

Après un trop court séjour à Bethléhem, il faut continuer notre
route dans le midi de la Judée. A une lieue et demie de la cité de
David, nous faisons halte. On nous montre à une demi-lieue au nord-
ouest le couvent de *Saint-Georges*. Il appartient aux grecs. C'est le
*Charenton* de la Palestine. De tous côtés on y envoie des fous.
Mgr Mislin (1) et M. Saintine (2) affirment que ces malheureux y sont
souvent guéris par l'application d'une chaîne qui a servi au martyre
du Saint. Les grecs et les musulmans sont convaincus de l'efficacité de
ce moyen curatif.

Nous sommes auprès d'un antique château-fort dont les murailles
hautes et crénelées tombent en ruines. Les Arabes le nomment *Kalah-
el-Bûrak (le Château des Etangs)*. Il fut probablement construit dans
le double but de garder le chemin et les eaux qui s'y rassemblent.

C'est d'abord la *Fontaine scellée (Fons signatus)*, à laquelle
Salomon compare l'épouse dans le *Cantique des Cantiques* (3). Elle
est bien nommée; en effet l'ouverture, semblable à celle d'un puits
et tout juste assez large pour le passage d'un homme, est fermée par
une énorme pierre. Je voulus y descendre comme les autres pèlerins.
Cette opération n'est pas sans danger, car, en s'enfonçant dans cet

(1) *Les Saints-Lieux*, III, xxxiii.
(2) *Trois ans en Judée*, xi.
(3) Cant., iv, 12.

étroit conduit, on risque de se briser les jambes ou de recevoir sur le
crâne une des pierres qui branlent sous des secousses répétées. Je me
trouvai ensuite sur un escalier de quinze marches qui aboutit sous
terre à deux salles voûtées et soutenues par des arches très-anciennes.
La première salle a 15 pas de long sur 8 de large ; l'autre est un peu
plus petite. A la lueur des flambeaux, je vis dans le fond une eau
claire sortir par quatre ouvertures. La source n'est pas ici, elle est
plus haut au sein de la montagne, mais ses eaux se réunissent dans
ce bassin, puis s'écoulent par un canal souterrain dans le plus élevé
des trois immenses réservoirs appelés les *Etangs de Salomon*.

Ces bassins, cimentés à l'intérieur, sont creusés dans le roc au
fond de la vallée, sur un terrain en pente. C'est ainsi que les eaux
descendant par plusieurs entailles profondes des flancs des montagnes
voisines dans le bassin supérieur, se déchargent dans le second, et de
celui-ci dans le troisième qui est le plus vaste de tous. Selon Robinson, il a 177 mètres de long sur 83 de large à une extrémité et
45 à l'autre ; sa profondeur est de 15 mètres (1). Le réservoir du milieu,
éloigné du premier de 49 mètres, mesure 129 mètres de longueur sur
70 de largeur moyenne, et 12 de profondeur. Enfin l'étang supérieur,
éloigné encore de 49 mètres, mesure 116 mètres de longueur, sur 70 de
largeur moyenne et 7 mètres 60 de profondeur. Un aqueduc déverse
une partie des eaux de la fontaine scellée dans chacun de ces trois
étangs, puis il va se continuer avec l'aqueduc de Bethléhem jusqu'à
Jérusalem.

Ce système compliqué avait pour but de fournir à la ville sainte et
au temple les eaux qui leur étaient nécessaires, en amassant le surplus dans les réservoirs ; ceux-ci alimentaient la ville par l'aqueduc
en briques que l'on voit près du réservoir inférieur. Tout délabré
qu'il soit (2), il est digne d'attention, car c'est un des rares monuments
dont l'origine remonte certainement aux rois de Juda (3). On l'attri-

(1) Mgr Mislin lui donne 619 pieds de longueur. — *Les Saints-Lieux*, III,
XXXIII.

(2) Il ne transporte plus les eaux au-delà de Bethléhem.

(3) Ces tuyaux de conduite ont 10 pouces de diamètre ; ils sont en terre
cuite et renfermés entre des pierres creusées à cet effet. Tout cela est joint par
un ciment très-dur, et protégé par un canal en pierre construit à fleur de terre,
le long des montagnes.

bue, ainsi que les étangs au puissant monarque qui fit élever en Palestine tant et de si beaux monuments. Et c'est sans doute à ces vastes bassins que Salomon fait allusion dans l'Ecclésiaste, en disant : « Je me suis fait des jardins et des vergers, et j'y ai planté des arbres de toute espèce ; et je me suis construit des piscines d'eaux pour arroser une forêt d'arbres fertiles (1). » Ces jardins, chantés aussi comme symbole de l'épouse dans le Cantique des Cantiques (2), sont situés dans le fond de la vallée, à une demi-lieue des réservoirs dont ils recevaient les eaux. Ce lieu le plus charmant de toute la Terre-Sainte, mérite bien le nom de *Jardin fermé (hortus conclusus)*, parce qu'il est entouré de tous côtés par de hautes montagnes. De grands orangers, des grenadiers, des pêchers énormes, des fleurs, des fruits, un vert gazon, chose rare en Syrie, forment une délicieuse oasis au milieu de cette austère nature. Une fontaine y répand la fraîcheur de ses eaux limpides. Le sol en est d'une admirable fertilité, qui rappelle l'antique fécondité de la *Terre promise ;* un mois suffit pour faire naître et mûrir les semences qu'on lui a confiées. Les fruits ont une saveur exquise. Un anglo-israélite (cette race se fourre partout) cultive aujourd'hui de prosaïques légumes dans ce petit paradis terrestre où Salomon aimait à se promener, et sous les ombrages duquel il écrivit peut-être son mystérieux *Cantique*. L'industrieux horticulteur y fait chaque année *huit récoltes de pommes de terre* (3). Le pauvre hameau d'*Ortas* remplace seul l'antique ville d'*Etham*, où s'élevait le palais d'été, le Versailles de Salomon.

II — LE LABYRINTHE

A l'Orient, *la montagne des Francs*, en arabe *El-Fureidis (le Paradis)*, se dresse dans les airs, à une hauteur de 160 mètres. Son nom rappelle un glorieux souvenir des Croisés. On dit que les chevaliers de saint Jean s'y sont maintenus longtemps après la perte de Jérusalem. Le sommet porte encore les restes d'une enceinte fortifiée par quatre tours (4). De nombreuses substructions semblent indiquer

(1) Eccl., II, 5.
(2) Cant., IV, 12.
(3) M. Azaïs, *Pèlerinage en Terre-Sainte*, c. VII.
(4) Le centre est creusé comme le cratère d'un volcan.

une ancienne ville. Ce sont les ruines d'un château-fort, et des palais somptueux qu'Hérode le grand y fit construire et qu'il nomma *Hérodium*. Ce prince, étant mort à Jéricho, fut enseveli à Hérodium avec beaucoup de magnificence. Lorsque Jérusalem fut tombée au pouvoir de Titus, les Romains s'emparèrent de ce lieu qui était devenu un repaire de brigands.

Vis-à-vis le mont des Francs, et à l'est, se trouve le fameux *Labyrinthe* appelée aussi *caverne de Khoreitoun*. L'accès en est très-difficile. Il faut escalader un rocher. On entre ensuite par un passage bas et étroit dans une chambre irrégulière. Puis on pénètre par une galerie sinueuse, longue de près de 10 mètres, dans une salle qui n'a pas moins de 36 mètres de long sur 9 à 13 de largeur moyenne. Le rocher forme une voûte naturelle et très-élevée. Des stalactites gigantesques y sont suspendues, elles vont se réunir aux stalagmites qui sont sur le sol pour former de capricieuses colonnes. A la lueur des flambeaux, la structure bizarre de cette caverne présente un aspect fantastique. Plusieurs couloirs y aboutissent, mais en général ils ne vont pas loin. Toutefois, l'un d'eux s'enfonce à une grande profondeur dans la montagne. Après un parcours de 30 à 40 mètres, il faut se laisser glisser au fond d'une espèce de puits creux de 3 mètres, et on trouve l'entrée d'un autre passage dans lequel on est obligé de ramper à genoux pour gagner à 70 mètres une autre grande chambre où le souterrain paraît se terminer, bien que, suivant les arabes, il se prolonge jusqu'à Thécua et même jusqu'à Hébron (1).

Cette caverne est regardée comme celle d'*Odollam*, qui servit de refuge à David et à sa troupe contre les persécutions de Saül (2). Il est certain que plusieurs centaines de personnes pourraient y trouver un asile.

A une lieue, au midi du mont des Francs, on voit sur le sommet d'une montagne les ruines de *Thécua*. Les prophètes Amos et Habacuc ont habité cette ville, qui était une forteresse du désert (3).

(1) La circulation est très-incommode en ces lieux, parce qu'il y règne une chaleur étouffante et que le sol est recouvert d'une couche épaisse de poussière.

(2) I Rois, XXII.

(3) Parmi les restes d'une église, on remarque un grand baptistère en marbre rose, analogue à celui que nous avons vu dans la basilique de Bethléhem.

### III — HÉBRON

Hébron s'appelait autrefois *Cariath-Arbé* (*Ville des Quatre* ou *d'Arbah*), c'est une des plus anciennes cités du monde. Abraham, après avoir quitté la Chaldée, vint s'établir dans cette terre où il vécut de longues années. Sarah y mourut et il l'ensevelit dans la caverne double du champ qu'il avait acheté d'Ephron l'Hétéen, et qui était en face de la vallée de Mambré (1). Abraham lui-même y fut enterré ainsi que Isaac et Jacob, et leurs femmes Rébecca et Lia. La race gigantesque des descendants d'Enac habitait cette ville (2), et elle effraya les explorateurs envoyés par Moïse dans la terre de Chanaan. Caleb, l'un d'eux, le seul qui n'eût pas jeté la terreur parmi les Israélites, reçut en partage Hébron et son territoire (3). Mais bientôt la cité fut cédée aux Lévites et devint une des six villes de refuge. C'est là que David fut sacré roi, qu'il résida sept ans et demi, et que son fils Absalon leva contre lui l'étendard de la révolte. Hébron, habitée de nouveau par les juifs après leur retour de la captivité, fut reconquise sur les Iduméens par Judas Machabée. Mais 69 ans après Jésus-Christ, elle fut prise et brûlée par les Romains. Au iv⁰ siècle, sainte Hélène étendit jusqu'au tombeau d'Abraham son zèle pieux et sa munificence. Les Croisés érigèrent Hébron en évêché sous le titre de Saint-Abraham, en 1167, et en 1187, la ville retomba sous le joug des Musulmans. Une révolte de ses habitants la fit détruire en partie par Ibrahim-Pacha en 1834.

Hébron, nommée par les arabes *El-Khâlil (ville de l'Ami)* (4), est située dans une gracieuse et étroite vallée qui s'étend entre deux chaînes de collines verdoyantes (5). La ville s'étage en amphithéâtre

(1) Gen., xxv, 9.

(2) On vient de découvrir en Californie, sur le territoire de la mission de San Joaquin, un squelette humain qui ne mesurait pas moins de 11 pieds. En examinant quelques ossements humains trouvés à des profondeurs plus ou moins grandes, on comprend qu'il a pu exister une race de géants. En moyenne les charpentes fossiles qu'on rencontre en ces terrains sont le double en développement de celles de l'homme tel qu'il est aujourd'hui.

(3) Josué, xiv, 13.

(4) De Dieu, c'est-à-dire d'Abraham.

(5) L'ancienne Hébron était bâtie sur la montagne au-dessus de la ville actuelle ; il n'en reste plus que des ruines.

sur la chaîne orientale, mais elle occupe aussi le fond de la vallée, et
s'élève même un peu sur le versant de la chaîne occidentale. Celle-ci
déroule ses belles pentes de verdure entrecoupées de rochers gris et
recouvertes de pierres tumulaires et de petits édifices ornés de dômes.
La ville n'est pas entourée de murailles. Son intérieur ne répond pas
à son aspect agréable. Les rues sont sales et tortueuses (1). Le commerce peu important d'Hébron consiste dans l'exportation des olives,
des raisins et d'objets de verroterie qui, sous la forme de bracelets et
de pendants d'oreilles de diverses couleurs, servent de parure aux
femmes depuis le Liban jusqu'en Egypte. On y fabrique aussi du
savon. La population est de 9,000 habitants parmi lesquels on compte
600 ou 700 juifs qui ne subsistent guère qu'à l'aide des aumônes
que leurs coreligionnaires leur envoient d'Europe. Les Musulmans
sont renommés pour leur intolérance; aussi ne trouve-t-on pas un seul
chrétien parmi eux.

« La ville d'Hébron, dit M. de Vogué, renfermait un des monuments les plus intéressants du monde entier. Je veux parler du
sépulcre d'Abraham et des autres patriarches. Il était certainement
creusé dans une des pentes rocheuses qui l'entourent. Il n'y a donc
aucune impossibilité à ce qu'il soit renfermé, ainsi que l'affirme une
très-ancienne tradition, dans la célèbre mosquée qui s'élève à mi-côte
vers l'extrémité nord-est de la ville moderne. Malheureusement le
fanatisme musulman, en interdisant à tout chrétien l'entrée de l'édifice,
rend toute vérification matérielle impossible.

« Extérieurement, la vue est arrêtée par un mur très-élevé et qui, à
lui seul, offre le plus grand intérêt. Haut de 15 à 20 mètres, il entoure la mosquée de toutes parts, et forme un parallélogramme rectangulaire de 70 mètres à peu près, sur 50. Il est bâti, pour la plus
grande partie, en pierres énormes disposées en assises horizontales (2),
avec bandes lisses sur les joints, offrant la plus grande analogie par
leur appareil et leur dimension avec celles qui composent les soubassements extérieurs du temple de Jérusalem. Cette belle enceinte a un
caractère tout particulier : sans fenêtre aucune, soutenue de place en

(1) Les toits plats des maisons se terminent en petites coupoles comme à
Jérusalem.
(2) Quelques-unes ont jusqu'à 6 mètres de longueur.

place par des pilastres engagés, elle paraît avoir eu la destination spéciale d'entourer un lieu consacré, suivant un usage bien plus conforme aux habitudes religieuses de l'antiquité qu'à celles du christianisme. Elle me paraît donc antérieure à l'ère chrétienne, et provient, sans doute, de travaux exécutés par les Hébreux pour honorer la sépulture de leurs patriarches. Josèphe dit expressément que les tombeaux d'Hébron étaient en grand honneur de son temps, et qu'ils avaient été revêtus d'une riche ornementation de marbre. L'histoire confirme donc l'étude extérieure du monument, et vient en aide à la tradition. Un autre témoignage plus récent, mais non moins précieux, paraît se rapporter à la même construction, c'est celui du pèlerin de Bordeaux ; il vit, au iv$^e$ siècle, les tombeaux de la famille d'Abraham , « au milieu d'un monument carré fait de pierres d'une grosseur extraordinaire. » Après la paix de l'Église, une basilique précédée d'un atrium, fut disposée dans l'enceinte autour des tombeaux ; elle servit sans doute de point de départ aux constructions modernes.

« On voit clairement que l'intérieur de l'édifice se compose d'une cour avec portique à jour et chambres attenantes, puis d'une église à trois nefs, précédée d'un narthex. Le style du portique ne saurait se distinguer, mais celui de l'église est bien évident : aux voûtes, aux ogives franchement accentuées, on reconnaît facilement la main des croisés. Un toit à charpente, à double versant, surmonte la nef principale. Cette couverture, qu'on ne rencontre en Syrie que dans les églises très-anciennes, telles que celles de Bethléhem, la mosquée El-Aksa, et la grande mosquée de Damas, semblerait prouver qu'une partie de la basilique primitive a été conservée dans la reconstruction de l'église au xii$^e$ siècle (1). »

Chose extraordinaire ! L'or, qui a la vertu d'apaiser le fanatisme des disciples de Mahomet, jusqu'à nous ouvrir quelquefois les portes de la mosquée d'Omar, à Jérusalem, n'a plus la même efficacité en face de la mosquée d'Abraham, à Hébron. L'espagnol Badia, voyageant en 1807 en Turquie, sous le nom d'*Ali-Bey* (2), est le seul chrétien qui ait pu pénétrer dans cette mosquée, en se déguisant sous un costume

(1) *Les Eglises de la Terre-Sainte*, ix.
(2) Il paya plus tard de sa vie sa trop grande curiosité.

oriental, et se faisant passer pour musulman. Il nous en a laissé
une description incomplète dont j'extrais les détails suivants :

« Le vestibule du temple a deux chambres, l'une à droite, qui contient le sépulcre d'Abraham, et l'autre à gauche, qui contient celui
de Sarah. Dans le corps de l'église qui est gothique, entre deux gros
piliers à droite, on aperçoit une maisonnette isolée dans laquelle est
le sépulcre d'Isaac, et dans une autre maisonnette pareille sur la
gauche, celui de sa femme. Cette église, convertie en mosquée, a sa
tribune pour la prédication des vendredis, et une autre tribune pour les
chanteurs. De l'autre côté de la cour est un autre vestibule qui a également une chambre de chaque côté. Dans celle de gauche est le sépulcre de Jacob, et dans celle de droite, celui de sa femme. »

C'est avec la plus grande difficulté que le prince de Galles a obtenu
récemment (1) la permission de visiter les tombeaux des patriarches. Il
a fallu son titre d'héritier présomptif de la couronne d'Angleterre pour
décider les musulmans à ne pas lui refuser ce privilége qu'ils n'ont accordé à aucun autre chrétien depuis les croisades. Voici ce qu'un
membre de la suite du prince raconte de cette visite :

« Dans un coin à droite, se trouve ce qu'on dit être le tombeau d'A-
braham, et à gauche, celui de Sarah. Tous deux sont gardés par des
portes d'argent. On nous a prié de ne pas entrer dans le caveau qui
renferme le tombeau de Sarah. Quant au caveau d'Abraham, après un
moment d'hésitation, et sur la permission du chef, on nous l'a ouvert.
Ce caveau est en marbre. La tombe a la forme d'un cercueil comme
les tombes musulmanes ; elle est faite de marbre et de plâtre, et revêtue de tapis verts brochés d'or. Dans le parvis de la mosquée, on
nous a montré les tombeaux d'Isaac et de Rébecca. On nous a naturellement empêché de visiter la tombe de Rébecca, pour la même raison
que celle de Sarah. On nous a aussi empêché d'entrer dans la tombe
d'Isaac. Les Turcs disent que quand Ibrahim-Pacha, après la conquête de la Palestine, voulut entrer dans ce caveau, il fut repoussé
par Isaac et tomba comme foudroyé (2). »

(1) En 1862.

(2) Il est probable que tous ces tombeaux ne sont que postiches, et que les
vrais sépulcres des patriarches sont situés dans une crypte au-dessous de la
mosquée.

Les mahométans ont surélevé le mur de la grande enceinte, et l'ont flanqué de minarets placés aux quatre angles.

Dans la partie basse de la ville, se trouvent deux piscines qui remontent à une haute antiquité. Elles contiennent encore l'eau nécessaire aux besoins publics. La plus grande est un carré de 40 mètres de côté et de 15 mètres de profondeur. C'est probablement à l'une d'elles que David fit suspendre les membres mutilés des assassins d'Isboseth(1 ).

La vallée de Mambré s'étend au nord-ouest d'Hébron, elle nous présente un paysage biblique. « Aucun pays en Orient, dit M. Poujoulat, ne m'aura aussi délicieusement ému que le pays d'Hébron, et cela, par les seuls souvenirs de la Génèse. Pour nous, hommes des derniers âges, habitants d'un vieux monde qui croule, quel charme d'ouvrir le livre de la vie à sa première page, de s'asseoir à la source du grand fleuve de l'humanité! Quand on regarde les nations de la terre du haut de la colline de Mambré, où la pensée replace les tentes d'Abraham, alors surtout, on s'aperçoit combien le temps a marché. C'est un des heureux priviléges du voyageur de parcourir ainsi, chemin faisant dans les régions lointaines, toute la chaîne des siècles ; chacune de ses haltes forme un chapitre d'histoire ; au bruit des pas du voyageur, les générations éteintes sortent de la poussière, et lui disent: Nous voici.»

Dans cette large vallée, les oliviers, les figuiers, les pistachiers, les grenadiers aux fruits délicieux, nous donnent une idée de l'antique fertilité de la Terre-Promise. Toutes les collines sont couvertes de vignes, qui produisent sans culture des grappes d'une grosseur extraordinaire (2). Aussi plusieurs auteurs pensent, avec saint Jérôme, que c'est là le *Torrent de la Grappe (Neheleschol)*, où les explorateurs envoyés par Moïse coupèrent cette grappe que deux hommes portèrent sur un bâton, pour donner aux Israélites un avant-goût de leur future patrie (3).

A toutes les époques de l'histoire, la vénération publique a entouré de ses hommages un arbre d'une grande vieillesse, situé près d'Hébron ;

(1) II, Rois, IV, 12.
(2) Mgr Mislin en a vu qui avaient 2 pieds de longueur ( *Les Saints-Lieux*, III, xxxiii) et, d'après M. Saintine, on en trouve qui pèsent jusqu'à 5 kilogrammes, et ont une longueur de plus d'un mètre. ( *Trois ans en Judée*, p. 308).
(3) Nombres , xiii, 24.

c’était l’arbre sous lequel Abraham avait fait reposer les trois envoyés
du Seigneur qui venaient lui annoncer la naissance d’un fils (1). Seulement, la tradition a varié sur l’objet de ce culte respectueux ; ce que
l’on conçoit facilement. Du temps de Josèphe, c’était un térébinthe.
Sous Constantin, d’après saint Jérôme, c’était un chêne placé à deux
milles de la ville. L’empereur, ému d’un culte rendu en commun à un
vieux tronc d’arbre par les disciples de toutes les religions, voulant
empêcher le retour à des pratiques idolâtriques, le fit abattre, et
construisit en sa place une basilique dédiée à la sainte Trinité. Le chêne
qu’on voit aujourd’hui étant situé à la distance indiquée par saint Jérôme, et dans les conditions voulues, occupe probablement la place
de l’ancien chêne et de la tente d’Abraham. Cet arbre est vraiment
magnifique. Il a plus de 30 pieds de circonférence à la base, et à la
hauteur de 8 pieds il se divise en trois branches, qui seraient elles-
mêmes de grands arbres.

Reprenons le chemin de Jérusalem. On peut aller d’Hébron à
Béthléhem en cinq heures. Nous avions quitté cette aimable bourgade
depuis trente minutes, quand nous aperçûmes à gauche, non loin de
la route de Jérusalem, un petit édifice carré, blanchi à la chaux et
surmonté d’un dôme. A l’intérieur, il renferme un monument haut
de 3 à 4 mètres, terminé, à son sommet, comme nos toits à double
pente, suivant une des formes des tombeaux musulmans, et présentant une surface recouverte d’arabesques en stuc. Sous ce mausolée
moderne, les chrétiens, les juifs et les musulmans, fondés sur une
tradition incontestable, placent la sépulture de Rachel, qui mourut
en mettant au monde Benjamin. Jacob l’enterra sur la route d’Ephrata,
c’est Bethléhem, et érigea un cippe sur sa tombe (2).

Plus loin, nous avons laissé sur notre droite *le couvent de Saint-
Elie*, situé au haut d’une colline ; il appartient aux grecs et n’a rien
de curieux. On nous montra, au bord du chemin, un rocher sur lequel,
dit-on, le prophète Elie s’est couché, lorsqu’il vint chercher dans les
déserts de Juda un refuge contre la colère de Jézabel (3). Une fontaine

----

(1) Gen., xviii.

(2) Gen., xxxv, 19. — La stèle élevée par Jacob n’était probablement qu’une
énorme pierre brute.

(3) III, Rois, xix, 3.

est vis-à-vis. A quelque distance de là, au pied de la colline, on voit le *Puits des Trois-Rois*, au milieu du chemin. Selon la tradition, c'est là que l'étoile miraculeuse apparut de nouveau aux Mages pour les conduire à la crèche du Messie (1). Deux heures suffisent pour se rendre de Bethléhem à Jérusalem, car il n'y a que deux lieues, et la route est une des meilleures de la Palestine ; une voiture pourrait presque y rouler.

(1) S. Math., ii, 9.

# CHAPITRE XXIV



## I — SAINT-SABAS

Une excursion à la mer Morte et au Jourdain est toujours accompagnée de grandes fatigues et aussi de quelques dangers. Il ne peut
en être autrement puisqu'il faut traverser, par des chemins détestables,
un désert brûlant habité par des hordes sauvages. Naguère les pèlerins passaient des traités avec les cheiks des tribus dont on devait
parcourir les terres, et ces seigneurs bédouins leur garantissaient,
moyennant une forte redevance, qu'ils ne seraient pas volés par
d'autres. Mais depuis quelque temps, une discussion s'étant élevée
entre les deux tribus qui ont le riche monopole d'escorter les pèlerins,
le pacha les a mises d'accord en leur enlevant à toutes deux cette
aubaine. En Orient on sait aussi mettre en pratique la fable de l'*Huître
et les Plaideurs*.

On raconte qu'un Anglais, M. Henniker, trouvant honteux de payer
des voleurs pour ne pas être volé, avait prétendu s'affranchir du tribut
ordinaire et aller de Jérusalem à la mer Morte sans bourse délier.
Il partit donc sans argent avec un guide et un soldat, et arriva dans
la plaine de Jéricho. Les Arabes l'attaquèrent, il se défendit; mais
accablé par le nombre, il fut jeté à bas de son cheval, blessé à la tête,
dépouillé de ses habits, et renvoyé nu à Jérusalem. L'insulaire rentra
dans la ville, humilié et honteux comme un renard qu'une poule
aurait pris.

Le 16 septembre, notre caravane partit pour la mer Morte, sous l'escorte de quelques *bachi-bozouks*, soldats de la cavalerie turque irrégulière. Plusieurs mulets portaient les tentes et les provisions. Après 3 heures 45 minutes de marche, nous arrivâmes au couvent de *Mar-Saba*. Ce monastère qui étage ses constructions baroques sur les ravins escarpés du Cédron, est fortifié par la nature mieux que tous les autres couvents de la Terre-Sainte. Il est hérissé d'un rempart de rochers, et il trouve un fossé de 300 ou 400 pieds de profondeur dans le lit du torrent desséché en été, mais roulant en hiver ses eaux bourbeuses de Jérusalem à la mer Morte. Tant de force n'est pas inutile pour des hommes qui vivent loin de tout secours, au milieu d'arabes rapaces, dont ils ne peuvent oublier les anciennes déprédations. Autrefois les portes du couvent ne s'ouvraient jamais, les pèlerins et les provisions étaient hissés par une corde et introduits par une fenêtre, comme cela se pratique encore maintenant au monastère de Sainte-Catherine, sur le mont Sinaï; mais heureusement les moines de Saint-Sabas n'ont réservé cet excès de précaution que pour l'introduction des lettres. Deux tours carrées, reliées par un mur dont la partie supérieure, formée de pierres sèches, s'écroulerait sur la tête des assaillants, garnissent le haut de la falaise où s'ouvre une porte en fer. Le voyageur frappe à cette porte; aussitôt un panier est descendu, et il remonte la lettre du patriarche grec de Jérusalem, sans que personne se soit montré (1). Quand la vérification en est faite, la première porte s'ouvre, puis plusieurs autres successivement, et à travers de nombreux détours et des couloirs étroits, on arrive enfin dans l'intérieur de la forteresse.

Au sortir d'une cour où sont des écuries pour les chevaux, un escalier abrupt à deux étages nous conduit sur une plate-forme au centre de laquelle, dans une petite chapelle circulaire, est le tombeau de saint Sabas ; de l'autre côté est l'église. Une longue terrasse, ombragée par quelques arbustes, domine le ravin. On descend encore plusieurs marches pour entrer dans une chambre très-propre, meublée d'un tapis et d'un double divan ; c'est la salle de réception, le réfectoire et le dortoir des étrangers. Les moines grecs font bon accueil aux voyageurs. Leur supérieur porte le titre d'évêque de Pétra,

_____________

(1) Cette lettre est le laissez-passer obligé.

on l'appelle aussi l'*Evêque du Feu*, parce qu'il est chargé d'allumer le *feu sacré* des grecs, le Samedi-Saint.

Dès les temps les plus anciens, cette âpre solitude a été habitée par une foule d'hommes qui voulaient mener une vie parfaite, loin des scandales d'un monde impie. Sous la loi de Moïse, les Esséniens occupèrent probablement ces grottes nombreuses percées dans les deux flancs du Cédron. Plus tard, des anachorètes chrétiens leur succédèrent. En 405, saint Euthyme s'y fixa avec un grand nombre de pieux disciples. L'impératrice Eudoxie ne craignit pas de quitter la cour pour venir admirer dans ce désert de si beaux exemples, et, par les conseils du saint abbé elle abjura l'hérésie d'Eutichès pour entrer dans l'unité catholique. Saint Sabas, disciple de saint Euthyme, hérita de sa dignité abbatiale comme de ses vertus. Il bâtit, en 483, le monastère qui porte son nom, et vit une plus grande affluence de solitaires composer sa famille spirituelle. Quaresmius en fait monter le nombre à 4,000 dans le couvent et 10,000 dans les cavernes des hauteurs voisines. Ces grottes ne sont plus habitées que par des pigeons aux ailes jaunes qui sautillent partout, et donnent un peu d'animation à cette effrayante retraite. C'est le plus cher passe-temps des moines (1).

La chapelle construite en forme de croix grecque, est, suivant l'usage byzantin, surchargée de peintures, d'émaux, de dorures et de marbres précieux. L'autel est une simple table portée sur quatre colonnes isolées; le tabernacle n'est pas posé dessus, mais à côté, selon l'antique coutume de l'Église. Parmi les nombreux tableaux, se trouve un saint Pierre avec le titre de Prince des Apôtres ; ceci est remarquable dans un couvent de moines qui ne reconnaissent pas la suprématie des papes, successeurs de saint Pierre (2). Un véritable laby-

----

(1) Le P. Castillo vit ici, en 1627, un religieux qui, depuis quatorze ans, était enfermé dans une petite tourelle fort haute et fort étroite. Ce reclus ne conversait avec personne ; il jetait en bas une corde au moyen de laquelle il montait un peu de pain et d'eau, et, comme un grand régal, quelques olives aux jours de fête.

(2) La plupart de ces tableaux sont peints sur bois. Les principaux personnages qui y sont représentés ont les pieds et les mains revêtus de feuilles d'argent. Cette manière de cuirasser les membres des saints contre l'excès de vénération des fidèles est très en usage parmi les Grecs. Sans cette précaution, la peinture serait bientôt effacée dans ces endroits, car ils ont l'habitude de couvrir de leurs baisers répétés les mains et les pieds des images pieuses.

rinthe d'escaliers. tournants et de corridors, met en communication avec l'église les cellules habitées par les moines, et creusées dans le roc. La bibliothèque renferme, dit-on, une riche collection de livres précieux, mais il est difficile de la voir.

Au milieu de la cour, une petite rotonde s'élève en forme de dôme, elle est dédiée à saint Jean-Damascène qui composa en ce lieu plusieurs de ses savants ouvrages. On voit à côté, au fond d'une chapelle et derrière une grille, un amas considérable de crânes et d'ossements confusément entassés ; ce sont les restes de 4,000 religieux qui furent massacrés par les musulmans au vi[e] siècle. Il faut ensuite monter, par une étroite galerie pratiquée dans les parois du rocher, jusqu'à une haute corniche qui conduit à la grotte où saint Sabas vécut près de cinquante années.

Ce monastère passe aujourd'hui pour un des plus riches de la Palestine (1). Les caloyers sont au nombre de trente, ils suivent la règle de saint Basile, et ne mangent jamais de viande (2). A minuit un étrange charivari les convoque à l'office, et réveille en sursaut les pèlerins ; des barres de fer, enchâssées par une de leurs extrémités dans la muraille de l'église, sont frappées à tour de bras avec une autre barre de fer, et rendent un son bizarre qui tient lieu ici de l'appel de la cloche.

Tous les voyageurs reconnaissent qu'on ne peut voir une retraite d'un aspect plus sauvage, d'une nudité plus désolée que ce désert où règne un éternel silence. Le palmier que Châteaubriand a remarqué sur une terrasse du couvent, étale toujours sa touffe de verdure d'autant plus admirée qu'elle est unique, car, à part le modeste potager des moines et quelques arbustes, on ne trouve en ce lieu aucune trace de végétation. En revanche les scorpions pullulent dans le voisinage. Les rayons du soleil, réfléchis par ces murs et ces rochers, produisent une lumière et une chaleur insupportables. Aussi est-on

(1) En 1840, le gouvernement russe a dépensé une grosse somme d'argent pour le restaurer. C'est ainsi qu'il établit au loin son influence parmi ses coreligionnaires, tandis que d'autres gouvernements semblent craindre de faire trop pour les leurs.

(2) Le P. de Géramb déclare que leur vie est aussi austère que celle des Trappistes. (*Pèl. à Jérus.; I, let. 28.*)

heureux de voir au fond d'une grotte fort basse surgir une source
froide et limpide.

II — EXCURSION A LA MER MORTE — DESCRIPTION DE SON CIRCUIT

Le torrent de Cédron, qui porte en cet endroit le nom de *Wadi-er-
Râhib (vallée des Moines)*, se rend directement à la mer Morte ; on
l'appelle dans la dernière partie de son cours *Wadi-en-Nâr (vallée
du Feu.)* Les parois de cette vallée sont comme d'immenses murailles
qui atteignent parfois la hauteur de 1,000 à 1,200 pieds ; elles sont
formées en partie d'un calcaire bitumineux et noirâtre nommé par les
arabes : « pierre de Moïse », et qui brûle comme de la houille en répandant une odeur infecte. Une terre aride, rôtie et profondément tourmentée, nous fait pressentir l'approche de ces lieux où la justice de
l'Eternel a passé d'une manière si terrible. Les ondulations du sol
fuient devant nous comme les vagues d'une mer pétrifiée. A l'horizon
et au-delà de l'eau, se dressent les montagnes de Moab dont les cimes
élevées sont éclairées par un soleil resplendissant. Partout le désert.
Enfin après avoir franchi le dernier rang des collines, on voit le terrain
toujours pierreux et dépouillé s'abaisser rapidement et la mer Morte
apparaître (1).

« C'est un lac éblouissant dont la surface, unie comme une glace,
réfléchit la lumière et le ciel. Ses eaux paraissent bleues comme celles
des lacs suisses ; des montagnes jettent leurs caps dans cette mer et
découpent ses rives ; les horizons lointains semblent flotter dans des
teintes vaporeuses. Mais à mesure que l'on approche, ces teintes azurées
s'évanouissent ; les eaux prennent un aspect blanchâtre et opaque ;
la plage se montre dans toute sa désolation ; une bordure de sel court
le long du rivage ; une ligne blanche d'écume s'agite faiblement sur
ses bords ; çà et là apparaissent de larges plaques d'une substance
noire et visqueuse, ce sont des couches de bitume ou d'asphalte déposées
par les eaux qui les tiennent en dissolution. Des arbres entiers, de
longues racines, arrachés aux rives du Jourdain et rejetés sur la grève,
s'étendent au loin comme des ossements blanchis, et semblent former

(1) Il y a 7 heures de marche de Jérusalem à la mer Morte, en passant par .
Saint-Sabas, et 8 heures jusqu'au Jourdain.

une ceinture funèbre le long du rivage. Cette mer dort immobile dans
son vaste bassin, lourde et pesante comme du plomb. Aucune voile
qui sillonne ses flots ; à part des bouquets de roseaux, pas une tige
d'herbe qui se balance sur ses bords ; pas un souffle qui plisse ses
eaux. Ce sont des ondes mortes, enchâssées dans une morte nature.
Le silence qui plane sur ces rives ressemble à celui des tombeaux ;
rien ne rappelle la vie. Les arabes prétendent qu'on aperçoit quelquefois au fond des eaux transparentes l'ombre des villes maudites
ensevelies dans ces profonds abîmes ; je ne sais, mais le souvenir des
cités coupables est profondément empreint sur cette plage funèbre ;
ces flots immobiles et silencieux, cette terre effondrée, violemment
tourmentée de toutes parts, ces montagnes qui présentent leurs flancs
déchirés comme si toutes les foudres du ciel les eussent labourées,
cette absence complète de mouvement et de vie, proclament bien haut
les vengeances du ciel. Le soleil laisse tomber comme une pluie de feu
sur nos têtes, et sous l'impression de cette chaleur brûlante qui descend du ciel, qui s'échappe du sol embrasé, que repercutent les montagnes voisines, on dirait encore l'embrasement de Sodome et de
Gomorrhe (1). »

Sous quelque point de vue qu'on envisage la mer Morte, on doit
reconnaître que c'est de tous les lacs de l'univers le plus extraordinaire et le plus célèbre. Aussi depuis Strabon, Pline et Tacite,
usqu'à nos jours, a-t-il eu le privilége d'attirer l'attention des savants
et des voyageurs. Châteaubriand écrivait en 1806 que les anciens le
connaissaient beaucoup mieux que nous, et que personne n'en avait
fait le tour, si ce n'est Daniel, abbé de Saint-Sabas (2). Je suis heureux de constater que ces paroles n'ont plus d'application aujourd'hui,
car des hommes aussi éminents par leur science que par leur courage
ont exploré la mer Morte sur ses rivages et sur sa plaine liquide avec
une minutieuse exactitude, et ont livré au public le curieux résultat
de leurs investigations. En 1811, Burckhard visita la côte orientale.
En 1818, MM. Irby et Mangles firent le tour de la mer Morte, et en
Janvier 1851, M. de Saulcy employa vingt et quelques jours à cette
aventureuse expédition. Son entreprise fut couronnée de succès malgré

(1) M. Azaïs, *Pélerinage en Terre-Sainte.*
(2) *Itinéraire*, II.

les nombreux dangers auxquels il fut exposé. Sa relation est pleine d'intérêt ; je vais en extraire les détails les plus saillants.

Le *Wadi-en-Nâr* ou Cédron débouche dans la mer Morte auprès du cap Fechkah et de la fontaine du même nom qui donne une eau chaude et saumâtre. C'est près de là que le docte voyageur a découvert des ruines immenses appelées par les Arabes *Karbet-Fechkah* et *Karbet-Goumram*. Se fondant sur l'importance de ces décombres qui n'ont pas moins d'une lieue et demie de développement, et sur l'analogie du nom Goumram avec celui de Gomorrhe, il n'hésite pas à reconnaître en cet endroit les ruines de cette ville maudite (1).

A peu près au milieu de la côte occidentale du lac Asphaltite se trouve une charmante oasis dans laquelle gazouillent une foule de petits oiseaux que l'on ne s'attendrait pas à rencontrer sur une plage qui porte, partout ailleurs, l'empreinte de la plus triste désolation. C'est la fontaine d'*Aïn-Djedy*. Elle fertilise un étroit plateau, espèce de terrasse suspendue à plus de 400 pieds au-dessus du rivage. La source est chaude (2), limpide et d'un goût délicieux ; elle descend en gracieuses cascades, pour entretenir une splendide végétation. On y voit l'orange de Sodome, produite par l'Asclépiade géante que les Arabes nomment *Ocher*. « Ce fruit a l'apparence d'un cédrat de taille médiocre. Quand il n'est pas mûr, sa pulpe verte, qui n'est qu'une mince enveloppe destinée à protéger les graines, s'éraille facilement au contact de la main pressée de le cueillir et laisse échapper des gouttelettes d'un suc laiteux et épais (3). Quand il est mûr, il s'ouvre facilement sous la moindre pression, et il en sort alors une foule de petites graines plates et noirâtres surmontées de panaches soyeux d'une blancheur éclatante (4). » Les arabes se servent de cette matière comme de coton. C'est sans doute ce fruit trompeur que

_______

(1) Il remarque aussi qu'on ne peut trouver dans l'histoire aucune trace d'une autre ville en ces lieux. — *Voyage autour de la mer Morte*, I. — Mgr Mislin, s'appuyant sur un passage de Josèphe, pense au contraire qu'il faut chercher l'emplacement de Gomorrhe à l'extrémité méridionale de la mer Morte, mais sur la rive orientale. (*Les Saints-Lieux*, III, p. 242.)

(2) Sa température est de 22° cent.

(3) Ce suc est un poison qui peut donner la mort aux animaux.

(4) *Voy. autour de la mer Morte*, I.

les anciens auteurs depuis Josèphe désignent, avec plus de poésie que de vérité, sous le nom de *Pomme de Sodome*, laquelle, malgré l'apparence la plus appétissante, s'évanouissait en cendre et en fumée dès qu'on la touchait. Aussi les moralistes comparaient-ils à ce fruit les plaisirs coupables du monde qui séduisent d'abord, mais qui bientôt donnent la mort à l'âme et passent comme une vaine fumée.

Un autre fruit peut encore revendiquer l'honneur d'être cette fameuse pomme de Sodome. C'est celui du *Solanum Melongena* aux fleurs larges et roses. Il est plus agréable à voir qu'à cueillir, car sa tige comme celle de l'asclépiade est couverte d'épines. J'ai rapporté deux de ces fruits de la plage nord-ouest de la mer Morte. Ils sont parfaitement ronds et de la grosseur d'une petite pomme d'api; ils ont passé en mûrissant du vert glauque au jaune doré. J'ai ouvert l'un d'eux. L'écorce est semblable à du parchemin et ne renferme ni pulpe ni liqueur, mais sur une prolongation du pédoncule est collée une multitude de petites graines plates et noirâtres un peu plus grosses que celles du pavot. Ce sont ces graines, qui s'échappent en foule sous une médiocre pression des doigts à la maturité du fruit, que les vieux pèlerins ont prises pour de la cendre.

C'est le voyageur Seetzen qui a retrouvé, en 1806, d'une manière certaine à Aïn-Djedy, la ville d'*Engaddi*, dont le nom signifie en arabe comme en hébreu, *la fontaine du Chevreau*. Cette cité porta d'abord le nom d'*Asasonthamar (les Cabanes des palmes)*, et elle est mentionnée par Moïse comme une des principales des Amorrhéens (1), avant le désastre de la Pentapole. Nous savons par le livre des Rois que David se retira dans les lieux très-sûrs d'Engaddi pour se soustraire aux poursuites de Saül. C'est dans une caverne des environs qu'il prouva sa magnanimité, en épargnant un ennemi qui se trouvait à sa discrétion (2). Nous lisons aussi dans le Cantique des Cantiques : « Mon bien-aimé est pour moi comme une grappe de cypre *(kifer)* dans les vignes d'Engaddi (3). » Le *kifer* ou *henné* est un arbrisseau dont les feuilles fournissent la liqueur employée par les femmes arabes et turques pour se teindre les ongles en rouge. On ne

(1) Gen., xiv, 7.
(2) I, Rois, xxiv.
(3) I, 13.

voit plus cet arbuste à Aïn-Djedy, ni les vignes célèbres dont Cahen affirme que l'existence s'est prolongée jusqu'au milieu du siècle dernier. Quant aux palmiers qui ont donné à Engaddi son nom primitif, Pline témoigne qu'ils étaient encore nombreux de son temps; mais il n'y en a plus aujourd'hui. On descend de la source au rivage par une pente escarpée. La plage forme une plaine fertile d'un demi-kilomètre de longueur, couverte de jardins cultivés par quelques arabes. Les ruines de l'Engaddi biblique sont dispersées sur tout cet espace.

Au nord d'Engaddi et dans les environs, les rochers sont percés de nombreuses grottes dont la plupart furent jadis habitées. Pline assure que là se retiraient les Esséniens, ou plutôt les Thérapeutes qui n'étaient qu'une subdivision des premiers et n'en différaient que par un ascétisme plus sévère et plus mystique. Les anachorètes chrétiens ont succédé à ceux de la loi mosaïque, et saint Antonin, au VI° siècle, vit dans ces cavernes 10,000 solitaires répartis dans vingt couvents de ce genre.

Cette côte occidentale de la mer Morte est fréquentée par des tribus de bédouins appelées les *Thâameras* et les *Djahalins*. Ces derniers sont beaucoup plus noirs de teint que les Thâameras et leur costume est aussi plus négligé. Il ne se compose que d'une chemise de grosse toile grise et d'un *kafiéh* (1). Leur chaussure, quand ils en ont, consiste en semelles reliées par des ficelles autour du gros orteil et de la cheville. Quelques mauvais fusils à mèche, quelques sabres invalides, voilà tout leur armement. Ces pauvres hères s'arrogent le droit de rançonner les voyageurs sous prétexte de leur servir de guides, quand ils ne les détroussent pas. Mais comme leurs clients ne sont point nombreux dans ces déserts horribles, ils doivent s'habituer à faire maigre chère. Aussi faut-il peu de chose pour les régaler. En voici la preuve. Lorsqu'un jour dans une halte auprès de Sebbeh, M. de Saulcy avait fait distribuer aux Bédouins de son escorte un supplément d'huile et de farine, pour les dédommager de la privation d'eau, il les vit manifester leur joie par les chants et la danse. Il décrit ainsi ce curieux spectacle.

(1) C'est une pièce d'étoffe en forme de mouchoir dont les bédouins couvrent leur tête en la fixant avec une corde.

« Ce que dansent nos arabes, c'est *la danse du sabre*. Voici en quoi consiste cet échantillon d'une chorégraphie de sauvages. Huit hommes, se tenant par le bras et les mains en avant, chantent un refrain qui se répète indéfiniment ; les quatre de droite commencent et ils battent des mains en cadence, en se dandinant soit de gauche à droite, soit d'arrière en avant. Quand ils ont fini, les quatre acteurs de gauche répètent ce que viennent de dire les quatre autres, et ils exécutent les mêmes battements de mains et les mêmes contorsions. Devant eux, un homme qui reste muet leur fait face et il bat la mesure du chant avec la lame de son sabre, en leur passant cette lame contre la figure ; tantôt il se rapproche du chœur, qui recule alors, tantôt il recule à son tour, et le chœur s'avance sur lui, en s'inclinant à chaque pas et en s'accroupissant le plus souvent presque jusqu'à terre. Quand ils se relèvent, ils jettent un cri aigu et guttural qui achève de donner à cette danse le caractère le plus diabolique. A mesure qu'ils chantent en se dandinant, les faces de tous ces hommes prennent un caractère de plus en plus farouche, et après une demi-heure de cet exercice, ils ressemblent à de véritables bêtes féroces qui passent leur temps à se promettre quelque meurtre à accomplir. Ce spectacle vu la nuit, dans un lieu pareil et à la clarté des feux du bivouac, nous émeut et nous impressionne vivement ; nous ne nous lassons pas plus de le contempler que nos Bédouins ne se lassent de savourer ce plaisir de *Peaux-Rouges*. Tous y prennent part, et ceux-mêmes qui ne figurent pas dans le chœur, battent des mains en cadence et accompagnent le chant. C'est Meydani qui brandit son sabre devant eux en relevant sa robe de la main gauche, pour que ses mouvements saccadés soient plus libres. Cette pantomime a duré pendant une heure entière lorsque survient notre moucre Schariar qui prend la place de Meydani et nous montre son savoir-faire. Jamais je n'ai vu manœuvrer un sabre avec une dextérité pareille ; il semble que cet homme parvienne à s'entourer d'un cercle d'acier, tant la lame qu'il fait voltiger roule rapidement autour de toutes les parties de son corps ; évidemment Meydani n'est qu'un novice en comparaison de Schariar. Mais bientôt la danse du sabre cesse, et notre moucre, qui est le chanteur émérite de Beyrouth, entonne à lui tout seul des chansons aussi salées que l'eau de la mer Morte, chansons qu'il assaisonne de gestes de haut goût. Rien ne saurait dépeindre l'enthousiasme des Bédouins : le ravissement et l'admiration se peignent sur leurs figures basanées, et des applaudissements frénétiques sont la récompense du beau talent de Schariar (1). »

A quatre lieues au sud d'Engaddi, se trouve, sur un rocher à pic
qui a près de mille pieds d'élévation, le lieu appelé *Sebbeh*, anciennement *Masada*. C'est le dernier boulevard de la nationalité juive,
qui y fut anéantie dans le sang de ses intrépides défenseurs, et au
milieu d'un incendie dont on voit encore les traces.

Cette citadelle avait été élevée dans le iiᵉ siècle avant Jésus-Christ
par Jonathas Machabée. Elle fut nommée Masada, c'est-à-dire forteresse. Plus tard, Hérode-le-Grand voulut, par d'énormes travaux, la
rendre imprenable pour s'en faire un refuge en cas de danger. Peu de
temps avant le siége de Jérusalem, cette forteresse tomba entre les
mains des Juifs qui résistaient à l'armée de Titus, et de cette aire
inaccessible, ils descendaient pour piller la contrée voisine, comme
l'aigle s'élance sur sa proie du haut des rochers. Quand la capitale fut
prise et avec elle toute la Judée, les Romains mirent le siége devant
Masada, qui devint alors le théâtre d'un des plus tragiques événements
dont l'histoire fasse mention. Josèphe nous a laissé un émouvant
récit de cette terrible catastrophe (2). F. Sylva enferma les assiégés
dans une muraille. Ces malheureux se défendirent avec une énergie
incroyable. Mais bientôt Eléazar, leur chef, voyant qu'il n'y avait
plus aucun moyen de salut, même dans le courage du désespoir,
il se résolut à mourir avec tous les siens pour échapper à l'esclavage. Enflammés par son discours véhément, ces *derniers des
Juifs* donnèrent à leurs femmes et à leurs enfants le baiser d'adieu et
les poignardèrent ensuite. Dix d'entre eux, désignés par le sort, tuèrent leurs compagnons, puis enfin un seul, tiré au sort, égorgea ceux
qui survivaient, et lui-même après s'être assuré qu'il ne restait pas
un de ses concitoyens, mit le feu à la forteresse et se perça le cœur avec
son épée. Tous périrent à l'exception de deux femmes et cinq enfants qui
s'étaient cachées dans un aqueduc souterrain, et purent raconter ce
désastre. Le lendemain, quand les Romains pénétrèrent dans la citadelle, ils n'y trouvèrent pas d'ennemis devant eux, mais la solitude des
sépulcres et 960 cadavres, au milieu des décombres de l'incendie.

(1) *Voyage autour de la mer Morte*, I.
(2) *Guerre des Juifs*. VII, 2.

Les ruines de Masada sont encore très-importantes. On y entre par une porte bien conservée, et à voûte en ogive (1). Puis on reconnaît le palais d'Hérode avec ses mosaïques, trois grandes citernes, une enceinte de grosses pierres régulières, des souterrains profonds, des restes de tours, et même les longues lignes de circonvallation que les Romains avaient construites autour de la montagne dont on ne peut atteindre le sommet que par un sentier très-périlleux.

A l'extrémité sud-ouest de la côte, une immense montagne élevée de trois à quatre cents pieds, se développe sur une lieue de largeur et trois de longueur. Les Arabes l'appellent *Djebel-el-Meleh (la montagne de sel)*, et *Djebel-Sdoum (la montagne de Sodome)*. C'est une masse compacte de sel gemme, d'une teinte grisâtre dont certaines couches sont colorées en vert et en rouge. Au sommet, le sel est recouvert d'une couche argileuse d'un blanc sale. Le flanc présente beaucoup de fissures creusées par les eaux de l'hiver. Plusieurs blocs de sel cristallisé, de grandes dimensions, sont comme détachés du reste de la montagne qui est percée de nombreuses grottes. Robinson s'est aventuré jusqu'à 300 pas dans l'intérieur de la principale d'entre elles. Ses parois sont en sel (2). Sur le flanc nord de cette étrange montagne M. de Saulcy a remarqué un énorme amas de grosses pierres brutes, débris d'une ville antique parfaitement reconnaissables ; elles ont un aspect calciné, et couvrent une vaste étendue de terrain. On y distingue encore de nombreux arasements de murailles qui composaient des rues très-larges. Or, voici, selon ce savant voyageur, la conclusion logique qu'il faut tirer de cette découverte. Il est indubitable qu'en outre d'Engaddi, de Masada, de Thamara et de Zoar, dont on a retrouvé les emplacements, il n'y a pas eu depuis la destruction de la Pentapole, d'autres villes construites sur les rives occidentales de la mer Morte; d'un autre côté, tout le monde reconnaît que Sodome était à la pointe sud-ouest de cette mer ; la montagne de sel est appelée Sodome par Galien, et encore aujourd'hui, montagne de Sodome par les Arabes; donc, les décombres d'une ville antique que l'on voit à la

(1) « Voilà, du coup, dit M. de Saulcy, l'ogive reportée à l'époque d'Hérode-le-Grand ou tout au moins de Titus et de la destruction de Masada. » (*Voyage autour de la mer Morte*, I, p. 216.)

(2) Les Arabes affirment qu'elle traverse la montagne. Elle peut avoir une douzaine de pieds de hauteur et de largeur, et renferme un ruisseau.

montagne de sel, et que les habitants du pays sont unanimes à appeler
ruines de Sodome, *Kharbet-Esdoum*, en leur appliquant l'histoire de
la ville maudite, le sont réellement. « Si l'on ne veut pas que ce soit
là Sodome, dit M. de Saulcy, je demande simplement quelle ville ce
peut-être, et quel peuple aurait eu, depuis la catastrophe de la Pentapole, l'idée incroyable d'établir, loin de toute eau potable, une ville
sur du sel dans lequel il devenait dès lors impossible de creuser des
citernes. Jusqu'à ce qu'on ait répondu à cette double question, je me
permettrai d'affirmer que les ruines de Sdoum sont bien celles de la
Sodome biblique. »

A une demi-lieue de Kharbet-Esdoum, se trouvent d'autres décombres d'une ville nommée *Zouera-et-Tahtah (la Zoar inférieure)*, que
M. de Saulcy identifie avec celles de *Zoar* ou *Ségor*, dans laquelle Lot
se retira pour échapper au désastre de Sodome (1), et qui, de l'aveu de
tous, ne devait pas être éloignée de cette cité de plus d'une lieue (2).

On ne peut parcourir la Terre-Sainte d'un œil attentif sans y rencontrer à chaque pas des preuves irréfragables de la véracité, et par
conséquent de la divinité de la Bible, et on les voit là, sur ce théâtre
des vengeances divines, peut-être plus que partout ailleurs. Dans l'immense renversement de cette contrée qui, selon M. de Humboldt, n'a
pas d'analogue sur notre globe, dans l'action d'un feu dévorant qui a
laissé sur cette terre des traces aussi visibles que celles des eaux du
déluge sur la face de l'univers, on aperçoit l'effet toujours subsistant
de l'affreuse catastrophe qui a eu lieu environ deux mille ans après la
création du monde et dont Moïse nous a laissé le récit dans le premier
livre de l'Écriture-Sainte. « Le Seigneur (voulant punir les crimes
abominables de ces populations), fit pleuvoir sur Sodome et sur Gomorrhe le soufre et le feu du haut du ciel, et il renversa ces villes et
tout le pays d'alentour, avec tous les habitants des villes, et tout ce
qui avait de la verdure sur la terre (3). »

Toutes les traditions, celles des anciens païens et des arabes, habitants modernes de ces contrées, sont d'accord avec celles des juifs pour

(1) Gen., xix, 23.
(2) Ségor, que Dieu a épargné à la prière de Loth, a dû subsister jusqu'à
une époque assez rapprochée de nous.
(3) Gen., xix, 24.

reconnaître en ces lieux les marques d'un bouleversement extraordinaire causé par un vaste incendie.

Strabon en parle ainsi : « Cette contrée est, dit-on, travaillée par le feu ; on en donne pour preuve certaines roches durcies et calcinées vers Moasada (Masada), des crevasses, une terre semblable à de la cendre, des rochers qui distillent la poix, çà et là des lieux habités jadis, bouleversés de fond en comble ; en sorte qu'on pourrait ajouter foi à cette tradition répandue dans le pays, d'après laquelle il aurait existé autrefois en ces lieux treize villes. Il resterait même, dit-on, de leur métropole Sodome, des ruines dont la circonférence serait d'environ soixante stades (1). Des tremblements de terre, des éruptions de feu, d'eaux chaudes, bitumineuses et sulfureuses, auraient fait sortir ce lac de ses limites ; des rochers se seraient enflammés, et c'est alors que ces villes auraient été ou englouties ou abandonnées de tous ceux qui purent s'enfuir (2). »

Voici maintenant le témoignage de Tacite : « On dit que les campagnes situées auprès (de ce lac) furent autrefois fertiles et occupées par de grandes villes, et qu'elles furent brûlées par la foudre qui fut lancée sur elles (3), qu'il en reste des vestiges, et que la terre elle-même, qui semble rôtie, a perdu sa vertu féconde (4). » Nous verrons un peu plus loin que les observations de la science moderne sont aussi conformes en ce point au récit de l'historien sacré.

Mais s'il y a unanimité pour admettre que la Pentapole a été détruite par le feu, il n'en est plus de même sur la question de savoir où ces villes étaient situées. Voilà pourquoi, lorsque M. de Saulcy a déclaré qu'il avait découvert les vestiges de Sodome et des autres villes maudites, il a vu son affirmation généralement contestée. Parmi ses contradicteurs je remarque Mgr Mislin. Cet érudit prélat pense, comme M. de Saulcy, « qu'il faut chercher les ruines de Zoar non loin de la montagne de sel d'Usdom, parce que c'est dans ses environs que, selon la plus grande probabilité, se trouvait aussi la ville de Sodome ; » mais il ne veut pas reconnaître que M. de Saulcy a retrouvé les ruines de ces antiques cités. « Bien que l'opinion com-

(1) Plus de 2 lieues.
(2) Liv. XVI.
(3) *Fulminum jactu arsisse.*
(4) *Hist.*, liv. V, c. VII.

mune, dit-il, soit que ces villes ont été englouties par les eaux de la
mer Morte, elle ne saurait être démontrée, mais il me semble que
l'opinion contraire peut l'être moins encore (1). » M. de Saulcy répond
ainsi à cette fin de non-recevoir : « Sur quoi l'explication qu'on allè-
gue contre mon opinion est-elle appuyée ? Où a-t-on trouvé la catastrophe de la Pentapole racontée de façon à permettre de supposer un
seul instant que les villes frappées par la colère céleste ont été englouties au fond du lac ? Est-ce dans la Sainte Bible ? Est-ce dans les
œuvres des écrivains de l'antiquité ? Pas plus d'un côté que de
l'autre (2). » Il cite les textes de l'Ecriture qui se rapportent aux
villes maudites : Gen. xix, 24, 25 ; le verset 28 est plus explicite :
« Et (Abraham) regardant vers Sodome et Gomorrhe sur toute la surface des environs de la plaine, il vit une fumée s'élever de terre semblable à celle d'une fournaise. » La fumée qui s'élevait de terre était
celle des villes incendiées ; donc il n'est pas question ici de l'englou-
tissement de ces villes sous les eaux du lac, car il n'y eut plus eu alors
de fumée possible.

Le Deutéronome (3), Amos (4), et Sophonie ne sont pas non plus
de l'opinion de Mgr Mislin. Sophonie s'exprime ainsi : « C'est pourquoi je suis vivant, dit le Seigneur des vertus, le Dieu d'Israël ; certes
Moab sera comme Sodome, et les fils d'Ammon comme Gomorrhe, un
lieu délaissé, couvert de ronces, et un monceau de sel, et une solitude
éternelle : le reste de mon peuple le pillera (5). » Le prophète
n'aurait certainement pas comparé les ruines de Sodome et de Gomorrhe à un lieu couvert d'épines et à un amas de sel, s'il avait cru
qu'elles fussent au fond des eaux.

Jérémie pensait comme Sophonie ; il dit en parlant de l'Idumée :
« Comme Sodome et Gomorrhe, et les villes voisines ont été boule-
versées, dit le Seigneur, il n'y demeurera plus personne, et le fils
de l'homme ne l'habitera pas (6). »

Dans le Nouveau-Testament Notre-Seigneur dit : « Le jour que

(1) *Les Saints-Lieux*, III, xxxvii, p. 240.
(2) *Voy. autour de la mer Morte*, II, p. 23.
(3) xxix, 23.
(4) iv, 11.
(5) Soph., ii, 9.
(6) Jér., xlix, 18.

Loth sortit de Sodome, le feu plut, et c'était le feu divin venant du Ciel, et il les détruisit tous (1). » Saint Pierre parle dans le même sens : « Ayant réduit en cendres les villes de Sodome et de Gomorrhe, il les condamna à la destruction (2). »

« Je viens d'extraire des Saintes-Ecritures, ajoute M. de Saulcy, nombre de passages qui constatent irréfragablement que l'eau n'a joué aucun rôle dans cet effroyable événement; qu'on en cite un seul, je dis *un seul*, qui permette de supposer le contraire. Ces témoignages sacrés seraient bien suffisants sans doute, mais abondance de preuves ne nuit pas. Passons donc aux auteurs profanes.

« Dans son voisinage (il s'agit du lac Asphaltite), est la terre de Sodome, autrefois florissante parce qu'elle était très-fertile et couverte de villes, mais maintenant entièrement brûlée. On dit qu'elle fut embrasée par la foudre, à cause de l'impiété de ses habitants. On peut encore y voir les traces du feu divin et les ombres (*imagines*) des cinq villes, et les cendres renaissant sur des fruits qui par leur couleur sont semblables aux fruits que l'on mange, mais qui se dissolvent en fumée et en cendres dans les mains de ceux qui les prennent (3). » C'est Josèphe qui s'exprime ainsi. Il dit ailleurs : « Alors Dieu lance sa foudre sur la ville (Sodome); il la brûle avec ses habitants, et il dévaste leur terre par le même incendie (4). » On voit que l'illustre historien des Juifs n'admettait pas la submersion de la Pentapole. Strabon et Tacite, nous le savons, croyaient que les ruines des cités maudites étaient encore visibles. Eusèbe et saint Jérôme pensaient aussi que ces villes étaient non pas dans la mer Morte, mais auprès d'elle, *juxta mare mortuum* (5). Parmi les écrivains arabes plusieurs ont eu la même opinion, entre autres Masoudy et Aboulféda. Voici ce que dit le premier : « Et ces villes ont subsisté jusqu'à notre époque. Elles sont en ruines et ne contiennent pas d'habitants (6). »

Il semble d'après ces autorités si graves que les villes de la Pentapole n'ont pas été submergées après leur incendie. Pourquoi donc

______

(1) S. Luc , XVII, 29.
(2) IIᵉ Epît., II, 6.
(3) *Guerre des Juifs* , V, c. V.
(4) *Ant. Jud.*, liv. I, c. XII.
(5) *Onomast*, Vᵒ *Sodoma*.
(6) Masoudy cité par M. Quatremère, *Journ. des Sav.*, septembre 1852.

Mgr Mislin, tout en avouant que l'opinion contraire ne saurait être démontrée, la regarde-t-il cependant comme plus probable? Un esprit
aussi élevé que celui du savant abbé de Sainte-Marie-de-Deg, n'a pu
adopter cette opinion simplement parce qu'elle a été commune jusqu'à
nous. Mais il nous prouve son sentiment par un argument qui n'est
ni long, ni fort. Pour ce fait qui remonte à une époque si reculée, il
pense que la Bible seule peut fournir quelque lumière.

« Les quatre villes soumises à ce terrible châtiment, dit-il, avec
tout le pays qui les entourait, se sont-elles trouvées dans la partie
envahie par les eaux? L'Ecriture ne le dit pas, mais il ne faut pas
s'étonner qu'on soit disposé à le croire, puisque cette partie submer-
gée est de beaucoup la plus considérable du Ghor (1), et qu'elle était
*un pays très-agréable, arrosé comme un jardin de délices* (2),
qui a dû être par conséquent habité de préférence. Or, ce pays si
agréable, où très-probablement les villes étaient situées, s'appelait la
vallée de Siddim, *qui est maintenant la mer de sel* (3). Cette
expression de l'Ecriture est très-propre à faire croire que les villes
coupables sont au fond des eaux (4). »

Cette expression de l'Ecriture est si peu propre à faire croire que les
villes coupables sont englouties, que M. de Saulcy, s'appuyant sur
le célèbre Reland, dont on ne peut contester la judicieuse critique,
s'en sert précisément pour prouver son opinion contraire à celle de
Mgr Mislin.

« Il y a plus, dit-il, le texte sacré lui-même prouverait que, quand
bien même la plaine de Siddim eût été en tout ou en partie envahie
par les eaux du lac, il n'en serait pas de même des villes de la Pentapole. En effet, ces villes ne pouvaient pas être situées dans la
vallée de Siddim. Que lisons-nous dans la Bible à propos des rois de
la Pentapole? *Hi omnes congregati sunt in vallem Siddim, quæ
nunc est mare salsum* (5). Reland (6) s'exprime ainsi à propos de
ce verset : « Il n'est dit ici qu'une seule chose, c'est que la vallée

(1) La vallée du Jourdain.
(2) Gen., XIII, 10.
(3) Gen., XIV, 3.
(4) *Les Saints-Lieux*, III, XXXVII, p. 244.
(5) *Traduct. litt. de l'hébr.*, Gen., XIV, 3.
(6) *Palestina monumentis veteribus illustrata*, lib. *I*, p. 254.

qui s'appelait auparavant vallée de Siddim, devint ensuite la mer Morte, ce que je ne conteste pas. En effet, cette vallée peut avoir été inondée par les eaux de cette mer, soit par suite d'une crue du Jourdain, soit par le jaillissement d'eaux souterraines ou autres; mais comme on ne sait ni quand, ni comment la chose est arrivée, il n'est pas nécessaire de s'étendre sur ce point. L'écrivain sacré ne dit pas que les cinq villes, Sodome et les autres, furent situées dans la vallée de Siddim; il y a plus, c'est le contraire que l'on peut conclure du texte cité, puisque les rois de ces cinq villes, après avoir réuni leur armée, se rassemblèrent *versus vallem Siddim* (1), *vers la vallée de Siddim.* Que si quelqu'un voulait traduire *dans la vallée*, cela reviendrait au même. Donc probablement la vallée de Siddim était autre chose que la contrée dans laquelle leurs cinq villes étaient situées. Qui dirait, par exemple, les habitants d'Amsterdam, de Harlem et de Leyde ont marché au-devant de l'ennemi et se sont réunis en Hollande, précisément parce que ces villes sont des villes hollandaises, mais on peut proprement dire, les habitants de ces villes se sont réunis dans le lieu où est aujourd'hui le lac de Harlem, et il est permis de conclure de là que le lac de Harlem est différent de la contrée dans laquelle ces villes sont situées. »

« Cette argumentation de Reland serait, je crois, assez difficile à retorquer, et on me permettra de la trouver concluante; au reste, Reland s'appuie sur une très-juste observation de plus, c'est que dans le verset du chapitre XIX de la Genèse où il est dit que Dieu fit pleuvoir le soufre et le feu sur les villes maudites et toute la plaine, l'expression dont se sert l'écrivain sacré pour rendre cette dernière idée est : le *circuit*, la *plaine* et non pas la vallée de Siddim (2). »

Dom Calmet pense aussi que du verset 3, ch. xiv de la Genèse, « on peut conclure que les quatre villes n'étaient pas situées dans le lieu où est à présent la mer Morte, mais au voisinage de cette mer (3). »

J'ai résumé les pièces du débat, chacun en tirera la conséquence qui lui semblera la plus logique. S'il m'était permis d'exprimer mon

(1) Selon l'hébreu.
(2) *Voyage autour de la mer Morte*, II, p. 29.
(3) *Bible de Vence*, I, *Diss. sur la ruine de Sodome.*

opinion sur ce sujet, je conclurais que les villes et le pays, brûlés et renversés par la colère de Dieu, n'ont pas été submergés par la mer Morte (du moins dans leur plus grande partie); donc il est très-probable que les ruines des cités antiques découvertes par M. de Saulcy et qui réunissent les conditions voulues, sont celles des villes maudites, et je dis avec lui, en finissant cette dissertation : « Si vous ne voulez pas nous croire, allez y voir. »

Ici se présente naturellement la question de *la femme de Loth*. Moïse, après avoir raconté l'incendie de la Pentapole, ajoute : « Et la femme de Loth regardant derrière elle, fut changée en statue de sel (1). » Il est certain que ce monument a subsisté pendant très-longtemps, puisque l'auteur du livre de *la Sagesse*, qui écrivait plus de mille ans après la catastrophe, nous fait connaître que cette statue existait encore de son temps. « Une statue de sel est debout, souvenir d'une âme qui ne voulut pas croire (2). » Subsiste-t-elle encore aujourd'hui? A cette question je réponds avec D. Calmet (3) : il est vraisemblable que non, car on ne peut citer aucun voyageur digne de foi qui l'ait vue. Quelques auteurs, je le sais, même dans les temps modernes, tels que le P. Roger (4) et Maundrell, affirment sans hésiter que cette statue paraît encore auprès de la mer Morte, mais le défaut de critique et de preuves doit faire reléguer leurs assertions au rang des fables qu'ils n'ont pas su toujours écarter de leurs récits. Sur la montagne de sel ou de Sodome dont j'ai parlé plus haut, on voit une colonne de sel qui a une quarantaine de pieds de hauteur, et les pluies de l'hiver, en détachant de la masse des blocs de sel, forment d'énormes aiguilles ou piliers isolés qu'avec un peu de bonne volonté, on peut trouver plus ou moins conformes à une statue de femme. Après

_______

(1) Gen., xix, 25.

(2) Sag., x, 7.

(3) *Bible de Vence*, I, *Diss. sur la ruine de Sodome*.

(4) Voici ce qu'il en dit : « A quatre lieues du monastère de Saint-Sabas, vers le midi, et à une bonne demi-lieue de la mer Morte, on voit encore aujourd'hui la femme de Loth convertie en statue de sel, semblable à de l'alun, mais très-bon à assaisonner les sauces : j'en ai goûté par curiosité, mais *je n'ai pu voir* ni approcher de cette statue à cause des Arabes. Elle est semblable à une masse ou grosse pierre de cinq ou six pieds de circuit et de la hauteur de cinq pieds. » ( *La Terre-Sainte*, liv. I, c. xvii, 1663. )

F. Joséphe, saint Irénée, saint Cyrille de Jérusalem et plusieurs autres graves auteurs ont identifié la principale de ces colonnes de sel avec la statue de la femme de Loth, et M. Lynch, qui a vu cette colonne en 1848, a adopté cette opinion, que l'on doit rejeter comme dénuée de preuves.

Sur la plage, au bas de l'étrange montagne de Sodome, des petites flaques d'eau forment de véritables salines. Elles produisent un sel parfaitement cristallisé et d'une blancheur éblouissante (1). Les Bédouins en forment des tas et en font un petit commerce.

La mer Morte est terminée au midi par des marais salés qui ont deux lieues de largeur, et dont le terrain est tellement abaissé qu'il est recouvert par les eaux du lac lorsqu'elles élèvent leur niveau. Les Arabes appellent cette plaine *le Ghor*. Les hommes et les bêtes ne peuvent la traverser sans risquer d'y périr enfoncés dans un sol effondré et fangeux, que plusieurs torrents traversent pour aller se perdre dans le lac. Au milieu de cette plaine se trouve un canal nommé *Rahk*. Sa forme est celle du lit d'une grande rivière, il est à sec maintenant. Plusieurs auteurs le regardent comme l'ancien lit du Jourdain (2). Une partie du Ghor, appelée *Rhôr Safieh*, forme une sorte de forêt d'arbres épineux qui servent de retraite aux sangliers et aux panthères.

La rive sud-est du lac Asphaltite est habitée par les *Beni-Sakhar*, tribu puissante et riche. Le costume de leurs scheiks se compose d'une longue robe écarlate serrée autour des reins par une ceinture à laquelle pend un sabre recourbé ; sur le dos ils ont un manteau noir ou rayé de brun et de blanc ; ils sont chaussés de bottes rouges et leur tête est couverte d'un mouchoir serré par une corde en poil de chameau. Voici l'aspect de leur campement : au milieu un grand espace vide forme une sorte de place publique, sur laquelle s'ouvrent toutes les tentes formées de pièces d'étoffe noire ou rayée de blanc. Mesdames les Bédouines sont vêtues uniformément d'une simple et longue robe bleue ; tête, bras et jambes nus. Elles mettent leur coquetterie à se tatouer la figure en bleu, ce qui les rend très-laides ; et à graisser de beurre ou d'huile leurs cheveux, ce qui les rend presque

_____

(1) On l'emploie sans lui faire subir aucune préparation.

(2) Sa largeur est de 250 à 300 mètres, et sa longueur de 12 kilomètres.

rousses et leur communique une odeur nauséabonde. M. de Saulcy
a remarqué qu'elles ont, en général, de fort bonnes dents, et que
toutes, sans exception, ont la rage de la pipe; aussi l'obsédaient-elles
pour avoir du tabac.

Auprès d'une localité nommée *En-Nemaïreh*, des ruines sont accumulées autour de *Talâa-Sebâan;* elles recouvrent une étendue de
terrain très-considérable. M. de Saulcy y voit les décombres de la
*Seboïm* de la Pentapole. Ici je pense comme Mgr Mislin que les
preuves de cette identification ne sont pas parfaitement concluantes,
mais ceci n'infirme pas les arguments du docte membre de l'Institut sur
d'autres points.

Nous voici arrivés à la grande presqu'île *El-Mezrâah* ou *El-Liçan*
(*la langue*). C'est en effet une langue de terre qui s'étend vers le nord
et occupe les trois quarts de la largeur du lac; elle se termine au nord
et au sud par deux pointes très-aiguës. Le rétrécissement de la mer
formé par cette presqu'île et la côte occidentale n'a pas une demi-lieue
de largeur; il a été nommé *Canal de Lynch*, parce que cet audacieux
américain est le premier depuis des siècles qui l'ait traversé avec une
embarcation.

Au nord-est de cette presqu'île se cache dans les buissons un misérable village formé de tentes et de huttes en torchis et en branchages.
. Il est habité par la pauvre tribu des *Rhaourna*. Ces Arabes séden-
taires, au teint très-foncé, hideux à voir, traînent avec langueur
une vie exposée aux attaques incessantes des Bédouins, des animaux
grands et petits, et d'un climat meurtrier. Tout leur vêtement consiste en une courte chemise déguenillée et serrée autour du corps
par une ceinture de cuir. On dit leurs mœurs très-dissolues. Ils ré-
coltent un peu de doura, de tabac et d'indigo. M. de Saulcy leur
a délivré un brevet de voleurs émérites, et pour cause. S'ils ne l'ont
pas détroussé ou tué, ce n'est pas la volonté qui leur a manqué pour
cela.

Les voyageurs sont exposés dans ces parages à de brusques variations de température. Le 15 janvier, la caravane avait à supporter une
chaleur à laquelle le soleil de juillet arrive rarement en France, et
le 17, s'étant avancée vers le nord pour camper à Schihan, elle se sentait
pénétrée jusqu'aux os par un froid glacial.

A quelques lieues de la presqu'île El-Mezraah, et à l'orient, se

trouve la ville de *Karak*, capitale actuelle de la terre de Moab (1).
Dès le vi<sup>e</sup> siècle elle avait un évêque. Les Croisés en firent un poste
avancé de leur royaume en Arabie. On reconnaît encore leur architecture dans les restes de la citadelle. Cette ville est juchée sur une
montagne et habitée par cinq ou six cents familles dont un tiers se
compose de chrétiens du rit grec. La population musulmane est à la
fois rapace et fanatique (2).

De temps en temps les voyageurs rencontrent des tombeaux
bédouins. Ce sont simplement des amas de pierres qui recouvrent la
fosse. Mais avant d'arriver à Schihan, M. de Saulcy a remarqué trois
ou quatre tombes arabes d'un style particulier. Sur des tertres oblongs
qui semblaient fraîchement remués, on avait déposé des instruments
aratoires ; de chaque côté étaient plantés des piquets dont les deux
têtes se trouvaient réunies par une ficelle. A cette ficelle étaient attachées de nombreuses touffes de cheveux d'hommes et de femmes,
gages de tendresse que, dans notre civilisation, on ne donne qu'aux
vivants.

A peu près à moitié de la côte orientale et en face d'Engaddi, l'*Arnon*
vient se jeter dans la mer Morte. C'est jusque-là que M. de Saulcy a
prolongé son exploration ; et c'est là aussi que la domination ottomane cesse complètement.

En avançant vers le nord, on voit l'embouchure de la *Serka-
Maein*, auprès de laquelle coulent de nombreuses sources d'eaux
bouillantes qui remplissent la vallée de fumée et de vapeurs sulfureuses.

Pendant sa dernière maladie, Hérode-le-Grand vint inutilement
chercher sa guérison à l'une d'elles, célèbre dans l'antiquité sous le
nom de *Callirrhoë (Belle fontaine)*.

Non loin de là sont les ruines de *Machéronte*. Cette forteresse
est à peu près inaccessible ; elle fut cependant prise plusieurs fois.
Hérode-le-Grand la rétablit et y bâtit une ville avec un palais magnifique. C'est là que ce tyran fit trancher la tête à saint Jean-Baptiste,

---

(1) C'est l'antique *Kir-Moab* de la Bible (Isaïe, xv, 1) ; elle s'appela aussi
*Petra deserti*.

(2) L'ancienne capitale de la Moabitide était *Rabbath-Moab*, dont on retrouve
les ruines à 2 lieues au nord de Karak. Elle s'appela aussi *Aréopolis*.

pour plaire à une danseuse (1). Machéronte, qui fut avec Hérodium et Masada, le dernier refuge des défenseurs de l'indépendance juive, dut aussi, comme ces citadelles, tomber dans les serres formidables des aigles romaines, et subir la démolition.

Les montagnes qui bordent la mer Morte au nord-est sont nommées *Abarim*. C'est sur l'une de ces hauteurs, le *Nébo,* que Moïse monta d'après l'ordre de l'Eternel, pour contempler avec résignation la Terre-Promise dans laquelle la justice divine, en punition d'une infidélité, ne lui permit pas d'entrer. C'est là aussi qu'il mourut, âgé de 120 ans, sans que nul homme ait jamais connu le lieu de sa sépulture (2). Au milieu de ces chaînes, on ne reconnaît pas d'une manière certaine la montagne de Nébo; cependant le mont *Attarus (Djebel-Atarous)* passe généralement pour l'être.

Nous voici revenus au lieu de notre départ, la pointe nord de la mer Morte. Nous avons étudié les bords de ce lac célèbre (3); si nous n'en avons pas vu autant que les intrépides voyageurs Seetzen, Mangles, de Saulcy, en revanche nous n'avons pas été exposés aux dures fatigues et aux terribles dangers qu'ils ont courus, et beaucoup de personnes trouveront, sans doute, qu'il y a bien compensation.

(1) S. Math., xiv, 6.
(2) Deuter., xxxiv.
(3) Il faut quinze jours pour en faire le tour qui est à peine de quarante lieues.

# CHAPITRE XXV

## LA MER MORTE

Il nous reste maintenant à faire quelques considérations intéressantes sur la mer Morte elle-même. C'est un bassin qui se prolonge du nord au midi, sur une longueur de 19 à 20 lieues et une largeur de 4 à 5, entre deux chaînes de montagnes parallèles où il se trouve encaissé comme entre de hautes murailles (1). Les anciens voyageurs ont écrit beaucoup de choses merveilleuses au sujet de la mer Morte, mais quoique plusieurs objets de leurs récits aient dû être relégués au rang des fables par des observations plus exactes, ce que l'on en sait aujourd'hui de certain nous fait assez connaître que ce grand lac n'a pas son pareil dans le monde.

On l'appelle *mer Morte* (2), parce qu'en effet rien ne vit dans ses eaux. Voici ce qu'en a dit saint Jérôme, il y a quatorze siècles : « Conformément au nom qu'elle porte, cette mer à cause de son excessive amertume, ne renferme aucun être qui respire et se meuve. S'il arrive que le Jourdain, grossi par les pluies, y transporte des poissons, ils meurent sur le champ, et la pesanteur de ses eaux les fait flotter à la surface (3). » Volney, renommé pour son exactitude, dit de même : « Le seul lac Asphaltite ne contient rien de vivant, ni même de végétant. On ne voit ici ni verdure sur ses bords, ni poissons dans ses eaux. De là cet aspect de mort qui règne autour du lac (4). »

---

(1) Brocard fait remarquer que cette mer prend un accroissement momentané par suite des neiges et des pluies , surtout dans sa partie méridionale où il arrive quelquefois qu'elle s'étend bien au-delà de la montagne de sel.

(2) Les anciens donnaient le nom de mer aux lacs d'une grande étendue.

(3) Hier., *In Ezech.*, XLVII, 8.

(4) *Etat physique de la Syrie*, c. I, § 7.

Jusqu'ici rien ne prouve le contraire. Mais il est faux que son air soit empesté au point que les oiseaux ne puissent le traverser sans périr. MM. Lynch et de Saulcy ont vu des canards sauvages nager sur son onde tranquille. Cependant on s'étonne à bon droit d'entendre ce dernier voyageur s'exprimer ainsi : « Où sont donc ces miasmes méphitiques qui donnent la mort à tout ce qui n'en fuit pas l'atteinte ? Où ? Dans les écrits des poètes. Il n'y a pas cinq minutes que nous foulons la plage de la mer Morte et déjà presque tout ce qu'on en a dit est rentré pour nous dans le domaine de la fable. Poursuivons donc notre route en toute sécurité ; car si quelque chose est à craindre ici, ce n'est certainement pas l'influence pestilentielle du lac le plus imposant qui existe sur la terre (1). »

Ces miasmes méphitiques existent certainement, quoiqu'on ne les sente pas toujours ni partout. Ce sont des odeurs fétides et très-désagréables, produites par des sources d'eaux sulfureuses qui se trouvent sur plusieurs points du rivage, et par le bitume dont l'eau est saturée. C'est pourquoi des auteurs arabes ont appelé ce lac « la mer puante. » M. Lynch en parle ainsi : « Quoique la mer eût pris un aspect menaçant, et que d'horribles montagnes toutes corrodées et calcinées s'élevassent verticalement des deux côtés, que sur le rivage le sable fût mêlé de sel et de cendres, et que des sources sulfureuses et puantes ruisselassent dans les gorges profondes des vallées, nous ne perdîmes pas courage ; un frissonnement respectueux s'empara de nous, mais nous étions sans crainte ; nous attendant au pire, mais espérant le mieux, nous nous préparâmes à passer une affreuse nuit dans la plus épouvantable solitude que nous eussions jamais vue. » Quoi qu'en dise M. de Saulcy, l'influence pestilentielle de la mer Morte est à craindre. Les anciens voyageurs exagéraient sans doute en déclarant que ces vapeurs tuaient instantanément les animaux, mais les modernes exagèrent aussi, en ne voulant pas reconnaître qu'elles ont une influence pernicieuse et quelquefois terrible (2). Il suffit, pour s'en assurer, de se rappeler que les habitants de la presqu'île El-Mez-

____

(1) *Voyage autour de la mer Morte*, I, p. 154.

(2) M. E. Gentil assure avoir vu, sur la côte nord-ouest de la mer Morte, des Bédouins qui se mettaient dans le nez de petits bouchons de moelle de sureau, pour neutraliser les effets du mauvais air et chasser la fièvre. — *Souvenirs d'Orient,* 1<sup>re</sup> partie, c. XI.

raâhet du Ghor-Safi eh sont ruinés par les maladies, et que parmi les rares navigateurs qui ont eu l'audace de parcourir cette plaine liquide, plusieurs ont payé de leur vie leurs investigations, et tous s'en sont retournés malades.

Depuis le moyen-âge, la navigation a complètement cessé sur la mer Morte. De nos jours, cinq fois seulement des barques ont pressé ses ondes épaisses. Le premier essai fut fait en 1835, par l'Irlandais Costigan, qui, avec un seul matelot, parcourut la mer Morte pendant cinq jours. Harassé de fatigue, il dut se faire transporter à Jérusalem, où il mourut en peu de temps.

En 1837, MM. Moore et Beek s'embarquèrent sur la mer Morte dans un canot qu'ils avaient amené de la Méditerranée, de même que Costigan. Mais comme lui aussi, ils furent forcés de cesser leurs travaux scientifiques, et M. Beek, attaqué par la maladie, revint en Europe.

Deux autres anglais, le major Scott et le lieutenant Symonds furent plus heureux dans la même entreprise, en 1840.

Le 3 septembre 1847, le lieutenant Molineux navigua sur la mer Morte pendant 60 heures. Mais, ne pouvant résister à la chaleur et à la maladie, il fut bientôt obligé de regagner Jéricho, et il alla mourir à Beyrouth.

La dernière exploration, qui fut aussi la plus heureuse et la plus complète, est celle du lieutenant Lynch, en avril 1848. Cette expédition américaine était composée de 16 hommes avec 2 canots. Exténués par un séjour de deux semaines à peine sur ce lac ou dans son voisinage, ils auraient infailliblement péri, comme le dit M. Lynch, s'ils n'avaient respiré l'air plus pur des montagnes en allant à Karak. « Jusqu'ici, raconte-t-il, après deux jours de navigation sur la mer Morte, nous avions tous joui de la meilleure santé à une seule exception près ; mais alors il se présenta des symptômes qui m'inspirèrent des inquiétudes. Chacun de nous avait pris l'apparence d'un hydropique : Les maigres étaient devenus gras, et les gras presque corpulents, les visages pâles paraissaient florissants, et ceux qui auparavant avaient un teint coloré étaient devenus très-rouges. De plus, la moindre égratignure passait en suppuration, et le corps de plusieurs était couvert de petites pustules. Tous se plaignaient amèrement de la douleur qu'ils ressentaient lorsque l'eau mordante de la mer touchait quelques parties lésées. Autour de nous et au-dessus de nous, il y avait de noirs

abîmes, et les pointes âpres des rochers enveloppés d'une brume trans-
parente pareille à une atmosphère visible qui semblait les laisser en-
trevoir involontairement ; et à 1300 pieds au-dessous de nous, notre
sonde avait touché à la plaine enfouie de Siddim, qui est maintenant
couverte de fange et de sel. Tandis que je m'occupais de pareilles pensées, mes compagnons avaient cédé à une envie de dormir insurmon-
table, et étaient couchés dans toutes les attitudes du sommeil, qui était
plutôt un morne assoupissement qu'un repos. A l'horrible aspect que
cette mer nous offrit lorsque nous la vîmes pour la première fois, il
nous semblait qu'on devait lire, comme au-dessus de l'enfer du Dante,
cette inscription : « *Que celui qui entre ici renonce à toute espérance !* » Mais depuis ce temps, accoutumés à des apparences mysté-
rieuses pendant un voyage qui offre tant de scènes palpitantes d'émotion, ces impressions craintives avaient été diminuées ou écartées par le
profond intérêt de nos explorations. Mais alors que je veillais ainsi
seul, ce sentiment de terreur revint, et en regardant mes compagnons
endormis, « *mes cheveux devinrent des montagnes,* » comme il arriva à Job lorsqu'un esprit passait devant son visage ; car, pour mon
imagination surexcitée, il y avait dans l'expression de leurs visages
échauffés et enflés quelque chose de terrible. L'ange sinistre de la maladie semblait planer sur eux ; leur sommeil brûlant et fiévreux était
pour moi l'avant-coureur de sa venue. Les uns, ayant le corps courbé,
les bras pendant sur les rames abandonnées et les mains pelées par
cette eau corrosive, dormaient profondément ; les autres, ayant la tête
penchée en arrière, les lèvres fendues et saignantes, avec des taches
écarlates sur chaque joue, paraissaient, même pendant leur sommeil,
accablés de chaleur et d'épuisement ; tandis que d'autres encore, sur
le visage desquels la lumière de l'eau se réfléchissait, ressemblaient à
des spectres et sommeillaient avec un tremblement nerveux de tous
les membres ; de temps en temps, ils se redressaient, buvaient au
baril d'eau, et retombaient ensuite dans leur assoupissement. La solitude, la scène que j'avais sous les yeux, mes pensées..... c'en était trop ;
assis que j'étais dans cette nacelle qui se mouvait lentement, il me vint
l'idée que j'étais Caron conduisant, non pas des âmes, mais les corps
des morts et des réprouvés à travers je ne sais quel lac de l'enfer (1). »

(1) Lynch, *Narrat* , c. XIV.

Deux mois après, en traversant le Liban pour s'embarquer à Beyrouth, M. Lynch écrivait : « Deux de nos gens étaient malades depuis hier soir, et un l'était très-gravement. Nous paraissions avoir gagné la maladie qui a tué tous ceux qui jusqu'ici ont osé parcourir cette mer ; le moment décisif était venu. En jetant les yeux sur mes compagnons défaillants, je me faisais beaucoup et d'amers reproches d'avoir conseillé une pareille entreprise. La nuit suivante, les mêmes symptômes de maladie se montrèrent chez M. Dale comme chez les autres. » Le 1er juillet, en arrivant à Beyrouth, presque tous et M. Lynch lui-même étaient malades. Le 24, M. Dale mourut de la même fièvre qui avait emporté MM. Costigan et Molineux. Tous les autres purent retourner en Amérique (1).

Moïse appelle la mer Morte « *la mer de Sel* (2). » Cette dénomination lui convient parfaitement, car elle est chargée de sel dans un rare degré. En effet les parties salines qui, dans les autres mers, sont dans la proportion de 4 pour 100, sont de 26 1/4 pour 100 dans les eaux de celle-ci, c'est-à-dire plus du quart de leur poids (3). Aussi son goût est-il détestable. « Je ne crois pas, dit M. de Saulcy, qu'il existe au monde une eau plus effroyablement mauvaise, toute claire et limpide qu'elle est. Au premier moment, on lui trouve la saveur de l'eau

(1) M. le duc de Luynes explore en ce moment la mer Morte à bord de son yacht, qui a été transporté par pièces de puis Jaffa à dos de chameau. Les Arabes, ne comprenant rien à la présence subite de ce monstre qui vomit le feu, s'imaginent que c'est un diable *(chastan)* sorti des abîmes du lac maudit.

(2) Gen., xiv, 3.

(3) L'analyse chimique de cette eau a donné les résultats suivants :
Pesanteur spécifique à 60° = 1,22742.

| | |
|---|---:|
| Chlorure de magnésium | 145,8971 |
| — de calcium | 31,0746 |
| — de sodium | 78,5537 |
| — de potassium | 6,5860 |
| Brômure de potassium | 1,3741 |
| Sulfate de chaux | 0,7012 |
| | 264,1867 |
| Eau | 735,8133 |
| | 1000,0000 |

Total des matières solides obtenues par l'expérience : 267,0000. (Analyse de MM. J. Booth et A. Muckle.)

de mer ordinaire ; mais en moins d'une seconde cette eau agit sur les lèvres, sur la langue et sur le palais, et il n'est pas possible de ne pas la rejeter aussitôt avec un soulèvement de cœur. C'est un mélange de sel, de coloquinte et d'huile qui jouit en outre de la propriété de faire éprouver une sensation de brûlure bien caractérisée. On a beau se débarrasser la bouche de cette affreuse liqueur, elle a si violemment agi sur toute la muqueuse, qu'elle vous laisse son goût pendant plusieurs minutes, en occasionnant une constriction assez douloureuse de la gorge. L'eau de la mer, puisée à la pointe nord est horriblement amère et salée ; mais c'est de la limonade en comparaison de celle que nous venons de goûter ici (1). »

Comme la pesanteur spécifique de la mer Morte est six fois plus considérable que celle de la Méditerranée, les corps ont aussi plus de facilité pour y surnager. F. Josèphe rapporte que Vespasien, ayant eu la curiosité d'aller voir cette mer, y fit jeter des esclaves qui ne savaient pas nager et qui avaient les mains attachées derrière le dos. Tous revinrent sur l'eau comme si quelque vent les eût poussés de bas en haut (2). La densité de cette eau rend donc les corps insubmersibles ; mais il est très-difficile d'y nager. M. Lynch raconte qu'il lui était presque impossible de tenir les pieds et les mains sous l'eau, et que, lorsqu'il était couché sur le dos, ayant les genoux en l'air et les mains dessus, il chavirait immédiatement. C'est ce qui a été constaté par beaucoup d'autres voyageurs qui ont voulu expérimenter cette eau merveilleuse. Les uns se tiennent debout dans le lac et n'enfoncent que jusqu'à la poitrine, les autres sont ballotés à droite et à gauche, lorsque le vent soulève ces flots épais. Pour avancer plus facilement, il faut nager sur le côté, avec un pied et une main dans l'eau. Ceux qui essaient de plonger éprouvent une difficulté extrême à descendre à deux brasses au-dessous de la surface. Le corps humain est comme du liége dans cette eau sans fraîcheur et désagréable au toucher. Ce bain laisse sur les membres une substance huileuse que le frottement ou les rayons du soleil peuvent difficilement sécher. Il reste même sur le corps, après l'évaporation, une couche de sel qui ne disparaît que lorsqu'il est lavé dans de l'eau commune. On comprend que le vent

(1) A la pointe sud. — *Voyage autour de la mer Morte*, I.
(2) *Guerre des Juifs*, liv. IV, c. XXVII.

doit avoir moins de prise sur une eau d'une si grande pesanteur. La mer Morte est donc ordinairement sans mouvement, et aussi sous ce rapport elle est bien nommée. Mais lorsque les vagues sont agitées, elles roulent avec plus de force et frappent avec violence les objets qu'elles rencontrent. M. Lynch compare aux coups de marteaux d'une forge l'effet qu'elles produisaient sur ses canots en cuivre.

La couleur de l'eau de la mer Morte ne diffère de celle des autres eaux que par une légère teinte laiteuse. Dans son bassin, elle varie beaucoup suivant l'état de l'atmosphère; mais ordinairement elle est d'un bleu blanchâtre.

Moïse appelle encore ce lac « *la mer du Désert* (1) » et M. Lynch, parvenu à son extrémité méridionale, nous fait connaître que ce n'est pas sans raison. « C'était vraiment une scène d'un désert que rien ne rendait supportable. D'un côté, il y avait la montagne de sel d'Usdom, toute bouleversée et pulvérisée par le temps et par les orages, avec sa colonne que nous apercevions distinctement, et qui nous rappelait la catastrophe de la plaine; de l'autre étaient les rochers escarpés et arides de Moab, dont une des grottes offrit un asile à Loth dans sa fuite. Vers le sud, une plaine étendue, qui n'est coupée que par des ruisseaux qui la traversent lentement; les hautes montagnes d'Edom n'entouraient qu'à moitié cette plaine salée dans laquelle les Israélites battirent plusieurs fois leurs ennemis; et vers le nord était la mer immobile qu'aucun souffle n'agitait, et sur laquelle s'étendait un brouillard couleur de pourpre. L'éclat de la lumière aveuglait nos yeux, et l'atmosphère rendait la respiration pénible. Aucun oiseau n'agitait ses ailes dans cet air raréfié, à travers lequel le soleil répandait ses rayons brûlants sur cet élément plein de mystère à la surface duquel nous flottions, et qui, seul de toutes les œuvres du Créateur, ne renferme aucun être animé. »

Les Grecs et les Romains nommaient la mer Morte, « *lac Asphaltite,* » parce que l'asphalte paraît à la surface de l'eau à des époques irrégulières et sous différents aspects, mais surtout à la suite des orages et des tremblements de terre. Nous savons par la Genèse (2) que la vallée de Siddim, qui était à la place de la mer Morte, contenait beau-

(1) Deut., iv, 49.
(2) Gen., xiv, 10.

coup de puits de bitume. Strabon est d'accord avec Moïse en expliquant la formation de l'asphalte. Il dit que c'est du bitume rendu liquide par un feu souterrain qui le met en ébullition ; détaché de la masse, il arrive à la surface en se coagulant par le contact de l'eau qui est plus pesante et plus froide. L'antique géographe trouve naturel que l'asphalte se montre au milieu de la mer, parce que c'est là que les anciens puits doivent exister. Les masses d'asphalte sont quelquefois si considérables qu'elles ont de 100 à 300 pieds de tour. Les Bédouins le recueillent et en font le commerce (1).

La dépression du bassin de la mer Morte est un fait très-remar‑quable ; son rivage est le lieu le plus bas du globe terrestre qui soit habité par l'homme. On doit admettre comme certain que le niveau de la mer Morte est à plus de 1,000 pieds au-dessous de celui de l'Océan (2).

Aussi l'élévation de la température répond-elle à cette curieuse dépression du sol ; c'est-à-dire que, pendant l'été, la chaleur n'est pas moins grande que celle de l'équateur, c'est une atmosphère embrasée. Le 6 janvier 1846, à midi, le thermomètre marquant 46° Réaumur à l'air, l'eau du rivage avait la même température, mais plus avant dans la mer et à 6 pieds sous l'eau, elle n'avait que 14°. Le 5 mai 1848, M. Lynch a exposé au soleil son thermomètre qui est monté à 40°, à la pointe sud de la mer Morte, la température de l'air était de 28°, et celle de l'eau de 24° 88'. On ne pouvait toucher les objets en métal sans se brûler. A la fin de mars 1863, le thermomètre marquait un peu plus de 25° à la pointe nord.

La profondeur du lac Asphaltite n'est pas moins extraordinaire que sa dépression. Il est certain qu'il a plus de 1,000 pieds de profondeur (3).

(1) En 1837, après le tremblement de terre, des monceaux énormes d'asphalte, gros comme des maisons, apparurent à la surface de la mer ; plusieurs tribus arabes en vendirent pour des sommes importantes. Les Égyptiens employaient cette matière visqueuse pour embaumer les corps ; et c'est elle surtout qui procurait aux momies cette conservation que nous admirons aujourd'hui après tant de siècles écoulés.

(2) D'après M. Lynch, 1,220 pieds ; d'après Wildenbruch, 1,351. — Jérusalem se trouve à 3,684 pieds au-dessus du niveau de ce lac. (M. Michon, *Voyage religieux en Orient*, II.)

(3) D'après Symonds 1,970 pieds ; d'après Dale, 1,227. Si on compare son fond au niveau de l'Océan, la différence est de plus de 2,000 pieds, et, si on le

La question de la formation de la mer Morte est une de celles que
Dieu a livrées aux disputes des hommes (1). La Genèse nous dit
seulement que la région du Jourdain était arrosée comme le jardin du
Seigneur et comme l'Egypte, avant que le Seigneur bouleversât
Sodome (2) et que la vallée des Bois ou de Siddim est maintenant la
mer de Sel (3) ; mais elle ne nous fait pas connaître d'une manière
précise l'époque et le mode de cette prodigieuse transformation. Moïse
nous déclare, il est vrai, que Dieu lança du haut du ciel une pluie de
soufre et de feu sur Sodome et Gomorrhe et bouleversa ces villes avec
tout le pays d'alentour (4) ; et c'est pourquoi l'opinion commune fait
coïncider cette catastrophe avec la formation de la mer Morte. Sur ces
questions, des savants modernes, ceux qui ne veulent pas croire aux
miracles, et surtout aux miracles qui ont pour but de punir les fautes
des hommes, ont imaginé diverses hypothèses pour expliquer selon
les lois de la nature les phénomènes que la Bible nous donne comme
produits par une intervention surnaturelle de la Divinité. Mais la
variété de leurs opinions montre qu'ils n'ont pas deviné juste. Pour
trouver la vérité, il faut en revenir aux récits de Moïse dont la véracité
est incontestable.

Chose digne de l'attention des penseurs : le premier livre de la
Bible, le Pentateuque, en traitant de l'origine du genre humain touche
sommairement et d'un mot aux plus hautes questions scientifiques.
Ce livre a été l'objet des études des savants, et aussi, en sa qualité
d'organe de la religion, il a dû subir les attaques acharnées des impies ;
mais cependant le progrès des sciences fait de plus en plus ressortir
l'exactitude des affirmations qu'il contient. Un naturaliste distingué,
M. Russegger, regarde comme très-probables les données de la Bible
sur les évènements de Sodome et de Gomorrhe. « Reconnaissons-le,
dit un autre auteur éminent, Moïse domine au-dessus des générations
et des siècles comme une colonne impérissable de vérité. Hérodote,
Manéthon, les marbres de Paros, les historiens chinois, le sanscrit,

compare aux sommets des montagnes voisines, particulièrement à celles de la
rive orientale, cette différence est de plus de 3,500 pieds.

(1) *Deus mundum tradidit disputationi eorum. Eccl.*, iii, 11.
(2) Gen., xiii, 10.
(3) Gen., xiv, 3.
(4) Gen., xiv, 24.

toutes ces sources, les plus anciennes du monde, demeurent de 500 ans, de 1,000 ans au-dessous de lui. Aussi, touchée de cet accord merveilleux, la foi religieuse triomphe, et, frappée d'un tel résultat, l'incrédulité philosophique chancelle; vaincue par ses propres lumières, elle se voit contrainte d'avouer qu'il y a dans tout cela quelque chose de surnaturel qu'elle ne comprend pas, mais qu'elle ne saurait nier (1). » M. Lynch, ce navigateur aussi éclairé qu'intrépide, nous donne ainsi le résumé de ses recherches. « Les savants auront à expliquer les faits recueillis par nous avec soin. Pour nous le résultat n'est plus douteux. Nous sommes venus sur cette mer avec des opinions bien différentes. Un de nous était un sceptique; un autre, autant que je crois, avouait ne pas ajouter foi aux récits de Moïse. Après vingt-deux jours d'explorations précises, nous avons été, si je ne me trompe, unanimement convaincus de la vérité des récits de l'Ecriture sur la destruction de cette plaine. Je donne avec toute la modestie possible, les conclusions auxquelles nous sommes parvenus, simplement comme une protestation contre les déductions superficielles de ceux qui voudraient bien être incrédules (2). » Il ajoute ailleurs : « Nous croyons que tout ce qui se trouve dans la Bible au sujet de cette mer et du Jourdain a été complètement constaté par nos observations. » Sur cette question comme sur celles du déluge, de l'unité de l'espèce humaine et sur tant d'autres, un esprit vraiment philosophique, c'est-à-dire *ami de la sagesse,* doit arriver à la conclusion irréfutable que M. Roux-Lavergne formule ainsi : « Les sciences physiques ne peuvent que se disputer l'honneur d'apporter un témoignage au récit de Moïse (3). » Ainsi donc, il y a environ 3,500 ans, lorsque les sciences exactes n'existaient pas encore, Moïse a connu les secrets de la nature qui n'ont pu être découverts que par les savants de nos jours, à l'aide de leurs puissants moyens d'investigation ! Oui, il faut endurcir son cœur comme le Pharaon d'Egypte, pour ne vouloir pas reconnaître que le grand législateur des Hébreux a été illuminé d'en haut, et que *le doigt de Dieu est là* (4) !

Voyez cette pierre, elle ne se distingue pas des autres par son ap-

(1) Comte de Las-Cases, *Atlas historique,* etc.
(2) *Narrat.,* c. XIV.
(3) *De la philosophie de l'histoire.*
(4) Exode, VIII, 19.

parence rude et grossière ; l'enfant la repousse comme inutile et sans
valeur. Mais un homme mieux avisé entreprend de l'ouvrir ; il la
frappe et bientôt jaillissent des étincelles ; il redouble ses coups et le
caillou projette une vive clarté. Telle est la Bible. Extérieurement ce
livre est semblable aux autres livres, certains passages difficiles et
obscurs peuvent même choquer des regards superficiels ; mais si le
chrétien fidèle scrute ses profondeurs, ou même si l'incrédule l'attaque d'une main impie avec les armes de la science qui devrait le
rapprocher de la religion et non l'en éloigner, alors elle produit la
lumière qu'elle recèle dans son texte, et plus elle est attaquée plus
elle renvoie de rayons éclatants.

Lord Byron avait écrit ces deux vers sur sa Bible :

.... « BETTER HAD THEY NEVER BEEN BORN,
WHO READ TO DOUBT, OR READ TO SCORN. »

*« Il vaudrait mieux, pour ceux qui lisent ce livre en doutant ou méprisant,
qu'ils ne fussent jamais nés. »*

On pense généralement que lorsque le feu vengeur descendit du ciel
pour allumer les matières de soufre et d'asphalte si communément répandues dans le pays de Sodome et de Gomorrhe, la plaine de Siddim, —
c'était aussi la région du Jourdain — avec ses nombreux puits de bitume,
s'affaissa au milieu de l'embrasement des villes coupables et des tremblements de terre qui durent accompagner ce terrible bouleversement.
Les eaux du Jourdain remplirent ce bassin qui devint la mer Morte.
D'après les sondages de M. Lynch, son lit se compose de deux plaines
submergées : celle du nord, jusque vers l'embouchure de l'Arnon,
s'abaisse à 1,300 pieds de profondeur, et celle du midi n'est qu'une
lagune de quelques pieds d'eau.

La mer Morte reçoit chaque jour du Jourdain un volume liquide de
6,090,000 tonnes (1), et six grands courants d'eau s'y jettent également. Les géologues ne lui connaissent aucune décharge visible. Ils
ont cru d'abord à des communications souterraines avec la Méditerranée ou la mer Rouge. Mais ces deux mers ayant un niveau supérieur à celui du lac Asphaltite, dans cette hypothèse, ce seraient elles
qui viendraient y affluer. On en est donc réduit à admettre un système d'évaporation puissante faisant équilibre, par une perte incessante, à cet accroissement sans fin.

(1) Shaw, 71.

Dans la pointe nord-ouest de la mer Morte, se trouve un îlot appelé *Redjom-Louth (monceau de Loth)* par les Arabes qui nomment aussi le lac *Barh-el-Louth (mer de Loth)*, conservant toujours le souvenir de ce neveu d'Abraham, qui avait autrefois habité ces contrées (1). Sur cette presqu'île, existent des pierres régulièrement amoncelées. Elles pàssent pour être contemporaines du désastre de la Pentapole. Il est probable que ce sont ces décombres, tantôt mis à nu, et tantôt recouverts par les eaux de la mer, qui ont accrédité l'opinion répétée par les anciens voyageurs et par les Arabes, que les ruines des villes maudites subsistent sous l'eau, et qu'on les y voit quelquefois. D'après ce que nous avons dit plus haut, on comprend que cette opinion n'est pas admissible (2).

(1) Gen., xiii, 11.
(2) Des bords de la mer Morte les pèlerins se rendent, suivant l'usage, à ceux du Jourdain; je parlerai de ce fleuve sacré à propos du lac de Tibériade.

# CHAPITRE XXVI

## JÉRICHO — LE MONT DE LA QUARANTAINE — BÉTHANIE

### I — JÉRICHO

Nous sommes ici dans la campagne de Jéricho. Cette longue plaine où les Hébreux, après avoir passé le Jourdain, trouvèrent une moisson abondante et déjà mûre au mois d'avril (1), est aujourd'hui aride et nue ; l'œil n'y aperçoit que quelques champs de coton et des broussailles. Le monticule situé à l'orient de Jéricho a conservé le nom biblique de *Galgala*. C'est là que Josué fit son premier campement sur la Terre-Promise. On n'y trouve plus les douze pierres qu'il avait fait tirer du lit du fleuve, et dresser en ce lieu pour rappeler à la postérité qu'Israël l'avait traversé à pied sec (2) ; mais sainte Paule et plus tard saint Arculphe, en 690, les ont encore vues. C'est là que la circoncision, négligée depuis quarante ans, fut remise en pratique, et que la manne cessa de tomber ; on y célébra la Pâque, et l'ange du Seigneur, armé du glaive, se montra à Josué (3). Galgala resta pendant six ou sept ans le quartier général des Israélites. Plus tard, Samuel annonça à Saül sa déchéance au nom du Seigneur, dans ce lieu même où le fils de Cis avait été proclamé roi par tout le peuple (4).

Le bruit de la caravane fait partir des compagnies de perdrix ; elles sont plus grosses que celles de France. *Avis aux chasseurs.* Il paraît que cette vallée est très-giboyeuse. Mais les amateurs doivent être

(1) Josèphe, *Antiquités*, liv. V, c. i.
(2) Josué, iv, 19.
(3) *Id.*, v, 3.
(4) I, Rois, xi, 15, et xiii, 10.

prévenus qu'on y trouve assez souvent un gros gibier qu'ils ne tiendraient pas à y rencontrer : Des tigres, des chacals, des hyènes et des
panthères, sans compter les bédouins.

Un jeune berger accourt vers nous, attiré par l'étrangeté de notre
costume. C'est le vrai chevrier classique, jambes et pieds nus, sarrau
gris à ceinture lâche, et sur l'épaule, — jetée en écharpe, — la couverture
de laine dont il s'enveloppe pendant la nuit (1). N'allez pas cependant
compléter le tableau : *De collo fistula pendet.* Non, la flûte rustique
des bergers d'Arcadie ne serait pas de mise chez les pasteurs de Judée ;
ce qui pend à son col, c'est un long pistolet, tandis que dans ses
mains, il porte un fusil en guise de houlette ; c'est moins poétique,
mais plus sûr.

Après une heure de marche vers l'occident, notre caravane arrive en
vue d'un misérable village. Il se compose d'une quarantaine de cabanes
faites de branchages entrelacés et cimentés avec de la boue. La famille habite presque toujours le toit qui est large et plat ; l'intérieur
sert de magasin pour les provisions. Cet amas de huttes entouré de
quelques tentes en poil de chèvre, c'est *Er-Riha,* la *Jéricho* moderne.
Voyez à quel degré d'abaissement est tombée cette antique cité qui fut,
au temps d'Hérode, la plus opulente de la Palestine après Jérusalem.
Chaque cabane est entourée d'une vaste cour, et protégée contre les
bêtes féroces par une haie vive d'arbustes épineux. Ces haies, assez
épaisses et hautes de cinq ou six pieds, sont aujourd'hui les seules
murailles de Jéricho ; un miracle ne serait plus nécessaire pour les
détruire, quelques sapeurs suffiraient pour cela. Autour de ce hameau,
des vestiges épars attestent l'existence d'une ville jadis considérable.
Une tour carrée, de quarante pieds de hauteur, et terminée par une
plate-forme, est le seul bâtiment qui mérite vraiment ce nom à
Jéricho ; elle est un peu séparée du village, vers le midi.

On attribue une origine romaine à cette forteresse croulante. On
dit encore qu'elle tient la place de la maison du riche Zachée, ce
premier et rare modèle du financier qui donne la moitié de son
bien aux pauvres et répare généreusement les fraudes qu'il a pu commettre (2). Cette petite citadelle est occupée par une douzaine de

_______________

(1) « Comme un berger se couvre de son manteau. » (Jérémie, XLIII, 12.)
(2) S. Luc, XIX. 8.

cavaliers turcs irréguliers, chargés de surveiller les arabes, ce dont ils s'occupent fort peu, car les bédouins pillent et tuent à leur barbe sans se gêner. Heureusement pour les uns et les autres, le gouvernement du Sultan se contente de voir son drapeau rouge flotter sur la muraille. Mais une autre troupe plus nombreuse et plus tracassière habite le castel de Jéricho; c'est la vermine, puisqu'il faut l'appeler par son nom, qui jouit d'une réputation de férocité trop bien méritée. Aussi la plupart des pèlerins, pour éviter ses attaques, passent la nuit sous la tente; c'est ce que fit notre caravane.

Un repas frugal restaure nos estomacs délabrés. On a bien emporté de Jérusalem quelques bouteilles de vin, mais ce produit de l'île de Chypre est doué d'une saveur nauséabonde, ce qui ne nous plaît guère; de plus, il a été depuis notre départ exposé aux rayons brûlants d'un soleil équatorial, ce qui achève de nous le rendre désagréable au suprême degré. Nous avons recours à l'eau de la source voisine; elle serait bonne si elle n'était pas tiède. Enfin, les tentes sont dressées, et chacun s'y gîte le moins mal possible. C'est un plaisir de reposer sous la tente, la première nuit du moins. La nouveauté a tant d'attraits pour nous. Mais à vrai dire, l'homme n'habite-t-il pas constamment sous la tente ici-bas, aussi bien dans les palais dorés que dans les modestes chaumières des campagnes? Il y demeure aujourd'hui, et demain il aura disparu ! La vie, pour le chrétien, n'est autre chose qu'un pèlerinage vers la céleste Jérusalem ; pour l'incrédule, c'est un voyage plus ou moins long, qui aboutit à un abîme d'autant plus à craindre qu'il ne peut en sonder les profondeurs.

Notre petit campement est établi dans une plaine pittoresque, non loin d'un ruisseau où coule une onde limpide et derrière un bouquet d'arbres au gracieux feuillage. Quelquefois les arabes égaient la soirée des voyageurs par des spectacles à leur mode. Je n'ai pas eu la bonne chance d'en être témoin, mais M. de Saulcy a pu en jouir et il nous en a laissé l'amusant récit.

« Après notre repas, dit-il, nous entendons nos arabes chanter et nous nous empressons de sortir de nos tentes afin d'aller goûter une fois de plus le plaisir d'apprécier des réjouissances bédouines. Cette fois, la réalité dépasse de beaucoup notre attente, et nous assistons à un véritable drame burlesque que jouent des gaillards assez jeunes

qui se sont affublés de haillons étranges et de chevelures et barbes.
postiches en étoupe. Je demande la permission de ne pas raconter
par le menu les détails de la mise en scène, et bien moins encore
le canevas du drame représenté devant nous. Je me bornerai à dire
que l'un des deux acteurs finit par être tué par l'autre, et qu'une fois
mort il reste étendu sur le dos, résistant à toutes les évocations de
son meurtrier qui feint le plus profond désespoir; celui-ci s'arrache
à poignées les poils de sa barbe d'étoupe, se jette du sable et du
gravier sur la tête, se meurtrit la figure et la poitrine de taloches parfaitement innocentes, gémit, pleure et hurle parfois; il secoue son
mort en le tiraillant en tous sens et se lamente obstinément sur sa
misère qui le met hors d'état de pourvoir aux funérailles du défunt.
Là-dessus, quête à la ronde, et moisson de piastres que le drôle em-
poche en répétant le plus souvent possible ses contorsions de désespoir. Ce qui m'a frappé le plus, ce qui m'a même très-vivement étonné,
c'est de voir les assistants trouver bon que la prière musulmane fût
singée par notre homme, et cela sans qu'il leur vînt à la pensée de le
rouer de coups, pour lui payer un semblable sacrilége. Ainsi, les
bédouins en sont déjà à tourner la prière en ridicule; c'est un bon
indice de civilisation avancée! Je doute que des bouffons eussent osé
se permettre pareille incartade, avant la domination égyptienne. Quand
notre homme a fait toute la collecte qu'il peut espérer de faire, il va,
en gambadant, saisir un brandon allumé au feu du bivouac devant
lequel se joue la scène; il l'approche autant qu'il peut du *dos* du
défunt que ce contact vivifiant ressuscite aussitôt. Alors commence
entre eux une danse forcenée avec accompagnement de gifles et de
coups de pieds, et la farce est jouée. Je dois dire qu'elle m'a semblé
parfois assez plaisante, mais que tous les assistants arabes ont témoigné par des cris de joie et des éclats de rire perpétuels, tout l'intérêt
qu'ils prenaient à cette scène comique jouée en plein air. Voilà ce
qu'est le théâtre bédouin, et nous sommes charmés d'avoir payé
quelques piastres pour assister à une représentation (1). »

Jéricho est une des plus anciennes villes du pays de Chanaan. Ce
fut la première de la Terre-Promise que les Hébreux assiégèrent,
quinze siècles et demi avant l'ère chrétienne. D'après l'ordre de

_______________

(1) *Voyage autour de la mer Morte*, II.

Jéhovah, l'Arche d'Alliance fut portée pendant sept jours autour de ses remparts, précédée de l'armée et suivie par le peuple ; et tout à coup, au son des trompettes et au milieu des clameurs de la multitude, ces murailles s'écroulèrent et ouvrirent un libre passage aux assiégeants. Jéricho fut traitée par les Hébreux selon la rigueur antique, et Josué, debout sur ses ruines fumantes, prononça ce terrible anathème : « Maudit soit devant le Seigneur l'homme qui rebâtira la ville de Jéricho. Qu'il la fonde sur son premier-né et qu'il pose ses portes sur le plus jeune de ses enfants (1). » Longtemps après, sous Achab, Hiel de Béthel osa la relever. Il la fonda sur Abiram, son aîné, et plaça les portes sur Ségub, son puîné (2). Jéricho eut une école de prophètes du temps d'Elie et d'Elisée qui la visitèrent. A la suite de la captivité de Babylone, elle recouvra son ancienne importance. Hérode l'embellit de palais et de théâtres, et ce fut là aussi qu'une maladie honteuse, accompagnée de souffrances atroces, vint mettre un terme à la vie et aux crimes de ce tyran. Le divin Sauveur honora de sa présence la maison d'un des principaux habitants de cette ville, Zachée, le chef des publicains, et il y fit plusieurs miracles (3). Pendant le siége de Jérusalem, Jéricho fut détruite, puis elle fut rebâtie par Adrien. Dès 325 elle était la résidence d'un évêque (4). L'occupation musulmane fut le signal de sa ruine. En 1840, *Er-Riha* fut saccagée par Ibrahim-Pacha qui voulait se venger des bédouins. Aujourd'hui il n'y a plus que quelques rares pèlerins allant au Jourdain, et les caravanes de Damas qui rompent de temps en temps le silence de sa solitude. Il est probable que la Jéricho ancienne était située dans la plaine et dans le voisinage immédiat de la fontaine d'Elisée, où se voient encore des ruines appelées par les arabes *Tahouahin-es-Sakhar (les moulins à sucre)*, réminiscence de la culture de la canne à sucre au moyen-âge.

Si Wilson qui est venu de Bombay à Jéricho, y a remarqué la végétation des Indes, tous les voyageurs y trouvent aussi une cha-

(1) Josué, VI.
(2) III, Rois, XVI, 34.
(3) S. Luc, XIX ; S. Math., XX, 29.
(4) Ses revenus, donnés autrefois par Antoine à la fameuse Cléopâtre, furent attribués, pendant le moyen-âge, au Saint-Sépulcre, et plus tard à l'abbaye de Béthanie.

leur vraiment tropicale. Josèphe constate que « durant l'hiver, l'air
y est si tempéré qu'un simple vêtement de toile suffit lorsqu'il neige
dans les autres endroits de la Judée (1). » Les jardins de Jéricho ont
perdu leur grâce autrefois si vantée. L'oasis qui avoisine la fontaine
d'Elisée peut seule nous en donner une faible idée. Cette source,
appelée par les arabes *Ain-Soulthan (la Source du Roi)* jaillit au
pied d'un monticule à un quart de lieue du mont de la Quarantaine,
et est reçue à sa naissance dans un petit bassin garni de dalles et
ombragé par un figuier. Elle forme ensuite un agréable ruisseau qui
se partage en plusieurs branches, dont l'une va arroser Er-Riha éloignée d'une lieue de la fontaine; mais on ne voit sur ses rives ni
fleurs ni gazon vert (2). Cette fontaine était autrefois amère, et pendant qu'Elisée demeurait à Jéricho, les habitants vinrent lui dire :
« Notre ville est heureusement située, mais les eaux en sont mauvaises, et la terre en est stérile. » Et le prophète s'avançant vers la
source, y jeta du sel, en prononçant ces paroles : « Voici ce que dit
le Seigneur : J'ai guéri ces eaux et il n'en viendra plus la mort,
ni la stérilité (3). » A partir de ce jour, cette eau est devenue saine,
et la reconnaissance du peuple y a attaché le nom de son bienfaiteur;
depuis deux mille six cents ans, la fontaine d'Elisée a conservé sa
vertu fécondante : ses bords sont encore ornés d'une luxuriante végétation.

L'historien Josèphe déclare qu'on peut appeler la plaine de Jéricho « une contrée divine (4) » à cause de sa fertilité qu'il attribue et
à la chaleur de l'air et à l'efficacité singulière de cette eau coulant sur
le sable dans une petite forêt. Ce bois tout peuplé de colombes bleues
et de colibris étincelants, reçoit de son feuillage, de ses fleurs et de
ses fruits une charmante parure, qui contraste avec l'aridité de la
plaine du Jourdain. La plupart de ces arbres exhalent une suave
odeur : et ce sont eux, sans doute, qui ont valu à Jéricho son nom,
lequel en arabe comme en hébreu signifie *parfum*. Mais en dehors de
cette oasis, il semble que la terre a perdu sa fécondité. Cependant il

(1) *Guerre des Juifs*, liv. V, c. IV.

(2) D'après M. Russegger cette fontaine est à 640 pieds plus bas que le
niveau de la Méditerranée.

(3) IV, Rois, II, 19.

(4) *Guerre des Juifs*, liv. V, c. IV.

n'en est rien. De cette plaine stérile surgiraient bientôt des récoltes merveilleuses; comme elle en donnait au temps de Flavius Josèphe, si les habitants, secouant leur indolence habituelle, savaient tirer parti des abondantes ressources que la Providence a placées sous leurs mains, et employaient les eaux de la fontaine d'Elisée à une irrigation intelligente, et encore si le gouvernement turc et les bédouins du désert ne pressuraient pas les malheureux arabes, jusqu'à les forcer quelquefois à abandonner des travaux dont ils ont toute la peine sans en avoir le profit. Cette réflexion peut s'appliquer à la Terre-Sainte tout entière. Malgré une mauvaise culture, ces champs sont couverts au printemps de maïs, d'orge et de blé dont la moisson se fait ordinairement vers la fin d'avril. Les melons, l'indigo et le coton y paraissent aussi un peu.

Mais dans ces pauvres jardins, le palmier à la taille élancée, au feuillage opulent et aux beaux fruits d'or, cet arbre qui faisait dès le temps de Moïse la gloire de Jéricho, surnommée la *ville des Palmiers* (1), il a à peu près disparu; il n'en reste plus que trois ou quatre de chétive apparence. On y chercherait aussi en vain le vrai baumier de Judée dont la précieuse liqueur était, selon Pline, le plus agréable de tous les parfums (2), et la rose de Jéricho si célèbre au moyen-âge. La Sagesse dit dans l'Ecriture-Sainte qu'elle s'est élevée comme les rosiers de Jéricho (3). Quelques auteurs concluent de là que cette fleur était produite par un arbuste. La plante qui porte aujourd'hui le nom de *Rose de Jéricho*, est de la famille des crucifères. Après la maturité de ses graines, elle se dessèche, ses rameaux délicats se rapprochent et se crispent en renfermant une foule de petits pistils qui y demeurent attachés et qui recèlent dans leur double cavité quatre petites graines jaunes. C'est alors un peloton gros comme un œuf, qui a pour support une racine unique longue de deux à trois pouces. Du reste, la Rose de Jéricho n'a de commun que le nom avec la reine des fleurs; elle ressemble assez à une fleur de sureau. M. de Saulcy en a rencontré en abondance sur la plage sud-est de la mer Morte; elles étaient profondément enracinées dans le sol sur lequel

(1) Deut., XXXIV, 3.
(2) *Hist. nat.*, liv. XII, c. XXV.
(3) Eccl., XXIV, 18.

elles avaient vécu ; toutes étaient contractées et leur couleur grisâtre, qui se confondait avec celle du terrain, les lui rendait assez difficiles à apercevoir. Cette plante jouit d'une propriété hygrométrique très-curieuse. Si on la met dans l'eau jusqu'au haut de la racine, on la voit s'ouvrir, ses petites branches se dilatent peu à peu, et au bout d'une heure et demie elle est toute épanouie et large comme la paume de la main ; on dirait une floraison nouvelle. Elle semble alors ressusciter, et c'est ce qui lui a valu son nom en botanique : *Anastatica hiericunthina*. Puis quand elle n'est plus exposée à l'humidité, elle rentre dans son état habituel de contraction. On peut produire cet effet aussi souvent qu'on le veut, et même longtemps après que cette fleur a été cueillie. Ritter cite une expérience faite après sept cents ans sur une des roses rapportées de la Terre·Sainte aux temps des Croisades (1). Les arabes leur donnent le nom de *Kaff-Mariam*. Selon une légende musulmane, agréable à la piété de nos pères, cette fleur du sable ayant été foulée par Marie, avait reçu le don de l'immortalité, et elle s'épanouissait dans le désert partout où la Bienheureuse Vierge avait posé le pied dans sa fuite en Egypte, comme pour honorer ses traces (2). M. de Saulcy croit avoir retrouvé auprès d'Engaddi la véritable rose de Jéricho, qui fut, dit-il, perdue depuis les Croisades ; c'est une plante de la famille des radiées, assez semblable à une grosse pâquerette desséchée et douée d'une propriété hygrométrique plus puissante encore que celle de l'Anastatica hiericunthina (3).

Non loin de Jéricho et au midi, se trouve au sommet d'une montagne, un vaste édifice carré dont la coupole est dominée par un minaret ; c'est le monastère musulman de *Naby-Mousa* (*le prophète Moïse*). Les derviches qui l'habitent sont Indiens. L'Iman, leur supérieur, est un homme en haillons, ayant la tête nue, les cheveux crépus, longs et très-noirs, le teint olivâtre; c'est le type de la race indienne et aussi, il faut l'avouer, celui de la saleté et du fanatisme. Au fond

(1) *Erdkunde*, t. II.

(2) Ce qu'il y a de certain, c'est qu'on la retrouve encore en Egypte, dans le désert limitrophe de la Palestine. On en vend beaucoup à Jérusalem. Le P. Roger rapporte que ces plantes croissent dans la campagne de Jéricho et que leurs fleurs sont rouges. (*La Terre-Sainte*, l. I, c. xiv, 1663.)

(3) *Voyage autour de la mer Morte*, II, p. 81.

d'une cour dans ce couvent est placé un sépulcre de marbre chargé
d'inscriptions arabes. Les cénobites musulmans le font passer pour le
tombeau de Moïse. Mais cette prétention est tout-à-fait insoutenable.
C'est peut-être le tombeau de quelque santon, nommé Moïse. L'entrée
de ce monastère inhospitalier est toujours fermée pour les chrétiens
qui ne peuvent en franchir le seuil, même à prix d'or. Chaque année,
vers le printemps, les mahométans de Jérusalem s'y rendent en pèlerinage. Le glaive des *Croyants* étincelle auprès du *Croissant* et de
l'étendard vert du *Prophète* de la *Mecque*. Il doit en être ainsi dans
une civilisation qui est religieuse avant d'être nationale, et où la religion elle-même s'appuie sur un sabre nu. Les nombreux pèlerins
crient, dansent et tournent sur eux-mêmes tout le long du chemin ;
quelques-uns font résonner, d'une manière peu mélodieuse, des tam-
bours et des fifres, tandis que de saints hommes de *Derviches* (1),
n'ayant guère d'autres vêtements que leurs longues barbes blanches,
entretiennent la dévotion de la foule qui suit pêle-mêle, par leurs
exercices édifiants pour des oreilles et des yeux musulmans ; ce sont
des hurlements à tue-tête et mille contorsions incroyables au milieu
desquelles ils se frappent et se déchirent la peau avec des pointes de
fer. C'est ainsi que se fait cette procession insensée.


## II — LE MONT DE LA QUARANTAINE

La montagne de la Quarantaine, *Djebel-Kôrontol* des Arabes,
s'élève de 1,200 ou 1,500 pieds au-dessus de la plaine déserte
qui porte le même nom et qu'elle termine. Tous les pèlerins ne
se sentent pas le courage d'y monter. Il faut pour cela escalader
des roches escarpées, par un chemin que les chamois seuls peuvent
trouver commode et agréable. Le P. Boucher, franciscain (2), nous
raconte comment lui et ses compagnons de voyage furent obligés de
faire, malgré eux, l'ascension de cette montagne. A cette époque on
ne pouvait faire l'excursion du Jourdain et de la mer Morte qu'une
fois par an aux fêtes de Pâques, par crainte des bédouins. Alors tous
les pèlerins se cotisaient pour donner au pacha de Jérusalem une cer-

(1) Moines musulmans.
(2) Il visitait la Terre-Sainte en 1610.

taine somme, moyennant quoi il les faisait escorter par sa soldatesque
à la tête de laquelle il marchait lui-même. Le pacha profitait
de cette circonstance pour extorquer de l'argent aux chrétiens. Cette
année-là, il gagna 12,000 écus en dix jours, pour se promener.

Quand la caravane fut arrivée au mont de la Quarantaine, le
P. Boucher, à l'exemple de plusieurs autres, entreprit d'y mònter. Il
gravit avec beaucoup de peine, et il avoue qu'en arrivant à la caverne,
la fatigue et l'émotion de se voir en un lieu si haut et si dangereux le
firent défaillir tout-à-coup, et il aurait été précipité dans l'abîme, si
un de ses confrères ne l'avait retenu par la main. « Je serais tombé,
dit-il, de beaucoup plus haut que ne sont les tours de Notre-Dame de
Paris ; aussi l'Evangile a bien su appeler cette montagne « *montem
excelsum valde* » montagne très-élevée (1). » Mais quand ils eurent
atteint leur but, nos pèlerins furent bien désappointés ; car, en s'avançant vers la grotte où Notre-Seigneur demeura pendant les quarante
jours de son jeûne, ils trouvèrent devant la porte deux affreux bédouins
qui, en couchant des flèches meurtrières dans leurs arcs recourbés,
les menacèrent de leur percer le sein s'ils passaient plus avant sans
leur donner à chacun un sequin. La plupart des pèlerins se fâchant
de tirer à la bourse, dirent au P. Gardien qu'ils ne donneraient rien
et se contenteraient d'avoir vu la montagne sans entrer dans la grotte.
Ils descendirent donc avec beaucoup plus de difficultés qu'ils n'en
avaient eu en montant. « J'étais si fâché de n'avoir entré là-dedans,
dit le bon P. Boucher, que j'en pleurai de tristesse et d'ennui, me
voyant privé de la vue de ce lieu sacré. » Etant à terre, ils allèrent
porter plainte au lieutenant du pacha contre ces deux sauvages. Ils
auraient mieux fait de mettre en pratique ce proverbe arabe : « *Parler
peu est chose riche comme l'argent ; ne dire mot, cela est précieux
comme l'or* (2). En effet le lieutenant monta aussitôt là-haut, accompagné de deux arquebusiers. Mais à leur arrivée, les deux bédouins,
craignant d'être dénichés à coups d'arquebuse, se mirent à grimper
vers le sommet de la montagne si légèrement et à se sauver si habilement dans les fentes des rochers que c'était merveille de les voir fuir

(1) S. Math., ıv, 8.

(2) Les Italiens ont aussi cet adage : « *La lingua non ha osso, fa rompere
il dosso.* » « La langue n'a point d'os ; mais souvent elle fait rompre le dos. »

de la sorte en tel lieu, dit le P. Boucher. Il ajoute : « Cela fait, le
lieutenant descend et nous commande d'y aller. Mais tous nos pèlerins, voyant la peine et le danger auxquels on s'exposait à monter en
ce lieu, répondirent qu'ils se contentaient d'avoir été jusqu'auprès de
la porte. « Je vous jure par mon Prophète, reprend ce lieutenant, que
vous irez tous, puisque j'ai pris la peine d'y monter moi-même pour
vous rendre le passage libre. » Disant cela, il commence à charger les
épaules délicates de nos pèlerins de bonnes et magnifiques baston-
nades qui leur servirent d'ailes pour voler jusqu'au dit lieu, car jamais
je ne vis monter en lieu si âpre, si haut, si dangereux, avec plus de
légèreté et de promptitude. Quant à moi je fus, par la grâce de Dieu,
exempt de la charge pour cette heure-là, car je ne me fis point prier
à coups de bâton d'y monter, m'étant mis des premiers en chemin et
posture d'y monter. Il est vrai que quand je fus arrivé là je me trouvai
si faible que je tombai au milieu de la grotte, où je fus près d'un demi-
quart d'heure sans pouvoir respirer qu'à grand peine. Quand j'eus
repris mes esprits, je commençai à contempler ce lieu admirable (1). »

A gauche de la montagne, un précipice, profond de 300 pieds pour
le moins, ouvre son gouffre béant où les pierres qui se détachent sous
les pas du voyageur roulent en faisant entendre un bruit sinistre.
Quelques passages offrent à peine aux pieds la place nécessaire pour
s'appuyer sur une corniche en saillie au-dessus de l'abîme. A une
hauteur prodigieuse, qui n'est cependant que la moitié de celle de la
montagne, se trouve une grotte large de cinq pas sur vingt de long,
dans laquelle, d'après la tradition, Notre-Seigneur se retira pendant
les quarante jours qu'il voulut bien passer dans la prière et dans le
jeûne pour notre salut (2). Cette caverne fut convertie par sainte
Hélène en une chapelle qui est maintenant abandonnée. Une grande
partie de la voûte encombre le sol. A droite en entrant, est une profonde retraite où toute une famille de chauve-souris a élu domicile.
Deux ouvertures voûtées font communiquer cette grotte à une autre sur
le devant de laquelle existe une sorte de niche qui conserve encore
des traces de peintures byzantines. Un escalier tournant conduit dans
un petit oratoire dont les parois sont couvertes de peintures semblables.


(1) *Le Bouquet sacré*, liv. III.
(2) S. Math., IV, 1.

Par derrière se trouve un espace creusé dans le roc et revêtu de ciment ;
c'était probablement une citerne pour conserver l'eau.

Que ce lieu est propice·au recueillement et aux austérités ! Jamais
peut-être la tristesse de la solitude n'a été plus voisine de l'horreur.
Partout des rochers aigus et un sol brûlé. Que de pensées pieuses se
présentent à l'esprit du chrétien en face de cette nature étrange qui
nous rappelle tout à la fois la bonté du Seigneur envers ses serviteurs
fidèles et ses châtiments terribles envers les impies ! Les souvenirs les
plus touchants de l'Ancien et du Nouveau-Testament se trouvent
réunis là sous un seul coup d'œil. Le mont Nébo, qui élève sa tête
altière dans le lointain, rappelle Moïse, cet illustre prophète qui a
eu l'honneur sans pareil de léguer à tous les hommes les Commandements de Dieu, et aux Juifs un code religieux et civil avec la Terre-
Promise pour patrie. Aux pieds des monts Abarim, la mer Morte,
témoin du courroux céleste, fait resplendir au soleil ses ondes em-
pestées. Puis, c'est le Jourdain dont les eaux s'ouvrirent miraculeusement pour laisser passer à pied sec tout le peuple hébreu (1), ainsi
que plus tard Elie et Elisée (2), et furent sanctifiées par l'attouchement
du corps sacré de notre Rédempteur. C'est dans la plaine aride qui
borde ce fleuve que saint Jean-Baptiste exhortait les Juifs à la pénitence aussi bien par ses exemples que par ses prédications et par son
baptême (3). Saint Jérôme s'y adonna aussi pendant quatre années aux
plus dures pratiques de la mortification chrétienne. Quelque temps
après, Marie-Egyptienne, chargée du poids énorme de ses fautes, venait
habiter ce désert. Quarante-huit ans plus tard, après avoir reçu la
sainte communion des mains du pieux abbé Zozime, elle rendait son
corps à la terre et son âme à Dieu (4). Marie-Egyptienne avait recouvré
l'innocence par une pénitence sincère, et conquis par ses hautes vertus
la palme de la sainteté. A peu de distance on voit le torrent de
Carith (*Nahr-el-Kelt*), où Elie, fuyant la colère du roi Achab, se retira
par ordre du Seigneur, et fut nourri par des corbeaux (5). Enfin,
c'est sur cette montagne sainte que le divin Maître a daigné se sou-

(1) Josué, iii.
(2) IV, Rois, ii, 8.
(3) S. Luc, iii, 3.
(4) Vers l'an 430.
(5) III, Rois xvii, 5.

mettre trois fois aux tentations, pour nous apprendre à les vaincre.
Quels souvenirs ! Oui, il était bien choisi pour la prière ce désert de
la Quarantaine. Les flancs de la montagne sont creusés par des grottes
sans nombre : on dirait les alvéoles d'une ruche d'abeilles gigantesques. Dès les premiers siècles de l'Eglise, de fervents chrétiens
*dont le monde n'était pas digne* (1), vinrent demeurer dans ces
cavernes pour unir leur pénitence à celle dé l'Homme-Dieu. Mais
c'est surtout à l'époque des Croisades que la vie érémitique se pro-
pagea dans la Terre-Sainte. « De toutes les nations du monde, dit
Jacques de Vitry, des pèlerins dévoués à Dieu, attirés par les parfums
des Lieux-Saints, accouraient en foule dans la Palestine. Les églises
antiques étaient restaurées, on en construisait de nouvelles. Des couvents de religieux réguliers s'élevaient... D'autres hommes vivaient
solitaires, habitant au milieu des rochers de petites cellules, et, véritables abeilles du Seigneur, composaient un miel d'une douceur toute
spirituelle (2). » Mais les ouragans de la barbarie musulmane se sont
appesantis sur le monde oriental, et les pieuses abeilles du Seigneur
ont été tuées ou dispersées. Ces grottes qui retentissaient autrefois
nuit et jour du chant des psaumes, elles sont retombées dans un morne
silence, elles sont vides aujourd'hui. Il ne reste plus sur le mont de
la Quarantaine que les abeilles auxquelles on comparait les anachorètes qui se nourrissaient de leur miel. Ces infatigables ouvrières ont
rempli depuis des siècles quelques cavités supérieures de la montagne,
et, maintenant ces trous étant comblés, le miel déborde et forme
des ruisseaux dorés et savoureux qui s'écoulent le long des rochers (3).
D'innombrables colombes, emblèmes de l'innocence, demeurent aussi
dans ces cavernes où se cachèrent longtemps de si pures vertus.

Sur le sommet de la montagne, on avait bâti une chapelle dont il
n'y a plus que les ruines. On croit que c'est en ce lieu que le Sauveur fut tenté pour la troisième fois par le démon, qui lui montrait
tous les royaumes du monde et leur gloire, et les lui offrait comme le

(1) Epitre aux Hébreux, xi, 38.

(2) *Hist. Hier.*, t. I.

(3) Il est donc vrai qu'on peut entendre à la lettre cette promesse de Moïse
aux Hébreux : « Je vous conduirai dans une terre où coulent le lait et le miel. »
(Exode, iii, 8.) Plusieurs voyageurs, entre autres Mgr Mislin (*Les Saints-
Lieux*, III, xxxiv), attestent ce fait.

prix d'une adoration sacrilége (1). Il faut avouer que tout autre cœur que celui de l'Homme-Dieu aurait bien pu fléchir devant la proposition séductrice de Satan. Quelques hommes dont l'immense ambition égalait le génie ont essayé de la réaliser : Alexandre, César, Napoléon, ont voulu devenir les maîtres du monde; mais leurs efforts n'ont pu satisfaire leurs désirs. Il paraît que, de cette hauteur, le regard embrasse des perspectives d'une énorme étendue, depuis les tribus d'Israël dont on peut distinguer les limites jusqu'aux chaînes azurées des montagnes de Syrie au nord, et jusqu'aux horizons jaunâtres de l'Egypte au midi; à l'orient la vue se repose sur des campagnes sans fin. Peu de voyageurs ont atteint cette sommité; c'est une entreprise très-périlleuse et quelques téméraires y ont perdu la vie.

Un jour, c'était la dernière fois que Jésus entrait à Jéricho, il guérit d'une seule parole un aveugle qui demandait l'aumône le long du chemin, et voulant annoncer par avance à ses apôtres les douleurs de sa passion et la gloire de sa résurrection, il leur disait : « Voici que nous montons à Jérusalem et tout ce qui a été écrit par les prophètes touchant le *Fils de l'Homme,* va s'accomplir (2). » On comprend combien est juste l'expression dont se sert l'Evangile : « *Voici que nous montons* », car la route de Jéricho à Jérusalem semble être un escalier de géants; c'est une ascension de 3,000 pieds sur une longueur de cinq à six lieues. Ce chemin est tout à fait désert; les Croisés ainsi que les Romains avaient été obligés d'y bâtir un fort. Sur une hauteur à égale distance des deux villés, on voit les ruines assez considérables d'un ancien khan, nommé *Hadrûr.* On dit que ce khan fut bâti à la place de l'hôtellerie dont parlait Notre-Seigneur, lorsqu'il proposait à l'imitation d'un docteur de la loi la conduite du Samaritain qui soigna, avec tant de compassion, un voyageur blessé par les voleurs (3). On y hébergeait encore les pèlerins au xivᵉ siècle. Non loin de là, une pente s'élève longue et raide devant nous; elle s'appelle la montée d'*Adommin* ou *du Sang* (4). Saint Jérôme (5) déclare qu'on la nomme ainsi parce que les brigands la rougissent souvent du sang

(1) S. Math. iv, 8.
(2) S. Luc, xviii, 31.
(3) *Id.*, x, 30.
(4) Jos., xv, 7.
(5) *Onomast,* Vᵒ *Adommin.*

de leurs victimes, et que c'est là que fut attaqué le voyageur dont
parle l'Evangile (1) ; car, selon quelques-uns, ce récit du Sauveur
était une histoire véritable et non une simple parabole. Certainement cet endroit ne vaut pas mieux que sa réputation, car si l'hôtellerie a disparu, les voleurs sont restés. L'aspect du site n'est pas
plus enchanteur; il est horrible à voir. Des gorges profondément
creusées, des rochers coupés à pic, des précipices effrayants; voilà
pour le coup d'œil. Mais poursuivons notre route, nous serons bientôt
dédommagés.

Au bout d'une longue vallée, une source abondante jaillit dans
une auge de pierre, sous quelques arceaux à demi ruinés. On l'appelle la *fontaine des Apôtres*. Lorsque, plusieurs fois, ils se sont
rendus de Jérusalem à Jéricho à la suite de leur divin Maître, ils ont
dû s'arrêter à cette source, puisqu'en été on ne trouve plus d'eau qu'à
Jéricho.

### III — BÉTHANIE

Nous voici à Béthanie. C'est une chétive bourgade composée d'une
vingtaine de maisons. Elle était le séjour préféré de l'Homme-Dieu.
Je ne m'en étonne pas. Elle n'est qu'à trois quarts de lieue de Jérusalem ; cachée au fond d'un vallon, abritée par la croupe du mont des
Oliviers, et entourée de plantations de figuiers et de mûriers, elle
offre une si paisible retraite ! C'est là que Notre Sauveur venait souvent chercher un repos qu'il ne pouvait rencontrer dans les quartiers
populeux de la capitale juive, ou bien quelquefois un refuge contre
les persécutions jalouses des Scribes et des Pharisiens (2). Deux
riches familles avaient l'honneur d'y recevoir Jésus : Simon-le-Lépreux, et Lazare avec ses sœurs Marthe et Marie. Mais c'est surtout
avec ces derniers qu'il daignait entretenir des rapports d'une sainte
amitié, et il voulut récompenser leur hospitalité par un admirable
prodige.

Un jour Lazare tomba malade, et ses sœurs s'empressèrent de l'annoncer à Notre-Seigneur qui était alors hors de la Judée. Jésus différa

(1) S. Luc, x, 30.
(2) S. Math., xxi, 17.

deux jours à se rendre aux vœux de ses amies. Enfin il arriva à Béthanie. Marthe courut au-devant de lui : « Seigneur, dit-elle, si vous eussiez été ici, mon frère ne serait point mort. » — « Votre frère ressuscitera. » — « Je sais, reprend Marthe qu'il ressuscitera au dernier jour. » — « Je suis la résurrection et la vie, dit le Sauveur, celui qui croit en moi, quand même il serait mort, vivra ; et quiconque vit et croit en moi, ne mourra jamais. Croyez-vous cela ? » — « Oui, Seigneur, répond Marthe, je crois que vous êtes le Christ, le Fils du Dieu vivant, qui êtes venu en ce monde (1). » Jésus donc, frémissant en lui-même, vint au sépulcre. C'était une grotte ; et une pierre était placée dessus. Jésus dit : « Levez la pierre. » — Mais Marthe répondit : « Seigneur, il sent déjà mauvais, car il est mort depuis quatre jours. » — Jésus ajouta : « Ne vous ai-je pas dit que si vous croyez, vous verrez la gloire de Dieu ? » — Ils ôtèrent donc la pierre. Or Jésus, levant ses yeux en haut, dit : « Père, je vous rends grâces de ce que vous m'avez exaucé. Je savais bien que vous m'exaucez toujours ; mais je l'ai dit à cause de la multitude qui m'environne, afin qu'elle croie que vous m'avez envoyé. » Et ayant ainsi parlé, il cria à haute voix : « Lazare, viens dehors. » Et soudain celui qui était mort sortit, ayant les mains et les pieds liés avec des bandelettes, et le visage enveloppé d'un linge. Jésus leur dit : « Déliez-le, et laissez-le aller. » Or beaucoup d'entre les Juifs qui étaient venus vers Marie et Marthe, et qui avaient vu ce que Jésus avait fait, crurent en lui (2).

Ce miracle est un des plus éclatants de ceux par lesquels Notre-Seigneur prouva sa mission divine. Il fut fait aux portes de Jérusalem, et en présence d'une foule de juifs accourus pour consoler Marthe et Marie. Impossible de nier cette résurrection merveilleuse ; l'existence nouvelle de Lazare était un témoignage permanent, irrécusable. Les ennemis de Jésus comprirent trop bien la portée d'un tel événement, car dès lors ils formèrent le projet de faire mourir le ressuscité et l'auteur de sa résurrection (3). « O pensée folle, et aveugle cruauté !

______

(1) Une colline voisine supporte un rocher plat sur lequel on dit que N.-S. était assis quand il eut avec Marthe ce sublime entretien. On l'appelle *la pierre du Colloque*.

(2) S. Jean, XI.

(3) *Id.*, XII, 10.

s'écrie saint Augustin. Le Christ Notre-Seigneur qui a pu le ressusciter mort, ne pourrait-il le ressusciter vivant? Vous ôteriez la vie à Lazare ; enlèveriez-vous par là à Dieu sa puissance ? Si le miracle de ressusciter un homme tué vous paraît plus grand que celui de ressusciter un homme mort, Jésus a fait l'un et l'autre ; il a ressuscité Lazare mort, et il s'est ressuscité lui-même que vous aviez tué (1). » Ces paroles s'adressent également aux impies de nos jours qui voudraient bien anéantir, s'ils en avaient le pouvoir, les miracles et ceux qui les ont faits ou qui les annoncent.

Parmi les miracles de Jésus, il n'en est point qui ait causé plus d'embarras à M. Renan : « Il faut reconnaître, dit-il, que le tour de la narration de Jean a quelque chose de profondément différent des récits de miracles, éclos de l'imagination populaire, qui remplissent les synoptiques (*lisez* évangélistes). Il est donc vraisemblable que le prodige dont il s'agit ne fut pas un de ces miracles complètement légendaires et dont personne n'est responsable (2). » M. Renan est donc forcé d'avouer que la résurrection de Lazare ne doit pas être mise au rang des fables ; mais comme il tient absolument à ne pas admettre de miracles, il la place au rang des supercheries. Il accumule les peut-être ; il s'ingénie pour inventer une fausse résurrection de Lazare, que nous devons regarder comme plus authentique que le récit de saint Jean, c'est entendu. « Peut-être Lazare, pâle encore de sa maladie, se fit-il entourer de bandelettes comme un mort et enfermer dans son tombeau de famille ; Jésus désira voir encore une fois celui qu'il avait aimé, et la pierre ayant été écartée, Lazare sortit avec ses bandelettes et la tête entourée d'un suaire. Cette apparition dut naturellement être regardée par tout le monde comme une résurrection (3). » — Et le tour est fait. — On est étonné de l'audace avec laquelle M. Renan abuse de la bonne foi de ses lecteurs? Il prend dans les Evangiles ce qui lui convient, et en rejette ce qui lui déplaît. Mais les historiens de Jésus sont véridiques ou non. S'ils ne le sont pas, qu'il cherche d'autres documents plus authentiques pour retracer l'histoire de son héros ; s'ils sont véridiques, qu'il accepte tous leurs

(1) *Traité* 50, *sur S. Jean.*
(2) *Vie de Jésus*, c. xxii, p. 360.
(3) *Ibid.*, p. 361.

témoignages. Or l'Evangile nous apprend que les sœurs de Lazare,
loin de se prêter à une supercherie, répugnaient même à ôter la
pierre qui fermait le tombeau. « Seigneur, disait Marthe, il sent déjà
mauvais, car il y a quatre jours qu'il est là (1). » Il faut convenir que
Lazare aurait poussé bien loin la complaisance envers son ami, en
restant quatre jours enfermé dans un tombeau, pour lui fournir l'occasion de faire un faux miracle. Cela est d'autant plus difficile à
croire que Lazare et ses sœurs étaient « intimement persuadés que
Jésus était thaumaturge (2), » et qu'il leur aurait été impossible de
tromper les Juifs dont plusieurs n'étaient pas les amis de Jésus
puisque « ils s'en allèrent trouver les Pharisiens, et leur rapportèrent
ce qu'il avait fait. Les princes des prêtres et les Pharisiens tinrent
conseil ensemble, et dirent : Que faisons-nous? Cet homme opère plusieurs miracles. Si nous le laissons faire, tous croiront en lui (3). » Ils
ne pensaient donc pas, comme M. Renan, qu'il y avait là une supercherie, et cependant ils avaient le témoignage des témoins oculaires.
Nous pouvons bien adresser à M. Renan ce qu'il applique à Lazare
et à ses sœurs : « Il ne se fait aucun scrupule d'invoquer de mauvais
arguments pour sa thèse, quand les bons ne réussissent pas. Si telle
preuve n'est pas solide, tant d'autres le sont (4)!... » (ou du moins le
paraissent à des esprits qui désirent ne pas croire).

Il faut lire attentivement tout le chapitre xie de Saint-Jean que je
viens de citer. On peut dire que si ce miracle est une preuve sans réplique de la divinité de N.-S. Jésus-Christ, le récit qu'en a fait l'apôtre
bien-aimé est aussi une preuve de la divinité de l'Evangile. On trouve
dans la narration si simple de ce fait si extraordinaire un ton de can-
deur et de conviction qui respire la bonne foi la plus sincère, et inspire la plus entière confiance. N'est-ce pas ici le cas de dire avec
Jean-Jacques Rousseau : « Les faits de Socrate, dont personne ne
doute, sont moins attestés que ceux de Jésus-Christ. Il serait plus in-
concevable que plusieurs hommes d'accord eussent fabriqué l'Evangile,
qu'il ne l'est qu'un seul en ait fourni le sujet... L'Evangile a des

(1) S. Jean, xi, 39.
(2) *Vie de Jésus,* c. xxii, p. 362.
(3) S. Jean, xi, 46.
(4) *Vie de Jésus,* c. xxii, p. 362.

caractères de vérité si grands, si frappants, si parfaitement inimitables, que l'inventeur en serait plus étonnant que le héros (1). »

Le tombeau de Lazare existe encore. Quand nous nous en sommes approchés, nous avons vu tous les hommes du village réunis à l'entrée de ce monument. L'un d'eux alluma une bougie et nous descendîmes à sa suite par un escalier en pierre de vingt-quatre marches. Cette entrée est moderne, elle a été pratiquée par les Franciscains après que l'ancienne porte eût été obstruée par une mosquée. Le monument se compose, comme la plupart des tombeaux juifs, de deux chambres souterraines, c'est-à-dire d'un vestibule et du sépulcre proprement dit. Au bas de l'escalier, on est dans le vestibule qui a 3 mètres de longueur sur 2 de largeur. Il fut transformé en chapelle sous les Croisades. La voûte est en ogive. Les Franciscains y ont élevé un autel grossier en pierre sur lequel on célèbre quelquefois la messe. L'Evangile dit de ce sépulcre : « c'était une caverne, et une pierre était posée dessus (2). » Ceci s'accorde parfaitement avec ce que nous avions sous les yeux. L'étroite ouverture qui fermait l'entrée du tombeau était recouverte autrefois par une pierre placée horizontalement. Je pénétrai dans ce passage creusé au milieu du rocher et long de 1 mètre 50 centimètres, et après avoir franchi quelques marches, je me trouvai dans le caveau où fut déposé le corps de Lazare. Cette grotte a 2 mètres carrés. Un revêtement de pierres appareillées et une voûte ogivale ont fait disparaître la banquette sépulcrale et cachent la surface du rocher. Quand je fus sorti de ce tombeau, un autre pèlerin s'y glissa. Je me tins alors au pied de l'autel, vis-à-vis l'ouverture, à la place même où dut se tenir J.-C., quand il fit retentir cette voûte funèbre de sa voix puissante qui commandait à la mort, et au moment où mon compagnon sortait de ce sépulcre, enveloppé des pieds à la tête dans son burnou blanc, comme dans un linceul, il me sembla voir de mes yeux Lazare revenir à la vie et se jeter aux pieds de son libérateur.

La tradition qui nous indique ce tombeau comme étant celui de Lazare, est aussi ancienne que celle qui fixe l'emplacement du Saint-Sépulcre. Des témoignages authentiques nous permettent

_________

(1) *Emile.*
(2) S. Jean, XI, 38.

d'en remonter le cours jusqu'à la limite des renseignements historiques, c'est-à-dire jusqu'au règne de Constantin. Ainsi ce sépulcre
de Lazare à Béthanie est mentionné par le pélerin de 333, puis
par Saint-Jérôme (1). Ce dernier nous fait connaître en outre la
construction d'une église en cet endroit. Dans les siècles suivants,
le monument et l'église furent vus par Antonin-de-Plaisance,
Saint-Arculphe, Bernard-le-Sage, puis par Sœwulf. Les Croisés, au
xiiᵉ siècle, acceptèrent cette tradition et la fixèrent même par leurs
travaux que l'on voit encore. Au reste le souvenir de Lazare n'est
pas éteint à Béthanie. Les mahométans ont donné son nom au village
qu'ils y habitent aujourd'hui ; ils l'appellent *El-Azarieh*. Quand ils
ont un enfant dont la vie est en danger, ils le descendent avec une
sorte de foi religieuse dans ce caveau, et le couchent sur ce même
sol où fut étendu le cadavre de Lazare, espérant que le prophète
*Sidi-Aïsa* (2), qui a rendu la vie au mort, empêchera leur cher
malade de mourir.

On ne voit plus, avec une tour antique bâtie sur la partie élevée
du village, que les ruines des églises et des monastères d'hommes et
de femmes qui furent construits sur la maison de Marthe et de Marie,
et sur celle de Simon-le-Lépreux.

Depuis Jéricho nous suivons la même route que N.-S. a parcourue
lorsqu'il fit son éntrée triomphale à Jérusalem, peu de jours avant sa
passion. Comme il s'approchait de *Bethphagé*, situé sur le versant méridional du mont des Oliviers, il dit à deux de ses disciples : « Allez
à ce hameau qui est devant vous, et vous y trouverez une ânesse
attachée avec son ânon, déliez-les et me les amenez (3). » Les ruines
même de Bethphagé ont disparu, *etiam periere ruinæ*. Seulement
quelques figuiers marquent l'emplacement de ce village sacerdotal et
rappellent son nom qui signifie *maison des figues*.

Bientôt nous descendons les flancs de la montagne des Oliviers,
et Jérusalem s'offre à nos regards. Ces lieux aujourd'hui si solitaires
étaient couverts d'une foule nombreuse et animée, quand le Sauveur
entra dans la ville de David, au milieu de l'allégresse publique. Les

_____

(1) *Onomasticon,* Vᵒ *Bethania.*
(2) Jésus.
(3) S. Math., xxi.

disciples coupaient des palmes et d'autres branches d'arbres ; les filles
de Sion étendaient leurs vêtements sur le passage de leur Roi qui
venait à elles plein de douceur, suivant la prophétie de Zacharie (1) ;
les enfants criaient: « Hosannah au Fils de David ! » Tous faisaient
retentir les airs de leurs acclamations solennelles : « Béni soit celui
qui vient au nom du Seigneur ! Hosannah au plus haut des cieux (2) ! »
L'Eglise célèbre chaque année, au dimanche des Rameaux, le
souvenir de cette entrée glorieuse.

Combien ce triomphe modeste et pacifique de notre Roi céleste est
plus touchant et plus admirable que ceux des Alexandre et des plus
grands conquérants de la terre. Ici, s'il y a moins pour les yeux, il y
a davantage pour le cœur. Ces vives acclamations ne couvrent pas les
cris plaintifs d'une foule de captifs que l'on traîne enchaînés devant
le char du triomphateur; elles ne sont pas l'effet d'une basse adu-
lation, elles sont toutes spontanées, c'est le cri de reconnaissance d'un
peuple qui honore son divin bienfaiteur. Nous unissons nos louanges
à celles des enfants des Hébreux; mais à la joie intérieure que nous
ressentons viennent promptement se mêler des sentiments pénibles.
Nous descendons dans la vallée de Josaphat, et nous apercevons à
notre droite le jardin des Oliviers avec la grotte de l'Agonie. Dans
quelques jours, le Sauveur y viendra et tombera dans une tristesse
mortelle causée par l'ingratitude des hommes, car ce peuple juif qui
chante aujourd'hui l'*hosannah* au fils de David, va crier bientôt, par
une déplorable inconstance : « Crucifiez-le, crucifiez-le. » Conduite
indigne, qui n'est que trop souvent imitée par des chrétiens préva-
ricateurs.

Après avoir gravi l'autre flanc de la vallée de Josaphat, Jésus entra
dans le temple par la porte Dorée que nous voyons encore, et notre
caravane rentre dans la ville par la porte Saint-Etienne et va se reposer
à Casa-Nova des fatigues de cette intéressante excursion.

(1) Zach., ix, 9.
(2) S. Marc, xi, 10.

# CHAPITRE XXVII

## MES ADIEUX A JÉRUSALEM — LA ROUTE DE SAMARIE — NAPLOUSE — SÉBASTIEH

### I — MES ADIEUX

Toute médaille a son revers. J'eus lieu de m'en convaincre à Jérusalem. Vers la fin de septembre je fus attaqué d'une maladie assez grave. Pour comble de malheur, c'était l'époque où notre caravane devait quitter la capitale pour se rendre à Nazareth; j'eus donc le chagrin d'être privé de la société de mes aimables compagnons de voyage dans un moment où elle aurait pu m'être si utile. Me voyant retenu sur un lit de douleur, et seul dans une ville étrangère, je n'avais point, on doit le croire, des idées couleur de rose. Cependant, grâce à la divine Providence et aux bons soins des religieux, le cours de mes pérégrinations ne fut pas longtemps interrompu.

Il n'entre pas dans mon cadre de traiter la question des Lieux-Saints, elle est trop compliquée. D'après ce que j'ai dit précédemment, on sait que les Grecs et les Arméniens, à force d'intrigues, mettant à profit la puissance que leur donnaient de grandes richesses auprès du gouvernement vénal des Sultans, et exploitant la détresse des Franciscains presque abandonnés de l'Europe catholique au commencement de ce siècle, parvinrent à usurper la plus grande et la plus précieuse partie des Lieux-Saints, et ils les gardent actuellement d'une manière si exclusive qu'en plusieurs endroits ils ne permettent pas aux catholiques d'y célébrer l'office public (1). Les Franciscains ont réclamé et

(1) Par exemple : au tombeau de la sainte Vierge, et à l'autel de la Nativité de Notre-Seigneur.

prouvé leurs droits par des titres authentiques, mais que pouvaient-ils contre la force? Aussi est-il vrai de dire que les Latins possèdent les firmans et les Grecs les sanctuaires. La Russie soutient les Grecs parce qu'ils sont ennemis des Latins, quitte à leur enlever plus tard ce qu'elle peut arracher aux autres. On le voit, *la question des Lieux-Saints* que certains voyageurs, pour lesquels tout intérêt religieux est indifférent ou antipathique, appellent *une querelle de moines*, est une grande question au point de vue religieux comme au point de vue politique. Sous le premier rapport, c'est l'éternelle lutte des Églises schismatiques contre l'Eglise catholique représentée en Terre-Sainte par le patriarche latin et par les Franciscains; sous le second rapport, ce sont les envahissements lents mais continuels de la Russie dans le monde oriental, et l'accroissement de son influence au détriment de celle de la France. Plaise au Ciel que les gouvernements d'Europe comprennent la nécessité de rogner les ailes et les griffes de l'aigle russe, afin d'arrêter ses empiètements si inquiétants pour l'avenir. Espérons aussi que la France, dans cette question si grave, fera pencher la balance du côté du bon droit, et obtiendra aux catholiques une juste réparation. C'est ainsi que notre bien-aimée patrie continuera à exercer son protectorat des Lieux-Saints, et qu'elle se fera de nouveau bénir par les chrétiens d'Orient. Ces chrétiens depuis tant de siècles ont, dans leurs malheurs, une vive confiance en elle, et une grande estime pour son nom glorieux.

Je voyais avec peine approcher le moment où il me fallait quitter Jérusalem. L'illustre auteur de l'*Histoire des Croisades* a bien décrit les sentiments du pèlerin qui abandonne l'antique Sion.

« Jérusalem n'est pas le séjour des plaisirs et des joies de ce monde; cependant on ressent un véritable chagrin lorsqu'on la quitte et surtout lorsqu'on la quitte pour toujours. D'où cela peut-il venir? Je crois en général que nous nous attachons aux lieux à raison des sentiments que nous y avons éprouvés, des émotions vives, des nobles inspirations que nous en avons reçues; en quittant les lieux où nous avons mis beaucoup de notre vie morale et intellectuelle, il nous semble que nous nous séparons d'une partie de nous-mêmes. Quoique je ne sois resté que quelques jours à Jérusalem, je puis dire que j'y ai plus vécu que dans d'autres villes où j'ai longtemps habité; nulle part la religion du Christ ne m'a paru plus grande, sa morale plus sublime; nulle part les souvenirs de la patrie, ceux de l'amitié, la compassion pour l'infortune, n'ont plus pénétré mon cœur; en aucun lieu, en aucun temps, mes pensées ne se sont élevées plus haut; jamais je n'ai été plus content de moi-même et des autres, jamais je n'ai été plus fier de ma qualité d'homme.

« Jérusalem est triste, mais sa tristesse a je ne sais quoi de mystérieux et de poétique comme les chants de ses prophètes; la solitude de Sion, couverte de deuil, a toujours quelque chose d'attachant parce qu'elle répond à nos souvenirs du berceau, à nos réflexions de l'âge mûr, à nos pensées de la tombe; vous ne faites point un seul pas sur ce territoire sacré sans vous sentir battre le cœur. Les crimes et les calamités des peuples qui se mêlent aux images de la miséricorde et du salut; une multitude que la fureur entraîne, le juste condamné; la trahison qui se punit elle-même; le repentir, la compassion, le dévouement, les faiblesses de l'homme à côté de ses vertus; un Dieu ressuscité qui monte au ciel et l'espérance qui en descend; voilà ce que vous rencontrez au milieu des ruines de Jérusalem; nous retrouvons là nos destinées sur la terre : les biens et les maux de l'humanité. En parcourant les rues de Jérusalem, il semble qu'on parcourt les chemins de ce monde; dans ces lieux où un Dieu a vécu de notre vie, où un Dieu est mort de notre mort, tout est devenu semblable à l'homme. C'est ce qui nous explique pourquoi nous avons tant de peine à quitter Jérusalem; nous éprouvons alors quelque chose de ce sentiment pénible qu'on éprouve en sortant de cette vie, qu'on appelle une vallée de larmes et dont la douleur même ne saurait nous détacher. O Jérusalem! ton image remplie de deuil me suivra longtemps! Quand ma destinée m'aura entraîné sous un autre ciel, et que je serai assis sur les fleuves de Babylone, je chanterai encore les cantiques de Sion (1). »

Jérusalem est la cité-mère du Christianisme, de même que Rome est celle du Catholicisme; et tout chrétien doit unir dans son cœur à l'amour de sa patrie naturelle, l'amour de Jérusalem et de Rome, toutes deux villes saintes et éternelles. Des liens invisibles mais puissants me retenaient là. Oui, le Calvaire, le Saint-Sépulcre, le Jardin des Oliviers, le Tombeau de la Vierge bénie, ont des attraits ineffables; et l'on se

_________________________

(1) Michaud, *Corresp. d'Orient*, **IV**, *Lettre* cii.

prend quelquefois à se dire avec David : « Le Seigneur a choisi Sion pour sa demeure ; ce sera aussi le lieu de mon repos pour toujours ; j'y habiterai parce que je l'ai choisie (1). » Mais enfin ce n'est que dans la céleste Sion qu'il nous sera permis de goûter un bonheur sans mélange dans une sainte cité dont on n'aura jamais à craindre la séparation.

J'avais habité Jérusalem pendant un mois entier, je devais enfin me résigner à faire mes préparatifs de départ. Je célébrai pour la dernière fois la sainte messe sur le Calvaire, j'allai faire mes adieux aux excellents Pères Franciscains, à M. le Chancelier du Patriarcat, ainsi qu'au P. Ratisbonne, et le lundi 30 septembre, je sortis par la porte de Jaffa, guidé par un jeune maronite et accompagné d'une faible escorte. A quelque distance de la ville, je me retournai pour lui dire encore adieu en empruntant ces paroles du Psalmiste : « Si je t'oublie jamais, ô Jérusalem ! que ma main droite soit mise en oubli ; que ma langue s'attache à mon palais, si je ne me souviens toujours de toi (2) ! » Et je me plaisais à espérer que cet adieu ne serait pas éternel, et que je pourrais de nouveau pénétrer dans ses murs et aller prier auprès du Saint-Sépulcre.

*« Reposita est hæc spes mea in sinu meo (3). »*

### II — LA ROUTE DE NAPLOUSE

Tournons à droite et prenons la route de la Samarie. Après trois quarts d'heure de marche, nous arrivons sur une hauteur qui domine la ville, c'est *Sapha* que Josèphe appelle σκοπη *(lieu d'où l'on observe (4).* En effet de là l'œil découvre un magnifique panorama de Jérusalem. Ses murs élevés, ses larges tours, ses minarets élancés, et ses coupoles dorées par les rayons du soleil, se détachent sur un ciel d'azur avec une majestueuse grandeur. On dirait que le Seigneur a posé de nouveau sur son front séculaire le diadème de gloire qui l'ornait dans les anciens jours. Et le pèlerin lui envoie un dernier salut d'adieu, un dernier soupir du cœur, en adressant au Ciel cette prière : « O Dieu ! vous

(1) Ps. 131, v. 14.
(2) Ps. 136, v. 5.
(3) Job, xix, 27.
(4) Les Musulmans y ont un petit village.

paraîtrez enfin et vous aurez pitié de Sion ; car il est venu le temps de la miséricorde, il est venu le temps marqué. Les pierres de Sion sont encore chères à vos serviteurs, et ils pleurent sur sa poussière (1). »

C'est à Sapha qu'eut lieu la célèbre rencontre entre Alexandre et le Grand-Prêtre Jaddus (332 avant J.-C.). Le roi de Macédoine s'avançait contre Jérusalem pour la soumettre quand il vit venir vers lui le peuple en habits de fête, suivi des lévites et du Grand-Prêtre revêtu de ses insignes sacerdotaux. A la vue de cette pompe religieuse, Alexandre s'arrêta, puis il s'inclina pour adorer le nom de Jéhovah inscrit en lettres d'or sur la tiare du pontife. Les Juifs le saluèrent par de joyeux vivats, et le jeune vainqueur des Perses pénétra dans la ville au milieu d'un pacifique triomphe. Il entra dans le temple et offrit un sacrifice au vrai Dieu. Les Juifs lui montrèrent les prophéties de Daniel (2) qui annonçaient ses victoires ; il en fut rempli de joie et leur octroya d'importants priviléges (3).

La route que nous allons suivre a toujours été une des plus fréquentées de la Palestine ; elle mène à Naplouse et à Nazareth ; elle est pleine de souvenirs bibliques (4). Jacob et les autres patriarches l'ont parcourue plusieurs fois avec leurs familles. Marie l'a aussi traversée souvent : lorsqu'elle alla visiter sa cousine Elisabeth, lorsque plus tard avec saint Joseph elle se rendit à Bethléhem, lorsque tous les ans elle allait au temple pour la fête de Pâques, en compagnie de son divin enfant. Le Sauveur y a passé encore fréquemment avec ses apôtres pendant sa vie publique. Quel bonheur de marcher sur ces augustes vestiges !

A notre droite, la pauvre *Anata* est assise au milieu des rochers ; c'est l'ancienne *Anathot*, la patrie du chantre des *Lamentations*.

Voici une fontaine abondante, elle s'appelle *El-Bireh* (*le puits*), et a donné son nom au village situé à côté. C'était autrefois *Beeroth*, ville des Gabaonites.

(1) Ps. 101, v. 14.
(2) Dan., viii.
(3) Josèphe, *Antiq.*, liv. XI, c. viii.
(4) L'antique voie romaine est encore très-bien tracée ; elle est pavée d'énormes pierres qui, maintenant usées et déchaussées, en font le chemin le plus affreusement rocailleux que l'on puisse rencontrer, même dans ce pays ; aussi marche-t-on de préférence à côté.

C'est ici, d'après la tradition, à trois lieues de Jérusalem (1), que saint Joseph et la sainte Vierge, au retour des fêtes de Pâques, s'aperçurent que l'enfant Jésus n'était plus en leur compagnie. Après l'avoir vainement cherché, ils revinrent sur leurs pas et le trouvèrent dans le temple au milieu des docteurs où il laissait déjà percer quelques rayons de sa divinité par ses réponses admirables (2). « Les charmes du saint enfant étaient merveilleux, dit Bossuet, il est à croire que tout le monde le voulait avoir, et ni Marie ni Joseph n'eurent peine à croire qu'il fût dans quelque troupe de voyageurs, car les gens de même contrée, allant à Jérusalem dans les jours de fêtes, faisaient des troupes pour aller de compagnie. Ainsi Jésus échappa facilement, et ses parents marchèrent un jour sans s'apercevoir de leur perte (3).» Pour conserver ce souvenir évangélique, les Croisés bâtirent en ce lieu une église dont on voit encore les restes.

Quelques masures appelées *Beitin*, remplacent *Béthel*. Ce nom nous reporte aux temps des patriarches. C'est entre cette ville et *Haï* située à une lieue de là, à l'orient, qu'Abraham éleva un autel au Seigneur qui lui était apparu (4). C'est là que Jacob, se dérobant à la colère de son frère Esaü, s'arrêta pour dormir, et qu'il vit en songe une échelle mystérieuse au haut de laquelle Dieu se montrant, lui renouvela la promesse déjà faite à Abraham de donner à sa postérité cette terre sur laquelle il reposait en fugitif. Jacob s'écria à son réveil : « Que ce lieu est terrible! C'est ici la maison de Dieu et la porte du ciel ! (5).» Il consacra la pierre qui lui avait servi de chevet comme un monument à l'Eternel, et il nomma cette ville *Béthel*, c'est-à-dire *maison de Dieu*; elle s'appelait auparavant *Louzah*. Avant la construction du Temple, le peuple hébreu se rendait de toutes parts à Béthel pour adorer Jéhovah. Mais le culte sacrilége des idoles remplaça en ce lieu le culte du vrai Dieu. Jéroboam voulant fortifier son schisme politique avec la maison de David par un schisme religieux, y érigea un veau d'or en disant aux enfants d'Israël : « Voilà vos Dieux

(1) C'est la première station en sortant de Jérusalem, surtout pour les caravanes qui n'ont pu quitter la ville de grand matin.

(2) S. Luc, II, 44.

(3) *Élévations sur les mystères, XX<sup>e</sup> semaine*, III.

(4) Gen., XII, 8.

(5) Gen., XXVIII, 11.

qui vous ont tirés de l'Egypte (1). » Et il se trouva des ministres et
un peuple assez serviles pour courber leurs têtes et leurs consciences
devant ces ordres stupides d'un tyran. Malheureusement cette race
d'esclaves n'a point péri avec les Israélites. Depuis lors les prophètes
changèrent le nom de *Béthel* en celui de *Bethaven*, qui veut dire
*maison de crime*. Ne soyons pas étonnés de ne plus trouver à la
place où fut Béthel qu'un misérable village; Amos l'avait prédit : « Ne
cherchez point Béthel... car elle sera détruite (2). »

Nous entrons maintenant dans la province de Samarie. La terre
prend un aspect moins triste. A gauche les montagnes d'Ephraïm
étendent leurs vastes flancs couverts de forêts d'oliviers, de grenadiers,
et de riches vignobles dont les habitants abusaient trop souvent;
en effet les prophètes Osée et Isaïe leur adressaient à ce sujet de
vifs reproches : « Malheur aux Ephraïmites passionnés pour les festins.
Malheur à ceux que le vin fait chanceler (3). » Le travail opiniâtre de
l'homme se fait d'autant plus remarquer ici qu'il est presque inconnu
parmi ces languissantes populations de la Palestine.

La route de Sichem est très redoutée, et ce n'est pas d'aujourd'hui
seulement, car le prophète Osée comparait déja les brigands de Galaad
aux voleurs du chemin de Sichem qui attendent les voyageurs pour
les tuer (4). La seule tradition qui se soit bien conservée dans ce
pays, c'est celle de dépouiller les voyageurs. On passe à côté d'une
fontaine dont le nom est peu rassurant. Elle s'appelle *Aïn-el-haram-*
*yeh* (*la fontaine des voleurs*), et elle porte bien son nom. C'est à peu
de distance de cette source que (5) trois Franciscains subirent
une attaque terrible. Ils revenaient paisiblement de Nazareth à
Jérusalem en compagnie de quelques muletiers. Arrivés au village de
*Sanghil*, ils se couchèrent par terre sous un arbre touffu planté près
du chemin. A peine avaient-ils goûté les premières douceurs du sommeil, la tête appuyée sur une pierre en guise d'oreiller comme Jacob
à Béthel, qu'une douzaine de cavaliers arabes, descendus de leurs
montures, s'avancent sur eux, les pistolets à la ceinture, le sabre au

(1) III, Rois, xii, 28.
(2) Amos, v, 5
(3) Isaïe, xxviii, 1, 3. — Osée, vii, 5.
(4) Osée, vi, 9.
(5) En 1862.

côté, une lance dans une main et un bâton noueux dans l'autre. Au
bruit qu'ils entendent, les religieux se dressent sur leur séant, mais
c'est pour recevoir des coups de massue qui les étendent sur le sol.
Les muletiers prennent la fuite pendant que les bédouins dépouillent
les Franciscains de tout ce qu'ils ont. A l'un ils prennent deux ou
trois cents francs destinés à un Nazaréen qui habite Jérusalem, aux
autres ils arrachent violemment leurs pauvres vêtements, c'est à peine
s'ils leur laissent un caleçon. Cependant les bédouins s'éloignent,
mais après avoir encore volé la bourse à un diacre grec qui marchait
non loin de là. Les blessés se traînent jusqu'au village musulman où
ils sont assez bien accueillis et où on leur donne quelques haillons
pour couvrir leur nudité. Le jour venu, l'un d'eux écrit sur un chiffon
de papier à son supérieur pour lui demander du secours, mais il ne
peut trouver dans le village un seul homme qui consente à porter ce
message à Jérusalem (1). — On reconnait ici l'humanité des mahométans
à l'égard des chrétiens. — A force de prières, il obtient cependant du
Scheik que ce billet sera porté à Ram-Allah, à un missionnaire du
patriarcat latin établi dans cette localité. Celui-ci l'envoie aussitôt à
sa destination, et fait amener chez lui les Franciscains pour les secourir. Le lendemain, à l'arrivée de ces religieux à Jérusalem, le plus
gravement blessé expira sans avoir recouvré l'usage de sa raison. Pendant plusieurs jours on craignit pour la vie du second, mais il guérit
plus tard. Quant au troisième, bien lui en a pris de faire le mort,
car c'est à ce stratagème qu'il doit de vivre dans son emploi de sacristain du Saint-Sépulcre. Je dois avertir que les européens, marchant en caravane armée, sont à peu près à l'abri de ces agressions,
car les bédouins n'attaquent jamais sans s'être auparavant assurés
que ceux qu'ils veulent dépouiller sont moins nombreux et moins
bien armés qu'eux, et ils savent aussi que l'insulte faite à une
caravane aurait plus de retentissement que celle faite à quelques particuliers, et qu'elle attirerait certainement sur eux des châtiments
sévères.

A peu de distance de la route, à droite, sur une colline qui s'avance
au-dessus d'une fertile vallée, était assise *Silo*, célèbre aussi dans
l'Ancien Testament. C'est là que Josué fit le second partage de la

(1) La distance de Sanghil à Jérusalem est de 5 ou 6 lieues.

Terre-Promise (1). C'est là aussi que le jeune Samuel servait le Seigneur
à l'ombre du tabernacle (2). L'Arche d'Alliance y demeura pendant
328 ans, depuis le jour où elle fut transportée de Galgala jusqu'à la
mort du grand-prêtre Héli ; à cette époque elle devint la proie des
Philistins (3). Pendant tout ce temps, les juifs venaient trois fois par
an à Silo pour célébrer le culte de Jéhovah. Cette ville consacrée particulièrement au Seigneur comme Béthel, s'est attirée comme elle les
vengeances divines par la malice de ses habitants, et est devenue aussi
un monceau de ruines. Un petit village, nommé *Seiloun*, indique son
emplacement.

Pénétrons dans cette large vallée qui s'ouvre devant nous. C'est dans
ces champs que Jacob s'établit en revenant de la Mésopotamie. Il
acheta cette terre aux enfants d'Hémor, et y éleva un autel au
Seigneur (4). Le patriarche avait bien choisi, car cette plaine est d'une
admirable fertilité. Voici le puits de Jacob. C'est sans contredit un
des sites les plus intéressants qu'il y ait dans toute la Terre-Sainte,
non-seulement à cause de l'importance des paroles que le Fils de
l'homme y a fait entendre, mais aussi parce qu'il n'est pas de site qui
soit mieux circonscrit et plus aisément reconnaissable. « Jésus vint
dans une ville de Samarie nommée Sichar (5) près de la terre que
Jacob donna à Joseph son fils. Là était la fontaine de Jacob. Jésus
donc fatigué du chemin s'assit sur le bord de la fontaine. Une femme
samaritaine vint puiser de l'eau. Jésus lui dit : « Donnez-moi à boire. »
Car ses disciples s'en étaient allés à la ville pour acheter des vivres.
Or cette femme lui dit : « Comment vous qui êtes juif, me demandez-
vous à boire à moi qui suis samaritaine, car les Juifs n'ont pas de commerce avec les Samaritains. » — Jésus lui répondit : « Si vous con-
naissiez le don de Dieu, et qui est celui qui vous dit : donnez-moi à
boire ; vous lui en auriez peut-être demandé, et il vous aurait donné
de l'eau vive. » — Cette femme lui dit : « Seigneur, vous n'avez rien

(1) Jos., xviii.
(2) I Rois, i, 24.
(3) I, Rois, iv, 3.
(4) Gen., xxxiii, 18.
(5) La malignité des Juifs avait changé le nom de Sichem en celui de *Sichar*
(*ivresse*), par allusion au goût trop prononcé de ses habitants pour le jus de la
vigne.

pour en puiser, et le puits est profond, d'où auriez-vous donc cette
eau vive? Etes-vous plus grand que Jacob, notre père, qui·nous a
donné ce puits? » — Jésus lui répondit : « Quiconque boit de cette
eau aura encore soif, mais celui qui boira de l'eau que je lui donnerai n'aura jamais soif; car cette eau que je lui donnerai deviendra
en lui une source jaillissante jusqu'à la vie éternelle. » — Cette
femme lui dit : « Seigneur, donnez-moi de cette eau... je vois bien que
vous êtes prophète, mais le Messie qu'on appelle Christ va venir, et lorsqu'il sera venu il nous enseignera toutes choses. » — Jésus lui dit :
« C'est moi-même qui vous parle »... Et parmi les habitants de la ville
beaucoup crurent en lui, et ils le prièrent de demeurer avec eux ; et il
y resta deux jours. Et un plus grand nombre de Samaritains crurent
en lui à cause de ses discours, et ils disaient à cette femme : « Maintenant ce n'est plus à cause de vos paroles que nous croyons, car
nous l'avons entendu nous-mêmes, et nous savons qu'il est vraiment
le Sauveur du monde (1) ».

« C'était une belle et sainte pensée, dit Mgr Mislin, celle qui avait
confié à des vierges chrétiennes la garde d'un lieu où notre Sauveur
a autorisé par son exemple les relations immédiates que les femmes
devaient avoir avec l'Eglise. La femme a été affranchie, d'abord dans
la personne de la Sainte-Vierge, puis dans celle des saintes femmes
qui ont suivi le Sauveur et ont reçu de sa bouche la doctrine simple,
pure et sublime qui va si bien au cœur de la femme dans les trois principales situations de sa vie : dans l'innocence du premier âge, la chasteté virginale et la dignité de mère chrétienne. Aussi dans tous les
temps, elle a plus spécialement témoigné à l'auteur de sa réhabilitation sa reconnaissance et son amour. Ce furent surtout les femmes
qui suivirent Notre-Sauveur sur le Calvaire ; elles furent les premières qui visitèrent le Saint-Sépulcre, et les premières aussi à qui
J.-C. apparut après sa résurrection. C'est dans la Société chrétienne
seule que les femmes tiennent le rang qu'elles méritent, et elles le
perdent à mesure que le christianisme s'efface de nos mœurs. La
dégradation des femmes dans le Levant est affreuse, et elle sera la
même jusqu'à la fin des siècles, si Dieu ne prend pas pitié de ces peuples en leur faisant aimer la liberté et la chasteté de sa loi. Chez les

_______________

(1) S. Jean, IV, 5.

payens, un mari chassait sa femme dès qu'elle était devenue vertueuse
par le christianisme (1) ; et les Turcs aujourd'hui ne permettent que
des spectacles lascifs aux femmes des harems ; ce n'est pas assez pour
eux d'avilir leurs compagnes par l'esclavage, il faut les avilir mille
fois plus par la corruption. C'est au puits de la Samaritaine qu'a été
inaugurée la sainte et pudique liberté qui devait régner entre les
fidèles ; il était juste que des femmes vinssent honorer en ce lieu, par
leurs vertus et leurs reconnaissantes prières, le divin auteur de leur
régénération ; mais les vierges chrétiennes ont été chassées de cette
contrée ; l'esclavage et la barbarie en ont repris aussitôt possession (2).

Le puits de Jacob est situé à 20 minutes de Naplouse, au bord de
la route de Jérusalem, sur un petit monticule qui se rattache au mont
Garizim. De l'aveu de tous, c'est le même que celui auprès duquel
Notre-Seigneur conversa avec la Samaritaine (3). Il est placé au milieu
d'une salle souterraine dont l'entrée est obstruée par des décombres
et des fûts de colonne en granit gris qui paraissent remonter au iv[e]
siècle. Il est creusé dans le roc et très-profond, ainsi que la Samaritaine le faisait remarquer au Sauveur : « *puteus altus est* (4). »
Maundrell l'a visité en 1697, il y a trouvé 15 pieds d'eau, et dit qu'il
a 105 pieds de profondeur et 5 de largeur. Il faut que depuis ce
temps le puits ait été en partie comblé, car aujourd'hui il est beaucoup moins creux, et il est complètement à sec. Son ouverture (5)
devait être de niveau avec le chœur de l'église construite par les
Croisés, puis détruite en 1187 et dont on voit encore les ruines.

Non loin de là et au pied du mont Ebal, une petite coupole blanche
recouvre l'antique tombeau de Joseph. Moïse en quittant l'Egypte
avait emporté les ossements de ce patriarche (6), et à leur arrivée
dans la Terre-Promise, les Israélites les ensevelirent dans ce même
lieu où s'étaient passées ses premières années (7). Les patriarches,

<hr>

(1) Tertul., *Apol.*, c. iii.
(2) *Les Saints-Lieux*, t. III, c. xxxviii.
(3) Robinson a développé les preuves de cette identité. *Bibl. res.*, t. III, p. 109.
(4) S. Jean, iv, 11.
(5) Cet orifice est à fleur de terre, et à peine assez grand pour le passage
d'un homme.
(6) Exode, xiii, 19.
(7) Josué, xxiv, 32.

ancêtres du Messie, souche vigoureuse de la nation judaïque, ont
laissé de si grands souvenirs sur cette terre, que les peuples qui recueillirent leur héritage ne peuvent oubl ier leur mémoire, et après
trente-quatre siècles écoulés, le tombeau de Joseph comme ceux
d'Abraham, d'Isaac et de Jacob, est encore connu et vénéré par les
juifs, les chrétiens et les mahométans.

### III — NAPLOUSE

Nous traversons une forêt d'oliviers. Les troncs de ces arbres, d'une
grosseur extraordinaire comme ceux de Gethsémani, indiquent une
antiquité très-grande. Pénétrons dans cette étroite vallée, au fond de
laquelle Naplouse (1) s'étage pittoresquement sur la pente du mont
Garizim, au milieu des jardins verdoyants qui lui forment comme une
agréable ceinture. Cette première vue est vraiment charmante : les
blanches coupoles de ses maisons se détachent sur les bosquets odo-
rants d'orangers et de citronniers; au-dessus, les palmiers aux verts
panaches et les minarets aigus élancent leurs cimes légères dans la
voûte azurée du ciel.

Deux montagnes nues et escarpées se dressent, en face l'une de
l'autre et à l'entrée de la vallée de Naplouse, comme deux forts gigantesques : ce sont l'*Hébal* au nord, et le *Garizim* au midi. C'est dans
cette vallée d'un kilomètre de largeur qu'a eu lieu une des cérémonies
les plus imposantes de l'Histoire-Sainte. Après la prise de Haï, Josué,
fidèle aux prescriptions de Moïse, conduisit le peuple à Sichem, dressa
sur le mont Hébal un autel de pierres non polies, grava dessus le
texte de la loi, et y offrit des victimes pacifiques. Puis l'Arche d'alliance fut portée par les prêtres et les lévites au milieu de la vallée;
de chaque côté se tenaient les anciens, les chefs et les juges, entourés
de la foule du peuple. Six tribus se placèrent sur les pentes du mont
Garizim, et les six autres sur celles du mont Hébal. Alors Josué
élevant la voix, proclama les bénédictions réservées à la nation, si
elle restait fidèle à la loi du Seigneur : « Si tu écoutes, dit-il, ô Israël !
la voix de Jéhovah ton Dieu, toutes ces bénédictions viendront sur
toi : tu seras béni dans la ville, tu seras béni dans les champs.....

(3) Naplouse est à douze heures de marche de Jérusalem.

Jéhovah enverra sa bénédiction sur tes greniers et sur toutes tes entreprises (1)..... » Et les six tribus qui étaient sur le Garizim répondaient par cette acclamation solennelle : « *Amen!* » Ensuite, se
tournant vers le mont Hébal, Josué appela les malédictions contre les
violateurs de la loi : « Mais si tu n'obéis pas aux commandements du
Seigneur, toutes ces malédictions viendront fondre sur toi : Tu seras
maudit dans la ville, tu seras maudit dans les champs. Jéhovah
enverra le trouble et la ruine dans toutes tes entreprises..... Le ciel,
qui est au-dessus de ta tête, sera d'airain, la terre sera de fer..... Un
peuple que tu ne connais pas se précipitera sur toi comme l'aigle, et
dévorera les fruits de la terre et de tous tes travaux..... Tu seras
opprimé et brisé tous les jours de ta vie, et l'Eternel te dispersera
parmi tous les peuples d'une extrémité de la terre à l'autre. » Et les
six autres tribus répondirent d'une voix immense : « *Amen!* » Et
d'une montagne à l'autre, les acclamations des tribus se succédaient
et acceptaient tour à tour de la bouche de Josué les promesses et les
menaces du Très-Haut (2). Quel grand et magnifique tableau la
Bible nous présente en cette vallée de Sichem ! Six cent mille hommes
en état de porter les armes, un peuple entier, réunis là en présence de
Dieu et de leur conscience, conduits comme par la main du Seigneur
dans la terre promise, leur patrie, renouvellent l'alliance qu'il a daigné
faire avec eux, et jurent d'observer constamment sa loi sainte, appelant sur eux et leur postérité les punitions les plus terribles s'ils
viennent à manquer à leurs serments. Tant que la nation juive a été
fidèle à son Dieu, elle a été comblée de ses bienfaits. Mais elle a trop
souvent oublié ses promesses, et l'histoire ancienne, l'état actuel des
juifs dispersés dans le monde, cette contrée que nous voyons désolée
et inculte malgré sa fertilité naturelle, nous montrent bien que le
bras du Très-Haut s'est appesanti sur ce peuple prévaricateur, pour
accomplir les menaces prononcées par Josué. En effet, pour se rendre
raison du misérable état de la Terre-Sainte, aux causes que j'ai marquées plus haut, des populations apathiques et un gouvernement
désastreux, il faut ajouter l'accomplissement des prophéties bibliques
par le passage de la colère divine.

(1) Deut., xxviii.
(2) Josué, viii, 30.

L'ascension du Garizim se fait sans difficulté. Le sommet présente un plateau couvert de broussailles et de monceaux de pierres, et supportant un monticule (1). On arrive, en grimpant, aux ruines imposantes qui couronnent la cime. Elles se composent de deux vastes enceintes bâties de gros blocs taillés en bossage. Le plan de l'enceinte principale est un quadrilatère flanqué aux quatre angles, de tours carrées et saillantes. Les côtés sud et nord ont 79 mètres de développement, avant-corps compris. Les murs ont 1 mètre 35 d'épaisseur et 3 à 4 mètres de hauteur. Au milieu de la face nord est pratiquée une porte de 6 mètres d'ouverture. Au dedans, de nombreuses chambres sont appuyées contre les murailles. Au centre de l'espace compris dans cette enceinte était un édifice octogonal à l'intérieur, et sur les côtés duquel on avait établi des sortes de chapelles absidales. Cette place est la *Kiblah* (lieu particulier de prières) des Samaritains. A la face ouest de cette enceinte est attenante une sorte de plate-forme, composée de grosses masses de pierre à contours irréguliers, encastrées les unes dans les autres, mais dont la surface paraît avoir été aplanie. C'est le lieu où les Samaritains brûlent les victimes offertes en holocauste et qui sont égorgées en un autre endroit. Il est appelé *El-Aacher-Belathat (les dix blocs de pierre).* Ce nom donne à penser que les dix tribus dissidentes ont pu élever là un autel formé de dix pierres dont chaque tribu aurait fourni la sienne. Les Arabes regardent en effet cette plate-forme comme contemporaine de Salomon. Au sud de cette enceinte, se voit une autre plate-forme de roc, entourée d'arasements de murailles qui ont dû la fermer. C'est là-dessus que les Samaritains égorgent les victimes, et le sang du sacrifice s'écoule dans un puits dont l'orifice est visible. Au nord de la même enceinte, il s'en trouve une autre qui lui est contiguë et à laquelle sont appliquées deux tours carrées. Elle renferme un cimetière musulman et une belle piscine aujourd'hui à sec.

M. de Saulcy qui a examiné attentivement ces intéressants débris (2),

(1) C'est là que Joatham prononça devant les habitants de Sichem l'apologue des arbres qui s'élisent un roi, le seul essai de poésie profane que nous connaissions chez les Hébreux, et la plus ancienne fable qui soit parvenue jusqu'à nous. — Juges, IX, 7.

(2) *Voyage autour de la mer Morte,* t. II, p. 400.

croit retrouver dans ce singulier monument les restes du temple samaritain construit par Sanaballèt en 332 et détruit par Jean Hyrcan, l'an
132 avant Jésus-Christ. Les Samaritains viennent chaque année en
pèlerinage sur cette montagne, à la fête des Tabernacles, et ils cam-
pent auprès de l'enceinte sacrée sous des berceaux de feuillage. Sur
ce sommet apparaissent les ruines de basiliques byzantines et celles
d'une ville qui dut être assez considérable. Le savant membre de
l'Institut identifie ces dernières avec *Louza* que saint Jérôme place
près de Sichem (1).

Le mont Hébal a la même hauteur que le Garizim, c'est-à-dire 500
ou 600 mètres au-dessus de l'assiette de Naplouse. Il se termine par
une plate-forme chargée de quelques ruines insignifiantes.

Avant de visiter Sichem, jetons un coup-d'œil sur son histoire. Il y
avait peu de temps que Jacob avait fixé ses tentes auprès de cette ville,
quand le fils d'Hémor, prince de ce lieu, attira sur elle une vengeance
terrible en outrageant Dina, fille du patriarche (2). Plus tard Sichem étant échue à la tribu d'Ephraïm, elle fut donnée aux Lévites et
mise au nombre des cités de refuge (3). Elle se souleva ensuite contre
le fils de Gédéon, Abimélech, qu'elle avait acclamé roi, et fut par
lui complètement détruite (4). Elle était déjà relevée à la mort de
Salomon, lorsque Roboam voulut aussi s'y faire investir de la royauté.
Mais dix tribus se révoltèrent contre lui et élurent Jéroboam qui
agrandit cette ville et en fit la capitale du royaume d'Israël. Les deux
tribus de Juda et de Benjamin restèrent seules fidèles à Roboam. C'est
ainsi que la monarchie de David fut divisée en deux parts, l'an 975
avant Jésus-Christ (5).

Après la destruction du royaume d'Israël (730 avant J.-C.), Salma-
nazar remplaça les habitants de Sichem par des populations venues
de Cutha et autres villes assyriennes, qui prirent le nom de *Samaritains*. Sichem devint alors le siége principal de leur culte dont nous
parlerons bientôt. Les Samaritains, pour éviter l'invasion romaine, se
réfugièrent sur le mont Garizim. Mais Vespasien les fit cerner et plus

(1) *Onomasticon.*
(2) Gen., xxxiv.
(3) Josué, xx, 7.
(4) Juges, ix.
(5) III, Rois, xii 20.

de dix mille d'entre eux furent passés au fil de l'épée. Il établit ensuite dans leur ville une colonie et changea son nom en celui de *Flavia Neapolis (Ville neuve de Flavius* (1), dont on a fait *Naplouse* qui la désigne encore maintenant. [Nous avons vu plus haut que beaucoup de Samaritains embrassèrent la doctrine chrétienne qu'ils avaient reçue de la bouche même du Sauveur (2), il se forma donc de bonne heure une église dans cette ville, et elle eut plusieurs évêques. Naplouse fut le théâtre des exploits de Simon-le-Magicien, un des plus dangereux ennemis du christianisme; mais en revanche elle donna le jour à l'illustre philosophe saint Justin, qui défendit la Religion par ses savantes apologies, et la glorifia par le martyre qu'il subit à Rome, vers l'an 167.

Ainsi que toute la Palestine, Naplouse dut subir la domination musulmane, puis celle des Croisés, et retomber ensuite sous l'empire du Croissant. Elle est souvent en proie à l'anarchie, car en changeant de maîtres, les Naplousiens n'ont pas changé l'esprit de révolte des anciens Sichémites. Ils sont toujours audacieux, querelleurs, indomptables. Junot, à la tête des légions françaises victorieuses au mont Thabor, put brûler leurs bourgades, mais non prendre leur ville. Cependant l'inflexible Ibrahim-Pacha parvint à s'emparer de Naplouse, et à punir son insurrection en détruisant la moitié de la cité, en 1834. Le 1er janvier 1837, elle fut dévastée par un violent tremblement de terre. Plusieurs fois le choléra y a sévi avec intensité. Mais elle se trouve placée si heureusement qu'elle se relève bien vite, malgré tous les fléaux qui semblent conjurés pour l'anéantir. Aujourd'hui elle est une des villes les plus florissantes de la Palestine, et renferme une population de 10,000 habitants, musulmans pour la plupart. On n'y compte que 500 grecs schismatiques (3), 200 juifs, 150 samaritains et quelques protestants. Les mahométans ont l'insolence de la richesse et un fanatisme élevé à sa plus haute puissance, qui les porte à traiter les étrangers avec mépris et quelquefois avec une grossière violence.

(1) L'antique Sichem, aujourd'hui complètement détruite et qui devait être située à l'entrée du vallon, non loin du puits de Jacob, ne fut plus alors, comme saint Jérôme nous l'apprend, qu'un faubourg de Naplouse.

(2) S. Jean, IV, 42.

(3) Ils ont un couvent et une école.

L'intérieur de Naplouse n'est pas aussi attrayant que son extérieur
vu de loin. Il offre cependant une physionomie originale. Les rues
sont les plus tortueuses, les plus étroites et les plus impraticables
que l'on puisse imaginer. Tantôt il faut monter, tantôt il faut descendre,
ici une poterne basse vous force à marcher pas à pas et courbé vers le
sol, là vous vous trouvez vis-à-vis d'une porte fermée qui ne vous donne
libre entrée que moyennant finance. Il y a beaucoup de passages voû-
tés. Mais du moins on rencontre en cette ville de la fraîcheur et de la
verdure, car chaque maison a son jardin et sa fontaine. L'eau y fait
entendre un doux murmure qui ne se tait jamais. Vous la voyez jaillir
avec abondance d'une jolie source à laquelle on descend par un
escalier monumental, puis courir dans les rues, se répandre dans les
bassins et se perdre dans la vallée en arrosant de beaux arbres frui-
tiers. Le commerce de la ville consiste dans l'exportation des abri-
cots, du coton, de l'huile et surtout du savon, et dans l'importation,
par les caravanes, des denrées et des brillantes étoffes de l'Orient.
Toute l'industrie se concentre dans le bazar où l'on retrouve l'activité
de nos marchés d'Europe. Comme à Jérusalem, les tanneurs étendent
les cuirs par terre en laissant aux pieds des passants le soin de les
apprêter (1).

Les croisés ont élevé plusieurs églises à Naplouse. Il n'en reste
aujourd'hui que des ruines. Dans la partie haute de la ville, on visite
une mosquée bâtie, dit-on, sur l'emplacement du lieu où les frères
de Joseph firent présenter sa tunique à Jacob qui s'écria avec douleur :
« C'est la robe de mon fils, une bête féroce a dévoré Joseph (2). »
C'était une église dont il ne subsiste que quelques piliers et des voûtes
aux fines nervures. Les chanoines du Saint-Sépulcre en construisirent
une autre vers 1167, sous le vocable de la Résurrection ; on n'en
voit plus que le portail qui rappelle celui de l'église du Saint-Sépulcre
à Jérusalem. Une troisième église, dont les musulmans ont fait
aussi une mosquée, nous offre un magnifique portail du XII<sup>e</sup> siècle,
avec de larges ogives et de grands piliers en marbre. Un ornemen <sup>a</sup>

_______________

(1) On remarque, sur la façade de presque toutes les maisons, des textes du
Coran écrits à l'encre bleue ou peints avec le henné. Ce sont des talismans destinés à rompre le charme du mauvais œil.

(2) Gen., XXXVII, 33.

architectural fréquemment employé ici, c'est la coquille, emblème des pèlerins et attribut traditionnel de saint Jacques à qui ce temple était dédié (1).

Allons maintenant visiter la synagogue des Samaritains. C'est un édifice fort simple, précédé d'une petite cour. L'intérieur, où l'on pénètre à la double condition de payer un backchis et d'ôter ses chaussures, est une salle carrée de grandeur médiocre, dont les murailles sont blanchies à la chaux, et le sol est recouvert d'une natte grossière. Quelques lampes en verres de couleur sont suspendues au plafond. En face de la porte, se trouve un enfoncement séparé de la salle par une balustrade à hauteur d'appui et un rideau vert. C'est le lieu où l'on garde le fameux manuscrit du *Pentateuque*. Ce livre ou plutôt ce volume, car pour être exact il faut se servir du mot antique *volumen*, est enfermé dans un étui d'ivoire vert. C'est une longue bande de parchemin se roulant et se déroulant sur deux baguettes auxquelles elle est fixée par ses extrémités. Ces baguettes sont ornées simplement. Le texte est écrit en anciens caractères dits *samaritains*, que les juifs employaient avant la captivité de Babylone. Il est curieux de voir ce long parchemin divisé en colonnes, et dont les lettres sont tellement pressées les unes contre les autres, qu'elles semblent ne former qu'un seul mot fantastique qui se développe à l'infini, et n'est coupé ni par des versets, ni par des signes de ponctuation. D'après l'opinion des Samaritains, ces rouleaux furent écrits de la main d'Abisué, fils de Phinées, et arrière-petit fils d'Aaron (2); si cela est exact, ils ont plus de 3,000 ans d'antiquité. Les orientalistes leur assignent, il est vrai, une origine postérieure, mais ils regardent néanmoins ce manuscrit comme un des plus anciens qui existent actuellement dans le monde.

La secte des Samaritains descend de ces peuples idolâtres, particulièrement des Cuthéens, que les rois d'Assyrie envoyèrent des rives de l'Euphrate pour habiter la Samarie dont la population avait été emmenée en captivité par Salmanasar, l'an du monde 3283 (3). Asa-

(1) Depuis mon retour, j'ai appris qu'une mission catholique vient d'être fondée à Naplouse par un prêtre français, M. Bost.

(2) I, Paral., VI, 4.

(3) IV, Rois, XVII, 24.

rhaddon leur députa un prêtre juif pour leur apprendre à adorer le Seigneur; mais bientôt ils mêlèrent au culte de Jéhovah celui de leurs fausses divinités. Manassès, frère du grand-prêtre Jaddus, avait épousé une Cuthéenne, fille de Sanaballet, gouverneur de Sichem· Les juifs orthodoxes de Jérusalem réclamèrent contre cette infraction à la loi de Moïse, et obligèrent Manassès à répudier son épouse ou à abandonner les fonctions qu'il remplissait dans le temple. Comme Manassès craignait plus de perdre sa place que sa femme, il revint exposer à son beau-père la situation fausse où il se trouvait. Sanaballet imagina un expédient pour tout arranger; il lui répondit que s'il voulait bien garder sa fille, il lui ferait obtenir le souverain pontificat et lui laisserait sa satrapie. Manassès, ébloui par l'éclat de si belles promesses, conserva son épouse et demeura en Samarie où il fut bientôt rejoint par une foule de juifs, qui s'étaient souillés de crimes, et de plus se plaignaient qu'on leur faisait tort à Jérusalem. Sanaballet obtint d'Alexandre la permission de bâtir sur le mont Garizim un temple rival de celui de la capitale juive (1). Manassès modifia à sa guise la religion, et n'oublia pas de s'en faire le grand-prêtre. C'est ainsi, comme Josèphe nous l'apprend (2), que se consomma le schisme religieux et politique des Samaritains.

On ne peut s'empêcher d'être frappé de l'analogie qui existe entre l'établissement du Schisme anglican au xvi<sup>e</sup> siècle et celui du Schisme samaritain au iv<sup>e</sup> siècle avant Jésus-Christ.

Henri VIII, dominé par de honteuses et criminelles passions, voulait rompre le mariage qu'il avait contracté depuis dix-huit ans avec la vertueuse Catherine d'Aragon, et épouser une fille d'honneur de la reine. Ne pouvant obtenir du pape son divorce, il résolut de se l'octroyer lui-même. Ce roi, qui avait reçu du Saint-Siége le titre de *Défenseur de la Foi* pour avoir combattu les erreurs de Luther, se sépara de Rome, centre de l'unité catholique, se créa *pape* de l'église d'Angleterre, et épousa Anne de Bolein. — La farce était jouée. — On le voit, à Londres, comme en Allemagne, comme en Samarie, la prétendue réforme religieuse n'a été d'abord qu'une affaire de mariage, et les réformateurs auraient bien dû se réformer eux-mêmes.

(1) Ce temple n'eut que 200 ans d'existence.
(2) *Ant. Jud.*, xi, viii.

« Mais cette immorale comédie se compliqua bientôt des tragédies les plus horribles, dit M. Philarète Chasle. Le sage évêque Fisher et l'excellent Thomas More, le *Socrate* de son temps, ayant refusé de reconnaître le nouveau *pape*, sont décapités par le bourreau. Le roi confisque et pille es revenus des moines et les sème, d'une main prodigue, sur ses courtisans. Il veut exercer dans son intégrité la mission de chef de la foi qu'il s'est conférée, invente une orthodoxie née de son caprice, dont il altère les lois d'année en année, et ordonne à tous ses sujets d'y entrer sous peine de mort. Fatigué d'Anne de Bolein, il fait prononcer son divorce, et l'envoie au bourreau sans lui donner même de défenseur. Une autre demoiselle d'honneur, Catherine Seymour, est sa nouvelle épouse, et sans doute effrayée d'un tel monstre, elle meurt après dix-sept mois de mariage. Il épouse Anne de Clèves, la répudie sans façon et donne pour unique raison à *son* clergé qu'il a consenti *extérieurement*, mais sans *consentement intérieur*. *Sublime* subtilité dont on se contenta ; et comme il fallait toujours du sang à cette bête féroce pour assaisonner ses voluptés, il coupa la tête du favori qui avait négocié le mariage. Une des nièces du duc de Norfolk osa devenir la cinquième femme d'Henri VIII qui, peu de temps après, la livra au bourreau en l'accusant d'intrigues avant le mariage. Une sixième femme, Catherine Parr, sut se maintenir à force de prudence et d'adresse jusqu'à la mort du maître... Couvert d'infirmités, cet homme qui avait altéré les monnaies, pillé les châsses et les églises, attenté à toutes les libertés, à toutes les lois, à toutes les convenances, et versé comme l'eau le sang des hommes vertueux, mourut dans son lit, en maudissant la vie et Dieu, et sans que le cri universel, la conscience vengeresse de l'humanité s'élevassent contre lui (1). »

Ce portrait du premier pape de l'*Eglise établie* d'Angleterre n'est certes pas flatté, mais il est tracé par une main qu'on ne soupçonnera pas de partialité en faveur de l'église catholique. C'est comme héritière du trône et des pouvoirs d'Henri VIII, que Sa gracieuse Majesté la reine *Victoria* gouverne aujourd'hui l'église anglicane, et daigne faire décider par son parlement toutes les questions religieuses.

On se demande comment des hommes instruits peuvent encore

_______

(1) *Encyclopédie du XIX<sup>e</sup> siècle*, 26<sup>e</sup> volume.

adhérer de bonne foi à cette *église anglicane établie* par Henri VIII,
en 1533 ; mais on ne s'étonne pas de voir tous les jours de nombreux
Anglais, membres du clergé ou laïques, abandonner cette secte pour
rentrer dans le sein de l'église romaine qui fut celle de leurs ancêtres,
comme l'attestent ces belles et antiques cathédrales que nous voyons
parsemées sur le sol *d'Albion* et qui furent bâties par des mains
catholiques.

Le Schisme anglican, fondé par la force d'un tyran, ne s'est main-
tenu jusqu'à nous que par la violence et par antipathie contre la
France catholique. Si le bras de fer du pouvoir temporel cessait de
le soutenir, notre génération le verrait probablement tomber de décré-
pitude. Il y a quelque temps, les évêques anglicans accablaient de leurs
anathèmes un vicaire d'une paroisse de Londres qui voulait rétablir
la confession ; aujourd'hui c'est un de leurs collègues, le R. *John
Colenso*, évêque de Natal (Afrique), qui a consacré les loisirs que lui
laissent ses Zoulous à composer un livre où il prétend prouver que le
Pentateuque n'est pas de Moïse (1). Chaque jour s'élèvent parmi eux
de nouvelles dissidences sur des points d'une importance majeure,
et ils sont très-embarrassés pour les apaiser. Où vont-ils , dira-t-on ?
— Je répondrai : Ils vont à Rome. — Mais revenons aux Samaritains.

Sous Antiochus-Epiphane, les Samaritains consacrèrent à Jupiter-
Hellénien le temple du Garizim qu'ils avaient érigé au Dieu d'Israël.
Pendant les règnes des empereurs Zénon et Justinien, ils massacrèrent
beaucoup de chrétiens et brûlèrent leurs églises. Il y a longtemps que
les Samaritains ont cessé d'exister comme nation, et le peu d'individus
qui ont survécu à tant de révolutions disparaîtra probablement bientôt. Il n'y en a plus qu'à Naplouse. En 1842, ils se disaient réduits
à quarante familles dont on ne compte plus qu'une vingtaine aujour-
d'hui. Ils sont très pauvres. Ils occupent un misérable quartier de la
ville, également détestés par les Turcs et par les Juifs ; et vivent
comme ces derniers d'un petit trafic. Leur chef ou grand-prêtre, *Schal-*

_____________

(1) *The Pentateuch and book of Joshua, critically examined by the right
rev. John William Colenso, Bishop of Natal.* Ce livre a été blâmé par le Parlement ecclésiastique anglican. Dans cette assemblée , le docteur Mac Caul a
déclaré que « beaucoup de ministres, outre l'évêque Colenso, nient l'autorité de
la Bible et continuent cependant leur ministère. » (*Times*, 21 mai, 1863.)

*ma-ben-Tabiah*, prend le titre de prêtre-lévite, et prétend descendre
en ligne directe d'Aaron, frère de Moïse.

On observe que le peuple juif semble n'exister dans son état pré-
caire que pour être le garant irrécusable de l'authenticité de l'Ecriture-
Sainte dont il garde précieusement le dépôt, quoiqu'il n'en com-
prenne pas bien le sens ; on peut dire de même que les Samaritains
se perpétuent jusqu'à nos jours pour garantir l'authenticité du Pentateuque, le premier des Livres-Saints. En effet, cette petite secte qui
retient depuis tant de siècles ses mœurs, sa langue, et le lieu principal de son culte, conserve avec un respect inaltérable le livre où sont
contenues les lois de sa religion. Ce volume, c'est le Pentateuque dont
je viens de parler. Ils l'ont reçu, au plus tard, sous Alexandre-le-
Grand (332 avant Jésus-Christ), quand Manassès vint de Jérusalem
en Samarie pour consommer le schisme. A cette époque, l'exemplaire
original de Moïse existait encore, et malgré la séparation complète des
Samaritains et des Juifs depuis deux mille ans, malgré la haine profonde qu'ils se sont vouée réciproquement et qui a empêché les Samaritains d'adopter un seul des autres livres admis dans le *Canon judaïque*, le Pentateuque des Samaritains est essentiellement conforme
à celui que nous tenons des Juifs, et il n'en diffère que par des variantes
de peu d'importance. Ne trouvons-nous pas dans ce fait un témoignage
de plus de l'authenticité des livres mosaïques ?

C'est sans doute à cause de la similitude d'origine du culte anglican avec le culte samaritain que la *Société biblique* s'est efforcée,
dans ces derniers temps, de gagner par l'appât de l'or ces malheureux
restes du Schisme d'Israël. Mais les missionnaires anglais en ont été
pour leurs frais. Les Samaritains sont aussi opiniâtres que les Juifs
dans leurs erreurs. Ils attendent, et ils attendront longtemps comme
eux, un grand prophète qui doit venir les délivrer et rétablir leur
culte et leur temple sur le mont Garizim (1).

Auprès de Naplouse, se trouve un village de lépreux. On est ému
en voyant ces restes d'hommes dont le corps tombe chaque jour en
lambeaux. Les plaies hideuses dont ils sont couverts ont assez de
force pour leur faire endurer de longues souffrances, mais non pour

_______

(1) M. l'abbé Bargès, le savant professeur d'hébreu à la Sorbonne, a publié
un intéressant ouvrage sur *Les Samaritains de Naplouse.*

tarir les sources de leur triste vie. Hélas ! le Sauveur n'est plus là pour guérir ces infortunés par l'autorité de sa divine parole, et le pèlerin leur jette quelques piastres en détournant la tête, et en regrettant de ne pouvoir les soulager plus efficacement.


### IV — SAMARIE

Naplouse n'est éloignée de Sébastieh que de deux lieues. Le livre des *Rois* nous apprend qu'Amri, roi d'Israël, acheta la montagne de Samarie et y bâtit une ville qu'il appela Samarie du nom de Somer, maître de la montagne (925 avant Jésus-Christ) (1). Cette ville devint la capitale du royaume d'Israël après Sichem et Thersa, et elle donna son nom à toute la contrée. Achab, fils d'Amri, épousa la fameuse Jézabel, fille du roi de Sidon, et introduisit à Samarie le culte des idoles phéniciennes. Il éleva un temple à Baal, le Dieu-Soleil. Une blessure mortelle qu'il reçut à la guerre mit un terme aux forfaits de cet impie, et les chiens léchèrent son sang à l'endroit même où ils avaient léché celui de Naboth qu'il avait fait mourir injustement. C'est ainsi que fut accomplie la prophétie d'Elie (2). Quelque temps après, Jéhu rassembla dans le temple de Baal tous les prêtres de cette idole et les fit massacrer ; puis il brûla la statue et détruisit le temple où les fêtes se célébraient par des mystères d'une dissolution effrénée (3). Samarie résista avec vigueur aux attaques réitérées de Bénadad, roi de Syrie. Pendant le dernier siége qui dura très-longtemps, ses habitants furent réduits à une telle famine qu'une mère mangea son enfant (4). Le prophète Elisée fut enseveli dans cette ville qu'il illustra par ses miracles. Mais les enfants d'Israël devaient enfin subir le châtiment de leurs longues prévarications. L'an 730 avant Jésus-Christ Salmanasar, roi d'Assyrie, assiégea Samarie pendant trois années et la détruisit de fond en comble. Il ravagea complètement le royaume et emmena tous les habitants en captivité dans le pays des Mèdes. Osée, roi d'Israël, fut jeté dans les fers.

Cependant Samarie se releva de ses ruines, et elle fut peuplée de

(1) III, Rois, xvi, 24.
(2) III, Rois, xxii, 38.
(3) IV, Rois, x, 25.
(4) IV, Rois, vi, 24.

Macédoniens par Alexandre. Détruite de nouveau par Jean Hyrcan, elle fut rebâtie par Gabinius, proconsul de Syrie. Mais ce fut Hérode-le-Grand qui lui rendit tout l'éclat de ses anciens jours. En l'honneur d'Auguste qui lui avait donné la ville et auquel il érigea un temple, il l'appela *Sébaste*, nom grec qui signifie *Auguste*. Il fortifia et agrandit la cité, et l'orna de beaux monuments. D'un autre côté, il la souilla par ses crimes et entre autres par le sang de ses deux fils Alexandre et Aristobule qu'il fit égorger. Depuis sa mort, Sébaste est tombée dans une obscurité dont elle n'est sortie qu'un instant au temps des croisades, et où nous la voyons encore aujourd'hui.

Après le martyre de saint Etienne, saint Philippe, Diacre, vint à Samarie et y prêcha l'Evangile. Le peuple voyant les miracles qu'il faisait, se convertissait en foule. Lorsque les Apôtres, — ils étaient à Jérusalem, — eurent appris que ceux de Samarie avaient été baptisés, ils leur envoyèrent saint Pierre et saint Jean qui leur imposèrent les mains afin qu'ils reçussent le Saint-Esprit par le sacrement de Confirmation. Ce fut alors que Simon-le-Magicien offrit de l'argent aux Apôtres pour avoir, comme eux, le pouvoir de faire descendre le Saint-Esprit. Voici comment lui répondit saint Pierre : « Que ton argent périsse avec toi, puisque tu as cru que le don de Dieu peut s'acquérir avec de l'argent (1). » Sébaste eut de bonne heure des évêques, l'un d'eux assista au concile de Nicée, en 325. Elle n'est plus aujourd'hui qu'un misérable village dont le nom *Sébastieh* rappelle celui qu'Hérode lui imposa. Sa population monte au plus à 500 âmes. Ses maisons, assises sur un plateau un peu au-dessous de la colline de Somer, sont solidement construites avec des débris antiques de toute espèce. Les ruines des temples et des palais couvrent une grande étendue sur le penchant de la montagne et roulent au fond de la vallée. Les propriétaires des champs voisins brisent les fûts des colonnes et leurs chapiteaux ouvragés, pour soutenir les terrasses de leurs vignes. Nous pouvons donc constater ici l'accomplissement de cette prophétie de Michée : « Je ferai de Samarie un monceau de pierres dans un champ comme pour planter la vigne; je ferai tomber ses pierres dans la vallée, et je découvrirai ses fondements (2). »

(1) Actes, VIII. — C'est du nom de cet imposteur qu'on a nommé *Simonie*, la faute de ceux qui achètent ou vendent des biens spirituels.

(2) Mich., 1, 6.

Le premier édifice qui frappe les yeux en arrivant à Sébastieh, c'est l'église de Saint-Jean-Baptiste. M. de Vogué la regarde comme la plus considérable et la plus ornée (1), de toutes celles que les Croisés ont élevé en Terre-Sainte, et lui assigne comme date de construction la seconde moitié du xiie siècle. Cette cathédrale se compose de trois nefs d'égale longueur, terminées par trois absides et coupées par un transsept. Elle mesure 54 mètres de longueur sur 25 de largeur. La façade principale contraste par sa simplicité avec la richesse intérieure. Il ne reste actuellement de ce bel édifice que l'abside méridionale, une partie de la façade occidentale et quelques fûts de colonnes. Sous le transsept est la grotte où saint Jean-Baptiste fut enseveli. C'est une chambre creusée dans le roc. On y descend par un escalier de 21 marches. Les musulmans (2) ont construit au-dessus de cette crypte une petite mosquée surmontée d'une coupole blanchie à la chaux, suivant leur usage. Nous avons vu précédemment que saint Jean-Baptiste fut décapité à Machéronte, sur le bord de la mer Morte. L'Evangile nous apprend que ses disciples emportèrent son corps et l'ensevelirent (3). La tradition qui considère Sébaste comme lieu de sa sépulture est très-ancienne et autorisée par saint Jérôme (4). Après lui tous les voyageurs ont successivement parlé du tombeau de saint Jean et des honneurs qui lui étaient rendus. Au vi[e] siècle, une basilique recouvrait déjà la crypte. Les Croisés adoptèrent cette tradition puisque les chevaliers de Saint Jean érigèrent sur le sépulcre de leur illustre patron l'église dont nous voyons les restes. Le pavé de la nef a été enlevé et les habitants du village y cultivent tout simplement du tabac. Les murs sont encore debout et couverts de la croix des hospitaliers de Saint-Jean. Là, comme dans beaucoup d'autres endroits, les fanatiques musulmans se sont plu à mutiler le signe vénérable de notre rédemption. Mais ils auront beau faire, malgré leurs efforts impies, la croix règne et règnera toujours sur le monde en y répandant les lumières et les bienfaits de la vraie civilisation, *Christus vincit, Christus regnat, Christus imperat ;* tandis que le

(1) Après le Saint-Sépulcre.
(2) Ils ont un profond respect pour la mémoire du Précurseur.
(3) S. Math., xiv, 12.
(4) *Onom.,* V. Semeron.

Croissant turc va toujours en décroissant, comme l'empire Ottoman
dont il est l'emblème.

Saint Louis voulut donner un témoignage de sa dévotion envers
le sanctuaire de Sébaste, en octroyant une rente aux religieux chargés
d'y célébrer le culte divin. Sous le règne de Julien-l'Apostat, les
payens qui habitaient Sébaste, violèrent le sépulcre de saint Jean-
Baptiste et celui d'Elisée, et détruisirent leurs ossements (1).

Au sommet de la colline, on trouve une plate-forme avec une
quinzaine de colonnes debout, mais profondément enfouies dans le
sol. Il est probable que c'est sur cet emplacement que furent élevés
les temples de Baal et d'Auguste. En sortant du village de Sébastieh,
du côté du sud-ouest, on rencontre çà et là des colonnes brisées faisant évidemment partie d'une immense colonnade qui avait 15 mètres
de largeur et devait former une *rue droite* comme à Palmyre, Dje-
rasch, etc. A mesure que l'on avance dans la direction de l'ouest, le
nombre des colonnes à moitié enfouies dans les champs ou sous les
oliviers augmente considérablement. A l'extrémité occidentale du
plateau on arrive près d'une masse informe de ruines qui sont probablement celles d'une entrée triomphale. Tout à côté paraît, au
milieu d'un champ cultivé, une multitude d'autres colonnes encore
debout pour la plupart, mais très-enfoncées dans la terre et privées
de leurs chapiteaux. Il y a des files où l'on en compte de 40 à 50,
d'autres où il y en a 10 à 12 seulement. Ce luxe d'architecture autour de l'enceinte de Samarie fut sans doute l'œuvre d'Hérode-le-
Grand qui aimait à montrer de la magnificence dans des constructions
grandioses.

(1) Cependant des moines purent en sauver une partie. Jusqu'à la spolia-
tion de la grande église de Saint-Jean, à Damas, on a conservé dans ce temple
des reliques du saint Précurseur et entre autres sa tête qui fut, cette année-là
(705), transportée à Constantinople. Aujourd'hui une partie de ce chef vénérable
est à Rome et l'autre à Amiens.

# CHAPITRE XXVIII



## I — SOUVENIRS BIBLIQUES

Il nous faut reprendre la route de Nazareth. Après avoir gravi des chemins détestables sur des montagnes, descendons dans une plaine, et nous apercevrons bientôt une forteresse en mauvais état, située sur un mont conique ; c'est *Sanour*. Cette localité convient parfaitement à la description du livre de Judith qui raconte comment cette héroïne délivra son peuple menacé d'affreux malheurs par la puissante armée d'Holopherne (1). Aussi la regarde-t-on généralement comme étant l'ancienne *Béthulie*. Sa citadelle est imprenable de même qu'au temps de Judith. En 1834, elle a soutenu pendant six mois un siége contre Abdallah, pacha d'Acre, qui n'a pu s'en emparer que par la famine et après avoir perdu 6,000 hommes. Ibrahim releva ses remparts, puis, afin de se venger d'une insurrection, il la fit démolir. Quoique démantelée, elle conserve encore l'apparence de la force ; 1,500 ou 2,000 fellahs y trouvent un abri.

A notre gauche, voici *Dothaïn (les deux puits)* où les fils de Jacob gardaient les troupeaux quand Joseph vint les visiter de la part de leur père. C'est là qu'ils le descendirent dans une citerne et le vendirent à des marchands Ismaélites (2). On sait comment la divine Providence sut tirer le bien du mal et porter Joseph à un haut degré de puissance en Egypte (3).

(1) Judith, vii.
(2) Gen. xxxvii, 17.
(3) Gen.. xli, 40.

Escaladons les montagnes au pied desquelles *Djennin* est assis dans une position charmante. Ce gros bourg de la tribu d'Issachar, nommé autrefois *En-Gannim (la fontaine des jardins)*, puis *Djinæa*, fut donné aux lévites (1). Il est bâti au milieu de vastes jardins arrosés par des sources abondantes, et entourés de haies de nopals. On y voit les ruines d'une église et une mosquée dont l'éclatante blancheur se détache vigoureusement sur la verdure sombre des cactus. Deux ou trois mille musulmans habitent ces maisons qui ont un air de propreté et d'aisance.

La plaine d'Esdrélon aussi vaste que fertile se développe ici sous les yeux du voyageur. A notre droite, voici les monts de *Gelboé;* ils furent témoins d'une sanglante défaite. Les Israélites avaient été vaincus par les Philistins; Saül, blessé, se tua lui-même et ses trois fils périrent avec lui (2). David exhala sa douleur au sujet de la mort de Saül et de Jonathas dans une touchante élégie. « Montagnes de Gelboé, qu'il ne tombe plus sur vous ni rosée ni pluie, que vos champs ne donnent plus de prémices, parce que c'est là qu'a été jeté le bouclier des forts, le bouclier de Saül, comme si l'huile sainte n'eût pas touché son front..... Je pleure sur toi, ô mon frère Jonathas ! toi si beau et si aimable, je t'aimais comme une mère chérit son fils unique. Comment les héros sont-ils tombés (3) ? » Les sommets de Gelboé semblent être encore empreints de la malédiction de David, leurs flancs dépouillés sont frappés de stérilité et présentent un aspect de deuil.

Sur les dernières pentes de ces montagnes, apparaissent une vingtaine de masures avec une grosse tour carrée assez ancienne, c'est *Zeraïn*. Voilà tout ce qui reste de l'antique *Jezraël*, ville royale des Etats d'Achab. C'est là que Joram, fils de ce tyran, fut tué par Jéhu. Jézabel, épouse d'Achab, qui l'avait imité dans sa vie criminelle, dut subir dans sa mort un châtiment pareil au sien. Son corps devint la proie des chiens dévorants, selon la prédiction d'Elie (4).

Nous sommes entrés dans la Galilée. Laissons à droite le petit

(1) Josué, xxi, 29.
(2) I, Rois, xxxi.
(3) II, Rois, i, 21.
(4) IV, Rois, ix, 30.

Hermon célébré dans les psaumes : « Le Thabor et l'Hermon se ré-
jouiront à votre nom (1). » Et ailleurs : « Je me souviendrai de vous,
ô mon Dieu, dans le pays du Jourdain, et à Hermoniim, à la petite
montagne (2). » Au temps de saint Jérôme, le sommet de l'Hermon
était occupé par un monastère. De saintes filles s'étaient réfugiées
sur cette montagne pour se mettre à l'abri des scandales du monde,
et, pures colombes, elles faisaient fructifier dans le recueillement et
la prière cette mystérieuse rosée qui descend du ciel sur l'Hermon et
sur Sion. « *Sicut ros Hermon qui descendit in montem Sion* (3). »
Le couvent des Vierges chrétiennes a été remplacé par une mosquée.

Trois villages où se sont opérées de grandes choses dorment au pied
de l'Hermon. C'est d'abord *Soulim*, autrefois *Sunam*. Le prophète
Elie venait souvent dans ce bourg et y était reçu chez une pieuse
femme. Il récompensa son hospitalité par un éclatant prodige, en
rendant la vie à son jeune enfant qui l'avait perdue par un coup de
soleil (4).

C'est ensuite *Neïn*, l'ancienne *Naïm*, pauvre hameau entouré de
quelques murailles ruinées où Notre-Seigneur montra, comme dans
tant d'autres lieux, sa puissance surnaturelle ainsi que sa bonté en
ressuscitant le fils unique d'une malheureuse veuve (5). Deux colonnes
marquent l'endroit où ce miracle fut opéré.

*Endor*, en arabe *Endour*, sur la pente nord-est de l'Hermon, nous
reporte à l'époque des rois de Juda. Saül, prêt de livrer bataille aux
Philistins avait consulté en vain le Seigneur. Il voulait néanmoins
connaître un avenir dont il devait respecter les secrets. On lui dit
qu'il y avait à Endor une femme qui possédait l'esprit de Python. Il se
déguisa, et se rendit auprès de la magicienne pour la consulter.
L'ombre de Samuel lui apparut, lui prédit sa défaite, sa mort et celle
de ses enfants (6). L'aspect d'Endor est vraiment étrange; la plupart

(1) Ps. 88, 13.
(2) Ps. 41, 7.
(3) Ps. 132, 3.
(4) IV, Rois, iv, 32. — Le mari de Judith était mort de la même manière.
(Jud., viii, 3.). Les coups de soleil sont toujours un des fléaux qui menacent le
voyageur en Syrie ; on ne saurait prendre trop de précautions pour s'en garantir.
(5) S. Luc, vii, 11.
(6) I, Rois, xxviii, 6.

des habitations sont creusées dans le rocher, ce sont de tristes cavernes. Quant à la population du village, elle ne s'est pas améliorée depuis Saül, car ce sont des voleurs qui tiennent la place des sorciers.

Dans notre siècle de progrès matériels, on retourne quelquefois en arrière. Certaines gens consultent encore ceux qui ont l'esprit de Python. Ils font parler les tables, mais elles ne causent pas toutes seules, on devine quel est celui qui parle par elles, c'est toujours le même, celui qui fut *homicide dès le commencement*. On évoque les âmes des morts, et Dieu permet qu'on reçoive des réponses, pour prouver l'existence des esprits à ce siècle matérialiste qui ne croit qu'à ce qui frappe les sens. Mais aujourd'hui, comme au temps de Saül, ces conversations illicites avec les esprits d'outre-monde sont funestes à ceux qui s'y livrent. On comptait récemment (1), seulement dans une maison de santé des environs de Lyon, une quarantaine de personnes atteintes d'aliénation mentale pour cause de spiritisme. Il a fallu que nos Evêques élevassent la voix pour que les tables rentrent dans le silence, mais les évocations se font encore. Où irions-nous, malgré notre brillante civilisation, si le Christianisme ne nous soutenait de sa main tutélaire et ne guidait nos pas chancelants ?

Traversons la plaine d'Esdrélon, nommée aujourd'hui *Merdj-ibn-Amer* (*le pâturage des fils d'Amer*); après celle du Jourdain, c'est la plus célèbre et la plus étendue de la Terre-Sainte. De grands souvenirs s'y rattachent. Dans les temps anciens, les Madianites et les Amalécites après avoir franchi le Jourdain, couvrirent la plaine de Jezraël comme une nuée de sauterelles, dit l'Ecriture. Gédéon avec une poignée d'hommes les mit en déroute par la protection du Seigneur (2). Plus loin, sur les bords du Cison qui traverse la plaine, une femme, la prophétesse Débora, s'avança avec Barac à la tête des Israélites, pour les soustraire au joug de Jabin, roi de Chanaan. Le Très-Haut daigna cette fois encore prendre la défense de son peuple ; ses ennemis s'enfuirent sous l'impression d'une panique terrible, et Sisara, leur général, fut tué par une autre femme (3). C'est alors que Débora célébra son

____

(1) En avril 1863.
(2) Juges, vii, 12.
(3) Juges, iv.

succès par un magnifique chant de triomphe où débordent les sentiments d'une patriotique allégresse et ceux de la gratitude dont son
cœur était rempli envers Jéhovah (1). Le torrent de Cison, qui avait
roulé les cadavres des ennemis d'Israël, est maintenant tari comme la
gloire de ce malheureux peuple. Je l'ai traversé à pied sec. Seulement
dans l'hiver, les pluies abondantes le remplissent en quelques heures
et il va porter ses eaux d'emprunt dans la baie de Caïffa. Les arabes
l'appellent *Nahr-el-Mekatta (la rivière du carnage)*, et ils donnent
aussi son nom à cette vallée ; elle le mérite bien, car elle a été souvent le théâtre de sanglants combats, et même dans les temps modernes.

La grande armée turque commandée par Abdallah qui venait au
secours de Saint-Jean-d'Acre, ayant été arrêtée sur la route de Nazareth
par l'héroïsme de Junot et de Kléber, s'était repliée dans la plaine
d'Esdrélon, où elle pouvait faire un meilleur usage de sa nombreuse
cavalerie. Kléber la suivit et tenta de surprendre le camp des Ottomans
pendant la nuit, mais il était arrivé trop tard. « Le 16 avril 1799,
au matin, il trouva toute l'armée turque en bataille; 15,000 fantassins
occupaient le village de *El-Afouleh* (2), plus de 12,000 cavaliers se
déployaient dans la plaine. Kléber avait à peine 3,000 fantassins en
carré..... Bientôt ils eurent formé autour d'eux un rempart d'hommes
et de chevaux, et purent résister six heures de suite à la furie de leurs
adversaires. Dans ce moment, Bonaparte débouchait des hauteurs de
Nazareth. Il partagea la division qu'il amenait en deux carrés, qui
s'avancèrent en silence, de manière à former un triangle équilatéral
avec la division Kléber, et à mettre l'ennemi au milieu d'eux. Un
coup de canon fut le signal de l'attaque. L'armée turque, surprise par
un feu terrible, se mit à fuir en désordre dans toutes les directions.
La division Kléber, redoublant d'ardeur à cette vue, enleva le village
d'Afouleh à la baïonnette. En un instant toute cette multitude s'écoula
et la plaine ne fut plus couverte que de morts. Six mille français
avaient détruit cette armée que les habitants disaient innombrable
comme les étoiles du ciel et les sables de la mer (3). » Le mont Thabor

(1) Juges, v.
(2) Nous le laissons à une lieue sur la gauche.
(3) Thiers, *Hist. de la rév. franç.*, t. X, p. 405.

qui avait été le muet témoin de cette victoire si glorieuse pour les soldats français, lui donna son nom illustre.

A une époque encore plus rapprochée de nous, en 1832, les troupes d'Ibrahim-Pacha écrasèrent dans les champs d'Esdrélon, auprès de Djennin, les paysans de la Palestine qui s'étaient mis en insurrection.

Cette plaine nommée aussi le *Paradis et le Grenier de la Syrie,* a des beautés de paysage que l'on admirerait partout, elle est surtout charmante au printemps. Le terrain ondule en larges plis d'une montagne à l'autre, et est semé çà et là de fourrés impénétrables, de hameaux isolés aux cabanes de terre et de maisons flottantes des bédouins. De temps en temps, une tribu d'arabes pasteurs chassant devant elle de nombreux troupeaux, une longue file de chameaux attachés les uns derrière les autres et marchant lentement, ou bien quelques gazelles aux pieds agiles viennent égager cette vaste solitude.

Voici devant nous Nazareth. Je me plais à retracer les sentiments qui animaient M. de Lamartine lorsqu'il approchait de cette ville bénie.

« A visiter les lieux consacrés par un de ces mystérieux événements qui ont changé la face du monde, dit le grand poète, on éprouve quelque chose de semblable à ce qu'éprouve le voyageur qui remonte laborieusement le cours d'un long fleuve comme le Nil ou le Gange, pour aller le découvrir et le contempler à sa source cachée et inconnue. Il me semblait à moi aussi gravissant les dernières collines qui me séparaient de Nazareth, que j'allais contempler à sa source mystétérieuse cette religion vaste et féconde qui, depuis deux mille ans, s'est fait son lit dans l'univers du haut des montagnes de Galilée, et a abreuvé tant de générations humaines de ses eaux pures et vivifiantes! Cette colline, dont je franchissais les derniers degrés, avait porté dans ses flancs le salut, la vie, la lumière, l'espérance du monde. Si je considérais la chose comme philosophe, c'était le point de départ du plus grand événement qui ait jamais remué le monde moral et politique, événement dont le contre-coup imprime seul encore un reste de mouvement et de vie au monde intellectuel. C'était là qu'était sorti de l'obscurité et de la misère, le plus grand, le plus juste, le plus sage, le plus vertueux de tous les hommes. Là était son berceau! Là le théâtre de ses actions et de ses prédications touchantes. De là il était sorti, jeune encore, avec quelques hommes obscurs et ignorants auxquels il avait imprimé la confiance de son génie et le

courage de sa mission, pour aller sciemment affronter un ordre d'idées
et de choses pas assez fort pour lui résister, mais assez fort pour le
faire mourir ! De là, dis-je, il était sorti pour aller avec confiance conquérir l'empire universel de la postérité.

« Mais à considérer le mystère du Christianisme en chrétien, c'était
là, sous ce morceau de ciel bleu, à l'ombre de cette petite colline dont
les vieilles roches semblent encore toutes fendues des tressaillements
de joie qu'elles éprouvèrent en portant le *Verbe* enfant; c'était là le
point sacré du globe que Dieu avait choisi de toute éternité pour faire
descendre sur la terre sa vérité, sa justice et son amour incarné dans
un Enfant-Dieu ; c'était là que le souffle divin était descendu à son
heure sur une pauvre chaumière, séjour de l'humble travail, de la simplicité d'esprit et de l'infortune; c'était là qu'il avait animé dans le
sein d'une Vierge innocente et pure quelque chose de doux, de tendre
et miséricordieux comme elle; de souffrant, de patient, de gémissant
comme l'homme ; de puissant, de surnaturel, de sage et de fort comme
Dieu ; c'était là que le Dieu-Homme avait passé par notre faiblesse,
notre travail et nos misères, pendant les années obscures de sa vie
cachée, et qu'il avait en quelque sorte exercé la vie et pratiqué la terre
avant de l'enseigner par sa parole, de la guérir par ses prodiges et de
la régénérer par sa mort; c'était là que le Ciel s'était ouvert et avait
lancé sur la terre son esprit incarné, son Verbe fulminant pour consumer jusqu'à la fin des temps l'iniquité et l'erreur, éprouver comme
au feu du creuset nos vertus et nos vices, et allumer devant le Dieu
unique et saint l'encens de l'autel renouvelé, le parfum de la charité
et de la vérité universelles.

« Comme je faisais ces réflexions, j'aperçus à mes pieds les maisons blanches de Nazareth. Dieu seul sait ce qui se passa alors dans
mon cœur; mais d'un mouvement spontané, et pour ainsi dire, invo-
lontaire, je me trouvai à genoux sur un des rochers poudreux du
sentier en précipice que nous descendions. J'y restai quelques minutes
dans une contemplation muette où toutes les pensées se pressaient
tellement dans ma tête qu'il m'était impossible d'en discerner une
seule. Ces seuls mots s'échappaient de mes lèvres : « *Et Verbum
caro factum est, et habitavit in nobis* (1). » Je les prononçais avec

_________

(1) S. Jean, Ev., I, 14.

le sentiment sublime, profond et reconnaissant qu'ils renferment.
Puis baissant religieusement la tête vers cette terre qui avait germé le
Christ, je la baisai en silence, et je mouillai de quelques larmes de
repentir, d'amour et d'espérance, cette terre qui en a vu tant répandre,
cette terre qui en a tant séché, en demandant un peu de vérité et d'a-
mour (1). »


## II — NAZARETH


Cette petite ville de Nazareth, appartenant à la tribu de Zabulon,
était complètement ignorée avant la venue du Sauveur; il n'en est
point fait mention dans l'Ancien-Testament. Aussi lorsque saint Philippe annonçait à Nathanaël que le Messie promis par les prophètes,
était de cette cité, celui-ci lui dit : « Peut-il sortir quelque chose de
bon de Nazareth (2)? » Mais depuis dix-huit siècles l'obscurité de
cette pauvre bourgade s'est changée en une gloire immortelle. Son
nom est connu et chéri de tous les cœurs chrétiens dans le monde,
comme les noms de Bethléhem et de Jérusalem, et les pèlerins
comptent au nombre de leurs heures les plus précieuses celles qu'ils
ont pu passer dans son étroite enceinte.

Les arabes appellent Nazareth *En-Nasarah* (3), et ils donnent son
nom aux chrétiens; pour eux nous sommes encore des *Nazaréens* (4).
Cette ville n'a été habitée que par des juifs jusqu'à Constantin. Dès
le VII$^e$ siècle, Adamnanus parle de deux grandes églises qu'il y visita.
Au commencement du XII$^e$ siècle, les Sarrasins la ravagèrent. Pendant les croisades, elle commença à prospérer sous le sage gouvernement de Tancrède, et elle devint le siége d'un évêque. En 1187,
elle tomba aux mains de Saladin, et fut ensuite rendue pour un
instant aux chrétiens. N. S. P. saint François d'Assise vint, en 1219,
augmenter à Nazareth les ardeurs de son ineffable charité et, en 1251,
saint Louis voulut y satisfaire aussi sa tendre dévotion. En 1263, le
féroce Bibars, Soudan d'Egypte, ruina la ville et chassa les chrétiens.

(1) Lamartine, *Voyage en Orient.*
(2) S. Jean, 1, 45.
(3) Nazareth est à 27 lieues de Jérusalem.
(4) C'est ainsi que les païens désignaient les premiers fidèles en signe de mépris. — S. Jérôme, *Onom.*, V. *Nazareth.*

Huit ans après, une poignée de Croisés put repousser les musulmans, mais Nazareth fut livrée au pillage, et pendant longtemps ce ne fut qu'un monceau de décombres. En 1668 le P. Borelli, n'y vit qu'un chétif village de 40 maisons. Il n'y avait alors qu'une seule famille catholique perdue au milieu de quelques grecs et des mahométans. Ce fut surtout à partir de 1720 que la population chrétienne augmenta sensiblement jusqu'à nos jours, malgré les vicissitudes de trouble et de tranquillité. Elle y est maintenant en majorité. Sur 3,600 habitants, on compte 1,100 catholiques appartenant aux rites latin, grec et maronite, 1,200 grecs schismatiques, et autant de musulmans (1).

Nazareth veut dire *fleur* en hébreu, selon saint Jérôme (2). N'est-ce pas là en effet que s'est épanouie la *rose mystique* et qu'a germé le *rejeton de Jessé?* Le bon Quaresmius rapporte ce nom de fleur à la position naturelle de Nazareth : « De même, dit-il, que la rose s'embellit des feuilles qui l'entourent, ainsi, Nazareth a la forme arrondie d'une rose, et est entourée et garnie de montagnes comme d'autant de feuilles (3). » La ville de Marie, blanche comme les beaux lis d'Esdrélon, s'étage en amphithéâtre, encadrée de collines, et présente un gracieux aspect. Elle n'est défendue que par des haies de cactus et par des bouquets de figuiers et de grenadiers, verdoyante muraille que chaque printemps couvre de fleurs. Les maisons sont bâties en pierre et à toits plats. Les rues, étroites et malpropres, montent et descendent sur les escarpements de la montagne percée d'un grand nombre de grottes, qui servent de complément aux habitations. Nazareth a une physionomie douce et paisible, et même une apparence de vie et d'aisance assez rare dans les villes de Syrie ; les Chrétiens se sentent là chez eux, et leurs écoles publiques ont donné à la population plus d'instruction et d'urbanité que dans beaucoup d'autres endroits (4). « Il faut avoir vu l'Orient pour se faire une juste idée de la puissance civilisatrice du Christianisme. En Europe, il nous semble quelquefois

(1) Cette ville a beaucoup souffert des tremblements de terre en 1837.

(2) Hier., *epist.* XVII, *ad Marcell.*

(3) *Eluc. Terræ-Sanctæ*, t. II. — Ce coin de la Terre-Sainte est aussi celui où le botaniste trouve le plus à herboriser.

(4) On reçoit souvent un gracieux salut en italien, et quelquefois même en français.

que ce Christianisme d'Orient dégénéré, atrophié par l'ignorance (comprimé et scandalisé par les populations musulmanes), ne doit pas être très-supérieur au mahométisme. Il l'est cependant. Il y a dans l'Evangile une puissance immortelle de lumière et de vie que les ténèbres peuvent obscurcir, mais qu'elles ne sauraient détruire entièrement. On en est frappé en entrant à Bethléhem, l'influence du Christianisme s'y fait sentir ; les passants vous saluent avec une certaine affabilité, ils ont dans leur démarche, dans leurs manières, dans leur expression, quelque chose de plus vif et de plus ouvert que les autres Arabes. Ils sont plus laborieux, plus industrieux, plus heureux. Ici, l'on voit travailler, et, devant les maisons, les enfants au lieu de vous poursuivre d'un regard tors, continuent leurs jeux en votre présence (1). »
Ces réflexions s'appliquent aussi très-bien à Nazareth. L'imagination ne pourrait rêver un asile plus calme pour la demeure de la Reine des Vierges, que cette petite cité modestement assise au milieu de la fertile Galilée, et embellie de tous les charmes de la nature orientale. La masse imposante du couvent latin se distingue de tous les autres édifices, de même que l'heureuse influence des Franciscains qui y résident domine maintenant à Nazareth. Un simple minaret annonce seul la présence du mahométisme sur ce sol foulé par la Sainte-Famille ; mais ici les Turcs ont dépouillé leur vieux fanatisme, et leur *muezzin,* qui annonce les heures de la prière, ne ferait pas de grandes difficultés pour sonner l'*Angelus.*

Je descendis à l'hôtel dans lequel les Franciscains reçoivent les étrangers. Il est situé auprès de leur couvent. J'y rencontrai les membres de la caravane dont j'avais été séparé par la maladie à Jérusalem. C'est avec grand plaisir que je serrai la main à ces aimables compagnons de voyage, mais il dûrent quitter Nazareth le lendemain pour se rendre au mont Carmel, et je fus encore condamné à faire seul le reste de mon pèlerinage.

Le monastère franciscain tel qu'il est aujourd'hui, a été bâti en 1730. Il consiste en une vaste agglomération de constructions établies sur un plan rectangulaire ; comme partout, c'est une citadelle. Sur une grande cour s'ouvrent la salle de réception, les cellules des moines, la pharmacie, les salles d'école des garçons, etc. J'y ai vu dix-sept

_______________

(1) F. Bovet, *Voyage en Terre-Sainte,* X.

religieux. Ils s'occupent à chanter les louanges de Jésus et de Marie au même lieu où le divin Enfant et sa bienheureuse Mère offrirent au Père éternel de si sublimes oraisons. L'un d'entre eux dirige le troupeau catholique ; c'est le curé de Nazareth. Son autorité est grande sur la population entière.

Après sa victoire du mont Thabor, le général Bonaparte s'arrêta à Nazareth, et reçut l'hospitalité au couvent latin. On rapporte qu'il reconnut un ancien condisciple parmi les Religieux et que, se jetant à son cou, il lui présenta une poignée d'or en demandant ce qu'il pouvait faire pour lui être agréable. Le Franciscain le remercia en refusant. « *La Terre-Sainte me suffit*, dit-il. » Réponse admirable que tout chrétien doit comprendre !

Le monastère renferme l'église de l'Annonciation, élevée sur l'emplacement traditionnel de la maison de la sainte Vierge. Comme beaucoup d'habitations modernes de Nazareth, cette maison était adossée au rocher. Ma première visite fut pour ce sanctuaire vénérable. Un moine tenant un cierge à la main voulut bien m'y guider. La maison de Marie et de Joseph a disparu, il ne reste plus que le sol qui la supportait et la grotte qui en faisait partie, en lui procurant une retraite très-utile dans un lieu de chaleur accablante. On sait que, suivant la tradition reçue, cette sainte maison, *Santa-Casa*, fut transportée miraculeusement en Dalmatie, en 1291, et plus tard en Italie, à Lorette, où elle reçoit depuis 600 ans les pieux hommages des fidèles (1).

Voici la description du sanctuaire souterrain de Nazareth. Il se compose de trois parties bien distinctes. La première, qui est de restauration moderne, forme comme le vestibule de la chapelle de l'Annonciation, dont elle n'est séparée que par deux marches. C'est un carré de 8 mètres de longueur sur 2 mètres 70 de largeur. On y descend par un large escalier de marbre de 17 marches et on l'appelle *la Chapelle de l'Ange*. Deux autels y sont placés. On entre dans la seconde partie par un large passage orné de deux colonnes qui supportent un arceau moderne. Nous sommes dans la *Chapelle de l'Annonciation*. Elle est

(1) Consultez sur cette question : Benoît XIV, *De Servorum Dei beatificatione*, lib. III, c x, § 3, et lib. IV, c. x, § 11 ; les Bollandistes, 25 mars ; A. B. Caillau, *Histoire critique et religieuse de N.-D.-de-Lorette ; la Sainte Maison de Lorette*, par le docteur Kenrick, archev. de Saint-Louis, aux États-Unis.

complètement antique (1). Au fond est un bel autel en marbre blanc supporté par deux colonnes. Les emblèmes de l'Ordre Franciscain,

## CHAPELLES SOUTERRAINES DE NAZARETH.

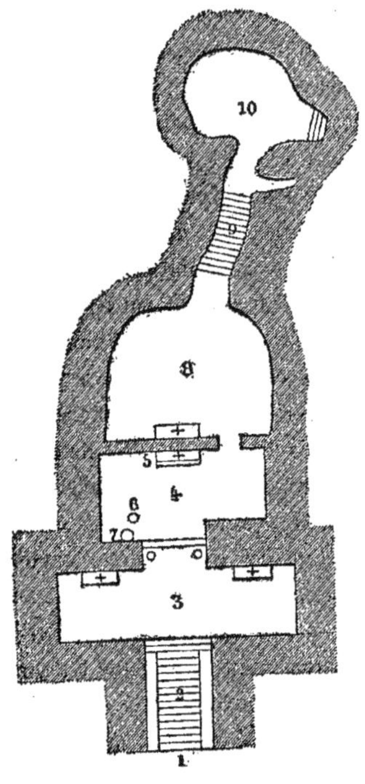



deux bras en sautoir surmontés d'une croix, sont gravés au-dessous, et sur le marbre du pavé, on lit ces mots qui font comprendre toute la grandeur de l'amour de Dieu pour les hommes :

VERBUM CARO HIC FACTUM EST.

*« C'est ici que le Verbe s'est fait chair. »*

Plusieurs lampes brûlent sans cesse en ce lieu. A gauche auprès de l'entrée, on voit deux colonnes antiques de granit gris. L'une de ces colonnes est brisée à un mètre du sol, sur une longueur d'un

(1) Voici les dimensions de ce sanctuaire, d'après Quaresmius : longueur, 10 mèt. 710 ; largeur, 4 mèt. 680.

demi-mètre, et la partie supérieure reste suspendue, comme une énorme stalactite, à la voûte où elle est retenue par des barres de fer. On l'appelle la *Colonne de la Vierge,* parce que, comme dit Quaresmius (1), on croit que Marie était là lorsqu'elle aperçut l'Ange. L'autre colonne est entière, et se nomme *Colonne de l'Ange,* en souvenir du messager céleste qui se tint là pour saluer la Mère de Dieu.

C'est donc sur cet emplacement où je me suis agenouillé, que se trouvait la *Santa-Casa* vénérée maintenant à Lorette, et que s'est opéré le profond mystère de l'Incarnation. Ouvrons l'Evangile : « L'Ange Gabriel fut envoyé de Dieu dans une ville de Galilée appelée Nazareth, à une vierge qui avait épousé un homme nommé Joseph, de la maison de David ; et le nom de cette vierge était Marie. Et l'Ange, venant vers elle, dit : « Je vous salue, pleine de grâce, le Seigneur est avec vous, vous êtes bénie entre toutes les femmes... Vous enfanterez un fils, et vous l'appellerez JÉSUS ; il sera grand, et s'appellera le Fils du Très-Haut... » Et Marie accepta avec humilité cette faveur inestimable : « Voici la servante du Seigneur, qu'il me soit fait selon votre parole (2). » C'est ici que la Sainte-Famille, *Jésus, Marie, Joseph,* ont pratiqué pendant de longues années les plus parfaites vertus, loin des regards des hommes, et sous les yeux seulement du Père céleste. Quels mystères ! Quels souvenirs ! Quelles douces impressions ! Il est plus facile de les sentir que de les peindre. « Je plains de tout mon cœur, dit M. de Saulcy, quiconque entre dans un lieu pareil sans éprouver une vive émotion ; car il me paraît aujourd'hui bien difficile que cette absence d'émotion ne soit pas mensongère. Si quelques voyageurs ont eu la malencontreuse idée de se vanter de n'avoir rien senti là remuer au fond de leur cœur, je suis bien tenté de les considérer comme de ces fanfarons du scepticisme qui croiraient manquer à leur propre dignité s'ils avaient le malheur de ne pas taxer d'absurdité tout ce qui dépasse la portée de leur orgueilleuse raison. Je le proclame bien haut, et sans la moindre hésitation, en entrant dans cette cave vénérable, je me suis senti ému jusqu'aux larmes (3). »

(1) *Eluc. Terræ-Sanctæ,* II, p. 825.
(2) S. Luc, I, 26.
(3) *Voyage autour de la mer Morte,* t. I, p. 76. — Pour comprendre com-

La troisième partie de ce sanctuaire, c'est une grotte terminée en abside et taillée dans le rocher comme la précédente dont elle n'est séparée que par une muraille. Elle est dédiée à saint Joseph et renferme un autel adossé à celui de l'Annonciation (1). Au fond de l'abside, un escalier en pierre conduit à une autre grotte de forme ovale, taillée aussi dans le roc, et qui était également une dépendance de la maison de Marie (2).

L'église supérieure est assez belle. C'est un carré long de 22 mètres sur 17. Le chœur, situé au-dessus de la grotte de l'Annonciation, est beaucoup plus élevé que la nef; on y monte par deux escaliers en marbre de 10 degrés chacun, l'un à droite, l'autre à gauche de l'ouverture des chapelles souterraines. Cette église possède un orgue et de bons tableaux (3). C'est la paroisse de la population catholique qui passe pour très-fervente.

La pieuse impératrice Hélène fit renfermer dans une grande basilique la maison de la Sainte-Famille. Quaresmius rapporte qu'en déblayant le sol, pour la construction de l'église actuelle, on trouva toutes les substructions de l'édifice primitif (4) : deux files de colonnes qui la divisaient en trois nefs (5). Antonin de Plaisance admira cette basilique au vi[e] siècle. Pendant les guerres de la première croisade, elle échappa à la ruine du village. Les Croisés y firent quelques embellissements, mais, en 1263, cette église fut renversée par Bibars (6). Ce ne fut qu'en 1620, que les Franciscains obtinrent de l'émir

---

ment ce sanctuaire, qui était autrefois au niveau du sol, se trouve changé en crypte assez profonde, il faut remarquer que les églises de Terre-Sainte ayant été souvent détruites, on nivelait simplement leurs ruines pour élever au-dessus un autre édifice.

(1) Une petite porte fait communiquer ces deux chapelles.

(2) On y voit une porte aujourd'hui obstruée.

(3) Au-dessous d'un de ces tableaux, une *Sainte-Famille* de l'école italienne, on a inscrit ces quatre mots qui disent tant de choses : « *Hic erat subditus illis.* — Ici il leur était soumis. » S. Luc, II, 51.

(4) *Eluc., Terræ-Sanctæ*, t. II, 826.

(5) On descendait alors dans la grotte par un escalier de six marches seulement.

(6) Un pèlerin rapporte qu'en 1449, l'église de l'Annonciation était en ruines et qu'il n'y avait plus qu'un prêtre et deux chrétiens.

Fakhreddin la restitution du sanctuaire et l'autorisation de le relever.

Le pèlerin doit visiter encore à Nazareth d'autres lieux intéressants. Au nord-est de l'église de l'Annonciation, on voit l'*Atelier de saint Joseph;* il a été converti en chapelle. C'est là que ce vénérable patriarche exerçait sa profession de charpentier. C'est là que le fils de Dieu lui-même a daigné s'associer à ses humbles travaux, pour sanctifier ceux de l'ouvrier, et nous apprendre aussi que, dans toutes les positions, le chrétien doit employer son temps d'une manière utile à la société dont il est membre.

L'Eglise moderne des Arméniens est bâtie à la place de la synagogue fréquentée par le Sauveur pendant son séjour à Nazareth. Au moment de commencer sa vie publique, et après avoir jeûné quarante jours dans le désert, Jésus retourna en Galilée. « Il vint à Nazareth où il avait été nourri ; il entra, selon sa coutume, dans la synagogue au jour du sabbat, et il se leva pour lire. Et le livre du prophète Isaïe lui fut donné. Et ayant déroulé le volume, il trouva le passage où il est écrit : « L'Esprit du Seigneur est sur moi ; c'est pourquoi il m'a consacré par son onction pour évangéliser les pauvres, il m'a envoyé pour guérir ceux qui ont le cœur brisé, pour annoncer aux captifs leur délivrance et aux aveugles le recouvrement de la vue ; pour soulager les opprimés et prêcher l'année de grâce du Seigneur et le jour de la justice. » Et ayant replié le livre, il le rendit au ministre et s'assit. Et les yeux de tous ceux qui étaient dans la synagogue étaient fixés sur lui. Or il commença à leur dire : « Aujourd'hui cette parole de l'Ecriture que vous avez entendue est accomplie. » Et tous lui rendaient témoignage, et dans l'admiration où ils étaient des paroles pleines de grâce qui sortaient de sa bouche, ils disaient : « N'est-ce pas le fils de Joseph? » Et il leur dit : « Vous m'alléguerez sans doute ce proverbe : Médecin, guéris-toi toi-même ; toutes les choses que nous avons ouï dire que tu as faites à Capharnaüm, fais-les aussi dans ta patrie. Mais je vous dis en vérité que nul prophète n'est bien reçu en son pays... » Et tous ceux qui étaient dans la synagogue furent irrités entendant ces paroles, et, se levant, ils le chassèrent de la ville et le conduisirent jusqu'au sommet de la montagne sur laquelle leur ville était bâtie, pour le précipiter. Mais Jésus, passant au milieu d'eux, s'en alla (1). » On montre cette montagne du *Précipice* à près d'une lieue au sud de Nazareth. Elle domine un abîme. Tout près de là sur une colline, sont les restes d'une église nommée *Notre-Dame de l'Effroi (Santa Maria del Timore)*. On croit que la Vierge était accourue tremblante jusqu'en ce lieu quand les juifs voulurent faire périr son Fils. Cette église fut longtemps sous la garde d'un couvent de femmes.

On visite encore, dans une chapelle qui appartient aux Franciscains, un gros bloc de rocher aplani et appelé la *Table du Christ (Mensa Christi)*, parce que, suivant une tradition locale, Notre-Seigneur a pris plusieurs fois ses repas sur cette table avec ses disciples. Cette pierre de forme ronde et non taillée est élevée de trois pieds au-dessus du sol, et pourrait recevoir une vingtaine de convives. L'église des Maronites est à côté. Elle est nue et pauvre comme devait être la maison de Joseph.

Au nord de la ville, l'église de *Saint-Gabriel* aux grecs-schismatiques renferme un puits auprès duquel, disent-ils, la sainte Vierge a été saluée une première fois par l'Archange. L'eau, en sortant de cette église, est amenée par un conduit de quelques mètres à un bassin appelé *la Fontaine de Marie.* Cette délicieuse source coule au pied d'une colline et s'épanche sous des touffes de grenadiers. Les chrétiens du pays ont pour elle un respect tout spécial. Comme elle est peu abondante, on est obligé d'attendre longtemps pour avoir de l'eau, de sorte qu'il s'y trouve toujours une nombreuse compagnie. En voyant les jeunes Nazaréennes, accompagnées de gentils enfants, se presser pour puiser l'onde pure dans de grandes urnes de forme antique, il me semblait apercevoir parmi elles l'auguste Vierge avec son divin Fils, venant chercher l'eau nécessaire au ménage de la Sainte-Famille.

Il n'y a que deux fontaines à Nazareth, celle dont je viens de parler, et une autre située à quelques minutes du bourg, auprès d'un coteau. Elle est ornée de marbre et verse ses eaux avec parcimonie dans un étroit bassin.

Ici, comme dans tous les autres Saints-Lieux, une foule de sou-

(1) S. Luc, iv, 16.

venirs, chers aux cœurs chrétiens, ont donné naissance à de naïves
légendes :

Dans un humble et lointain village ,
Sous un bel olivier au gracieux ombrage,
Jouaient quelques enfants.
Quels étaient leurs jeux innocents ?
Pour vous le raconter, amis, je vous convie.
Souvent, à ce jeune âge, on bâtit des châteaux,
Eux faisaient de jolis oiseaux.
Imitant le grand Dieu qui nous donna la vie,
Ils pétrissaient la terre, et de leurs petits doigts,
Donnaient, en s'égayant, à cette molle argile
Les contours délicats du léger volatile
Qui chante dans nos bois.
Mais voici que soudain, oh ! ravissant prodige !
Chaque petit travail du plus charmant enfant,
S'échappant de ses mains, autour de lui voltige ,
Et va se balancer sur l'arbre en gazouillant.
C'est que ce jeune artiste, à blonde chevelure ,
Est celui qui , d'un mot, a créé la nature ;
Son nom est l'Éternel et le Dieu des vertus ;
Pour nous , nous l'appelons : L'aimable *Enfant-Jésus* (1).

Quand la nuit commence à étendre sur la terre son voile sombre,
le pèlerin se promenant sur la terrasse de la maison hospitalière, ou
se reposant sur la petite place auprès de l'église de l'Annonciation,
est agréablement surpris d'entendre la voix religieuse des cloches qui
invitent les fidèles à saluer avec l'ange *Marie, pleine de grâce*. Les
cloches sont condamnées au silence dans tout le reste de la Terre-Sainte
par la tyrannie musulmane, mais à Nazareth elles peuvent faire entendre leurs joyeux carillons. Tout à Nazareth semble répéter avec le
pèlerin : *Ave Maria* : cette terre foulée si souvent par les pas de la
Vierge Immaculée, cette fontaine où elle puisa de l'eau, cette demeure
qu'elle a habitée et qui est devenue une église et l'objet de la vénération universelle. Cela est si vrai que les protestants eux-mêmes
se sentent pressés de louer Marie en ce lieu. J'en prends à témoin
M. Bovet: « On fait, dit-il, la prière du soir, consistant en un *Pater*
et un *Credo* auxquels je m'associe de tout mon cœur. Quant à l'*Ave*,

(1) S. L. S.-A***.

qui vient ensuite, il m'aurait paru de trop partout ailleurs, mais *ici…*, comment ne pas faire mention de cette humble jeune fille de Nazareth *que tous les âges nommeront bienheureuse*, de cette *servante du Seigneur qui a trouvé grâce devant lui* et dont la foi a concouru à la réalisation de ce mystère suprême de notre salut : *La parole a été faite chair !* Comment ne pas répéter, en bénissant le Seigneur, les paroles qui jadis ont retenti dans ces lieux : « *Je vous salue, Marie, pleine de grâce, le Seigneur est avec vous, vous êtes bénie entre les femmes* (1). » On se demande pourquoi les protestants refusent, comme une mauvaise action, d'honorer la Vierge à Genève ou à Berlin, tandis qu'ils s'applaudissent de le faire à Nazareth. Mais rappelons-nous qu'on remarque chez eux beaucoup d'autres inconséquences.

C'est là, à côté de moi, dans cette humble grotte, que ces paroles de l'*Angelus* ont été prononcées pour la première fois, il y a plus de dix-huit siècles, et depuis ce temps elles ont fait le tour du monde ; trois fois le jour, au son de la cloche, elles sortent de toutes les lèvres chrétiennes pour réunir tous les cœurs dans un même sentiment d'amour et de reconnaissance envers le Verbe incarné, de prière et de louange en l'honneur de la Vierge bénie.

En 1855, quatre religieuses de la congrégation des *dames de Nazareth*, dont la maison-mère est à Lyon, sont venues s'établir ici, auprès du couvent Latin. Elles y font un bien immense. Elles distribuent leurs soins à de nombreux malades et l'instruction à deux cents petites filles. Tout cela gratuitement. Leur école est fréquentée non-seulement par les enfants catholiques, mais encore par des grecques schismatiques et des musulmanes. L'excellente éducation donnée par ces religieuses, en améliorant la position sociale de la femme, contribuera à étendre la civilisation dans ce pays. Déjà à Nazareth où l'influence chrétienne domine, la femme a repris dans la famille, autant que le permettent les usages de l'Orient, la place qu'elle doit y occuper (2). Les chrétiennes et les musulmanes ne sont pas cloîtrées dans l'avilissante inaction du harem, elles se répandent dans les rues et ont le privilége de n'avoir pas le visage masqué par un voile.

(¹) *Voyage en Terre-Sainte*, p. 346.

(2) La plupart des Nazaréennes prétendent être les cousines de la Sainte-Vierge. On fait d'elles un grand éloge en disant que, si elles ne le sont pas réellement, du moins elles mériteraient de l'être.

Leur costume diffère un peu des autres. Sur un large pantalon
serré à la cheville, elles portent une robe ouverte par-devant et sur
les côtés (1). Leurs bras, nus et chargés de bracelets en verre ou en
argent, laissent flotter de longues manches étroites du haut et fendues
du bas. Une large ceinture en cachemire entoure leur taille. Mais ce
qu'il y a de caractéristique dans la toilette des Nazaréennes, c'est la
coiffure. Elle se compose d'une bande d'étoffe qui vient en se déroulant
se rattacher à la ceinture, et d'un léger bourrelet d'où pendent, de
chaque côté du visage, de larges pièces d'argent enfilées les unes
au-dessus des autres, qui leur forment un encadrement très-original
et très-lourd en même temps. Cet ornement est plus riche que gracieux. Les Nazaréennes ont, du moins, l'avantage de pouvoir dire
comme le philosophe Bias : « Je porte avec moi toute ma fortune. »
Leurs cheveux descendent en longues tresses garnies aussi de monnaies et de rubans, ou quelquefois ils sont courts et bouclés sur le
front. Leur tête est recouverte d'une mantille noire. Il ne faut pas oublier un autre détail de coquetterie nazaréenne, c'est le tatouage. Il est
pratiqué ici avec une science profonde; M. Enault va nous le décrire :
« Une couche légère de henné (rouge vif) relève le rose de l'ongle ; du
reste cela se voit partout ; un second cercle entoure, comme un bra-
celet, les articulations même du poignet. Quant au visage, il est l'objet
d'une étude toute particulière ; pour lui c'est la couleur bleue que
l'on préfère. Un pinceau fin et sûr trace donc, sur l'incarnat des lèvres,
une foule de petites divisions qui répondent à la séparation des dents,
tandis que les *mouches*, également bleues, voltigent sur le visage et
se posent aux endroits marqués par la tradition de l'élégance orientale, à peu près comme chez nous autrefois : l'*assassine* sur le front,
la *provocante* au bord de l'œil, et l'*engageante* au coin de la lèvre.
Ajoutez à cela un collier de verroterie d'Hébron (2). »

Les hommes portent, comme à Jérusalem, une longue robe qui
s'ouvre par-devant et est retenue au milieu du corps par une légère
ceinture. Ils sont coiffés du turban ou du kafiéh.

Les siècles si nombreux qui nous séparent du temps où la Sainte-

_______________

(1) Elles aiment beaucoup les teintes vives et claires.

(2) *La Terre-Sainte.* — Les habitants de Nazareth sont renommés pour la
beauté de leur physionomie.

Famille demeurait en ces lieux ont passé inaperçus dans l'immobile
Orient, et tout le monde reconnaît que les vêtements n'y ont pas plus
changé que les habitations, les meubles et les usages. Jésus, Marie
et Joseph étaient donc vêtus probablement comme on l'est encore
maintenant à Nazareth. Il est regrettable de voir les peintres, dans les
scènes évangéliques, vêtir leurs personnages et représenter les lieux
d'une manière si peu conforme à la réalité. Pourquoi s'obstiner à
donner à Notre-Seigneur et aux apôtres le costume des philosophes
grecs ou romains qu'ils n'ont jamais porté ? Lorsque les artistes auront
drapé leurs personnages bibliques des vêtements qui se portent en
Palestine, ils leur auront donné le mérite de la vérité d'un costume
qui ne le cède pas aux autres en noble simplicité.

Les protestants ont pénétré depuis quelque temps à Nazareth. La
première conquête qu'ils y firent fut celle d'un ancien drogman des
Franciscains chassé du couvent pour inconduite, qui fit si bien qu'en
peu de jours des scènes tumultueuses se mirent à éclater. On eut
beaucoup de peine à rétablir la paix (1). Au moment où je m'y trouvais, ils avaient intenté devant le cadi (juge de paix du pays), un
procès assez curieux. Ces missionnaires qui avaient transporté leurs
pénates des rives brumeuses de la Tamise sous le beau ciel de la
Galilée, voyant que tous leurs efforts pour convertir les chrétiens de
Nazareth à leur culte si froid étaient inutiles, se rappelèrent que dans
leur pays on croit pouvoir tout faire avec de l'or. L'or n'est pas ce qui
manque aux émissaires du protestantisme ; la *société biblique* de
Londres se charge d'en fournir à eux, à leurs femmes et à leurs
enfants. Ils distribuèrent donc avec des bibles des sommes assez rondes
à plusieurs familles pauvres, à la condition qu'elles embrasseraient
le protestantisme. Par ce moyen, ils recrutèrent un certain nombre de
prosélytes. Tant qu'ils eurent de l'argent, ces néophytes s'abstinrent
de se rendre à l'église latine ou grecque et fréquentèrent assiduement
le prêche ; mais quand la monnaie vint à manquer ils retournèrent à
l'église. C'est ainsi que nous voyons dans les jardins publics, les
promeneurs jeter des mies de pain dans des bassins d'eau vive. Ils attirent autour d'eux une foule de petits poissons. Tant qu'ils leur donnent
du pain, ils ont une nombreuse compagnie ; mais dès qu'il n'y a plus

(1) *Annales de la Propagation de la Foi*, n° 149.

d'appât, les jolis poissons se retirent. Cependant cette désertion ne faisait pas le compte des missionnaires ; ils voulurent faire comprendre à leurs ex-prosélytes que puisqu'on les avait payés pour être protestants, ils devaient rester protestants. Ceux-ci répondaient qu'ils avaient été bons protestants pendant tout le temps qu'ils avaient reçu des subsides, mais que, ces derniers cessant, ils étaient libres de reprendre le culte qu'ils affectionnaient. Les missionnaires citèrent ces chrétiens devant le cadi pour les obliger de demeurer fidèles à leur nouveau culte. Le juge aura dû suivre en cela les règles de l'équité naturelle, car il est plus que probable que le Code ottoman, peu compliqué d'ailleurs, ne contient aucune disposition à ce sujet. La cause était pendante quand je quittai Nazareth.

# CHAPITRE XXIX.

## LE MONT THABOR — TIBÉRIADE

### I — LE MONT THABOR

Quoiqu'il ne soit pas prudent de voyager pendant la nuit en Syrie, je crus devoir le faire pour gagner du temps. Je sortis donc de Nazareth à une heure du matin, accompagné de deux guides seulement, mais nous étions tous trois bien armés. La température était douce et les étoiles brillaient dans un ciel pur, sans cependant dissiper l'obscurité. A peu de distance de la ville, j'entendis non loin de moi un bruit étrange. C'étaient des cris aigus et sinistres, accompagnés de trépignements précipités, que je ne puis mieux comparer qu'à ceux que feraient entendre des milliers de chats qui se livreraient bataille. Un moment je crus avoir sur le dos ces bizarres combattants. Mon guide me dit que c'étaient des chacals qui avaient leur gîte dans un bois voisin. Je ne pouvais rien distinguer, mais au train qu'ils faisaient, je suis sûr qu'ils devaient être une immense multitude.

Nous voici en route pour parcourir la Galilée, qui fut consacrée particulièrement par les courses, les prédications et les miracles de Jésus. Le souvenir de son passage n'y est pas encore éteint, et les Arabes appellent aujourd'hui cette contrée *Belâd-el-Bouschra* *(le pays de l'Évangile)*.

L'aurore commençait à poindre, lorsque je passai auprès d'un campement de bédouins; j'appris que c'était celui d'Akil-Aga. Ce scheick commande à une tribu d'arabes qui peut lever jusqu'à deux mille cavaliers. Il occupe les plaines situées entre Naplouse,

Saint-Jean-d'Acre et le Jourdain. Depuis longtemps il s'était fait remarquer par son dévouement aux chrétiens, surtout aux religieuses
établies à Nazareth, et par son zèle à protéger les caravanes françaises
qui ont eu souvent l'occasion de faire connaissance avec lui-même ou
avec ses hommes, et en ont rapporté le meilleur souvenir. La conduite d'Akil-Aga pendant les tristes événements de 1860, n'a pas
démenti ce que l'on espérait de sa loyauté et de son courage. Dans la
partie de la Syrie où il commande, il a garanti les chrétiens du sort qui
les menaçait à la suite des massacres de Damas et du Liban. Le
complot était préparé aussi de ce côté, et pour donner le signal de
l'explosion, l'on n'attendait plus que l'adhésion indispensable d'Akil-
Aga. Non-seulement cette adhésion a été refusée énergiquement, mais
le noble chef a déclaré que quiconque attaquerait les chrétiens de-
viendrait son ennemi personnel. Une telle déclaration a suffi pour
préserver de toute attaque Nazareth et les villages de la Galilée ainsi
que Saint-Jean-d'Acre. Dès que cette courageuse attitude fut connue
à Paris, le gouvernement français voulut donner un premier témoignage de sa satisfaction à Akil-Aga en lui envoyant, au nom de l'Empereur, des armes d'honneur. Le consul de France à Beyrouth les lui
remit lui-même avec un riche caban, dans son campement, au milieu
d'une foule nombreuse, et alors, le chef arabe reconnaissant s'engagea
de nouveau à rester le défenseur des chrétiens contre les sauvages
passions de ses coreligionnaires. Cette cérémonie fut connue bientôt
dans toute la Syrie où elle produisit un très-bon effet parmi les populations. Akil-Aga a été compris avec Abdel-Kader, le sauveur des
chrétiens de Damas, parmi ceux qui ont reçu la décoration de la
légion-d'honneur pour leur belle conduite pendant les massacres. (1).
J'aurais désiré présenter mes civilités à sa seigneurie bédouine,
grâce à laquelle je pouvais parcourir nuit et jour avec sécurité les
plaines de la Galilée, mais pas le moindre bruit ne s'échappait du

(1) Malheureusement ces récompenses accordées par la France à Akil-Aga.
n'ont fait qu'exciter contre lui la haine des fonctionnaires de la Porte, qui ne
peuvent lui pardonner la protection qu'il accorde aux chrétiens. Aussi le chef
arabe, craignant de tomber dans les piéges que lui tendait le muchir de Beyrouth, a quitté (1863) la Galilée avec une partie de ses gens pour se retirer vers
l'Egypte, dans le sud-ouest de la Judée. C'est une perte qui est profondément
sentie.

camp et tout était enseveli sous les tentes dans un profond sommeil que je me gardai de troubler.

Peu de temps après, le soleil se levant au-dessus du pays de Basan commença à dorer, de son disque étincelant, le *Thabor* aux pieds duquel se trouve le village de *Dabourieh*, nommé *Dabereth* par Josué (1). C'est là, dit-on, que Jésus rejoignit ses disciples après la transfiguration et qu'il guérit un jeune homme, possédé d'un esprit muet (2). Le Sauveur voulant manifester à ses apôtres bien-aimés quelques rayons de sa gloire divine, ne pouvait choisir un trône plus grandiose que le Thabor (3). Cette montagne, dont les dimensions sont plus étendues en largeur qu'en hauteur, s'élève comme un dôme de forme ovale et parfaitement régulière; elle se soude vers le nord par des ondulations presque insensibles aux hauteurs de Nazareth. Plusieurs sources coulent à ses pieds, et ses flancs, ombragés d'une végétation abondante, forment un heureux contraste avec la nudité austère du petit Hermon et des autres montagnes de la Terre-Sainte. On y monte en une heure, par de nombreux détours qui ne présentent pas de difficultés (4).

Ce sommet de la sainte montagne est un plateau uni, d'une demi-lieue de circonférence, couvert d'arbustes, de plantes odorantes et de ruines antiques. On retrouve tout autour les débris d'une enceinte formée de grosses pierres, et des restes de tours qui remontent au temps des Romains. C'est surtout à l'angle sud-est que ces décombres sont considérables et annoncent l'existence d'une ancienne forteresse. On y distingue encore les ruines de deux églises. L'une était un rectangle large de quatre mètres et long de cinq ou six, et terminé vers l'orient par une abside. Le pavé en mosaïque est formé de gros cubes blancs et noirs. M. de Vogué pense que cette petite construction porte le caractère des oratoires du iv<sup>e</sup> et du v<sup>e</sup> siècle, et la regarde comme l'un des plus anciens édifices religieux de la Terre-Sainte. La seconde ruine se compose de la crypte d'une église romane qui devait avoir trois nefs et trois chapelles, en souvenir des trois tentes que les apôtres voulurent établir en ce lieu au moment de la transfi-

(1) Jos., xix, 12.
(2) S. Marc, ix, 13.
(3) Les Arabes l'appellent *Djebel-nour* (*le mont de lumière*).
(4) Les chevaux peuvent même en atteindre la cime.

guration. Elle appartenait à un couvent du xii<sup>e</sup> siècle (1). Au sud-est est
une chapelle voûtée garnie de trois autels. C'est là que les Franciscains
de Nazareth vont chaque année célébrer la Messe avec leurs pieux
fidèles, le jour de la transfiguration de Notre-Seigneur, au lieu même
où elle s'est accomplie. Voici comment l'Évangile rapporte cette scène
sublime : « Jésus prenant avec lui Pierre, Jacques et Jean son frère,
les conduisit à l'écart sur une montagne élevée et se transfigura devant eux. Son visage resplendit comme le soleil et ses vêtements
devinrent blancs comme la neige. Et en même temps apparurent
Moïse et Elie s'entretenant avec lui. Or Pierre dit à Jésus : « Seigneur,
il nous est bon d'être ici ; si vous voulez, faisons y trois tentes, une pour
vous, une pour Moïse et une pour Élie. Il parlait encore lorsqu'une
nuée lumineuse les couvrit ; et une voix sortit de ce nuage,
disant : « Celui-ci est mon fils bien-aimé en qui j'ai mis mes com-
plaisances, écoutez-le. » Et les disciples entendant, tombèrent la face
contre terre et furent saisis de frayeur. Et Jésus s'approchant les
toucha et leur dit : « Levez-vous et ne craignez point. » Alors levant
les yeux, ils ne virent plus que Jésus seul (2). »

C'est sans doute en ce moment que, selon la parole du Psalmiste,
« le Thabor et l'Hermon ont tressailli d'allégresse au nom du Seigneur (3). » L'Évangile ne nomme pas la montagne où se fit cette
apparition majestueuse du fils de l'Éternel, mais une tradition constante qui a pour garants saint Cyrille, évêque de Jérusalem, mort en
386, Eusèbe et saint Jérôme, en a placé le théâtre sur le Thabor. On
oppose à cette tradition l'existence d'une ville et d'une forteresse au
sommet de cette montagne. Mais il faut bien remarquer qu'au temps
de Notre-Seigneur la ville qui fut bâtie sur ce plateau n'existait plus,
et que la citadelle n'existait pas encore. Sainte Hélène, la grande res-
tauratrice des Saints-Lieux, visita le Thabor et y éleva une église dont
on reconnaît les ruines. Au vi<sup>e</sup> siècle, saint Antonin y trouva trois

_________

(1) On y voit aussi de vastes citernes.

(2) S. Math. xvii. — Selon la remarque de M. Enault, Raphaël, dans son
admirable tableau de *la Transfiguration*, a deviné le site vrai de la scène qu'il
reproduisait avec la sûreté de pressentiment qui est un des traits du génie. Ce
chef-d'œuvre du grand peintre, le dernier qu'il légua à la postérité, est au
musée du Vatican.

(3) Ps. 88, 13.

églises et au viie Adamnanus y vit un grand couvent. Des bénédictins de Clugny, qui y avaient fondé un second monastère, furent tous égorgés par les Musulmans, en 1113. Cependant à la fin du même siècle, deux couvents s'étaient rétablis. En 1209, Malek-Adel les détruisit et bâtit une nouvelle citadelle. Enfin, en 1263, Bibars porta la mort et la dévastation sur la montagne sainte. Les solitaires abandonnèrent alors pour toujours leurs pacifiques demeures.

Aujourd'hui le Thabor est garni de décombres et n'a pour habitants que des bêtes sauvages. Il n'y vient plus que de rares pèlerins. Les panthères, les sangliers, les chacals trouvent un refuge assuré dans les fourrés épais du bois qui couvre ses flancs et couronne sa tête. On voit quelquefois de grands aigles s'élancer de sa cime dans les airs ; et à ses pieds, de légères gazelles s'enfuient avec la rapidité de la flèche, tandis que des troupeaux de daims rouges cherchent tranquillement leur pâture. Du sommet du Thabor, on découvre un des plus beaux panoramas de la terre. La vue embrasse, au midi, le petit Hermon, la plaine d'Esdrélon et les montagnes de Gelboë jusqu'aux chaînes grisâtres d'Éphraïm et de Juda ; au couchant, le Carmel aux teintes sombres, puis les ondes azurées de la Méditerranée. Au nord, l'œil aime à errer sur les vallées profondes de la Galilée, cherchant les lieux illustrés par les miracles et les pas du Sauveur, et il aperçoit au loin, comme une sentinelle gigantesque du Liban, le grand Hermon qui dresse son front couvert d'un diadème de neige éternelle ; puis à l'orient, le bassin profond du lac de Tibériade et le Jourdain qui roule ses douces ondes jusqu'au lac impur (1).

Je me rendis directement au Jourdain. Avant d'y arriver, je longeai une petite rivière qui y afflue et coule au milieu d'une charmante oasis. Des arbustes nombreux et couverts de fleurs, au milieu desquels je distinguais de beaux nériums, présentaient un coup-d'œil d'autant plus agréable qu'il est plus rare dans ces contrées arides.

Je descendis dans le fleuve sacré pour y prendre un demi-bain et y réciter une courte prière. Je fis ensuite sur le rivage un frugal déjeuner, avec un morceau de pain et du fromage de chèvre, pendant que

---

(1) D'après Robinson, le Thabor est de 1,000 pieds au-dessus de la plaine d'Esdrélon ; et d'après M. Russegger, il est de 1,755 pieds au-dessus de la Méditerranée, de 594 au-dessus de Nazareth, et de 2,380 au-dessus du lac de Tibériade.

Antonio mon drogman barbotait dans l'eau à côté de nos chevaux, et
que mon Cawas faisait les ablutions prescrites par le Coran. Je bus à
discrétion de l'eau du Jourdain ; elle a un goût excellent, mais
elle était un peu tiède. Je ne restai pas plus d'une heure auprès du
célèbre fleuve ; il n'était alors que neuf heures du matin (1), et cependant la chaleur était étouffante ; je craignais un coup de soleil.

Le rivage opposé à celui où je me trouvais, dépendait du pays des
*Géraséniens*. C'est dans ces environs que Notre-Seigneur délivra
deux possédés qui vivaient comme des sauvages, dans les tombeaux
ou sur les montagnes. Il permit alors aux esprits impurs d'entrer
dans un troupeau de porcs qui se précipitèrent dans la mer de Galilée (2). J'aperçus, en continuant ma route, un monticule composé
de ruines, du nom de *Kérak*. Ce sont les restes de *Tarichée* qui a
joué un assez grand rôle au commencement de la guerre des Juifs (3).
Vespasien, maître de Tibériade, envoya Titus contre Tarichée. Celui-
ci s'empara de cette place fortifiée par Josèphe et massacra tous ceux
qu'elle renfermait. Cependant un grand nombre d'hommes avaient pu
se jeter dans des barques et gagner le large. Les Romains les pour-
suivirent alors avec des radeaux et en firent un horrible carnage. Pas
un seul des ennemis ne sut leur échapper. Le lac, dit Josèphe, était
rouge de sang et couvert de six cent cinquante cadavres.

Je longeai ensuite la mer de Tibériade et je mis pied à terre aux
bains de *Hammath*, autrefois *Emmaüs*. Ces sources thermales sont
citées par Pline et par Josèphe. On y voit aujourd'hui deux bâtiments.
Le plus récent est dû à Ibrahim-Pacha ; l'incurie de l'administration
turque le laisse en délabre. La salle des bains est une belle rotonde couverte d'une coupole que supportent des colonnes de marbre, dépouilles de
l'ancienne Tibériade. Elle renferme le grand bassin. L'eau a une odeur
sulfureuse, une saveur très-salée et une couleur limpide ; elle produit
une vapeur abondante et laisse sur le corps un dépôt salin qu'il faut
nettoyer avec l'eau du lac (4). L'autre bâtiment est attribué à Salomon,

(2) Au commencement d'octobre.

(2) S. Math., viii, 28.

(3) Cette ville était située auprès de l'embouchure du lac dans le Jourdain,
laquelle est large de 25 à 30 mètres.

(4) Les baigneurs y deviennent rouges comme des écrevisses. M. Russegger
rapporte qu'un autrichien s'y étant jeté sans se douter de sa haute température,
il mourut sur le champ, frappé d'apoplexie.

il tombe en ruines ; c'est le bain des pauvres. Par derrière est placé
le réservoir voûté dans lequel les eaux découlent de la montagne
voisine par quatre sources. Leur température s'élève jusqu'à 62° cen-
tigrades. Robinson leur a trouvé 49° 2/3 réaumur. Ces bains ont
une grande réputation dans toute la Syrie comme moyen curatif
des rhumatismes, du scorbut et même de la lèpre. En voyant, dans
les galeries qui entourent la grande salle, une foule de gens entassés
les uns sur les autres, couchés sur des grabats ou roulés dans les
couvertures, avec de lamentables expressions de misère et de souffrance,
on se représente bien les malades que l'on apportait de tous côtés au
Sauveur, ou encore ces infirmes étendus dans les cinq portiques de la
piscine probatique. Mon drogman voulut s'y baigner, et en l'attendant je m'amusai à recueillir de jolis petits coquillages sur les bords
du lac, et à contempler Tibériade dont je n'étais éloigné que d'une
demi-lieue (1).


II — TIBÉRIADE

Cette ville fut fondée vers l'an 16 avant Jésus-Christ par Hérode-
Antipas (2) qui lui donna le nom de l'empereur Tibère, son protecteur, et en fit sa capitale à la place de Séphoris (3). Dans la
guerre des Juifs contre les Romains cette ville fut fortifiée par
l'historien Josèphe, commandant en chef de la Galilée. Cependant
elle ouvrit ses portes sans résistance à Vespasien. Le vainqueur
épargna la ville. Après la ruine de Jérusalem, les principaux docteurs juifs vinrent s'y établir et y fondèrent cette école célèbre qui
composa le *Talmud* dit *de Jérusalem*, et la *Mischnah* ou *seconde
loi* (4). Au IV<sup>e</sup> siècle, sainte Hélène, y fit construire une église dédiée

(1) Tibériade est à 7 heures et demie de marche de Nazareth.

(2) Selon S. Jérôme, l'emplacement de Tibériade n'est pas différent de celui
de *Kenret;* il faudrait alors admettre qu'Hérode n'a fait que rebâtir cette antique
*Génésareth.*

(3) Ainsi que l'observe Mgr Mislin, l'Evangile ne dit pas que Notre-Seigneur
soit venu à Tibériade; mais on ne peut en douter quand on étudie ses courses
autour du lac de Génésareth.

(4) Les Juifs vénèrent encore, sur la montagne, les tombeaux de leurs grands
rabbins, entre autres ceux de *Moïse Maïmonides*, et d'*Akiba*, qui rédigea la
*Kabbale.*

à saint Pierre. Dès le v<sup>e</sup>, Tibériade eut un évêque. Lors de la première croisade, elle fut donnée en fief à Tancrède et devint de nouveau résidence d'un évêque. Mais depuis 1187, elle végète sous le croissant turc (1).

Quand mon drogman eut fini ses ablutions hygiéniques, je me dirigeai vers cette ville. Je vis un grand nombre d'hommes et de femmes juifs qui se rendaient au bain ; il était alors midi. Je remarquai avec étonnement que la plupart des hommes me faisaient de gracieux saluts, à la mode arabe, c'est-à-dire en portant la main droite au cœur, puis au front. J'entrai dans la cité en escaladant un monceau de décombres et d'immondices, par une brèche faite au rempart du sud. Mon guide me conduisit chez une famille chrétienne qui me donna l'hospitalité.

Tibériade, aujourd'hui *Tabarieh*, est située au nord d'une plaine pierreuse, ménagée entre le pied des montagnes et le rivage. Elle forme un parallélogramme étroit d'un demi-kilomètre de longueur. La ville ancienne était beaucoup plus étendue non-seulement au nord, mais encore au midi, où elle s'avançait presque jusqu'aux bains chauds d'Emmaüs. La ville actuelle remonte aux croisades. A l'orient, les maisons baignent leur pied dans le lac ; des trois autres côtés, elles sont entourées d'une enceinte massive flanquée de tours et bâtie en gros blocs de basalte. La citadelle occupe l'angle nord-ouest. Elle fut construite par Godefroid-de-Bouillon, ainsi que les remparts. Cette malheureuse cité s'est mal relevée de la catastrophe qui l'a ensevelie sous ses ruines, le 1<sup>er</sup> janvier 1837. Un grand nombre d'habitants perdirent alors la vie dans un de ces terribles tremblements de terre qui, de tous temps, ont été si fréquents en Palestine. Les remparts sont démolis en partie, comme s'ils avaient subi le feu d'une artillerie formidable. On voit partout d'immenses lézardes, des pans de murs écroulés ou prêts à tomber ; de sorte qu'en plusieurs endroits on peut entrer sans passer par l'unique porte qui est à peu près intacte, et s'ouvre au nord-ouest en face d'une mosquée délabrée. L'aspect de Tibériade est triste et misérable au dernier point. Les maisons que l'on a rebâties à la hâte ont rarement un premier étage ; c'est le toit plat qui en tient lieu. Les rues sont tortueuses, étroites et désertes.

_____________

(1) Les Français l'occupèrent un instant en 1799.

Le bazar ne se compose que de quelques pauvres échoppes ; j'y achetai des dattes (1).

La population de Tibériade atteint à peu près 3,000 âmes, dont la plus grande partie, 2,300, se compose de juifs originaires les uns d'Afrique et d'Espagne, les autres de la Pologne, de l'Allemagne et de la Russie (2). Ce pays est sacré à leurs yeux aveuglés, car c'est de là, disent-ils, que doit venir le Messie qui établira son trône à Safed. Le quartier juif occupe à peu près le milieu de la ville du côté du lac, il possède quelques synagogues et des écoles, reste de l'ancienne splendeur religieuse et littéraire du lieu. Mais ici, comme à Safed, c'est sur la malheureuse nation israélite qu'ont porté les plus grands ravages du tremblement de terre. J'entrai dans la principale synagogue. Son ornementation est assez modeste, je n'y ai rien vu de remarquable. Plusieurs juifs y étaient assis, la tête couverte, selon leur usage. Les uns priaient, d'autres lisaient ou écrivaient. Ils me regardèrent avec curiosité, mais non pas d'un air hostile.

Au nord du quartier juif et sur le rivage, est une église catholique et un petit couvent habité par un franciscain de Nazareth qui y donne l'hospitalité. Cette chapelle remonte aux croisades ; elle a été récemment restaurée. On la dit bâtie au lieu même où Notre-Seigneur ressuscité apparut à ses apôtres, et leur fit faire une pêche miraculeuse. C'est alors que Simon-Pierre répara son triple reniement par une triple protestation d'amour à son divin Maître, et qu'il reçut de lui le pouvoir de paître les agneaux et les brebis de son troupeau mystique, c'est-à-dire les fidèles et leurs pasteurs (3). L'édifice est simple et pauvre comme les catholiques dont le nombre ne va pas à plus de deux cents.

Mais ce que l'on admire à Tibériade, c'est son lac. J'aime à citer les émotions religieuses qu'a ressenties M. de Lamartine en le visitant :

« Nul d'entre nous n'élevait la voix, dit l'illustre écrivain ; toutes les pensées étaient intimes, pressées et profondes, tant les souvenirs

(1) Elles commençaient alors à mûrir. Comme les Arabes mangent tous les fruits, raisins, oranges, figues, etc., lorsqu'ils sont encore verts, je dus faire un choix à l'étalage.

(2) Ils ont conservé, sinon tout le costume européen, du moins le chapeau rond, que l'on est fort étonné de voir transplanté en pareil lieu.

(3) S. Jean, xxi.

sacrés parlaient haut dans l'âme de chacun de nous. Quant à moi, jamais aucun lieu sur la terre ne me parla au cœur plus fort et plus délicieusement. J'ai toujours aimé à parcourir la scène physique des lieux habités par les hommes que j'ai connus, admirés, aimés, parmi les vivants comme parmi les morts. Le pays qu'un grand homme a habité et préféré pendant son passage sur la terre, m'a toujours paru la plus sûre et la plus parlante relique de lui-même. Mais ce n'était plus un grand homme ou un grand poète dont je visitais le séjour favori ici-bas ; c'était l'homme des hommes, l'homme divin, la divinité incarnée dont je venais adorer les traces sur les rivages mêmes où il en imprima le plus, sur les flots mêmes qui le portèrent, sur les collines où il s'asseyait, sur les pierres où il reposait son front. Il avait, de ses yeux mortels, vu cette mer, ces flots, ces collines, ces pierres ; il avait foulé cent fois ce chemin où je marchais respectueusement ; pendant les trois années de sa mission divine, il va et vient sans cesse, de Nazareth à Tibériade, de Jérusalem à Tibériade ; il se promène sur des barques de pêcheurs sur la mer de Galilée ; il en calme les tempêtes ; il y monte sur les flots, en donnant la main à son apôtre de peu de foi comme moi, main céleste dont j'ai besoin plus que lui dans des tempêtes d'opinions et de pensées plus terribles !

« La grande et mystérieuse scène de l'Evangile se passe presque tout entière sur ce lac, et au bord de ce lac, et sur les montagnes qui entourent ce lac. Voilà Emmaüs où il choisit au hasard ses disciples parmi les derniers des hommes, pour témoigner que la force de sa doctrine est dans sa doctrine même et non dans ses impuissants organes. Voilà Tibériade où il apparaît à saint Pierre et fonde en trois paroles l'éternelle hiérarchie de son Eglise. Voilà Capharnaüm, voilà la montagne où il prononce les nouvelles béatitudes selon Dieu ; voilà celle où il s'écrie : « J'ai pitié de cette foule, » et multiplie les pains et les poissons, comme sa parole enfante et multiplie la vie de l'âme ; voilà le golfe de la pêche miraculeuse ; voilà tout l'Evangile enfin avec ses paraboles touchantes et ses images tendres et délicieuses qui vous apparaissent telles qu'elles apparaissaient aux auditeurs du divin Maître, quand il leur montrait du doigt l'agneau, le bercail, le bon pasteur, le lis de la vallée ; voilà enfin le pays que le Christ a préféré sur cette terre, celui qu'il a choisi pour en faire l'avant-scène de son drame mystérieux ; celui où pendant sa vie obscure de trente ans, il avait ses parents et ses amis selon la chair, celui où cette nature, dont il avait la clé, lui apparaissait avec le plus de charmes ; voilà ces montagnes où il regardait comme nous se lever et se coucher le soleil qui mesurait si rapidement ses jours mortels : c'était là qu'il venait se reposer, méditer, prier et aimer les hommes et Dieu (1). »

M. de Saulcy n'a pas été moins impressionné en ce même lieu : « Que l'on parcoure l'univers entier, dit-il, je défie que l'on trouve un panorama qui vaille celui-là. On se sent ravi, pénétré, et l'on contemple avec une émotion bien vive, je le déclare, cette belle œuvre de Dieu, ce coin de terre privilégié où le Messie a laissé à chaque pas un souvenir de son passage (2). »

Le *lac de Tibériade* ou de *Génésareth*, appelé aussi *mer de Galilée*, reflète dans ses eaux limpides les brûlants rayons du soleil, comme dans un immense miroir. Avec ses rives désertes où l'on ne voit ni arbres, ni verdure, s'il n'a pas l'apparence horrible de la mer Morte, il n'a pas non plus la physionomie riante et animée des lacs de la Suisse et de l'Italie ; mais il présente un aspect plein de grandeur. On dirait, à voir la tranquillité de ses eaux à peine ridées par un doux zéphyr, qu'elles obéissent encore à la voix du Fils de l'Eternel qui leur a commandé de faire un grand calme et a marché sur elles, comme sur la terre ferme. Personne n'ose plus interrompre le silence et le recueillement de ces rivages sur lesquels ont retenti si souvent les paroles divines avec les cris d'admiration du peuple : « Quel est celui-ci à qui les vents et la mer obéissent (3) ? »

Ce lac a 5 lieues de longueur et 2 et demie dans sa plus grande largeur. Son extrême profondeur est de 150 pieds. Sa forme est un ovale irrégulier (4). Les eaux de la mer de Galilée sont claires, pures et fraîches. A l'orient et au midi, elles sont encaissées par des montagnes élevées de 300 mètres qui forment comme un vaste rempart ; au cou-

(1) Lamartine, *Voyage en Orient.*
(2) *Voyage autour de la mer Morte*, t. II, p. 466.
(3) S. Math., VIII, 27.
(4) On regarde son bassin comme formé par le cratère éteint d'un volcan. Du reste, la présence des sources thermales et des basaltes, et la fréquence des tremblements de terre démontrent la nature volcanique de ce lieu. Le niveau du lac est, selon M. de Bertou, de 230 mètres au-dessous de celui de la Méditerranée.

chant, elles viennent arroser la plaine qui porte Tibériade et est resserrée par d'autres montagnes. Elles nourrissent une multitude de poissons d'excellente qualité; mais elles ne sont plus, comme au temps du Sauveur, sillonnées par de nombreux bateaux. Aujourd'hui on n'y trouve qu'une seule barque, et encore est-elle en mauvais état.

Que ce lac devait être beau, alors que quinze villes assises sur ses bords l'entouraient comme une vivante ceinture. C'était d'abord *Magdala*, actuellement *El-Medjdel*, patrie de Marie-Madeleine, à une lieue au nord de Tibériade ; hameau composé d'une trentaine de huttes. Ensuite commence la plaine de Génésareth qui a donné son nom au lac. Au nord de Magdala, on montre, sur le rivage auprès du *Khan-Minyeh*, l'emplacement de *Capharnaüm*. Notre-Seigneur vint habiter cette ville après qu'il eut été chassé de Nazareth par ses concitoyens (1), et après le miracle de Cana (2); il y fit entendre ses enseignements et admirer son pouvoir surhumain. C'est là qu'il guérit le serviteur du Centenier et la belle-mère de saint Pierre (3). Un jour on lui présente un paralytique couché dans son lit. Il lui dit : « Levez-vous, emportez votre lit et allez dans votre maison. » Aussitôt le malade se charge de sa couche et retourne en sa demeure. (4). Une autre fois, un chef de la synagogue s'avance, saisi de douleur en disant : « Seigneur, ma fille vient de mourir, venez lui imposer les mains et elle vivra. » Et Jésus le suit. Alors une femme affligée d'une perte de sang s'approche par derrière et touche la frange de son vêtement. Notre-

(1) S. Luc, iv, 31.
(2) S. Jean, Ev., ii, 12.
(3) S. Math. viii, 5 ; et 14.

(4) S. Math. ix. — Nous qui vivons au sein d'une civilisation si différente de celle où se passaient les faits racontés dans l'Ancien et dans le Nouveau Testament, nous ne pouvons comprendre beaucoup de détails qu'ils énoncent, tel que celui que je viens de citer. Il nous semble impossible, par exemple, qu'un homme charge son lit sur ses épaules, et s'en retourne ainsi chez lui. Mais quand on a vu l'Orient, où les mœurs n'ont guère changé depuis les temps bibliques, toutes ces choses deviennent très-intelligibles. En Orient, pour se coucher, on étend par terre une natte ou un double tapis avec un petit coussin, et l'on repose dessus tout habillé. On peut donc facilement emporter son lit sous son bras. Ceux qui veulent avoir une intelligence exacte des saintes Écritures, s'ils ne peuvent visiter la Terre-Sainte, doivent du moins l'étudier et essayer de la connaître d'après les relations de ceux qui l'ont parcourue.

Seigneur se retourne vers elle et lui rend la santé par ces paroles : « Ayez
confiance, ma fille, votre foi vous a guérie. » Il entre dans la maison,
prend la jeune défunte par la main et aussitôt elle revient à la vie (1).
Les miracles de puissance et de bonté se succédaient sans interruption
à Capharnaüm sous les pas de l'Homme-Dieu, aussi tout le monde
s'écriait-il : « Jamais on n'a rien vu de semblable en Israël (2). »

Ces prodiges emportent une telle conviction que l'auteur de la *Vie
de Jésus* ne peut les nier absolument ; mais pour éluder la force des
preuves qu'ils apportent à la divinité de Notre-Seigneur, il ne veut
pas reconnaître dans ces faits l'action d'une puissance surnaturelle, et
les explique à sa manière. « La présence d'un homme supérieur, traitant le malade avec douceur, et lui donnant par quelques signes sen-
sibles l'assurance de son rétablissement, est souvent un remède décisif. Qui oserait dire que dans beaucoup de cas, et en dehors des lésions
tout-à-fait caractérisées, le contact d'une personne exquise ne vaut pas
les ressources de la pharmacie? Le plaisir de la voir guérit. Elle
donne ce qu'elle peut, un sourire, une espérance, et cela n'est pas
vain (3). » Voilà donc un nouveau moyen de guérir les maladies. Il est
fâcheux qu'on ne le connaisse pas dans le monde. Car enfin, il existe
parmi nous des hommes supérieurs, ne fût-ce que M. Renan qui, si on
l'en croit, a un esprit bien supérieur à tous les autres puisqu'il a découvert que tous les chrétiens sont idolâtres (4), ce dont ils ne se doutent
pas, et aucune de ces personnes *exquises,* n'a pu jusqu'à présent rendre
la vie aux morts, ni même guérir les paralytiques ou autres infirmes.
Pourquoi M. Renan, qui a retrouvé un procédé si peu coûteux, ne le pro-
page-t-il pas pour le bien de l'humanité souffrante? Il rendrait grand
service, sinon aux pharmaciens et aux médecins, du moins à leurs
clients. Du reste, pour le dire en passant, le roman intitulé : *Vie de
Jésus*, n'est qu'un tissu de suppositions, de fausses interprétations
des Evangiles et d'assertions contradictoires ou dénuées de preuves.
« Telle est la faiblesse de l'esprit humain que les meilleures causes
ne sont gagnées d'ordinaire que par de mauvaises raisons (5). »

_______

(1) S. Math., ix, 18.
(2) *Ibid.*, ix, 33.
(3) *Vie de Jésus*, c. xvi, p. 260.
(4) Car ils adorent Jésus comme Dieu.
(5) *Vie de Jésus*, c. xvi, p. 258.

M. Renan admet cette proposition comme un axiome, et il écrit en conséquence.

Capharnaüm que Jésus a comblée de bienfaits comme Jérusalem et que l'Evangile appelle *sa ville* (1), a mérité comme elle de recevoir une sentence de malédiction pour punir son endurcissement. « Et toi, Capharnaüm, t'élèveras-tu toujours jusqu'au ciel? Tu seras abaissée jusqu'aux enfers ; parce que si les miracles qui ont été faits au milieu de toi avaient été opérés dans Sodome, elle subsisterait peut-être encore aujourd'hui (2). » L'oracle sacré est accompli. L'orgueilleuse Capharnaüm est tellement abaissée que les voyageurs ne s'accordent pas sur la place qu'elle a occupée jadis. Cependant les données les plus précises font reconnaître Capharnaüm sous un amas informe de ruines gisant à l'endroit que je viens d'indiquer, et auprès de sources abondantes qui répandent la fertilité sur le terrain environnant.

L'emplacement de *Corozaïn* et de *Bethsaïde* est très-peu connu (3). Elles étaient habitées par des pêcheurs et devaient se trouver sur la côte nord-ouest du lac de Tibériade auprès de *Tell-houm*, non loin de l'embouchure du Jourdain. Ces deux villes ont imité Capharnaüm leur voisine dans son incrédulité, et elles ont subi comme elles les effets désastreux de l'anathème lancé par le divin Maître : « Malheur à toi, Corozaïn ! Malheur à toi, Bethsaïde ! car si les prodiges qui ont été accomplis au milieu de vous, avaient été faits dans Tyr et dans Sidon, depuis long temps elles auraient fait pénitence dans le sac et la cendre (4). » Le terrible mais trop juste châtiment dont Dieu a frappé ces villes ingrates et infidèles, ne devrait-il pas être un avertissement salutaire pour ces incrédules de nos jours qui, abusant de la lumière, ferment leurs yeux pour ne pas voir la divinité de notre sainte religion, et bouchent leurs oreilles pour ne pas entendre ses enseignements.

Lorsque le jour vint à baisser, je rentrai au logis. Les chrétiens qui m'avaient accueilli étaient de braves gens. De leurs trois garçons, les deux plus jeunes, âgés de dix à douze ans, avaient les yeux couverts d'une bande d'étoffe, car ils étaient attaqués de ces ophthal-

(1) S. Math., ix, 1.

(2) *Ibid.*, xi, 23.

(3) Bethsaïde était la patrie de saint Pierre, de saint André, de saint Jacques et de saint Philippe.

(4) S. Math., xi, 21.

mies si communes en Orient. Mon hôtesse avait préparé mon dîner
qui consistait en une délicieuse pastèque et quelques morceaux de
mouton. On m'avait encore acheté au bazar un flacon de vin rouge du
crû. Cette liqueur était d'une douceur exquise. Je bus aussi de l'eau
du lac, elle est très-bonne. « La terre qui environne le lac de Génésareth, dit Josèphe, est admirable par sa bonté et sa fécondité. Il n'y
a point de plantes qu'elle ne puisse produire. La nature, par un effort
d'amour pour ce beau pays, prend plaisir à allier les choses les plus
opposées. Elle produit des fruits savoureux qui s'y conservent si longtemps qu'on mange des raisins et des figues pendant dix mois et
d'autres fruits pendant toute l'année'(1). » Aussi le Talmud dit-il : « S'il
y a un paradis sur la terre, c'est à Génésareth. » On peut s'imaginer quelle devait être la prospérité d'un pays si privilégié, et l'on ne
s'étonne pas trop de l'immense population qui paraît y avoir été accu-
mulée au temps de la domination romaine.

Toute cette magnifique végétation a disparu avec la vie de Tibériade et la gloire de son beau lac. Je n'ai vu que quelques palmiers
montrant çà et là leurs têtes altières au-dessus des pauvres masures
de la ville, et des lauriers-roses vers l'endroit où débouche le Jourdain.
Mais il est facile de comprendre ce que ce sol fertile pourrait produire s'il n'était presque absolument désert. Les herbes y ont la dimension de véritables arbustes. Les chardons, — ils sont nombreux,
— atteignent la taille de dix à douze pieds. La température s'élève ici
à une chaleur extraordinaire, et elle diffère peu de celle des bords de
la mer Morte. Aussi les fièvres intermittentes y sont très-communes
en été (2). Je me trouvais à Tibériade dans les premiers jours d'octobre, et il faisait encore si chaud que les habitants eux-mêmes ne
pouvaient passer la nuit dans leurs chambres. Je vis mes hôtes monter
avec leurs enfants sur le toit de la maison pour s'y coucher sous un
berceau de roseaux recouverts par une simple toile. Mes deux guides
s'étendirent sans plus de cérémonie sur la terre, dans un coin de la
cour. Pour moi, craignant de gagner la fièvre en prenant le frais, je me
résignai à étouffer dans la chambre principale qui était assez vaste,

---

(1) Josèphe, *Guerre*, t. III, c. xxxv.

(2) Voici ce que je lis dans les notes de M. de Saulcy : « Chaleur atroce !
plus cruelle que ne l'est celle de juillet chez nous. » C'était au 3 mars !

mais cependant chaude comme une étuve. Un bon lit ne m'aurait pas
nui pour reposer mes membres fatigués par de si longues courses.
Mais il n'y en avait pas plus chez mon hôte que dans les maisons voisines. Je dus donc prendre mon repos à la mode arabe, qui n'est pas
toujours la plus confortable que l'on puisse imaginer. Je me couchai
tout habillé sur des tapis et j'attendis le sommeil.

Mais avant de quitter Tibériade, je ne dois pas oublier le Jourdain
dont les eaux sont mêlées à celles de son lac.

# CHAPITRE XXX

## LE JOURDAIN — DE TIBÉRIADE A CAIFFA

### I — LE JOURDAIN

Le Jourdain est le seul fleuve de la Terre-Sainte qu'il traverse du nord au sud dans sa partie orientale. C'est un des plus petits du monde, mais c'est le plus célèbre par les souvenirs religieux qui s'y rattachent, et de tout temps il a été visité avec des sentiments d'affection et de respect. Tant il est vrai que la Religion imprime à tout ce qu'elle touche un caractère de grandeur et d'immortalité.

« J'avais visité le Tibre avec empressement et recherché avec le même intérêt l'Eurotas et le Céphise, dit Châteaubriand, mais je ne puis dire ce que j'éprouvai à la vue du Jourdain. Non-seulement ce fleuve me rappelait une antiquité fameuse et un des plus beaux noms que jamais la plus belle poésie ait confié à la mémoire des hommes, mais ses rives m'offraient encore le théâtre des miracles de ma religion. La Judée est le seul pays de la terre qui retrace au voyageur le souvenir des affaires humaines et des choses du ciel et qui fasse naître au fond de l'âme par ce mélange un sentiment et des pensées qu'aucun autre lieu ne peut inspirer (1). »

Les Arabes appellent le Jourdain *Nahr-el-Ordan* dans sa partie supérieure, et *Schériat-el-Kebir (le grand rapide)* depuis le lac de Tibériade. Ce fleuve est formé par le confluent de trois petites rivières : le *Hasbani,* qui vient de Hasbeya, au pied du grand Hermon, dans l'Anti-Liban ; le *Banias ,* qui sort d'une grotte auprès de l'ancienne *Césarée de Philippe,* aujourd'hui *Banias;* et le *Dan,* dont la source

_____________
(1) Châteaubriand, *Itinéraire de Paris à Jérusalem,* t. II.

se trouve non loin de là, à l'ouest, auprès de *Tel-el-Kadi*. C'est probablement cette dernière rivière qui a donné son nom au fleuve tout
entier, *Jeor-Dan*, en hébreu *Fleuve de Dan*, selon l'étymologie de
saint Jérôme (1). Le Jourdain va bientôt se jeter dans le lac *Houlé*,
appelé par la Bible, *les Eaux de Mérom*. C'est près de là que Josué
défit Jabin, roi d'Hazor, et les autres rois qui s'étaient ligués contre
Israël (2). Ce lac, à la fonte des neiges, a quelquefois plus de deux.
lieues de longueur sur une de largeur, mais dans l'été, ce n'est qu'un
marécage presque sans eau, où les sangliers et les serpents rencontrent
un refuge assuré. A une lieue de là, le fleuve passe sous un pont de
basalte à quatre arches, appelé *Pont des enfants de Jacob*, parce
que ce patriarche, en revenant de Mésopotamie, le traversa avec sa
famille (3). Le fleuve n'a que 35 pieds de largeur en cet endroit,
mais il est très-creux. C'est ici que commence la dépression de la
vallée du Jourdain, si prodigieuse par sa longueur et par sa profondeur et qui n'a pas son égale sur le globe. Elle s'étend jusqu'au
point de partage des eaux entre la mer Morte et la mer Rouge. La
différence de niveau de la mer de Tibériade et de la mer Morte est de
716 pieds ; par conséquent en admettant une distance de 25 lieues entre
ces deux lacs, le Jourdain a une pente moyenne de 28 pieds 3/5
par lieue. Ses sources sont à plus de 800 pieds au-dessus du niveau
de la Méditerranée et son embouchure est à 1,341 pieds au-dessous, ce
qui donne une pente totale de 2,141 pieds. Le Jourdain, après avoir
traversé le lac de Tibériade, va se perdre dans la mer Morte, en décrivant de nombreux méandres.

En longeant le fleuve, avant d'arriver au lac, je vis plusieurs cataractes. Elles sont produites par de grosses pierres d'un ou deux
mètres carrés, qui se trouvent parsemées dans le lit du fleuve sur un
long espace. Ces écueils sont assez pressés pour ne pas laisser le passage d'une barque, et les eaux en les franchissant les couvrent d'é-
cume et font entendre un sourd mugissement (4).

(1) *De situ et nominibus locorum hebraïcorum.*
(2) Jos., XI, 5.
(3) Gen., XXXI, 18.
(4) M. Lynch a compté 27 grandes cataractes très-dangereuses, et un nombre
triple d'autres moins considérables.

A l'endroit où je descendis dans le Jourdain, c'est-à-dire à une lieue de sa sortie du lac, il est très-resserré, et n'a guère plus de 25 ou 30 pieds de largeur (1). Le lit se composait de deux parties bien distinctes. Celle de l'ouest, où je me baignais, était peu profonde, il n'y avait que 2 ou 3 pieds d'eau ; mais vers le milieu, le fond s'abaissait et je ne pouvais plus l'apercevoir. A en juger par la couleur bleuâtre de l'eau, je pense qu'il y avait là 5 ou 6 pieds de profondeur. En cet endroit le courant était très-rapide (2). L'eau était limpide et pure ; je distinguais très-bien le lit le moins bas qui se composait de cailloux, et j'aurais pu compter les petits poissons qui venaient en foule me becqueter les pieds. Ici les deux rives du Jourdain sont peu élevées, elles n'ont que 4 ou 5 pieds de hauteur ; elles sont bordées de joncs et de roseaux et garnies çà et là de quelques petites plantes. Il n'y a pas un seul arbre. Je remplis une bouteille de l'eau de ce fleuve qui a été consacré par l'attouchement du corps de l'Homme-Dieu, au jour de son baptême, je coupai trois roseaux et je pris quelques cailloux pour les emporter en France comme de précieux souvenirs. Je n'ai pas aperçu ici de coquillages, mais on en trouve dans d'autres endroits. (3).

Au milieu du Jourdain on remarque en différentes places quelques îles couvertes d'arbustes qui présentent un aspect agréable. La longueur entière de ce fleuve est d'environ 42 lieues. Il porte chaque jour à la mer Morte un volume d'eau évalué à 6,090,000 tonnes. La navigation y est pleine de périls. Ce n'est que dans ces derniers temps que d'intrépides voyageurs ont osé en suivre le cours.

En 1847, un officier anglais, M. Molyneux, s'embarqua sur le lac de Tibériade, le 23 août, et arriva à la mer Morte, en descendant le Jourdain, le 3 septembre. Mais ce ne fut pas sans peine. Car le sixième jour de navigation, tandis qu'il cotoyait le rivage, ses compagnons qui étaient dans le canot, furent assaillis par une bande de nègres et de bédouins, dépouillés complètement et dispersés. Il dut aller chercher

---

(1) Du reste, on comprend que cette largeur varie beaucoup dans son parcours et suivant les saisons ; mais en été elle ne dépasse pas 150 pieds.

(2) J'aurais voulu traverser le fleuve, mais mon guide me soutint que c'était dangereux.

(3) M. de Marcellus dit avoir vu à Jérusalem deux jeunes crocodiles empaillés que l'on avait pris dans le Jourdain. (*Souvenirs de l'Orient*, t. II, c. xv.)

du secours pendant la nuit à Jéricho, et ne put sauver que deux seuls compagnons avec sa barque.

M. Lynch, des Etats-Unis, ayant fait transporter de Caïpha deux canots en métal, les mit à·flot sur le lac de Tibériade, le 8 avril 1848. Outre les savants, sa caravane nautique se composait de 10 matelots et de cavaliers arabes qui suivaient sur le rivage pour défendre l'expédition. Après avoir franchi 27 rapides effrayants, et s'être heurté plusieurs fois contre les rochers qui endommagèrent assez fortement les canots, ils arrivèrent, le 18 mai, au lieu de l'immersion des pèlerins que M. Lynch signale comme très-dangereux; puis ils entrèrent dans la mer Morte. En cette embouchure, le Jourdain a plus de 100 pieds de largeur et 3 à 6 de profondeur. Ses rives sont dépourvues de végétation. Quand les eaux sont basses, elles se divisent en deux branches, et, par un cours insensible, elles vont se mêler comme à regret aux ondes impures du lac maudit.

Le Jourdain est un fleuve sacré pour les Juifs, à l'histoire desquels il est intimement lié; pour les chrétiens, dont le divin Maître a été lavé dans ses eaux; et pour les Musulmans, dont le code religieux a été composé par Mahomet avec de nombreux emprunts aux croyances juive et chrétienne. Aussi le Jourdain est-il un lieu de pèlerinage très-fréquenté. Sa vallée solitaire, qui était habitée dans les siècles reculés par de pieux ascètes ne conversant qu'avec Dieu et pratiquant de dures austérités, présente encore une fois par an le coup-d'œil le plus animé. C'est le lundi de la Semaine-Sainte que des milliers de pèlerins, grecs ou russes pour la plupart, attirés à Jérusalem par les fêtes de Pâques, viennent, à l'exemple des anciens chrétiens, se purifier dans les eaux de ce fleuve. Une troupe de soldats turcs maintient l'ordre dans cette foule tumultueuse et la protège contre l'attaque des Bédouins. On part au milieu de la nuit, et la lueur blafarde des torches qui éclairent la route, donne à cette marche une teinte lugubre. A l'aube du jour et sur un signal du chef de l'escorte, tous les pèlerins se précipitent dans le fleuve avec une incroyable avidité en faisant le signe de la croix, et chacun, suivant l'usage, renouvelle les promesses baptismales. Le plus grand nombre ne quitte point le bord, mais les Cophtes et les Abyssins, plus hardis nageurs, plongent en tous sens et se jouent dans le courant rapide, excités par le sauvage concert du *doum-doum* (1) et des trompettes. On a souvent à déplorer la perte de quelques pèlerins. Au bout de deux heures, le signal du départ est donné, la foule pieuse ranimée par cette sorte de second baptême, traverse lentement la plaine, et le désert rentre dans sa muette immobilité.

L'endroit où s'arrêtent les caravanes, appelé le *Gué des Pèlerins*, est un de ceux où le Jourdain est accessible ; presque partout ailleurs il est encaissé dans des bords à pic et très élevés. Pendant l'eté, le lit est large en ce lieu de 70 à 80 pieds, et il n'a guère plus de 5 pieds de profondeur. « Je voulus traverser le fleuve, dit Robinson, mais le lit était si caillouteux et le courant si fort, que j'avais de la peine à me tenir sur mes jambes. Ceux qui essayèrent de nager (et parmi nous il y avait d'excellents nageurs), ne purent lutter longtemps contre la rapidité de l'eau ; elle les entraîna et ils ne parvinrent à se dégager qu'en s'accrochant aux branches des saules qui bordent le fleuve (2). » A cet endroit, l'eau a une teinte grisâtre et légèrement bourbeuse, mais cependant elle est très-bonne à boire. Le rivage est orné d'une luxuriante végétation ; des cyprès, des tamarisques, des acacias garantissent les pèlerins contre les ardeurs du soleil. Les fourrés épais de roseaux qui longent le fleuve sont le repaire d'une foule d'animaux sauvages, tels que les onces, les sangliers; les chacals ; ils recèlent souvent des ennemis encore plus redoutables, c'est-à-dire des bédouins maraudeurs.

Ce gué des pèlerins est situé en face de Jéricho, et, d'après la tradition, c'est là que les Israélites passèrent le Jourdain d'une manière miraculeuse. « Josué dit au peuple : Sanctifiez-vous, car Jéhovah fera demain parmi vous des merveilles. » Et il dit aux prêtres : « Portez l'arche d'alliance, et passez devant le peuple. » Quand ils furent entrés dans le Jourdain et que leurs pieds commencèrent à être mouillés, les eaux s'arrêtèrent et elles paraissaient de loin comme une montagne, et celles qui étaient au-dessous descendirent dans la mer Morte. Le peuple marchait vers Jéricho. Les prêtres demeurèrent au milieu du fleuve avec l'arche jusqu'à ce que tous l'eussent passé à pied sec. Josué ordonna ensuite à douze hommes d'enlever douze pierres

____

(1) Espèce de tambourin.
(2) *Palest.*, c. iv.

du lit du Jourdain et de les placer au lieu du campement, et il ajouta :
« Quand vos fils vous interrogeront un jour disant : Que signifient
ces pierres? vous leur répondrez : Les eaux du Jourdain se sont reti-
rées devant l'arche d'alliance de Jéhovah, quand elle le traversait;
c'est pourquoi ces pierres en seront à jamais un monument aux enfants
d'Israël (1). » C'est ainsi que le peuple de Dieu prit possession de la
Terre-Promise ; on était alors au mois d'avril, et le fleuve avait
couvert ses rives.

Une autre fois le Jourdain livra de même un passage au grand thaumaturge des Hébreux. Elie n'eut qu'à frapper les eaux avec son manteau ; elles se divisèrent et il put, ainsi que son disciple, traverser leur
lit à pied sec. Bientôt Elisée revint seul ; il avait vu son maître monter
au Ciel, emporté par un tourbillon enflammé, et il avait recueilli son
esprit prophétique et son manteau. Il frappa les ondes avec ce vêtement vénérable, et elles s'ouvrirent de nouveau devant lui (2). Plus
tard, Naaman, général du roi de Syrie, vint s'y baigner sept fois par
ordre d'Elisée pour guérir la lèpre qui le rongeait (3).

Mais c'est surtout à Notre-Seigneur que le Jourdain doit sa sainteté et sa gloire. Saint Jean-Baptiste faisait entendre sur ses rives sa
puissante prédication, et, de toute la Judée, le peuple se pressait autour de lui en confessant ses péchés, et il les baptisait. Il préparait
ainsi les Juifs à accepter la doctrine du Messie qu'il leur montrait en
disant : « Voici l'agneau de Dieu, voici celui qui efface les péchés du
monde (4). » Jésus était arrivé de la Galilée pour recevoir aussi le
baptême des mains de son précurseur. Ce dernier s'en excusait ainsi :
« Je dois être baptisé par vous et vous venez à moi ! » Il obéit néanmoins. Et au moment solennel où le Sauveur sortit de l'eau, les cieux
s'ouvrirent, et le Saint-Esprit descendit sous la forme d'une colombe
au-dessus de sa tête. Et alors une voix céleste prononça ces paroles :
« Celui-ci est mon fils bien-aimé dans lequel j'ai mis toutes mes com-
plaisances (5). »

On croit que le Gué des pèlerins est le lieu où se passa cette scène

(1) Jos., III.
(2) IV, Rois, II, 8.
(3) *Ibid.*, V, 14.
(4) S. Jean, I, 29.
(5) S. Math., III.

adorable. Ce n'est pas sans regret que je quittai les rivages du fleuve sacré, emportant la consolation de pouvoir répéter avec le Psalmiste : « O mon Dieu ! je me souviendrai de vous, de la terre du Jourdain (1). »

## II — DE TIBÉRIADE A CAIFFA

Nous étions à Tibériade. Je quittai cette ville à une heure du matin avec ma faible escorte, pour me rendre directement au mont Carmel. Après avoir gravi une pente escarpée, je me trouvai sur un plateau. J'apercevais à ma droite le lac de Génésareth qui reflétait dans ses eaux la splendeur des étoiles, et mes yeux s'y fixèrent aussi longtemps qu'ils purent. Mais bientôt je le perdis de vue. Je cheminais lentement entre mes deux guides. Nous gardions le silence, au milieu du recueillement universel de la nature qui n'était interrompu de temps en temps que par les cris sauvages des chacals et les aboiements des chiens. On entendait aussi les chants monotones de quelques pâtres, gardiens des troupeaux.

Après une heure de marche j'atteignis le champ où Jésus fit la multiplication des pains. En souvenir de ce miracle, les arabes appellent ce lieu *Hedjar-el-Khamsi-Khobzat (les pierres des cinq pains)*. Le peuple suivait en foule Notre-Seigneur pour écouter ses divins enseignements, et il les recevait avec une telle avidité qu'il oubliait même de pourvoir aux besoins corporels. Quelle différence avec tant de chrétiens de nos jours qui, ayant en abondance les biens de la terre, ne veulent pas interrompre leurs travaux ou leurs plaisirs pour venir, le dimanche, dans nos églises assister à la prédication évangélique !

Alors Jésus voyant que cette multitude n'avait rien à manger, se fit apporter tout ce que l'on put trouver dans le voisinage. Il n'y avait que cinq pains d'orge et deux poissons. Le Sauveur les prit, et après avoir rendu grâces, il les fit distribuer par ses disciples. Cinq mille hommes furent ainsi rassasiés, et dans leur admiration, ils s'écriaient : « Celui-ci est vraiment le prophète qui doit venir dans le monde (2). » Le peuple était assis sur le sol que je foulais. On y voit 13 gros

(1) Ps. 41, v. 7.
(2) S. Jean, VI.

blocs de basalte noir appelés *les Siéges des apôtres ;* celui du milieu,
attribué à Jésus-Christ, est marqué de nombreuses croix. « Il était
difficile, dit M. de Saulcy, de s'arrêter pour une prédication en un
lieu d'où la vue des auditeurs pût se promener sur un plus magnifique
panorama ; et si la tradition est vraie, ce que je veux croire, le Christ
avait choisi, pour répandre sa parole vivifiante, un des plus beaux sites
qu'il y ait au monde (2). »

Il y avait environ deux heures que j'avais quitté Tibériade, lorsque
je vis le seul de mes guides qui connût le chemin marcher plus lentement, aller à droite et à gauche comme un homme qui cherche quelque chose. Je demandai à mon interprète ce que cela signifiait. Je ne
reçus pas de réponse. Cinq minutes après mes hommes s'arrêtèrent
tout à coup. Nous étions dans un endroit assez mauvais, le sol était
couvert de larges morceaux de roche, et mon cheval, qui marchait
dessus comme sur la glace, après quelques faux pas, vint à s'abattre.
Au même instant, j'appelai Antonio à mon secours. Mais avant qu'il
fût venu, j'étais déjà étendu par terre. J'en fus quitte heureusement
pour quelques légères contusions. Ce n'était pas tout. Mon drogman
m'avertit alors avec tristesse que le guide avait perdu son chemin. La
situation était peu rassurante. Un moment je pensai à une trahison. Je ne connaissais pas mes hommes d'escorte ; et s'ils avaient
voulu me dépouiller et me laisser là ou faire pis encore, ils auraient
pu exécuter impunément ce criminel dessein. Je me trouvais en plein
désert. Que faire alors ? Me mettre en colère ? Ce n'est pas mon habitude et cela n'avance à rien. Je me contentai d'adresser de vifs reproches
à mon drogman en lui disant de les transmettre au guide qui ne comprenait pas le français. Je lui faisais observer que, s'il ne connaissait
pas la route, il ne devait pas se charger de me conduire, et que je
n'étais pas parti de Tibériade au milieu de la nuit, comme j'étais parti
la veille de Nazareth, pour venir coucher dans cette campagne sauvage,
etc., etc. Je parierais qu'Antonio s'est bien gardé de traduire au guide
toutes mes objurgations. De son côté, il me représentait qu'il n'était
pas étonnant qu'un homme s'égarât en pareil lieu. En effet nous ne
suivions qu'un sentier, et je ne comprends pas maintenant comment
on peut connaître son chemin, surtout pendant la nuit, quand on n'a

(1) *Voyage autour de la mer Morte,* t. II, p. 461.

pour se guider que des rochers ou quelques arbres et la piste des bêtes de somme. Mais enfin que faire dans ce désert ? Attendre jusqu'au jour ? C'était bien long. Je ne puis dire quelles sinistres pensées envahirent alors mon esprit ; elles se reportèrent de suite vers ma bonne mère, vers ma patrie. Enfin je ne songeai rien de mieux à faire que de me résigner à ma fâcheuse position, en m'abandonnant à la protection de la Providence. Je m'enveloppai de mon manteau, et, sans rien dire à mon drogman, je me couchai par terre à l'endroit même où je me trouvais, sur quelques herbes desséchées. J'étais exposé aux piqûres des serpents et des scorpions venimeux, ainsi qu'aux coups de dents des bêtes féroces, ours, chacals, etc., qui ne sont pas rares en cette contrée. J'avais de plus la chance d'être attaqué par quelques bédouins voleurs ; ils sont plus communs là-bas que les honnêtes gens. Cependant j'étais tellement fatigué que je m'assoupis en peu de temps, et je dormis d'un sommeil agité. Au bout d'une heure ou deux, je fus réveillé par la voix d'Antonio. Mes hommes n'avaient pas perdu leur temps, ils avaient cherché le chemin. Quand on m'eut assuré que le guide avait retrouvé la vraie direction, je me remis en marche.

Le jour commençait à paraître lorsque j'aperçus, sur ma droite, une montagne d'un singulier aspect. Son sommet est double et forme deux pointes que les Arabes appellent *Koroun-Hattin (les cornes de Hattin)*. Ces pointes dominent de plus de 300 pieds le vaste plateau du même nom qui s'élève d'environ 600 pieds au-dessus du lac de Tibériade. Le village de *Hattin* ou *Hittin*, bâti au-dessous des *Cornes*, paraît la seule localité habitée de cette plaine.

Cette *Montagne des Béatitudes* porte aussi l'auréole de la sainteté. On est frappé, en examinant ce site, de le voir si parfaitement conforme aux récits de l'Évangile. Il n'y a pas dans toute la Galilée une autre montagne à laquelle s'appliquent aussi complètement les détails que nous fournissent à ce sujet saint Mathieu et saint Luc. Derrière la montagne est un large plateau, s'élevant en pente douce du côté d'un rocher qui en forme le sommet. C'est sur ce sommet que Jésus passa la nuit en prières et qu'au point du jour il appela ses disciples et choisit parmi eux ses apôtres (1). Puis il redescendit près de la foule qui l'attendait sur le plateau, et c'est de là qu'il adressa au peuple

_________
(1) S. Luc, vi, 12, 13.

ces enseignements célestes qui sont contenus dans les chapitres v, vi
et vii de l'Évangile selon saint Mathieu. L'apparente contradiction qui
existe entre le récit de saint Luc et celui de saint Mathieu est
ainsi résolue. Selon le premier, Jésus *descendit* et c'est dans *une
plaine* qu'a été prononcé son discours (1). Selon saint Mathieu, il
*monta sur une montagne* avec le peuple pour le même but (2). Ceci
s'explique, puisque saint Mathieu ne dit rien ici de la prière de Notre-
Seigneur et de l'élection des apôtres ; il ne rapporte que le fait général,
la prédication à la foule assemblée sur une montagne. Saint Luc, qui
rapporte deux détails de plus, nous montre le Sauveur montant
d'abord au sommet, puis redescendant dans un lieu en plaine, c'est-à-
dire sur le large plateau (3). Au pied du rocher, et au haut du plateau,
se trouve précisément une petite plate-forme, une sorte de chaire naturelle, d'où l'on peut aisément être vu et entendu d'une grande multitude. C'est là que s'est assis le Seigneur, comme sur une chaire
sublime pour prononcer son admirable *sermon de la Montagne* qui
a régénéré le monde antique s'écroulant dans la corruption, et lui a
appris où l'on doit chercher le véritable bonheur.

« Jésus, se voyant entouré d'une foule empressée, monta sur une
montagne, et s'étant assis avec ses disciples, il les instruisait en disant :

« Bienheureux les pauvres par esprit, parce que le royaume du ciel
est à eux.

« Bienheureux ceux qui sont doux, parce qu'ils posséderont la
terre.

« Bienheureux ceux qui pleurent, parce qu'ils seront consolés.

« Bienheureux ceux qui ont faim et soif de la justice, parcequ'ils
seront rassasiés.

« Bienheureux les miséricordieux, parce qu'ils obtiendront miséricorde.

« Bienheureux ceux qui ont le cœur pur, parce qu'ils verront
Dieu.

_____

(1) S. Luc, vi, 17.
(2) S. Math., v, i.
(3) S. Luc, vi, 12. — Du côté du midi, on rencontre les restes d'un modeste
édifice, d'une chapelle, probablement.

« Bienheureux les pacifiques, parce qu'ils seront appelés enfants de Dieu.

« Bienheureux ceux qui souffrent persécution pour la justice, parceque le royaume des cieux leur appartient (1). »

Puis regardant le Thabor, dont la cime apparaît au-dessus des ondulations des montagnes de Galilée, il montre aux disciples la ville qui en couronne le faîte, et leur dit :

« Vous êtes la lumière du monde; une ville placée sur une montagne ne peut être cachée (2). »

Ce dernier trait est plus important qu'il ne semble d'abord, pour déterminer le lieu où fut prononcé le sermon de la montagne. Jésus n'allait jamais chercher bien loin les images qu'il semait dans ses discours pour les rendre plus frappants, il n'en choisissait que de familières à ses auditeurs; il tirait parti, le plus souvent, de celles que lui fournissait le pays même où il se trouvait. Or, une ville sur une montagne n'est pas aussi commune en Galilée qu'en Judée. En Judée, c'est la règle générale, en Galilée c'est une rare exception; les villes de cette contrée sont situées d'ordinaire, non sur des sommets comme Jérusalem, Bethléhem, Hébron, mais au penchant des collines comme Nazareth et Séphoris, ou bien dans la plaine, comme Tibériade. Si Notre-Seigneur s'est servi de cette image, on peut conclure avec une grande vraisemblance, qu'un objet de ce genre était en ce moment sous ses yeux. Chose remarquable! Il en avait là deux exemples les plus saillants et les seuls peut-être qui existent en Galilée : à sa droite, à deux lieues de lui, la ville de Thabor (3), sur son gigantesque piédestal; derrière lui, Saphed, au sommet d'une montagne encore plus élevée.

Chaque année, les Franciscains de Nazareth viennent faire un pèlerinage sur cette montagne, au champ de la multiplication des pains et à Tibériade, le jour de Saint-Pierre. C'est ainsi qu'ils continuent de donner à ces lieux sacrés les marques de vénération dont ils sont si dignes, et que les chrétiens leur ont toujours rendues dès les pre-

(1) S. Math. , v,.

(2) *Ibid.*, v, 14.

(3) Il est probable qu'il n'en voyait plus que les ruines, comme je l'ai dit plus haut.

miers siècles de l'Eglise, suivant le témoignage de saint Jérôme (1).

Je traversai ensuite le terrain ondulé qui s'étend au sud-ouest de la montagne des Béatitudes, et qui fut le théâtre de la funeste bataille de Hattin ou de Tibériade. Saladin, à la tête de 80,000 hommes, s'était emparé de cette ville. Le roi de Jérusalem, Guy de Lusignan, accompagné de Raymond, comte de Tripoli et des principaux chefs, vint à sa rencontre et campa à Séphoris avec 50,000 combattants. Malgré des avis contraires, le roi voulut s'avancer vers Tibériade. Arrivée dans la plaine de Hattin, l'armée chrétienne se vit en face de l'ennemi. Elle tenta de s'ouvrir un passage jusqu'au lac, mais les musulmans l'en empêchèrent, et le roi donna l'ordre de camper en ce lieu, en s'écriant : « Hélas! hélas! tout est fini pour nous, nous sommes tous morts, et le royaume est perdu. »

La chaleur était étouffante, la disette d'eau faisait cruellement souffrir les Francs qui avaient épuisé, comme dit un historien arabe, jusqu'à l'eau de leurs larmes. Ils espéraient trouver le lendemain de l'eau avec leurs épées, mais les infortunés ne devaient trouver que des ruisseaux de sang ; la nuit fut terrible. Saladin avait fait mettre le feu dans les broussailles sèches, et les chrétiens furent enfermés dans un cercle de flammes. Ils étaient tourmentés en outre par les traits des ennemis non moins que par la soif et la faim. Le lendemain, c'était le 5 juillet 1187, les deux armées en vinrent aux mains. De chaque côté on se battit avec le courage du désespoir. Au commencement, les croisés étaient des lions, à la fin ce n'était plus qu'un troupeau de brebis dispersées. Partout le combat fut meurtrier, mais autour du bois sacré de la Rédemption, on vit éclater des actes d'héroïsme. Le roi se réfugia sur la montagne, et ce fut sous ses yeux que les musulmans s'emparèrent de la vraie croix, après avoir blessé à mort l'évêque de Ptolémaïs qui la portait. Raymond put s'enfuir à Tripoli où il mourut de désespoir. Enfin le pavillon du roi tomba, c'était la fin de tout. Le croissant était victorieux, et l'armée chrétienne en déroute. Guy de Lusignan, et le Grand-Maître des Templiers, les deux principaux auteurs de cet affreux désastre, furent faits prisonniers avec plusieurs chevaliers. Un témoin oculaire dit, en parlant de cette défaite : « En voyant le nombre des morts, on ne croyait pas

_______________

(1) *Epist. ad Marcel.* — *Epita. Paulæ.*

qu'il y eût des prisonniers, et en voyant les prisonniers, on ne croyait pas qu'il y eût des morts. » Le roi de Jérusalem fut emmené à Damas. Les chevaliers du Temple et de Saint-Jean, au nombre de 200, furent égorgés de sang froid ; les Sarrasins en avaient une peur affreuse. A peine 4,000 soldats chrétiens purent échapper au massacre. Un an après cet horrible carnage, en traversant les champs d'Hattin, on trouvait encore des monceaux d'ossements, et les environs étaient couverts des débris humains que les animaux sauvages y avaient entraînés. A la suite de la bataille de Hattin, toutes les places fortes de la Palestine furent dévastées par Saladin, et trois mois après, Jérusalem elle-même dut lui ouvrir ses portes.

Au milieu de la plaine je passai auprès d'un puits surmonté d'une petite plate-forme en maçonnerie au bas de laquelle étaient des réservoirs ; un arabe y puisait de l'eau, mais ce n'était pas sans peine. Assis sur une planche au-dessus de l'orifice, il faisait tourner avec ses pieds et ses mains une roue en bois qui, au moyen d'un seau attaché à une corde, remontait le bienfaisant liquide. Quoiqu'il n'y eût pas d'ombre en ce lieu, je voulus y faire une courte halte pour me restaurer. J'avais emporté des provisions de Tibériade : du pain, des œufs durs comme toujours, et quelques poissons frits. Comme on le voit cette nourriture, qui est d'un usage habituel en Galilée (1), est la même que du temps de Jésus. Quand les foules le suivaient, ce que les plus prévoyants prenaient avec eux, c'étaient des pains et des poissons (2). « Qui d'entre vous, dit-il aussi à ses disciples, donnerait une pierre à son fils, quand celui-ci lui demande *du pain ?* Et s'il lui demande *du poisson,* lui donnera-t-il un serpent? Et s'il lui demande *un œuf,* lui donnera-t-il un scorpion (3)? »

J'aperçois au nord, dans le lointain, la ville de *Safed,* perchée sur le sommet d'une haute montagne. Elle renferme 4,000 habitants ; la plupart sont juifs.

Le soleil faisait déjà sentir l'ardeur de ses rayons, lorsque je passai auprès de *Cana,* appelée aujourd'hui *Kafr-Kenna,* et bâtie en amphithéâtre sur une colline au-dessus d'une fertile vallée. Ce

(1) La viande y est peu commune.
(2) S. Marc, vi, 38 ; viii, 5.
(3) S. Luc, xi, 11.

n'est plus maintenant qu'une misérable bourgade de 800 habitants
musulmans et grecs. C'est là que Notre-Seigneur fit le premier de
ses miracles pour manifester sa gloire et établir la foi de ses disciples
à sa divine mission. Il assistait à des noces en ce lieu, lorsque le vin
venant à manquer, il ordonna aux serviteurs d'emplir six urnes d'eau,
et cette eau fut changée en vin (1). Sur l'emplacement de la maison
où furent réunis les heureux convives de ce festin nuptial, on avait
construit une belle église il ne reste que les ruines. Maintenant
il n'y a plus à Cana qu'une chapelle pauvre et mal tenue, qui appartient aux grecs schismatiques, et dans laquelle ils montrent deux
urnes de pierre assez grossières qui faisaient partie, disent-ils, des
six dans lesquelles le miracle fut opéré. A 200 pas de ce village se
trouve une fontaine qui est reçue dans trois bassins de pierre. Cette
source est la seule de l'endroit, et c'est là que l'eau du prodige a été
puisée. Cana a donné deux disciples à Jésus-Christ; Simon-le-Ca-
nanéen, et Nathanaël que l'on croit être le même que l'apôtre Bar-
thélemi.

Une route onduleuse à travers des montagnes nues, nous conduisit
en deux heures à *Séphoris*, en arabe *Séfourieh*. Cette ville importante sous les Hérodes, devint la capitale de la Galilée après Tibériade,
et ils l'appelèrent *Dio-Césarée*, en la consacrant au *Divin César*. Ce
n'est plus actuellement qu'un village bâti sur la pente d'une colline
couronnée par une grosse tour carrée, de l'époque des croisades. Il
est habité par 600 musulmans renommés pour leur fanatisme. On le
regarde comme la patrie de saint Joachim et de sainte Anne, parents
de la Bienheureuse Vierge. Pour conserver ce souvenir, les Croisés y
avaient construit une église à trois nefs sous l'invocation de sainte
Anne. Ce devait être un bel édifice à en juger par les deux arceaux
en ogive que l'on voit encore. Ces précieux débris, comme ceux de
l'église de Cana, appartiennent aux Franciscains et portent les emblèmes de leur ordre. Une fois par an, les religieux viennent y célébrer
la sainte messe.

Je rencontrais de temps en temps des villages nomades de Bédouins.
C'est toujours le même aspect. Les tentes, dont la forme est celle d'un
carré long, sont formées d'une grosse toile à larges raies noires et

_______________

(1) S. Jean, Ev. II.

blanches, supportée par des perches et fixée au sol par des piquets.
Là dedans est entassé le ménage bédouin qui ne se distingue que par
sa simplicité toute primitive et sa malpropreté proverbiale. La toile
de chaque tente est relevée, pendant le jour, sur un côté pour livrer
un passage. Au bord de ces misérables taudis, des hommes nonchalamment accroupis, savourent le double plaisir, si cher aux Orientaux,
de fumer et de ne rien faire ; des femmes au visage orné de dessins
bleus en tatouage, et couvertes d'une longue robe de coton bleu, sont
occupées aux travaux domestiques, à moudre le blé entre deux pierres
ou à faire cuire le pain sur des cendres chaudes (1), tandis que de
petits enfants, n'ayant pour tout vêtement que leur peau sale et déjà
noircie par le soleil, accourent vers l'étranger pour lui demander un
*backchis*. Cette intéressante marmaille apprend de bonne heure à
considérer le pèlerin comme un tributaire, et quand ils seront devenus
grands, ils trouveront tout naturel d'exiger par la force le droit de
passage dans leur désert, des voyageurs qui ne voudront pas le leur
donner de bon gré. Des chevaux attachés à des piquets, des chameaux
allongés par terre avec quelques chiens hargneux, sont l'accompagnement obligé d'un campement bédouin.

Je me croisai plusieurs fois avec des cavaliers arabes, couverts de
longs manteaux rouges, jaunes, blancs, et armés d'une panoplie complète, un sabre, des pistolets, un fusil. Ils tenaient ordinairement en
main une lance de dix pieds de long, au bout de laquelle flottait une
crinière de cheval. Ils me regardaient sans aucune marque d'hostilité (2). J'ai rencontré aussi deux religieuses qui se rendaient de
Nazareth à Caïffa. Elles étaient enveloppées d'un manteau blanc et
assises sur des ânes. Leur escorte ne se composait que d'un seul

(1) Les Arabes de la Palestine, n'ayant que rarement du bois, y suppléent en
alimentant leurs feux avec de la fiente de chameau et autres animaux ; ils la
pétrissent avec de la paille hachée et en font des mottes séchées au soleil.

(2) Cependant il ne faut pas s'y fier, et on ne doit voyager qu'avec précaution
en Syrie. Cet été (1863) un Franciscain et son muletier, venant de Caïffa à Nazareth, ont été battus, dépouillés et attachés l'un vis-à-vis l'autre à de vieux
troncs d'oliviers par des Arabes. Ils seraient morts sur place si un européen
n'eût passé par là peu de temps après. Il courut à Nazareth porter la nouvelle
de ce malheur. Aussitôt toute la population se rendit sur le théâtre de l'évè-
nement, et on rapporta les deux pauvres victimes plus mortes que vives. Le
religieux s'est rétabli ; on ignore l'état du moucre.

homme armé d'un fusil, mais elles étaient bien plus efficacement
protégées par la vénération que leurs vertus et leur dévouement surhumain leur attirent de la part des musulmans aussi bien que des
chrétiens.

J'étais alors sur l'ancien territoire de la tribu de Zabulon qui
s'étendait sur le rivage de la mer, selon la prophétie de Jacob (1). Je
passai de nouveau le torrent de Cison; son lit n'est garni que de
touffes de lauriers roses. Enfin j'aperçus les remparts délabrés de
Caïffa et les frais jardins qui l'environnent. Je franchis d'immenses
monceaux d'un sable blanc comme la neige, une magnifique plantation
de palmiers, puis j'entrai dans la ville. Il était alors une heure après
midi; j'étais parti de Tibériade à une heure du matin, j'avais donc
mis douze heures, en faisant quelques courtes haltes, pour traverser
toute la Galilée dans sa largeur qui est de treize lieues.

(1) Gen., XLIX, 13.

# CHAPITRE XXXI

## CAIFFA — LE MONT-CARMEL — RETOUR EN FRANCE

### I — CAÏFFA

Caïffa est assise sur le bord de la mer, au pied du mont Carmel et à l'extrémité méridionale de la baie de Saint-Jean-d'Acre. Cette triste bourgade ne se compose que d'une longue rue avec deux petites places. Au temps des croisades, elle appartenait à Tancrède, elle avait alors une certaine importance puisqu'elle était le siége d'un évêque. Aujourd'hui les catholiques sont peu nombreux, ils ont pour curé un religieux du mont Carmel. Depuis quelque temps, Caïffa est en voie de prospérité, grâce à son commerce qui s'étend tous les jours. Sa rade est la plus sûre de toutes celles de la côte de Syrie, ce qui ne veut pas dire qu'elle le soit beaucoup. (1). La population est de 2,000 habitants, chrétiens pour la plupart. On voit ici quelques costumes Francs au milieu des costumes arabes, et même deux mauvais cafés européens. J'ai été faire visite à l'agent consulaire de la France, il m'a donné d'excellents renseignements.

### II — LE MONT-CARMEL

Caïffa n'est qu'à trois quarts de lieue du mont Carmel. En sortant de la ville, au midi, je me trouvai dans des champs pierreux, puis je traversai une belle forêt d'oliviers très-antiques sous lesquels proba-

(1) Elle commence à être plus fréquentée. Les paquebots autrichiens et russes y font escale, mais non ceux des Messageries impériales.

blement les croisés ont posé leurs tentes (1). Ils sont presque aussi gros que ceux de Gethsémani. Je gravis ensuite, sur le flanc de la montagne, un chemin escarpé tracé par les moines, c'est un gigantesque escalier de pierre. Après une ascension d'un quart d'heure, assz fatigante, j'atteignis la porte du célèbre couvent. Il était temps pour moi d'y arriver, car l'ardeur du soleil et douze heures de voyage à cheval avaient épuisé mes forces, et j'avais grand besoin du repos que cette demeure hospitalière pouvait me procurer. Une douce consolation m'attendait au Carmel. J'eus la joie d'y rencontrer mes chers compagnons de caravane qui y faisaient un court séjour.

Dès l'antiquité la plus reculée, le Carmel a été une montagne sainte où l'on se rendait pour offrir des hommages au Très-Haut. Au temps de Pythagore, il s'y trouvait déjà un sanctuaire que ce philosophe aimait à visiter. Suétone (2) et Tacite rapportent que Vespasien monta sur le Carmel pour consulter l'oracle qui lui prédit sa fortune ; il n'y avait alors en ce lieu, ni statue ni temple, mais seulement un autel vénéré (3). C'est la vraie religion qui a donné au Carmel sa célébrité. Cette montagne n'est pas dépouillée comme la plupart des autres de la Palestine, au contraire, sa cime arrondie et ses larges flancs sont couverts d'une luxuriante végétation. Aussi, dans le Cantique, la tête de l'épouse chargée de ses ornements est comparée au Carmel (4), et Isaïe apercevant la gloire spirituelle de l'Eglise dans ses visions prophétiques, dit que « la beauté du Carmel et de Saron lui a été donnée (5). » Elie et Elisée ont habité sur le Carmel, et déjà à cette époque, le peuple juif s'y rendait à certains jours pour adorer le Seigneur (6). C'est-là qu'Elie confondit les prêtres de Baal dont le Ciel se chargea de dévoiler l'imposture (7). Elie se mit ensuite en prières sur le sommet du Carmel, et ordonna à son serviteur de regarder vers la mer. Celui-ci découvrit « un petit nuage, comme le pied

(1) On les appelle les oliviers des Romains, parce qu'ils ont été plantés à l'époque de leur domination.
(2) *Vie de Vesp.* V.
(3) Tacite, *Hist.*, II, 78.
(4) Cant., VII, 5.
(5) Isaïe, XXXV, 2.
(6) IV, Rois, IV, 23.
(7) III, Rois, XVIII, 19.

d'un homme qui s'élevait de la mer (1). » Les Saints Pères ont vu dans ce nuage un emblème de la Bienheureuse Vierge qui devait donner au monde le Messie comme une rosée rafraîchissante pour l'humanité déchue.

Les flancs du Carmel sont percés de 2,000 grottes dans lesquelles se retiraient les disciples des prophètes pour se livrer aux pieux exercices de la vie contemplative. Ces moines de l'ancienne loi, appelés *Thérapeutes*, étaient préparés par ce genre de vie à admettre la foi chrétienne, aussi l'embrassèrent-ils en grand nombre. D'après le bréviaire romain (2), ils purent jouir de la familiarité et des célestes entretiens de la Sainte-Vierge (3), ils eurent pour elle une dévotion particulière, et, les premiers de tous, ils érigèrent sur le Carmel une chapelle en son honneur. Ces fidèles imitateurs d'Élie et de saint Jean-Baptiste, se réunissaient dans ce sanctuaire pour louer Dieu et son auguste Mère. On les appela les *Frères de Marie du Mont-Carmel*. Telle est l'origine de l'ordre des Carmes. En 1209, Brocard, leur supérieur, reçut de saint Albert, patriarche de Jérusalem, une règle qu'ils suivent encore aujourd'hui. Le couvent et l'église paraissent avoir été détruits et rebâtis à diverses reprises. C'est de là que se répandirent en Europe ces monastères de Carmes et de Carmélites, où tant d'âmes ferventes pratiquent les plus sublimes vertus. Lorsque Louis IX s'en retournait en Europe, son vaisseau fut jeté sur cette côte par une affreuse tempête et y fut brisé. Mais le saint monarque avait eu recours à la protection de Notre-Dame du Mont-Carmel, et il fut sauvé avec tous les siens. Pour témoigner au ciel sa reconnaissance, il voulut se rendre la nuit même sur la montagne et y faire ses dévotions. Il emmena avec lui six religieux pour établir en France l'ordre des Carmes.

En 1799, le couvent était changé en hôpital pour les blessés et les pestiférés de l'armée française. Après la levée du siége de Saint-Jean-d'Acre, Bonaparte s'y rendit pour visiter ses malheureux soldats. Mais quand il eut retiré ses troupes, le dévouement des religieux ne suffit pas à protéger le couvent et les malades contre la cruauté des musulmans. Ces barbares massacrèrent tous nos compatriotes sans défense,

(1) III Rois, xviii, 44.
(2) *Off. B. V. de Monte-Carmelo, lect.* iv.
(3) Le Carmel n'est qu'à 8 lieues de Nazareth.

et saccagèrent la maison qui leur servait d'asile. Pendant longtemps, leurs ossements furent gisants sur cette montagne, privés des honneurs de la sépulture. Lorsque les Carmes revinrent dans leur ancienne demeure, ils recueillirent pieusement ces cendres françaises et les inhumèrent dans le jardin du monastère. J'ai vu la petite pyramide en pierre qu'ils ont élevée sur leur tombeau.

En 1821, Abdallah, gouverneur de Saint-Jean-d'Acre eut envie d'avoir une maison de plaisance sur le mont Carmel, pour y jouir de la fraîcheur en été. L'idée n'était point mauvaise ; il n'en fut pas de même de l'exécution. Les pachas turcs n'ont guère l'habitude de se gêner, et ils croient que tout leur est permis pour satisfaire leurs fantaisies. Abdallah agit en conséquence. Il fit tout simplement détruire de fond en comble le couvent et l'église du Carmel, et avec les matériaux il se construisit un palais.

Les choses en étaient là, lorsque le frère Jean-Baptiste fut envoyé du couvent des Carmes de Rome au mont Carmel. Le vandalisme du pacha lui navra le cœur. Il répandit ses prières et ses larmes dans la grotte d'Élie, dernier asile des pèlerins sur la sainte montagne, et revint en Europe avec la ferme intention de restaurer le monastère. L'entreprise était difficile pour un simple moine sans fortune et sans crédit. Mais le frère Jean-Baptiste avait ce qu'il faut pour réussir: une volonté forte, une patience inébranlable, et le dévouement d'un cœur catholique. Grâce aux énergiques réclamations de l'ambassadeur de France, le sultan rétablit les Carmes dans leurs anciens droits. Le firman ordonnait même à Abdallah de rebâtir le couvent à ses frais. C'était dur pour un pacha. Aussi le frère Jean-Baptiste pensait bien qu'il faudrait attendre trop longtemps et se créa d'autres ressources. Il se mit à parcourir l'Europe, et la charité chrétienne concourut généreusement à l'œuvre du mont Carmel. Il s'associa alors un collaborateur. On se rappelle avec quelle vive sympathie le frère Charles fut accueilli à Paris en 1844. La France lui offrit d'abondantes aumônes. Cependant le frère Jean-Baptiste était retourné au mont Carmel pour faire fructifier les dons qu'il avait recueillis. Dès l'année 1831, il avait jeté les fondements du nouveau monastère. Mais avant de faire la maison, il dut faire les ouvriers et se faire lui-même architecte. Quand il eut épuisé ses ressources, il revint en Europe. Onze fois, il traversa la Méditerranée pour solliciter de nouvelles aumônes. Enfin après vingt années de travaux, le frère Jean-Baptiste eut la gloire de donner au sanctuaire de Marie et d'Élie une église, aux pères Carmes un couvent, et à tous les pélerins une maison hospitalière. Il avait élevé l'édifice que nous voyons aujourd'hui. Honneur au frère Jean-Baptiste ! Il a reçu dans le ciel la récompense de ses labeurs sur la terre.

Le monastère occupe, à la pointe nord-ouest du promontoire du Carmel, une plate-forme qui domine la mer de 600 pieds. C'est certainement le plus grand et le plus bel édifice de la Palestine, et peut-être de toute la Syrie. Le bâtiment, construit à l'européenne, forme un vaste carré. Il a deux étages ; les murailles sont en bonnes pierres de taille et très-épaisses, et les fenêtres sont munies de grilles de fer. C'est bien là « le donjon du christianisme, comme dit M. Russegger (1), dont les sentinelles regardent continuellement vers la plaine, et au couchant dans la vaste étendue des mers, afin de découvrir s'il n'arrive pas quelques preux chevaliers pour délivrer enfin une terre si fortement opprimée par l'islamisme. » Selon le maréchal Marmont, on pourrait y soutenir un siége, et pour peu que l'on voulût résister, le couvent serait imprenable pour des gens qui l'attaqueraient sans canons de gros calibre. Cette force n'est pas de luxe, ce n'est que de la prudence (2). L'église est au centre de l'édifice ; elle a la forme d'une croix grecque. Sa coupole et son clocher surmontent les toits plats des bâtiments. Cette église est fort belle (3). Au fond de la nef est la grotte où Élie demeura. On y descend par quelques marches ; elle renferme un autel et la statue du prophète. Cette caverne est carrée ; elle a 15 pieds de largeur et 6 de hauteur (4). Chose curieuse ; les Musulmans et les Druses ont une grande vénération pour ce sanctuaire, et souvent ils s'y rendent en pèlerinage. Les portes de la chapelle s'ouvrent devant ces étranges caravanes qui se retirent comme elles étaient venues, c'est-à-dire en dansant, en tirant des coups de fusils, et en faisant retentir les airs des sons d'une bruyante musique que nous appellerions

(1) Tome III.

(2) De plus, cette demeure est gardée par d'énormes chiens qui font pendant la nuit la chasse aux Bédouins errants et aux bêtes sauvages des bois voisins.

(3) Elle possède un orgue.

(4) On a eu le bon esprit de la laisser dans son état naturel, sans la surcharger d'ornements.

uné cacophonie. Le chœur est élevé au-dessus de cette grotte (1). Derrière le maître-autel est placée la statue de Notre-Dame du Mont-Carmel. Cette statue plus grande que nature est magnifique. Elle est
peinte de plusieurs couleurs. C'est un cadeau de notre bien-aimé Souverain-Pontife Pie IX. Ce présent est digne de la piété de celui qui l'a
fait, comme de la grandeur de celle à laquelle il était adressé. La
Vierge Immaculée est représentée assise sur des nuages ; son bras
gauche porte l'Enfant-Jésus, et de la main droite elle présente un scapulaire. Tous deux ont la tête ornée d'une riche couronne royale. Ordinairement cette statue est cachée par un voile. Quand des pèlerins
arrivent, on allume à ses pieds deux candélabres, et on ouvre le rideau ;
alors la gracieuse figure de Marie et celle de son divin Fils se montrent aux pèlerins comme une douce et céleste apparition qui ranime
dans leurs cœurs l'espérance et la joie.

Le religieux qui me guidait m'a indiqué dans une cour, à côté de
l'église, la tombe de marbre du comte de Juigné. Il y a quelques années, la maladie a surpris ici ce jeune voyageur, dans le cours de son
pèlerinage, et la mort a fait évanouir, avec sa courte vie, les promesses d'un brillant avenir : *Sic transit gloria mundi !* S'il a eu la
douleur de quitter cette vallée de larmes loin de ses parents et d'être
enseveli loin de sa patrie ; du moins, il a pu trouver un allégement à
sa peine en voyant sa couche entourée par les dignes religieux qui s'efforçaient de remplacer sa famille absente, et en pensant que son tombeau serait placé à l'ombre du sanctuaire de Marie et dans la Terre-
Sainte. La Terre-Sainte, la patrie de Jésus, de Marie et de Joseph,
n'est-elle pas la seconde patrie du chrétien, et s'il est si bon d'y vivre, ne
doit-il pas être consolant d'y mourir ?

Il y a dans le couvent une petite chapelle pour les frères convers,
une pharmacie et une belle bibliothèque. Les cellules des religieux
sont placées au second étage. Ils ont abandonné le premier au logement des pèlerins. De ma chambre, j'apercevais les voiles blanches des
navires qui passaient au large. Chez les pères Carmes, on se croirait
en Europe ; les pèlerins y sont servis comme en France. Les appartements sont d'une exquise propreté, et quand on a couché pendant
plusieurs nuits sur un tapis dans une sale maison arabe, on est heu-

_______________

(1) On y monte par deux beaux escaliers en pierre.

reux d'y reposer dans un bon lit aux draps blancs comme la neige et d'y rencontrer des visages amis et des cœurs dévoués. Les religieux reçoivent tous les voyageurs sans distinction de nation ni de culte, avec une extrême affabilité. De l'aveu de tout le monde, c'est le premier établissement hospitalier de la Terre-Sainte. Je ne veux pas dire que les pèlerins sont admis avec moins de cordialité dans les autres couvents, mais ici on trouve surtout plus de confortable (1).

Les pères Carmes sont ordinairement 12 ou 15, tant prêtres que laïques. Ils portent, comme leurs confrères d'Europe, une robe brune et un manteau blanc ; de plus ils ont une longue barbe.

Certains hommes du monde se laissent tellement aveugler par leurs opinions anti-religieuses que souvent ils jugent les personnes et les choses avec une criante injustice. On demande à quoi sont utiles sur la terre ces moines qui vivent cloîtrés dans les couvents, employant tout leur temps à servir Dieu, et à procurer à leurs semblables des secours pour l'âme par le ministère sacerdotal et pour le corps par une généreuse hospitalité. Mais on ne demande pas à quoi sont utiles ces hommes, trop nombreux parmi nous, qui passent toutes leurs journées dans les cafés et autres lieux de plaisirs, et qui abusent des dons de la fortune pour mener une vie oisive et paresseuse. Sans doute, nos *philanthropes* ne peuvent comprendre le dévouement de la charité chrétienne. Cependant ils pratiquent la bienfaisance. On les voit bien donner leur argent en étalant leurs noms sur les journaux dans de pompeuses souscriptions, mais on ne les voit jamais quitter leurs aises et leur pays pour aller dans des contrées lointaines recevoir les étrangers et soigner les malades. « Nous trouvâmes chez les pères du Carmel le même accueil que chez ceux de Nazareth, dit M. le comte d'Estourmel. Je voudrais que les gens qui ont toujours le sarcasme à la bouche quand il s'agit des moines, vinssent en Orient mourir, comme nous, de faim, de soif et de fatigue. Le soir, en sonnant à la porte du monastère hospitalier, en voyant s'ouvrir le guichet, ils seraient bien obligés de convenir qu'il vaut mieux rencontrer dans le désert des capucins que des philosophes (2). »

(1) L'hospitalité des P. Carmes est gratuite ; les voyageurs font presque tous une offrande à la maison.

(2) *Journal d'un Voyage en Orient*, t. I, LXVI.

Madame de Gasparin a écrit ces lignes parmi d'autres plus pitoyables encore : « Les Frères ont l'air d'excellentes gens ; que font-ils là ? A quoi bon ? Est-ce là le service de Dieu (1) ? » Beaucoup d'autres protestants pensent de même. Mais cependant ils ont dû voir dans leurs bibles qu'ils lisent si souvent sans comprendre, que les prophètes Élie et Élisée ont prié longtemps sur cette montagne du Carmel, et qu'ils avaient de nombreux disciples ; que Tobie recueillait les étrangers ; que le Christ passait souvent les nuits à prier sur les montagnes et dans les déserts, et que le bon Samaritain est loué d'avoir soigné un blessé. *Est-ce là le service de Dieu ?* Les Protestants ne peuvent le nier. Eh bien, les moines sur le Carmel et ailleurs font tout cela et pas autre chose. A l'exemple d'Élie et d'Élisée, ils se séparent du commerce des hommes pour converser plus intimement avec Dieu ; à l'exemple de Jésus-Christ, ils prient de longues heures sur la montagne ; à l'exemple de Tobie et du bon Samaritain, ils donnent à tous l'hospitalité dont la pratique est si recommandée dans l'Écriture-Sainte. Et leur hospitalité est d'autant plus utile et nécessaire que, sur toute la côte de Syrie, depuis Jaffa jusqu'à Beyrouth, les voyageurs ne peuvent trouver une autre maison de refuge (2).

Je suis monté sur le toit du monastère pour y contempler une perspective admirable. Devant moi s'étendait la vaste mer, calme et brillante comme de l'argent en fusion, dont les flots allaient baigner à 800 lieues de là les côtes de la France ; à mes pieds, je voyais le beau golfe de St-Jean-d'Acre s'arrondir en courbe allongée portant à l'une de ses extrémités les lourdes maisons de cette antique Ptolémaïs, et à l'autre la bourgade de Caïffa ; puis au nord, les montagnes s'étageaient jusqu'aux cimes du Liban, en découpant l'azur du ciel par leur crête dentelée ; au midi, les rives plates et jaunâtres de la Palestine s'abaissaient sur la Méditerranée, et à l'est, j'apercevais les sommets boisés de la chaîne du Carmel, et plus loin la fameuse plaine d'Esdrélon. Tout cela doré par un soleil splendide comme on n'en voit qu'en Orient, et qui répand sur tous les objets une ravissante lumière (3).

(1) *Journal d'un Voyage au Levant*, t. III.

(2) A Caïffa même, on est obligé, pour se loger, de louer des chambres dans des masures arabes.

(3) Le kiosque qu'Abdallah-Pacha s'était fait construire avec les débris du couvent a été abandonné ; les Carmes l'ont acheté, et il sert d'hospice aux Levantins. Devant ce bâtiment, on voit un puits profond et de grandes citernes.

Autour du monastère, il y a un jardin en terrasses du côté de la mer ; mais il ne produit ni fruits ni légumes, car l'édifice est entouré d'un sol pierreux et stérile sur lequel ne poussent que quelques chétifs arbustes. La riche végétation du Carmel s'est reculée plus loin.

Des nombreuses grottes qui furent occupées autrefois par des anachorètes (1), la plus célèbre est l'*Ecole des Prophètes ;* elle est située au pied du promontoire sur le bord de la mer. Après avoir descendu le flanc abrupt du Carmel par de petits sentiers, je pénétrai dans ce vaste local. C'est une caverne naturelle, agrandie par le travail de l'homme et formant un rectangle de 45 pieds de longueur, sur 24 de largeur et 18 de hauteur. C'était la synagogue où les fils, c'est-à-dire les disciples des prophètes, se réunissaient pour écouter leurs enseignements et étudier l'Ecriture-Sainte. Une chambre de 10 pieds en carré, creusée dans la première, est en grande vénération ; on croit qu'Elie s'y retirait souvent pour prier, et que la Sainte-Vierge s'y reposa en se rendant d'Egypte à Nazareth (2). Non loin de là est une autre grotte creusée également dans le rocher mais très-petite. On pense qu'elle fut occupée par saint Simon Stock, l'instituteur du scapulaire (3).

Le mont Carmel, en arabe *Djebel Mar-Elias (Montagne de Saint-Elie)* forme une chaîne étendue sur une largeur de cinq lieues, du sud-est au nord-ouest où elle projette dans la mer le cap Carmel qui supporte le monastère (4). Sa plus grande hauteur est de 1,800 pieds. Cette chaîne s'abaisse un peu au sud-est et va se relier aux montagnes de la Samarie. Elle est bien boisée surtout sur son versant oriental et recèle des animaux féroces, tels que hyènes, panthères, etc. Le lieu traditionnel du sacrifice d'Elie se trouve à cinq heures et demie de marche du couvent, auprès du Cison. C'est une plate-forme appelée

(1) Au temps des Croisades, six couvents de Carmes étaient échelonnés sur cette montagne.

(2) Cette grotte appartenait jadis aux Carmes, mais les Turcs la leur enlevèrent en 1635, et la convertirent en mosquée. Elle est habitée aujourd'hui par un Santon, qui y laisse entrer les chrétiens moyennant backchis.

(3) Il est mort âgé de cent-un ans, en 1265, à Bordeaux, où l'on conserve ses reliques dans la cathédrale.

(4) Cette pointe est très-dangereuse pour les navigateurs.

encore aujourd'hui *El-Mourakah (le Sacrifice)*, terrasse naturelle qui domine la plaine d'Esdrélon et sur laquelle on distingue les ruines d'un édifice quadrangulaire.

Le mont Carmel est indiqué dans l'itinéraire de nos caravanes comme la dernière station du pèlerinage. En effet, la Terre-Sainte proprement dite se termine là. Nous nous sommes donc réunis une dernière fois dans la chapelle du monastère, au pied de l'image vénérée de Marie, et notre président a entonné le *Te Deum*, ce magnifique cantique d'actions de grâces. Les P. Carmes joignaient leurs voix aux nôtres pour acquitter envers Dieu notre immense dette de reconnaissance. Je fis ensuite mes adieux au Carmel, à la Terre-Sainte et à mes compagnons de pèlerinage dont les noms me seront toujours chers.

Dans son acception la plus large, la Terre-Sainte comprend, outre la Palestine, toute la Syrie jusqu'à Damas, et l'Egypte jusqu'au Caire et à Suez ; je l'ai parcourue aussi dans toute cette étendue (1), mais je passe de suite à mon retour en France.

### III — LE RETOUR

Le 26 novembre, après avoir célébré la sainte messe à Alexandrie, dans l'église des P. Lazaristes chez lesquels on est toujours sûr de recevoir une aimable hospitalité, je m'embarquai à bord de *la Tamise*, paquebot à vapeur des Messageries Impériales. A midi, nous levions l'ancre. Debout sur le pont du bâtiment je ne me lassais point de contempler le curieux panorama que m'offrait le vaste port égyptien. Nous franchîmes sans encombre les récifs dangereux qui en précèdent l'entrée ; je ne voyais déjà plus que les côtes grises et basses de l'antique terre des Pharaons, et bientôt même elle disparut complètement. La Méditerranée était très-houleuse, aussi je ne tardai pas à être atteint du mal de mer ; il fallut alors me renfermer dans l'étroite couchette de ma cabine, et pendant vingt-quatre heures je dus endurer sans relâche ce que peuvent comprendre seulement les personnes qui ont éprouvé cette affreuse indisposition. Le troisième jour la mer était moins mauvaise, mais cependant nous avions toujours un roulis très-

(1) Le récit de ce voyage sera l'objet d'un second volume.

fort et le vent contraire. Le temps paraît long quand on est quatre ou cinq jours condamné à ne voir que le ciel et l'eau. Je me tenais souvent sur le pont, admirant la marche rapide du navire et regardant des bandes de gros poissons qui suivaient de près le bâtiment en s'élançant hors de l'eau pour faire de nombreux plongeons (1). Quelquefois je conversais avec les autres passagers. J'avais pour voisin de cabine un négociant français qui revenait de Madagascar. Il éprouvait le besoin de refaire sur le sol natal une santé épuisée par un long séjour dans cette île lointaine. J'appris de lui bien des choses intéressantes. Il me parla entre autres, des reliques de saint François-Xavier dont les protestants eux-mêmes ont admiré la sainteté (2). Cet illustre conquérant des âmes, qui fut d'abord élève du collége Sainte-Barbe, à Paris, puis un des compagnons de saint Ignace de Loyola, convertit dans les Indes des millions d'infidèles, avec des travaux et des fatigues incroyables. Son corps est déposé dans un sépulcre d'une grande magnificence, au milieu d'une église de Goa. Pendant sa vie, Dieu avait secondé l'ardeur de son zèle par le don des miracles; depuis sa mort, les prodiges n'ont pas cessé autour de son tombeau. Ce négociant de Madagascar m'a affirmé qu'ils se continuent chaque jour, que c'est un fait de notoriété publique dont personne ne doute à Goa, et que dernièrement la jeune enfant du gouverneur de la ville a été guérie d'une manière miraculeuse. Aussi ces précieuses reliques sont-elles en grande vénération.

Nous approchions de Malte, nous ne filions pas beaucoup de nœuds, car notre marche était de plus en plus retardée par le vent. Le 30 novembre, à 5 heures du soir, la mer devint plus agitée et le ciel se couvrit de nuages noirs et épais. J'étais assis sur le pont lorsqu'une forte secousse me lança brusquement à quelque distance avec mon banc. Je rentrai dans ma cabine, il n'y avait plus moyen de se tenir dehors. Le capitaine nous annonça avec tristesse que nous subissions un coup de vent du nord-est qui porte avec lui la tempête. En effet, bientôt les éclairs sillonnèrent les nuages et une pluie torrentielle se mit à tomber. J'essayai de sortir, mais le vent violent qui

--------

(1) Les plus grands avaient cinq ou six pieds de longueur. C'étaient probablement des marsouins.

(2) Tavernier le compare à saint Paul et l'appelle l'*Apôtre des Indes*.

soufflait dans la mâture me força de rentrer au salon; je n'y trouvai plus aucun passager, tous étaient étendus sur leurs couchettes, tous étaient en proie aux spasmes du mal de mer. La tempête augmentait d'une manière effrayante, le vent prenait notre vaisseau par le flanc et l'agitait avec furie. A certains instants surtout, on aurait cru que le bâtiment allait se renverser sens dessus dessous et s'engloutir dans les eaux. J'étais resté seul dans le salon avec le médecin et l'agent des postes. Il nous était impossible de demeurer sur nos siéges, nous aurions été lancés les uns contre les autres comme des balles de paume, et, pour éviter cet inconvénient, nous devions nous tenir aux pieds de la table qui était fixée sur le parquet. Nous avons eu alors des moments terribles à passer; j'étais étourdi par cet intolérable ballotage, des prévisions sinistres venaient me troubler quand je pensais que quelques planches seulement me séparaient des abîmes de la mer. Aux mugissements de la tempête, venaient se joindre les cris des passagères qui se lamentaient, croyant leur dernière heure arrivée, et le bruit que faisaient entendre la vaisselle et les meubles qui roulaient sur le plancher en se brisant. Plusieurs fois le commandant vint nous visiter, il avait l'air pâle et défait; nous lui demandâmes ce qu'il pensait du temps : « Ce n'est pas gai, nous dit-il sèchement, et je ne puis répondre de rien, surtout si nous n'apercevons pas le phare de Malte. » Je répliquai : « Capitaine, après Dieu et la Sainte-Vierge, nous n'avons plus espoir qu'en vous. » Le médecin du bord m'avoua que, depuis deux ans, il n'avait jamais vu le vaisseau si violemment agité. Mais c'était un samedi, jour consacré particulièrement à honorer Marie. Celle que l'Eglise invoque sous le nom d'*Etoile de la mer, Ave maris stella,* ne nous abandonna pas dans une circonstance si périlleuse, et nous prouva que ce n'est pas en vain qu'on l'invoque à Marseille sous le beau titre de *Notre-Dame-de-la-Garde,* et que ceux qui ont mis en elle leur confiance ne seront point confondus. A dix heures le capitaine vint nous annoncer qu'il avait reconnu le phare de Malte. Nous étions peu éloignés de cette île, mais la tempête n'était pas encore complètement apaisée, et nous ne pûmes entrer dans le port, car nous aurions couru le danger d'être brisés sur les rochers qui ne laissent qu'un étroit passage. Peu à peu les secousses du vaisseau devinrent moins fortes et moins fréquentes, nous dépassâmes Lavalette, et lorsque nous fûmes bien loin de là, en pleine mer, le capitaine fit stopper le bâtiment ; nous pûmes jouir alors du calme et du repos, il était minuit.

C'est dans les mêmes parages que l'Apôtre des nations éprouva aussi une furieuse tempête. Elle durait depuis plusieurs jours, et avait mis déjà mille fois en péril la vie des passagers, quand le vent se mit à souffler avec une impétuosité nouvelle et fit disparaître toute lueur d'espérance. On jeta dans la mer les marchandises, et même ensuite les agrès du vaisseau. Le soleil et les étoiles ne paraissaient point et la tempête devenait de plus en plus menaçante. Alors Paul, intrépide au milieu des passagers saisis de consternation, se leva et leur dit : « Mes amis, vous eussiez mieux fait de me croire et de ne point partir de Crète, pour nous épargner tant de peine et une si grande perte. Cependant je vous exhorte à prendre courage, parce qu'aucun de vous ne périra ; il n'y aura que le vaisseau ; car cette nuit, un ange du Dieu auquel j'appartiens et que je sers m'a apparu et m'a dit : Paul ne craignez point, il faut que vous comparaissiez devant César. Sachez donc que Dieu vous a accordé la vie de tous ceux qui sont avec vous dans le vaisseau. C'est pourquoi, mes amis, ayez bon courage, car j'ai cette confiance en Dieu que ce qui m'a été dit arrivera, et nous devons aborder à une certaine île. » Les matelots qui conduisaient Paul, bien différents des nôtres, tentèrent alors secrètement de se sauver dans un esquif et d'abandonner avec le navire les infortunés qu'il renfermait. Mais le grand Apôtre veillait pour tous, et ses geôliers eux-mêmes allaient lui être redevables de leur salut. Il dit au centurion et aux soldats : « Si ces hommes ne demeurent dans le vaisseau, vous ne pouvez vous sauver. » Alors les soldats coupèrent les cordes de la barque et elle s'échappa. Sur le point du jour, Paul exhorta les passagers à prendre de la nourriture, en les assurant de nouveau qu'aucun d'eux ne périrait. Il prit ensuite du pain, et ayant rendu grâces à Dieu en présence de tout le monde, il se mit à manger. Tous les autres se sentant encouragés, mangèrent aussi. Or, ils étaient deux cent soixante-seize personnes dans le vaisseau. Après qu'ils furent rassasiés ils voulurent l'alléger en jetant le blé à la mer.

Quand le jour fut venu, les matelots aperçurent devant eux une côte qu'ils ne purent reconnaître. Ayant donc levé les ancres, ils laissèrent flotter le navire, et il vint s'échouer sur une langue de terre. La proue s'y étant enfoncée, demeurait immobile, mais la poupe se brisait par la violence des vagues. Tous allaient donc être sauvés, grâce aux prières et à la prévoyance de Paul, mais un nouveau péril menaçait sa tête, car les soldats craignant que leurs prisonniers ne s'échappassent à la nage, voulurent les mettre à mort et frapper ainsi leur sauveur. Seul le centurion s'opposa à leur dessein, et commanda que ceux qui savaient nager se jetassent les premiers à l'eau pour gagner le rivage. Quant aux autres, on les mit sur des planches et différentes pièces du vaisseau, de sorte que tous se sauvèrent à terre (1). Ils apprirent alors que l'île se nommait Malte.

L'Ecriture-Sainte nous présente un tableau de la tempête non moins remarquable par sa grandeur que par son exactitude. Le Psalmiste s'exprime ainsi :

« Qu'ils offrent au Seigneur un sacrifice de louange et qu'ils annoncent ses œuvres dans les chants d'allégresse, ceux qui descendent sur la mer dans des navires et qui étendent leur commerce sur les eaux. Ceux-là ont vu les œuvres du Très-Haut et ses merveilles sur l'abîme. Il a dit, et aussitôt est venu le vent qui souffle la tempête et les flots se sont soulevés. Les nautonniers montent jusqu'aux cieux, et ils descendent jusqu'au fond des ondes, et leur cœur a défailli à la vue de tant de maux. Ils se troublent, ils chancellent comme un homme ivre, toute leur science est épuisée. Et ils ont crié vers le Seigneur dans leur détresse, et le Seigneur les a délivrés de leurs angoisses. Et il a changé cette tempête en un vent doux, et les flots se sont apaisés. Les matelots se sont réjouis en voyant le calme, et le Seigneur les a conduits au port, selon leurs désirs (2). »

J'ai appris plus tard que nous avions échappé à un autre danger en cette triste nuit. Le second officier du bâtiment, accablé de fatigue, s'était jeté sur sa couchette et il avait laissé sa bougie allumée. La flamme se communiqua à des linges ou papiers qui se trouvaient pêle-mêle sur sa table ; heureusement la fumée et l'odeur le réveillèrent bientôt, et il s'empressa d'éteindre le feu avant qu'il eût fait de grands progrès. Si l'incendie se fût développé, il est hors de doute que l'impétuosité du vent aurait promptement embrasé le navire, et que tous les passagers auraient péri au milieu des deux éléments destructeurs.

(1) Actes des Apôtres, xxvii.
(2) Psaume 106, v. 22.

Des voyageurs de secondes me racontèrent un incident qui s'était passé devant eux et qui a bien son côté comique. Au commencement de la tempête, ces messieurs étaient à dîner; tout à coup une violente bourrasque agite le vaisseau; les plats, les bouteilles et tous les ustensiles du ménage sont précipités de la table sur le parquet avec un bruit sinistre. Quelques hommes plus timides s'écrient avec effroi : « Nous sommes perdus, le vaisseau va sombrer! » L'un d'eux dit alors en pleurant : « Hélas, je suis mort! » et il glisse évanoui sous la table. Lorsque le calme fut rétabli, quelqu'un lui demanda s'il avait grand regret de quitter la vie. « Oui sans doute, reprit-il, il est bien triste de mourir si jeune! » Cet honnête passager avait dépassé la cinquantaine.

Le lendemain matin, à sept heures, notre paquebot retourna en arrière vers Malte. C'était le premier décembre et le premier dimanche de l'Avent. J'avais espéré pouvoir célébrer la Sainte Messe ce jour-là dans l'île, mais j'avais compté sans la tempête qui nous mit en retard de vingt-quatre heures. Nous ne pûmes entrer dans le port qu'à deux heures; je descendis à terre, et mon premier soin fut de me rendre à l'église de Saint-Publius : elle était alors remplie d'une nombreuse assistance qui écoutait le sermon. Quand le prédicateur eut quitté la chaire, je m'avançai au milieu de la foule pour déposer une larme et une prière sur la tombe d'un regrettable Orléanais. Qu'il me soit permis de donner ici un souvenir à la mémoire de cet excellent confrère enlevé trop tôt à l'Église, à sa famille et à ses amis. C'est bien à lui qu'on peut appliquer ces paroles que la Sagesse divine dit du juste : « Consommé en peu de jours, il a rempli une longue carrière. Son âme était agréable à Dieu ; c'est pourquoi il s'est hâté de le retirer du milieu des iniquités. — *Consummatus in brevi, explevit tempora multa* (1). »

M. l'abbé Arsène QUINTON, après avoir rempli pendant trois ans avec un zèle et un talent au-dessus de tout éloge les fonctions de vicaire à Jargeau, exerçait le même ministère à Pithiviers lorsqu'il partit de Marseille, le 21 août 1859, avec sept autres ecclésiastiques, plein de joie et d'enthousiasme, pour se rendre en Terre-Sainte. Ce pèlerinage était depuis longtemps l'objet de ses pieux désirs. Il put l'accomplir heureusement; mais lorsqu'il s'embarqua à Beyrouth le 13

______

(1) Sagesse, iv, 13.

octobre pour rentrer en France, il avait déjà contracté les germes
d'une maladie,— une fièvre pernicieuse, dit-on,— qu'il espérait guérir
dans son pays natal. Le 22, sur l'avis du médecin du bord, il fut
déposé à Malte vers quatre heures du soir et transporté à l'hôpital de
la Floriane. Il s'attendait, le pauvre malade, qu'au bout de huit jours
il pourrait revenir dans sa patrie; mais hélas! le *Borysthène* avait à
peine perdu de vue les côtes de l'île que notre cher abbé Quinton
expirait à 600 lieues de sa famille, calme et résigné, et muni des
sacrements de l'Eglise. Ses obsèques furent célébrées avec tous les
honneurs dus au caractère auguste dont il était revêtu; elles furent
présidées par M. le Consul de France lui-même. La plus grande partie
du clergé de Malte se fit un devoir d'assister à cette triste cérémonie
pour témoigner de l'intérêt qu'ils portaient à l'infortuné prêtre-pèlerin.
Sa dépouille mortelle fut déposée dans le caveau de l'église de Saint-
Publius, et on a placé au-dessus une large dalle. Cette tombe est
située au milieu de la grande nef et au bas du sanctuaire (1). C'est
une plaque de marbre blanc posée au niveau du sol, entourée d'un
liseré noir et ornée d'une croix gravée à sa partie supérieure. Au bas
de ce signe du salut, j'ai vu avec douleur cette épitaphe :

✝

DANS LE CAVEAU DE CETTE ÉGLISE REPOSE

M. ARSÈNE-LOUIS-MARIE-SÉBASTIEN QUINTON

PRÊTRE DU DIOCÈSE D'ORLÉANS, DÉCÉDÉ A MALTE,

LE 23 OCTOBRE 1859, DANS SA 28ᵉ ANNÉE,

A SON RETOUR D'UN PÈLERINAGE EN TERRE-SAINTE.

*Egregiæ spei Sacerdos, parentibus, populo Aurelianensi, clero, Episcopo
flebilis, occidit !*

NUNC DIMITTIS SERVUM TUUM, DOMINE.....

QUIA VIDERUNT OCULI MEI SALUTARE TUUM.

(Luc., II, 29 et 30.)

*Priez pour lui.*

« Oui, priez pour lui, dit M. V. Guérin (2), vous tous pèlerins
futurs, qui dans les caravanes suivantes vous rendrez en Palestine.

______

(1) Cette église ne renferme pas de chœur.
(2) *Bulletin des Pèlerinages en Terre-Sainte,* nᵒ 20.

n'oubliez pas en passant à Malte, d'aller vous agenouiller quelques instants devant cette tombe d'un prêtre si jeune et néanmoins si accompli... Du reste que cette tombe placée au centre de la Méditerranée, à moitié chemin de la France et de la Palestine, ne se dresse pas devant vous comme un présage funèbre et comme un obstacle qui vous détourne d'aller vous prosterner devant le tombeau du Christ. Non, poursuivez avec confiance votre pieux pèlerinage; que, si vous hésitiez, une voix sortirait du caveau de l'église Saint-Publius, pour vous dire :

« Courage, ô mes frères ! que mon trépas prématuré vous serve d'exemple, mais sans vous effrayer. Si trop de zèle peut-être a consumé ma vie avant le temps, et si, au retour du Calvaire, la mort m'a surpris en ces lieux, n'allez point pour cela rompre par pusillanimité la chaîne sacrée des pèlerinages en Terre-Sainte. D'ailleurs, j'ai échangé la Jérusalem terrestre pour la céleste Sion dont je goûte actuellement les joies et dont j'admire les splendeurs infinies. Continuez donc à courir en foule vers la colline du Golgotha; moi-même du fond de ma tombe je ne cesserai de prêcher cette pieuse et pacifique croisade dans laquelle j'ai succombé, mais qui doit durer autant que le sépulcre du Christ lui-même. »

La nouvelle de la mort de M. l'abbé Quinton fut accueillie avec les sentiments de la plus profonde affliction, à Orléans, à Jargeau, à Pithiviers, dans tout le diocèse. Tous ceux qui ont eu l'avantage de connaître ce jeune apôtre que le Seigneur a trouvé déjà mûr pour le ciel, ont uni leurs regrets à ceux de son honorable famille, et sa mémoire vivra toujours dans leurs cœurs : « *In memorid æterná erit justus* (1). »

Nous restâmes peu de temps à Malte; le soir même, à 9 heures, nous levions l'ancre. Le vent cessait d'être contraire. Le 3 décembre, dans la soirée, nous traversions sans encombre les *Bouches* de Bonifacio. Le 4, dès le matin, je pus apercevoir les côtes de la France que j'avais quittée depuis quatre mois. La mer était devenue paisible. Nous passâmes rapidement devant Toulon. Peu après je saluais, sur sa montagne, le vénérable sanctuaire de *Notre-Dame-de-la-Garde*.

Quelle joie de toucher le sol de la patrie après une si longue ab-

_______

(1) Psaume III, v. 6.

sence ! J'admirais à Marseille les effets bienfaisants de la première
civilisation de l'univers. Quelle différence avec la civilisation abâtardie
du monde oriental ! Que de riches constructions s'élèvent ici comme
par enchantement ! A côté de l'antique chapelle de Notre-Dame-de-la-
Garde, et pour la remplacer, la piété des fidèles a élevé une autre
église plus belle et plus vaste ; à ses pieds on voit le palais de l'empereur, et tout près du quai, la nouvelle cathédrale, temple magnifique du roi du ciel.

Le soir du même jour, le chemin de fer me transportait à Lyon,
où je pus monter au célèbre sanctuaire de *Notre-Dame-de-Four-
vières*, pour témoigner ma gratitude à la Vierge bénie, protectrice
des pèlerins, et le lendemain, je rentrais à Orléans, cette antique et
noble cité qui fut au xv$^e$ siècle le glorieux boulevard de la monarchie
française, et dans laquelle tant de familles ont conservé, avec des
mœurs patriarcales, les saintes traditions du dévouement à la religion et à toutes les bonnes œuvres qu'elle inspire.

Les pèlerinages en Terre-Sainte, si fréquents autrefois, ont été
interrompus pendant les derniers siècles qui ont précédé le nôtre.
Mais nous pouvons constater maintenant que la route de Jérusalem,
trop longtemps délaissée, est parcourue de nouveau par de nombreux
pèlerins (1). Une société a été fondée sous l'influence des Conférences
de Saint-Vincent-de-Paul, pour rendre ces excursions plus faciles en
faisant jouir les voyageurs des avantages de l'association, qui diminue
tout à la fois les dangers et les fatigues inséparables d'une pérégri-
nation lointaine, et ces *frais de route* qu'il faut trouver le moyen
de faire entrer dans les comptes d'un budget souvent réduit. *L'OEuvre
des pèlerinages en Terre-Sainte* vous décharge de toutes les sollici-
tudes du voyage (2). Moyennant une somme relativement modique (3),
elle vous adjoint à une compagnie choisie, vous transporte à Jérusalem, vous héberge dans les couvents, et après vous avoir fait traverser
la Samarie et la Galilée, vous ramène franco à Marseille deux mois
après votre départ de cette ville. M. Baudon, vice-président du conseil

(1) Depuis 1856 jusqu'en 1861, 40,000 pèlerins ont visité les Saints Lieux.
(2) Cette œuvre est établie à Paris, rue Furstenberg, 6. — Elle publie des
*Bulletins* qui donnent d'intéressantes nouvelles de la Terre-Sainte.
(3) 1,100 francs.

de l'*OEuvre*, a adressé aux associés quelques lignes pour leur rappeler les progrès accomplis par elle depuis sa fondation, et leur en montrer toute l'importance. J'extrais de cette lettre les phrases suivantes qui contiennent des avis si utiles.

« Le bien produit par cette manifestation (1) a été considérable, il ne faut pas se lasser de le redire. Elle a ranimé la confiance dans les populations catholiques, elle a montré à nos frères séparés que l'Occident n'était pas, comme on le pensait, indifférent aux douleurs de Jérusalem, et qu'il voulait se faire représenter avec honneur au Saint-Sépulcre, jadis reconquis par lui.

« Mais si un premier pas a été fait, est-ce assez? Personne parmi nous ne songerait à le dire. Il faut donc que le zèle redouble pour cette œuvre si grande et si sainte, pour cette régénération de l'Orient plongé depuis des siècles dans une déplorable immoralité, pour cette réconciliation si désirable des communautés chrétiennes, à laquelle le Souverain-Pontife travaille avec une ardeur si persévérante, et qu'arrêtent encore des préventions si profondes.

« Et parmi les catholiques, qui doit plus s'intéresser à cette Œuvre immense que nos pèlerins et nos associés? Les uns ont vu de près les plaies toujours saignantes de Jérusalem, les autres ont appris par les récits des premiers, à pleurer et à prier sur la cité des douleurs; tous ils aiment la Terre-Sainte, ils sentent combien ses sanctuaires sont vénérables, combien ses souvenirs sont précieux, et combien il serait douloureux d'y voir la vraie foi supplantée par le schisme ou l'hérésie.

« Ils peuvent plus qu'ils ne le pensent peut-être, qu'ils nous permettent de le leur rappeler.

« Ce qui, en Occident, a fait le plus négliger la Terre-Sainte, c'est l'ignorance de ce qui s'y passe. Tandis qu'en Russie, il n'est pas une famille riche qui n'ait la collection des divers ouvrages publiés sur la Palestine, tandis qu'on y est au courant, jusque dans les maisons les plus modestes, de tout ce qui touche au Saint-Sépulcre, rien de plus rare, en France spécialement, que de trouver, même chez les familles les plus riches et les plus pieuses, des ouvrages sur la Terre-Sainte. On lit l'Evangile, les Livres-Saints; mais on ne pense pas à le faire

(1) Les nouveaux pèlerinages.

avec l'étude et la connaissance des lieux, qui ajoutent tant de charme et tant de fruit à cette lecture.

« Or, nos associés et nos pèlerins ont une première mission, c'est de répandre autour d'eux la connaissance de tout ce qui touche à Jérusalem, depuis notre modeste *Bulletin* jusqu'aux publications savantes qui ne manquent pas ; c'est d'apprendre l'existence de ces ouvrages à des hommes, même instruits, qui les ignorent ou les négligent, et de porter par là l'attention sur Jérusalem, le berceau de notre foi. On aime ce que l'on connaît, dit un proverbe ancien. Apprenons à connaître davantage la Terre-Sainte, et nous l'aimerons plus profondément.

« Une seconde mission, que nos pèlerins rempliront plus spécialement, c'est de dissiper la crainte des périls que l'on croit attachés au pélerinage. Sans doute, en Terre-Sainte comme partout, il faut prendre les précautions que la prudence commande; mais quand ces précautions sont prises, ce voyage n'offre ni plus de fatigues, ni plus de périls qu'un voyage ordinaire. Les pèlerins de retour parmi nous en sont une preuve irrécusable et vivante : il est bon qu'ils le répètent.

« Puis encore, on ne se rend pas bien compte généralement du charme et de l'intérêt que présente un séjour en Terre-Sainte. Pour le savant, c'est une occasion de recherches et d'études qu'on néglige trop en France, et qui en Angleterre spécialement sont bien plus répandues; pour l'homme désireux de voir une civilisation à part et toute différente de celle de l'Europe, c'est un contraste frappant et des plus curieux; pour le chrétien enfin, soit laïque, soit prêtre, c'est une source inépuisable de vives émotions : il prie là où le Sauveur est né, là où il a prié, là où il est mort, en face des lieux témoins de son passage; il repeuple par la pensée les solitudes; il y voit ces multitudes avides de contempler ses traits, de célébrer ses miracles; il les entend proclamant sa divinité, ou, par un triste retour d'ingratitude, demandant à grands cris sa mort ignominieuse. Aussi, comme son cœur se remplit d'émotions, comme sa piété s'échauffe, et, après de longues années passées loin de Jérusalem, comme sa pensée est près d'elle, ainsi que le disait le prophète!

« Voilà encore ce que doivent dire nos pèlerins, et, s'ils le font, ils entraîneront par leur voix persuasive un grand nombre de chrétiens qui hésitent, et une fois que ces chrétiens auront vu Jérusalem, ce sera autant de cœurs gagnés à cette cause sacrée (1). »

Depuis que la première caravane formée par l'*OEuvre des Pélerinages* (2) est partie pour Jérusalem en 1853, vingt autres caravanes se sont succédé. Tout nous fait espérer que ce mouvement salutaire continuera, et même qu'un plus grand nombre d'hommes voudront prendre part à un pèlerinage si fécond en résultats précieux non-seulement pour ceux qui le font, mais encore pour l'Eglise en Orient. C'est ce que faisait remarquer M. l'abbé Soubiranne, dans le beau discours qu'il prononça sur ce sujet, il y a quelques mois, au Congrès catholique de Malines.

« Chaque année, disait-il, dans nos correspondances d'Orient, nous retrouvons la trace de l'heureuse influence exercée par nos pieux voyageurs sur ces générations de néophytes que nous essayons, par l'enseignement et l'éducation, de gagner au Catholicisme. — Ces nouveaux convertis expriment, dans leur naïf langage, toute leur admiration pour ces *chrétiens francs (frengi)*, comme ils disent, à la mine noble et fière, qui entrent dans Jérusalem, avec leur croix d'argent sur la poitrine, et vont en troupe, comme un escadron de vieux croisés, s'agenouiller religieusement et accomplir leurs devoirs au saint tombeau! — Il y a, dans cet apostolat muet de l'exemple, une puissance que nous constatons chaque jour, et à laquelle tous nos amis attribuent comme nous une mission providentielle pour la conversion des peuples orientaux.

« Qu'ils se multiplient donc ces associés dont les adhésions nous arrivent des contrées les plus lointaines, et qui, de l'Amérique, viennent prendre rang dans nos pieuses caravanes! Ne faut-il pas que chaque nation se retrouve au pied de la croix; et que toutes ensemble concourent à ces manifestations publiques par lesquelles nos pèlerins rappellent les droits imprescriptibles des catholiques sur les sanctuaires? »

Le zélé Directeur de l'*OEuvre des Ecoles d'Orient* ajoutait cette pressante péroraison qui sera aussi la mienne :

« Au nom de toutes nos *OEuvres d'Orient*, laissez-moi vous le

_______

(1) *Bulletin des Pèlerinages en Terre-Sainte*, n° 22.
(2) Elle se composait de quarante membres.

dire, Messieurs, si vous aimez Notre-Seigneur Jésus-Christ, ses exemples et ses leçons, allez en Terre-Sainte; si vous aimez la sainte Vierge Marie, ses vertus et ses douleurs, allez en Terre-Sainte; si vous aimez la Crèche, Nazareth et le Saint-Sépulcre, allez en Terre-Sainte; si vous aimez le Carmel, Béthanie et le Thabor, allez en Terre-Sainte; si vous aimez le Jourdain, le lac de Génésareth, et cette barque de pêcheur où l'on est assuré de ne jamais périr, allez en Terre-Sainte. — Allez en Terre-Sainte, Messieurs; et vous éprouverez, comme tant d'autres, qu'aux Saints-Lieux, *la foi augmente l'amour, l'amour ravive la foi!* »

---

# APPENDICE.

---

### RECONSTRUCTION DE LA COUPOLE DU SAINT-SÉPULCRE.

Le 5 septembre 1862, la France, la Russie et la Turquie ont signé, à Constantinople, un protocole par lequel elles sont convenues de restaurer cette coupole, à frais communs et par portions égales.

Ce n'est pas sans étonnement et sans un sentiment de tristesse, qu'on a vu la France partager avec la Russie ses droits de protectrice séculaire des chrétiens d'Orient. Quoique, par un paragraphe additionnel, « *il soit bien entendu que cet arrangement ne confère aucun droit nouveau aux différentes communions chrétiennes, ni à aucune des parties signataires de ce protocole, et ne porte atteinte à aucun des droits qui leur étaient précédemment acquis,* » en Syrie comme en Europe, on s'inquiète en pensant que l'autocrate du Nord peut trouver là un point d'appui pour ses projets ambitieux à Jérusalem. Du reste, ce protocole n'a pas encore reçu un commencement d'exécution, et la coupole est toujours dans un état de ruine qui peut occasionner, à chaque instant, des accidents terribles.

### L'IMMACULÉE-CONCEPTION DE MARIE RECONNUE PAR LES MUSULMANS.

On sait que Mahomet a composé son code religieux de croyances empruntées au Judaïsme et au Christianisme; parmi les vérités traditionnelles qu'il a admises au milieu de ses nombreuses erreurs, il est curieux de remarquer l'Immaculée-Conception de la Sainte-Vierge. Un texte du Coran l'établit très-nettement : « Les Anges dirent à Marie : Dieu t'a choisie, *il t'a rendue exempte de toute souillure*, il t'a élue parmi toutes les femmes de l'univers. » (*Le Coran*, Sourate III, versets 137 et suiv., traduction de M. Barthélemy Saint-Hilaire.)

# TABLE DES MATIÈRES.

## CHAPITRE VIII
### LE PATRIARCHE LATIN ET LES PÈRES DE TERRE-SAINTE.


Quelques mots sur Mgr Valerga.


Saint François en Palestine. — Robert et Sanche de Sicile. — Établissement de Saint-Sauveur. — Souffrances des Franciscains. — Un chat tombé dans une citerne. — Dignités de l'Ordre. — Le couvent de Saint-Sauveur. — La *Casa-Nuova*.

## CHAPITRE IX
### LES LATINS — LES ŒUVRES CATHOLIQUES — LES SCHISMATIQUES


La paroisse latine.


Le réveil de l'Orient. — Les écoles de garçons. — L'hôpital de Saint-Louis. — Les Sœurs de Saint-Joseph. — Pénurie des catholiques. — La conférence de Saint-Vincent-de-Paul.


Les Grecs. — Leur fête de l'Exaltation. — Les Cophtes. — Les Abyssins.

## CHAPITRE X
### DEUX CÉRÉMONIES PRIVÉES DANS L'ÉGLISE DU SAINT-SÉPULCRE — LES BAZARS


Les *Matines* des divers rites. — La sainte messe sur le tombeau de Jésus-Christ. — La grand'messe des Latins.


Un mot sur l'Ordre du Saint-Sépulcre. — Son établissement à Orléans. — Cérémonial de la réception.


Sainte-Marie-Latine. — La prison de saint Pierre. — Le palais des Hospitaliers de Saint-Jean. — La piscine d'Ézéchias. — Physionomie des bazars. — Le commerce de Jérusalem.

## CHAPITRE XI
### LE QUARTIER MUSULMAN — L'ÉGLISE SAINTE-ANNE — L'ARCADE DE L'ECCE-HOMO.


Le palais d'Hérode-Antipas. — L'église de la Madeleine. — Description du sanctuaire et

## CHAPITRE XVI

### E QUARTIER ARMÉNIEN — LES PROTESTANTS — LA CITADELLE — DEUX FÊTES A JÉRUSALEM.



Le lieu du martyre de saint Jacques-le-Majeur.



La tour de David.



Une soirée. — Un mariage.

## CHAPITRE XVII

### AUTOUR DES MURS — LE TOMBEAU DE LA VIERGE — LA GROTTE DE L'AGONIE — LE JARDIN ET LA MONTAGNE DES OLIVIERS.



Lieu du martyre de saint Étienne. — La sainte Vierge est-elle morte à Éphèse ou à Jérusalem ? — L'église bâtie sur son sépulcre.



## CHAPITRE XVIII



Son triste aspect. — Le Cédron. — Les tombeaux d'Absalon et de Josaphat. — Le tombeau de saint Jacques. — Les inconvénients d'une promenade autour de la ville. — Le tombeau de Zacharie. — Le mont du Scandale. — Une découverte de M. de Saulcy. — Le village de Siloam. — La fontaine de la Vierge-Marie et celle de Siloë. — Comment le P. Desmasures fut battu par les Arabes aux lieu et place d'un *dragon*. — Le jardin des rois de Juda. — Le puits de Job. — Le *Longchamp* de Jérusalem.

## CHAPITRE XIX

### LA VALLÉE DE GÉHENNA — LE MONT SION — LE CÉNACLE.



Les sacrifices à Moloch. — Les feux de la Géhenne. — Une prophétie mimique de Jérémie. — Un trait de Bonaparte. — La nécropole de la vallée de Hinnom. — Haceldama. — Le mont du Mauvais-Conseil.



Une page de M. de Lamartine. — Le couvent franciscain.



L'église. — Une visite au tombeau de David. — Une avanie. — Les cimetières chrétiens.

tombeaux d'Abraham et de sa famille.— La vallée de Mambré. — Le chêne d'Abraham. — Le tombeau de Rachel. — Le couvent de Saint-Elie. — Le puits des Trois-Rois.

## CHAPITRE XXIV

### SAINT-SABAS — DESCRIPTION DU CIRCUIT DE LA MER MORTE.



Le torrent de Cédron. — Aspect de la mer Morte. — Sont-ce les ruines de Gomorrhe ? — L'Oasis d'Ain-Djedy. — *La Pomme de Sodome* — Les ruines d'Engaddi. — *La danse du sabre*. — Une tragédie à Masada. — La montagne de sel. — Les ruines de Sodome et de Zoar. — Mgr Mislin est-il dans le vrai en admettant comme probable que les villes maudites sont au fond des eaux ? — Preuves de l'opinion de M. de Saulcy. — La statue de la femme de Loth. — L'ancien lit du Jourdain. — La tribu des Beni-Sakhar. — Sont-ce les ruines de Seboïm ? — La presqu'île El-Liçan. — Le canal de Lynch. — Le village des Rhaourna. — Karak. — Des tombeaux de bédouins. — Les sources chaudes. — Machéronte. — Le mont Nébo.

## CHAPITRE XXV.

### LA MER MORTE.



Son étendue. — Rien ne vit dans ses eaux. — Ses miasmes méphitiques. — Navigateurs qui l'ont explorée. — Terreur de M. Lynch. — Extrême salure de la mer Morte. — Difficulté d'y nager. — On l'appelle la mer du Désert. — Elle produit de l'asphalte.— Sa dépression extraordinaire. — Sa haute température. — Sa profondeur. — Accord de la Bible avec les sciences. — Formation de la mer Morte. — Son évaporation. — Le monceau de Loth.

## CHAPITRE XXVI.

### JÉRICHO — LE MONT DE LA QUARANTAINE — BÉTHANIE.



Galgala. — Er-Riha. — Le campement sous la tente. — Le théâtre bédouin. — Notions historiques. — La fontaine d'Elisée. — Une oasis. — *La rose de Jéricho*. — Un monastère indien. — Une procession musulmane.



Comment des pèlerins furent forcés d'y monter malgré eux. — La grotte où Jésus-Christ a jeûné. — Les abeilles du Seigneur. — Le sommet de la Tentation. — L'hôtellerie du bon samaritain. — La montée du Sang. — La fontaine des apôtres.



La résurrection de Lazare et M. Renan. — Le tombeau de Lazare. — Bethphagé. — L'entrée triomphale du Sauveur à Jérusalem.

## CHAPITRE XXVII

### MES ADIEUX A JÉRUSALEM — LA ROUTE DE SAMARIE — NAPLOUSE — SÉBASTIEH.



Une maladie. — La question des Lieux-Saints. — Une lettre de M. Michaud. — Adieux et départ.



Sapha. — Alexandre et Jaddus. — Anatoth. — El-Bireh. — La perte de l'Enfant-Jésus. — Béthel. — L'échelle de Jacob. — Le veau d'or. — La fontaine des Voleurs. — Sanghil. — Une terrible attaque. — Silo et l'arche d'alliance. — Jésus et la samaritaine. — La réhabilitation de la femme par le Christianisme. — Le puits de Jacob.



Son gracieux aspect. — Proclamation par Josué des bénédictions et des malédictions sur Israël. — Curieuses ruines au sommet du Garizim. — Le mont Hébal. — Histoire de Naplouse. — Intérieur de cette ville. — La synagogue des Samaritains. — Leur antique Pentateuque. — Histoire de leur secte. — Un mot sur l'Eglise anglicane. — Un village de lépreux.



Notions historiques sur cette ville. — L'église et le tombeau de saint Jean-Baptiste. — Une immense colonnade.

## CHAPITRE XXVIII

### SOUVENIRS BIBLIQUES — NAZARETH.



Béthulie. — Dothaïn. — Djennin. — Les monts de Gelboë. — Jezraël. — Le petit Hermon. — Naïm. — Endor. — La Pythonisse. — La plaine d'Esdrélon. — La bataille du mont Thabor. — Sentiments de M. de Lamartine à l'approche de Nazareth.



Histoire de cette ville. — Sa physionomie. — Le monastère franciscain. — Un condisciple de Napoléon. — Le sanctuaire et l'église de l'Annonciation. — L'atelier de saint Joseph. — La synagogue fréquentée par Jésus. — Le mont du Précipice. — La table du Christ. — La fontaine de Marie. — Les jeux de l'Enfant-Jésus. — L'Angelus. — Les sœurs de la Congrégation de Nazareth. — Le costume des Nazaréennes. — Leur tatouage. — Erreurs des peintres. — Les protestants et leur procès.

## CHAPITRE XXIX

### LE MONT THABOR — TIBÉRIADE.



Départ de Nazareth. — Akil-Aga. — Dabourieh. — Le sommet du mont Thabor. — La chapelle de la Transfiguration. — Panorama magnifique. — Déjeuner au bord du Jourdain. — Tarichée. — Les bains chauds d'Emmaüs.

Notions historiques. — Coup-d'œil sur la ville. — La synagogue. — L'église catholique.
— Impressions de M. de Lamartine au bord du lac. — Quelques mots sur la mer de
Tibériade. — Magdala. — Capharnaüm. — Les miracles et M. Renan. — Corozaïn
et Bethsaïde. — Fertilité du terroir.

## CHAPITRE XXX

### LE JOURDAIN — DE TIBÉRIADE A CAIFFA.



Ses sources. — Le lac Houlé. — Dépression de la vallée du Jourdain. — Les cataractes.
— Bain dans le Jourdain. — Navigation de MM. Molineux et Lynch. — Le gué des
Pèlerins. — Le passage des Hébreux. — Elie et Elisée. — Baptême de Notre-Seigneur.



Lieu de la multiplication des pains. — Mon guide s'égare dans le désert. — Les Cornes
de Hattin. — Explication d'un texte évangélique. — Le sermon de la montagne. —
La bataille de Hattin. — Safed. — Cana. — Séphoris. — Campement de bédouins. —
Diverses rencontres.

## CHAPITRE XXXI

### CAIFFA — LE MONT CARMEL — RETOUR EN FRANCE.



Notions historiques sur le mont Carmel et son monastère. — Un caprice de pacha. —
Un pauvre frère Carme relève le couvent. — L'église de Notre-Dame. — La tombe
d'un jeune pèlerin. — L'intérieur du monastère. — Les moines sont-ils inutiles sur la
terre ? — Beau point de vue sur le toit du couvent. — L'école des prophètes. —
La chaîne du Carmel. — Lieu du sacrifice d'Elie. — Adieux à la Terre-Sainte.



Départ d'Alexandrie. — Le tombeau de saint François-Xavier. — La tempête. — Le
naufrage de saint Paul. — Description de la tempête dans le livre des Psaumes. — Un
incident comique. — Descente à Malte. — Un souvenir à M. l'abbé Quinton. — Son
tombeau dans l'église de Saint-Publius. — Débarquement à Marseille. — Arrivée à
Orléans. — Un mot sur l'*Œuvre des Pèlerinages en Terre-Sainte*. — Invitation au
pèlerinage.

Orléans. Imp. Ernest Colas.

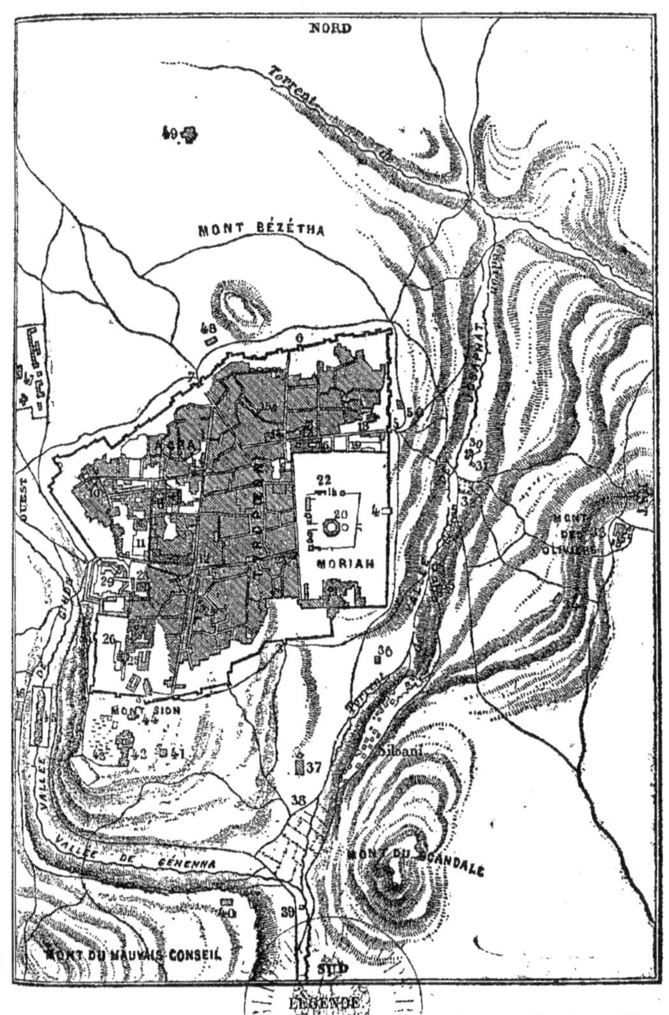


LÉGENDE

1 Porte de Jaffa.
2 Porte de Sion.
3 Porte des Maugrabins.
4 Porte-Dorée.
5 Porte de St-Etienne.
6 Porte d'Hérode.
7 Porte de Damas.
8 Eglise du St-Sépulcre.
9 Couvent Latin.
10 Casa-Nuova.
11 Piscine d'Ezéchias.
12 Bazars.
13 Porte Judiciaire.
14 Arcade de l'*Ecce-Homo*.
15 Ruines du palais d'Hérode.
16 Palais du Pacha.
17 Chapelle de la Flagellation.
18 Eglise de Ste-Anne.
19 Piscine probatique.
20 Mosquée d'Omar (El-Sakrah).
21 Mosquée El-Aksa.
22 Esplanade du Temple
23 Cour de Justice.
24 Synagogue.
25 Maison d'Anne.
26 Jardin des Arméniens
27 Couvent des Arméniens.
28 Temple protestant.
29 Citadelle.
30 Tombeau de la Vierge
31 Grotte de l'Agonie.
32 Jardin des Oliviers.
33 Mont de l'Ascension.
34 Tombeau des Prophètes.
35 Tombeaux de Josaphat, d'Absalon, de saint Jacques et de Zacharie.
36 Fontaine de la Vierge
37 Fontaine de Siloë.
38 Jardins de Siloam.
39 Puits de Job.
40 Haceldama.
41 Grotte de la Pénitence de Saint-Pierre.
42 Saint-Cénacle.
43 Cimetières chrétiens.
44 Maison de Caïphe.
45 Etang-du-Roi.
46 Hospice juif.
47 Etablissement russe.
48 Grotte de Jérémie.
49 Tombeau des rois.
50 Bain de la Vierge.

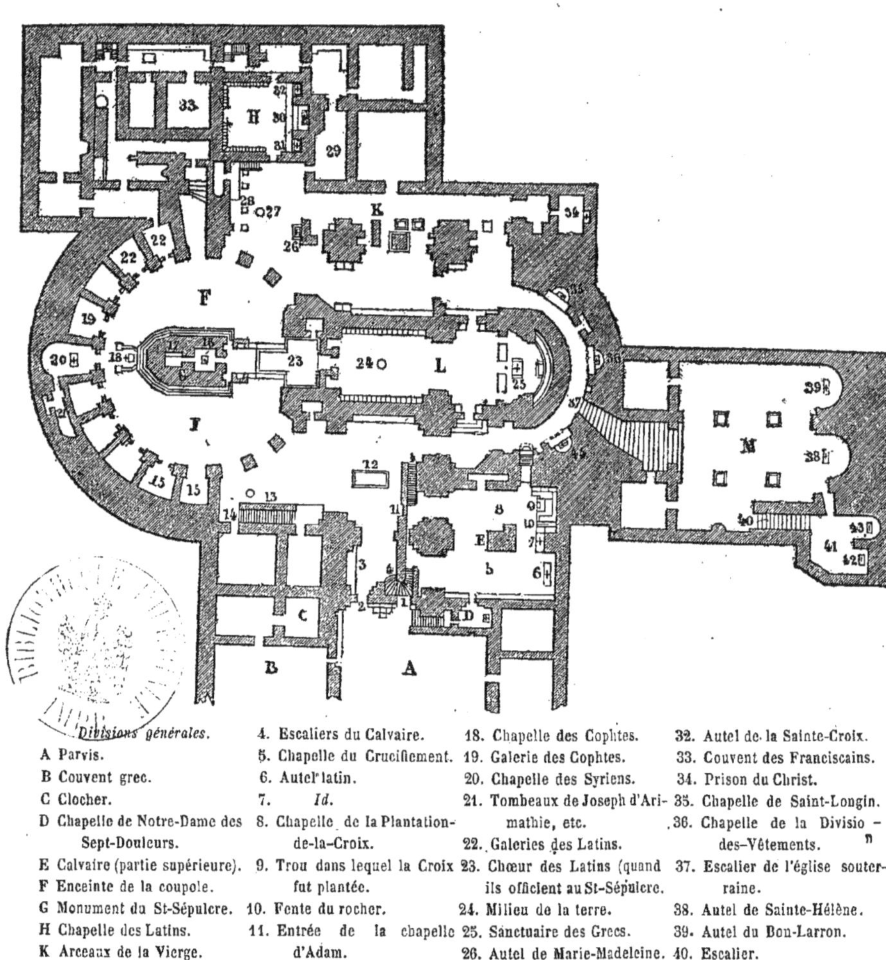


| | | | |
|---|---|---|---|
| *Divisions générales.* | 4. Escaliers du Calvaire. | 18. Chapelle des Cophtes. | 32. Autel de la Sainte-Croix. |
| A Parvis. | 5. Chapelle du Crucifiement. | 19. Galerie des Cophtes. | 33. Couvent des Franciscains. |
| B Couvent grec. | 6. Autel latin. | 20. Chapelle des Syriens. | 34. Prison du Christ. |
| C Clocher. | 7. Id. | 21. Tombeaux de Joseph d'Ari- | 35. Chapelle de Saint-Longin. |
| D Chapelle de Notre-Dame des Sept-Douleurs. | 8. Chapelle de la Plantation-de-la-Croix. | mathie, etc. | 36. Chapelle de la Division-des-Vêtements. |
| E Calvaire (partie supérieure). | 9. Trou dans lequel la Croix fut plantée. | 22. Galeries des Latins. | 37. Escalier de l'église souter-raine. |
| F Enceinte de la coupole. | 10. Fente du rocher. | 23. Chœur des Latins (quand ils officient au St-Sépulcre. | |
| G Monument du St-Sépulcre. | 11. Entrée de la chapelle d'Adam. | 24. Milieu de la terre. | 38. Autel de Sainte-Hélène. |
| H Chapelle des Latins. | 12. Pierre de l'Onction. | 25. Sanctuaire des Grecs. | 39. Autel du Bon-Larron. |
| K Arceaux de la Vierge. | 13. Lieu où se tenaient les saintes femmes. | 26. Autel de Marie-Madeleine. | 40. Escalier. |
| L Chœur des Grecs. | | 27. Lieu où J.-C. lui apparut. | 41. Chapelle de l'Invention de la Sainte-Croix. |
| M Église souterraine de la Ste-Croix. | 14. Escalier des Arméniens. | 28. Orgue des Latins. | |
| | 15. Galerie des Arméniens. | 29. Sacristie latine. | 42. Lieu où fut trouvée la vraie Croix. |
| *Détails.* | 16. Chapelle de Ange. | 30. Autel de l'apparition de J.-C. à la sainte Vierge. | 43. Autel latin. |
| 1. Porte murée. | 17. Saint-Sépulcre. | 31. Autel de la colonne de la Flagellation. | 44. Chapelle de la Colonne-d'Impropère. |
| 2. Porte d'entrée. | | | |
| 3. Divan des portiers turcs. | | | |

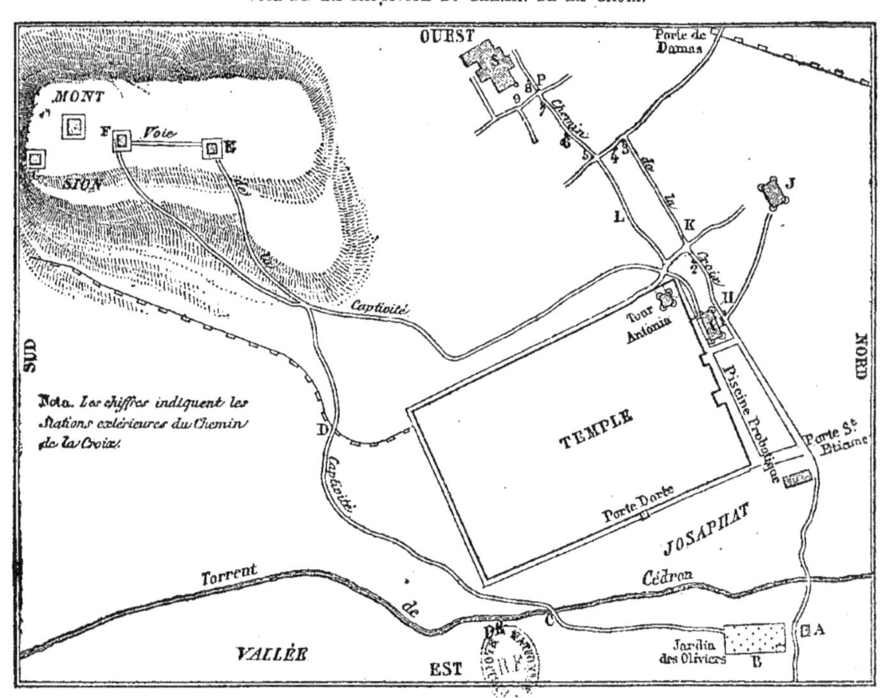



A Grotte de l'Agonie.
B Lieu où Jésus fut pris.
C Pont sur le Cédron où Jésus-Christ tomba.
D Porte Sterquiline.
E Maison d'Anne.
F Maison de Caïphe.
G Saint-Cénacle.
H Chapelle de la Flagellation.
I Palais de Pilate.
J Palais d'Hérode.
K Arcade de l'*Ecce-Homo.*
L Petite rue par où la sainte Vierge rejoignit son fils.
P Porte judiciaire.
S Eglise du Saint-Sépulcre.

Gravé chez Erhard R. Bonaparte 42.

www.ingramcontent.com/pod-product-compliance
Lightning Source LLC
Chambersburg PA
CBHW051249060726
47596CB00001B/48